Influencer Relations

Annika Schach · Timo Lommatzsch
(Hrsg.)

Influencer Relations

Marketing und PR mit digitalen Meinungsführern

Springer Gabler

Herausgeber
Annika Schach
Hochschule Hannover
Hannover, Deutschland

Timo Lommatzsch
Hannover, Niedersachsen, Deutschland

ISBN 978-3-658-21187-5 ISBN 978-3-658-21188-2 (eBook)
https://doi.org/10.1007/978-3-658-21188-2

Die Deutsche Nationalbibliothek verzeichnet diese Publikation in der Deutschen Nationalbibliografie; detaillierte bibliografische Daten sind im Internet über http://dnb.d-nb.de abrufbar.

Springer Gabler

Lektorat: Manuela Eckstein

Springer Gabler ist ein Imprint der eingetragenen Gesellschaft Springer Fachmedien Wiesbaden GmbH und ist ein Teil von Springer Nature
Die Anschrift der Gesellschaft ist: Abraham-Lincoln-Str. 46, 65189 Wiesbaden, Germany

Vorwort

Die Zusammenarbeit von Unternehmen mit sogenannten Influencern wird seit einigen Jahren in der Kommunikationsbranche diskutiert – eine Diskussion, die gerade in letzter Zeit äußerst intensiv und kontrovers geführt wurde. Mit dem Begriff „Influencer" werden verkürzt diejenigen Personen bezeichnet, die durch eigene Blogs oder die Nutzung von Videoplattformen und sozialen Netzwerken eine relevante Reichweite über ihre Follower aufgebaut haben, mit denen sie kommunizieren. Unternehmen versprechen sich von den Kooperationen mit den Influencern eine wirksame Kommunikation mit ihren Stakeholdern über wichtige Themen, Marken und Produkte. Als digitalen Meinungsführern wird ihnen eine besondere Glaubwürdigkeit und Authentizität zugesprochen, was sie zu umworbenen Themenexperten macht. Die Kommunikationspraxis hat sich in diesem Bereich in den letzten Jahren sehr schnell entwickelt. Budgets wurden umgeschichtet, Positionen für Influencer Marketing/Relations geschaffen und eine Reihe an spezialisierten Dienstleistern wurde gegründet.

Warum ist dieses Thema von so hoher Relevanz?

Man könnte abwinken und sagen, dass die Beschäftigung mit Meinungsführern nun wirklich nicht neu ist. Bereits seit den 1940er Jahren beschäftigt sich die Wissenschaft mit derartigen „opinion leaders". Die Forschung bezog sich zunächst vornehmlich auf die politische Kommunikation und auf die Meinungsführerschaft im sozialen Umfeld von Menschen. An dieser Stelle erkennt man die aktuelle Relevanz: Denn die Digitalisierung und der Erfolg der sozialen Netzwerke ermöglichen es jedem Internetnutzer, vom Konsumenten zum Produzenten zu werden und somit mit einer großen Anzahl an Menschen digital und ortsunabhängig direkt zu kommunizieren. Influencer sind in der Regel weder Personen, die aufgrund ihrer Berufsrolle (wie z. B. Journalisten) Informationen recherchieren, gewichten und verbreiten, noch sind es konventionelle Prominente oder Testimonials, die seit jeher in der Werbung als Botschafter eingesetzt werden. Es sind meist Menschen, denen in einem gewissen Themenbereich von anderen Nutzern eine Expertise zugesprochen wird und die somit die Meinungsbildung beeinflussen können. Als Weiterentwicklung des Empfehlungsmarketings ist der Bereich Influencer Marketing oder Relations für die Unternehmen hoch spannend. Selbst wenn die Wirksamkeit oftmals kritisch diskutiert wird, gibt es inzwischen viele Unternehmen, die sehr erfolgreich – ausschließlich oder verstärkt – auf diese Form der Kommunikation setzen.

Obwohl oder gerade weil die Entwicklung in der Praxis so rasant fortschreitet und man von einem regelrechten Boom und wenn nicht gar Wildwuchs in der Branche sprechen kann, hinkt die systematische Auseinandersetzung mit diesem Thema weit hinterher. Das ist auch nicht überraschend. Aus wissenschaftlicher Sicht erfordert es eben Zeit, Untersuchungsdesigns zu entwickeln, Studien durchzuführen oder theoretische Modelle zu entwickeln. Auch die Suche nach fundierten Auseinandersetzungen aus Praktikerperspektive trägt kaum Früchte. Mithin hat man das Gefühl, dass viele Aktivitäten von Unternehmen auf dem Trial-and-Error-Prinzip beruhen. In der Branche wird häufig sehr emotional und wenig sachlich diskutiert. Es geht dabei auch immer um den Streit um Kompetenzen und die Interpretationshoheit. Vielerorts wird der Begriff „Influencer" auch ironisch und abwertend diskutiert, das Ende einer Kommunikationsblase prophezeit. Dies wird dem real beobachtbaren Phänomen aber nicht gerecht. Mit dem vorliegenden Buch wollen wir den Status quo der aktuellen, fachlich fundierten Auseinandersetzung mit dem Thema abbilden. Wir haben aktuelle wissenschaftliche Untersuchungen, Beiträge von führenden Praxis-Experten und auch die Perspektive der Influencer selbst dazu zusammengetragen. Und: Es geht in diesem Buch auch um eine Einordnung des Themas in die Perspektive der Disziplinen Marketing und Public Relations.

Influencer Kommunikation – Marketing oder Public Relations?

Immer, wenn sich ein neuer Bereich in der Kommunikationslandschaft entwickelt, entbrennt die Diskussion, welcher Disziplin dieser zuzuordnen ist. Spricht man von Influencer Marketing, in dem die klassischen, absatzorientierten Key Performance Indicators (KPIs) des Marketings greifen? Oder ist die Zusammenarbeit mit Influencern doch den Public Relations zuzuordnen, da es immerhin unternehmensfremde Personen sind, zu denen Beziehungen gepflegt werden müssen und die über das Unternehmen sprechen? Das Interessante an dieser Zuordnungsdebatte ist, dass man sich zunächst fragen muss: Was unterscheidet die Marketingkommunikation überhaupt von den Public Relations? Kann man zwischen Zielen, Zielgruppen und Prozessen unterscheiden und wenn ja, welche Kategorien und Kriterien sollte man anlegen? Wir gehen den Vorschlag von Thomas Pleil mit, der in seinem Beitrag in diesem Band für einen übergeordneten Begriff der „Influencer Kommunikation" plädiert.

Externe Influencer, interne Botschafter?

Eine weitere Teildiskussion rund um das Thema Influencer Relations ist die Beschäftigung mit der Frage, wer denn nun diese Personen sind, die als Meinungsführer eingesetzt werden können, und wo man sie findet. Ergibt es nicht mehr Sinn, Menschen aus dem Unternehmen als Botschafter zu befähigen, als auf die Suche nach externen Influencern zu gehen? Das Thema „Mitarbeiter als Botschafter" ist ein ebenso viel diskutiertes wie der Beziehungsaufbau zu externen digitalen Meinungsführern – und ist daher ebenso

Thema in diesem Buch. Und dies in der theoretischen Auseinandersetzung wie auch in Fallbeispielen aus Unternehmen.

Influencer Kommunikation – die offenen Fragen

Das vorliegende Buch erhebt nicht den Anspruch, alle offenen Fragen abschließend zu beantworten, die sich in dieser dynamischen Entwicklung der Influencer Kommunikation zeigen:

- Wie lassen sich professionelle und nachvollziehbare Prozesse in der Zusammenarbeit mit Influencern etablieren?
- Welche Kennzahlen und Erfolgskriterien sind eigentlich die wesentlichen, die man aus Unternehmensperspektive beachten sollte?
- Inwiefern werden rechtliche Kriterien für die Kennzeichnung von Kooperationen korrekt ausgeführt, um Transparenz zu schaffen und Schleichwerbung zu vermeiden?
- Welche Ziele kann und sollte Influencer Kommunikation erreichen?
- Wer ist der richtige Influencer für mein Unternehmen, für mein Thema?
- Wie arbeiten Influencer, was ist ihnen wichtig und wie entscheiden sie sich für Kooperationen?
- Welches Rollenverständnis liegt vor, wie kann man aus Unternehmenssicht darauf eingehen?

Aber mit allen diesen Fragen setzen wir uns in diesem Buch auseinander. Wir sind sehr froh, erfahrene und kompetente Experten und Wissenschaftler mit neuen Beiträgen versammelt zu haben. Wir verstehen es durchaus auch als Plattform für die weitere Debatte auf Branchenveranstaltungen, in digitaler Form oder im persönlichen Austausch. Denn es gibt noch viel Diskussionsbedarf. Eines wird sicher nicht funktionieren: Die kurzfristige Nutzung von diversen Influencern durch zahlreiche Marken, die auf kurzfristige Reichweite setzen, die die Kanäle der Kooperationspartner als reine Werbekanäle nutzen wollen und somit keinen echten Mehrwert für die Nutzer liefern. Das „Prinzip Gießkanne" konnte sich auch in anderen Kommunikationsbereichen noch nie durchsetzen. Das wertvolle Gut der Glaubwürdigkeit, Authentizität und Themenexpertise der Influencer sollte im Sinne der- oder desjenigen selbst und des kooperierenden Unternehmens gleichermaßen geachtet werden.

Für wen ist dieses Buch?

Das Buch richtet sich an Kommunikationsfachleute aus Unternehmen, Organisationen oder Agenturen, die sich mit dem Thema Influencer Kommunikation auseinandersetzen wollen: die sich für diesen Bereich interessieren oder eine Umsetzung im Unternehmen planen. Zu den Lesern können darüber hinaus auch Influencer selbst zählen, die die eigene Tätigkeit professionalisieren und die Perspektive des möglichen Kooperationspartners kennen lernen möchten. Das Buch liefert als Grundlagenwerk zudem eine fundierte theoretische Einordnung der Disziplin, Hinweise zu einer weiterführenden kommunikations- und medienwissenschaftlichen Auseinandersetzung und Forschung. Somit ist es für Studierende, Dozenten und Wissenschaftler ein hilfreiches Werk, das sowohl Überblick als auch theoretische sowie empirische Inspiration bietet. Wir freuen uns über weiteren interdisziplinären Austausch, Debatte und Diskussion, zwischen Marketing und PR, zwischen Wissenschaft und Praxis, zu diesem spannenden Thema der Kommunikation mit und über digitale Meinungsführer.

Weitere Informationen rund um die Themen und über die Autoren finden Sie auch hier: www.influencer-relations-buch.de

Annika Schach
Timo Lommatzsch

Hinweis: Aus Gründen der besseren Lesbarkeit wird auf die gleichzeitige Verwendung männlicher und weiblicher Sprachformen verzichtet. Sämtliche Personenbezeichnungen gelten gleichermaßen für beiderlei Geschlechter.

Inhaltsverzeichnis

Teil I
Grundlagen und Einordnung

1 Von Two-Step-Flow bis Influencer Relations: Die Entwicklung der Kommunikation mit Meinungsführern

Annika Schach

Zusammenfassung

Die Entwicklung der Teildisziplin Influencer Relations basiert auf der Kommunikation mit und über digitale Meinungsführer. Durch eine rasante Entwicklung der digitalen Kommunikationsmöglichkeiten und der Rahmenbedingungen in den sozialen Netzwerken ist dieses neue Arbeitsfeld entstanden. Die Beschäftigung mit Meinungsführern ist jedoch nicht neu und wurde durch die sogenannten Columbia-Studien von Lazarsfeld und Katz in den 1940er-Jahren begründet. Zudem befasst sich die Medienwirkungsforschung mit der Beziehung von Menschen zu medialen Personen. Der Beitrag zeigt die Ansatzpunkte der theoretischen und empirischen Meinungsführer- und Medienwirkungsforschung auf, um daraus Erkenntnisse für den Umgang mit der Disziplin und eine zielführende Kommunikationsarbeit abzuleiten. Es werden Hinweise gegeben, wie die Merkmale eines Influencers und die Beziehung zu seinen Followern begutachtet und untersucht werden können.

1.1 Einleitung

Die Digitalisierung hat die Unternehmenskommunikation in einer rasanten Geschwindigkeit verändert. Diese Veränderung bezieht sich nicht nur auf die Möglichkeiten neuer digitaler Kanäle (wie soziale Netzwerke) und die Art und Weise der Kommunikation, sondern auch auf die Personen, die in der Organisationskommunikation als Stakeholder bezeichnet werden. Der Begriff „Influencer" und die daraus abgeleiteten

A. Schach (✉)
Hochschule Hannover, Hannover, Deutschland
E-Mail: annika.schach@hs-hannover.de

A. Schach und T. Lommatzsch (Hrsg.), *Influencer Relations*,
https://doi.org/10.1007/978-3-658-21188-2_1

Disziplinenbeschreibungen „Influencer Relations" oder „Influencer Marketing" werden in der kommunikativen Praxis stark diskutiert und manifestieren sich durch eine Vielzahl an Gründungen und Spezialisierungen von Akteuren. Während sich in der kommunikativen Praxis diese Entwicklung teils sehr schnell und unstrukturiert entwickelt, ist die theoretische Beschäftigung und empirische Forschung noch nicht sehr weit vorangeschritten – was in der Natur der Sache liegt. Ein neues Arbeitsfeld gilt es zunächst zu beobachten und die Relevanz und Entwicklungschancen einzuschätzen. Die Beschäftigung mit Influencern, also digitalen Meinungsführern, denen ein Einfluss auf die Einstellungen und das Verhalten der jeweiligen Rezipienten zugesprochen wird, kann aus verschiedenen Forschungshistorien und -perspektiven untersucht werden. Diese unterschiedlichen Forschungstraditionen können jedoch auch aus der Praxis abgeleitet werden. Die Kommunikationsbranche fragt sich:

1. Ab wann ist jemand ein Influencer und welche Merkmale zeichnen ihn oder sie aus? Zu diesen Fragen können die klassischen Meinungsführermodelle, basierend auf der Studie „The People's Choice" von Lazarsfeld und Kollegen hilfreiche Hinweise geben. Darüber hinaus fragt man sich:
2. Welche Beziehungen können Influencer zu ihren Followern aufbauen und auf welchen Ansätzen basiert dieser Einfluss? Diese Fragestellung kann an Konzepte der Medienwirkungsforschung (Empathie, sozialer Vergleich und parasoziale Beziehung) angeschlossen werden.

Das Forschungspotenzial ist in diesem Bereich sehr hoch, das Interesse seitens der PR- und Marketing-Praxis ebenso. Dieser Beitrag zeigt Ansatzpunkte für eine Erforschung des Umgangs mit Influencern in der Organisationskommunikation auf. Dabei werden die wesentlichen Ansätze und Konzepte skizziert und die Bezugspunkte zu einer Beschäftigung mit Influencern erläutert. An dieser Stelle muss gesagt werden, dass die jeweiligen Forschungsperspektiven im Rahmen dieses Beitrags nur angerissen werden können und das gesamte theoretische und empirische Potenzial nicht in angemessenem Umfang gewürdigt werden kann. Es ergeben sich jedoch schon in der oberflächlichen Betrachtung interessante Ansätze für Forschungsfragen, die mit Sicherheit in näherer Zukunft folgen werden.

Wenn sich eine neue Teildisziplin entwickelt, kommt es nicht nur in der Praxis oftmals zu Schnittmengen der traditionellen Bereiche – wie in diesem Fall zwischen den Public Relations und dem Marketing. Aus wissenschaftlicher Perspektive ist es spannend, welche Ansätze und Modelle fruchtbar als theoretische Grundlage herangezogen werden können.

Konkret: Muss man Influencer als meinungsführende Personen im Sinne des Two-Step-Flow-Konzepts betrachten? Oder greifen hier nicht vielmehr die medienwissenschaftlichen Konzepte der parasozialen Beziehung, wie es bei medialen Personen (wie TV-Stars) untersucht wurde? Und von besonderem Interesse: Wie lässt sich dieser Einfluss beschreiben und welche Kriterien muss man beachten, um ihn zu verändern (im kommerziellen Sinne: erhöhen). Wichtig sind in jedem Fall das Kommunikationsumfeld und die Kontextfaktoren, die es zu berücksichtigen gilt. Denn Meinungsführerschaft ist immer relational, weil jeder Meinungsführer einen Meinungsfolger braucht, und kommunikativ, da der Prozess der Beeinflussung im Rahmen der Kommunikation realisiert wird.

Dieser Beitrag hat das Ziel, Brücken zwischen den existierenden Forschungsperspektiven zum aktuellen Entwicklungsstand in der Praxis zu schlagen. Ein Blick in die Anfänge der Auseinandersetzung mit sogenannten „opinion leaders" oder Meinungsführern kann eine fundierte Beschäftigung mit diesem neuen Thema inspirieren.

Die Entdeckung des Meinungsführers an der Schnittstelle zwischen massenmedialer und interpersonaler Kommunikation in den 1940er-Jahren von Lazarsfeld und Kollegen (Lazarsfeld et al. 1944; Katz und Lazarsfeld 1955) setzte eine eigene soziologische Massenkommunikationsforschung in Gang (Schenk 1995, S. 7). Die Forschung basierte auf der Grundannahme, dass Meinungsführer die Meinungsaushandlung in ihrem sozialen Umfeld anführen und in Gesprächen die Meinungen ihrer Mitmenschen beeinflussen können (ebd.).

Die 1960er- und 1970er-Jahre wurden als „golden age of opinion leaders" bezeichnet, da mehrere hundert Studien in der Tradition der Meinungsführerforschung entstanden (Weimann 1994, S. 29). Zum Einsatz kamen dabei empirische Instrumente wie Meinungsführerskalen, die auf verschiedenen Dimensionen, wie Mediennutzung, Persönlichkeitsmerkmalen und inhaltlicher Expertise basierten.

Durch die Entwicklung der Online-Kommunikation erfährt das Thema heute einen neuen Aufschwung, was sich auch an den Forschungsbemühungen zeigt. Das hat auch den einfachen methodischen Grund, dass Online-Medien und soziale Netzwerke die Kommunikation sichtbar machen und eine leichter zugängliche Analyse ermöglichen – im Vergleich zur Gesprächsforschung in den 1960er- und 1970er Jahren.

Die Frage, worauf Meinungsführerschaft basiert ist heute jedoch immer noch nicht hinlänglich geklärt. Trepte und Böcking (2009, S. 443) verweisen auf die kommunikative Kompetenz als Basis für Meinungsführerschaft, die seit jeher zumindest theoretisch mit Meinungsführerschaft in Verbindung gebracht wird. Schon Katz prägte den Begriff „word-of-mouth specialists" (Katz 1957).

Schenk (1995) spricht von der besonderen „Fähigkeit zur Diskussion", die es möglich macht, andere Personen aus der sozialen Gruppe zu beeinflussen und sich selbst als Meinungsführer zu positionieren.

▶ Meinungsführer besitzen eine besondere kommunikative Kompetenz.

Diese Aussage mag auf den ersten Blick banal klingen. Vor dem Hintergrund der heutigen Beschäftigung mit Influencern ist sie jedoch grundlegend und wird beispielsweise als wichtiges Auswahlkriterium für die Kooperation von Unternehmensseite oftmals als Merkmal zu wenig einbezogen. In der Influencer-Diskussion steht häufig die Reichweite als Erfolgskriterium im Mittelpunkt des Interesses. Als qualitatives Kriterium steht die kommunikative Kompetenz jedoch vielmehr für die Fähigkeit, Inhalte zielgruppenspezifisch aufzubereiten und analog zum Kommunikationsumfeld wie z. B. dem Kanal zu kommunizieren.

Ein weiterer Aspekt kommt hinzu in Bezug auf die Quantität: In einer Studie aus dem Jahr 2012 konnten Gnambs und Batinic (2012) zeigen, dass die interpersonale Kommunikation ein wichtiger Vermittler für die Wahrnehmung von Meinungsführerschaft ist: Je häufiger eine Person mit einflussreicher Persönlichkeit und inhaltlicher Expertise kommuniziert, desto eher wird sie von anderen Menschen als Meinungsführer wahrgenommen.

▶ Meinungsführer werden als einflussreicher wahrgenommen, wenn sie häufig kommunizieren.

Übertragen auf die digitalen Influencer könnte das bedeuten, dass man auch hinsichtlich der Quantität der Kommunikation eine Bewertung vornehmen sollte. Dazu erfordert es auch einen Rahmen der einbezogenen Kommunikationskanäle – sozusagen einen kommunikativen Steckbrief der Kommunikationsquantität – als Kriterium für die Einflusswahrscheinlichkeit.

1.2 The People's Choice: Grundstein der Meinungsführerforschung

Die Studie „The People's Choice" von Lazarsfeld, Berelson und Gaudet gilt als Startpunkt der Meinungsführerforschung. Erstmals wurde die Bedeutung des persönlichen Einflusses auf die Meinungsbildung empirisch erfasst. Eine Reihe nachfolgender Untersuchungen am Bureau of Applied Social Research an der Columbia-Universität wurden unter dem Begriff Columbia-Studien zusammengefasst. Es ging hauptsächlich darum, die Rolle des Meinungsführers im Meinungsbildungsprozess zu erforschen. Die Studie wurde von dem Forschungsinteresse geleitet, zu untersuchen, wie der Prozess der politischen Meinungsbildung abläuft. 600 Wahlberechtigte des Eric County in Ohio wurden im Rahmen der US-amerikanischen Präsidentschaftswahl 1940 zwischen Mai und November monatlich nach ihren politischen Meinungen, ihren Wahlabsichten und ihren medialen und persönlichen Quellen politischer Information befragt (Lazarsfeld et al. 1944, S. 4 f.).

Die überraschende Erkenntnis: Nicht die erwartete Bedeutung der Massenkommunikation konnte bestätigt werden, sondern die hohe Relevanz der interpersonalen Kommunikation. Die drei wesentlichen Erkenntnisse wurden von Katz (1957, S. 63 f.) zusammengefasst:

- Die persönlichen Gespräche hatten einen stärkeren Einfluss auf die Wahlentscheidung als die Massenmedien – und zudem eine größere Reichweite. (Bedeutung des persönlichen Einflusses)
- Es war möglich, sogenannte Opinion Leader zu identifizieren, von denen ein besonderer persönlicher Einfluss ausging. (Identifikation von Personen)
- Meinungsführer nutzten im Vergleich zu den anderen Personen besonders häufig Medien. (Mediennutzung Meinungsführer)

Wie wurden die Opinion Leader ermittelt?
Man fragte: „Have you tried to convince anyone of your political ideas recently?" und „Has anyone asked your advice on a political question recently?" (Lazarsfeld et al. 1944).

Die Personen, die beide Fragen bejaht haben, wurden als Meinungsführer bezeichnet, die anderen wurden „Follower" genannt. Diese sehr frühe Bezeichnung setzte sich in den Zeiten der sozialen Netzwerke als Begriff fort. So entstand die Idee des „two step flow of communication", die besagt, dass Ideen oftmals von den klassischen Medien zu Meinungsführern gelangen und von ihnen zu den nicht so medial aktiven Teilen der Bevölkerung weitergetragen werden. Dieser Prozess des Zweistufenflusses konnte jedoch mittels der Studie empirisch nicht belegt werden, was einer der methodischen Kritikpunkte war. Dieser Einflussprozess war aber Untersuchungsgegenstand weiterer Forschung.

1.3 Das Verständnis von Meinungsführern: Die Weiterentwicklungen

In der Studie „Patterns of Influence" setzte Merton (1949) bei der Untersuchung dieses Einflusses an. Mittels eines neuen soziometrischen Verfahrens identifizierte er die Einflussreichen einer US-amerikanischen Kleinstadt durch die Nennungen in Befragungen. Die Personen, die mindestens viermal genannt wurden, klassifizierte er als einflussreich. In einer Befragung dieser Personen wurde die persönliche Einschätzung dieses Einflusses beleuchtet. Was waren die wesentlichen Ergebnisse?

Merton differenzierte die Einflussreichen in Bezug auf ihre dynamische Position im Netzwerk und traf eine Unterscheidung in potenzielle und ruhende Einflussreiche. Zudem unterschied er in kosmopolitische und lokale Meinungsführer im Sinne ihrer sozialen Orientierung. Als dritte Unterscheidung bezieht er sich auf die Einflussgebiete und differenziert zwischen monomorphen Meinungsführern (Einfluss in einem Themengebiet) und polymorphen Meinungsführern (Expertise in verschiedenen Themenfeldern) (Merton 1949, S. 187 f.). Meinungsführer lassen sich demnach in Bezug auf ihre Position, soziale Orientierung und Einflussgebiete differenzieren.

Diese Unterscheidung ist vor vielen Jahrzehnten entwickelt worden, lässt sich aber ebenso auf eine differenzierte Kategorisierung von digitalen Meinungsführern übertragen. In diesem Fall müsste man das Kriterium der Kanalvarianz bzw. Reichweitenbreite hinzufügen, wie in Tab. 1.1 dargestellt.

Tab. 1.1 Differenzierung von digitalen Meinungsführern in Anlehnung an Merton. (Quelle: Eigene Darstellung)

	Position im Netzwerk	Soziale Orientierung	Einflussgebiet	Kanalvarianz	Reichweite
Hoher Einfluss	Aktuell einflussreich	Kosmopolitisch	Polymorph	Multimedial	Hohe Reichweite
Geringerer Einfluss	Potenziell einflussreich	Lokal	Monomorph	Ein Medienkanal	Geringe Reichweite

In der Studie „Personal Influence" von Katz (2015) kombinierte man ebenso Selbst- und Fremdauskunft zur Identifikation von Meinungsführern und befragte sie zu verschiedenen Themenbereichen aus dem Alltag, wie beispielsweise dem persönlichen Kaufverhalten. Auch diese Studie lieferte das Ergebnis, dass Kaufentscheidungen eher von den Meinungen anderer beeinflusst werden als von den Medien. Meinungsführerschaft bezog sich jedoch auf ein Einfluss- und Interessensgebot und wurde demnach als eher monomorph ermittelt.

In einer Studie aus dem medizinischen Feld von Coleman et al. (1966) wurde die Idee des „two step flow of communication" erweitert. Sie fanden heraus, dass nicht nur Meinungsführer von Kollegen (in diesem Fall Ärzte) konsultiert wurden, sondern die Meinungsführer wiederum Kollegen nannten, die sie um Rat baten. Es konnte somit eine geschlossene Gemeinschaft von Spezialisten, ein Netzwerk, ermittelt werden.

Meinungsführer bewegen sich häufig in einem Netzwerk, einer Gemeinschaft von Experten. Die Studie „The People's Choice" und die Nachfolgerstudien markieren einen Paradigmenwechsel in der Medienforschung, da sie vom mächtigen Einfluss der Medien zu einer hohen Bedeutung des persönlichen Einflusses übergingen. Es ist beachtlich, dass diese Studien von vor rund 80 Jahren heute an Relevanz nicht verloren haben, wenn man sich mit den Einflussmerkmalen von digitalen Meinungsführern, den Influencern im Internet, befassen möchte.

In den folgenden Jahrzehnten wurden zahlreiche Studien durchgeführt und mehrstufige Modelle der Kommunikation entwickelt. Es wurde ein wechselseitiger Informationsaustausch zwischen Meinungsführern und Meinungsempfängern erkannt. Zudem zeigte sich die Existenz von Inaktiven, die nicht am interpersonellen Kommunikationsprozess teilnehmen und sich nur durch Massenmedien informieren. Auch „Meinungsführer der Meinungsführer" wurden identifiziert und Differenzierungen zwischen fiktiven und realen Meinungsführern erarbeitet. Es liegt in der Natur der Sache, dass sich die Meinungsführerschaft in ihrer Entwicklung zunächst und bis vor kurzem ausschließlich auf die interpersonelle Face-to-face-Kommunikation bezog oder auf die Untersuchung von Meinungsbildern in den klassischen Medien. Selbst die Studien in den vergangenen 5 Jahren, die sich bereits auf die Online-Kommunikation beziehen, hatten nicht das heutige Phänomen der „Influencer" mit ihrem hohen Professionalisierungsgrad im Blick.

1.4 Individuum versus Netzwerk: Zwei Perspektiven

Meinungsführung ist keine Eigenschaft eines Individuums, sondern eine verbreitete Form des Kommunikationsverhaltens, betonten Kroeber-Riehl und Weinberg im Jahr 2003. Diese Annahme lässt sich nicht grundsätzlich unterschreiben. Vielmehr gibt es durchaus andere Zugänge zu dieser Festlegung. Katz formulierte bereits 1957 die typischen Merkmale eines Meinungsführers, die sich daraus ableiten, wer jemand ist (in Bezug auf bestimmte Werte), was jemand weiß (Kompetenz in bestimmten Bereichen) und wen jemand kennt (die strategische soziale Position) (Katz 1957).

Wenn man der Frage nachgeht, was denn die Merkmale eines Meinungsführers sind, lassen sich zwei Schwerpunkte betrachten: Denn die Meinungsführerforschung kann in zwei Richtungen unterteilt werden, die sich in der jeweiligen Verfahrensweise unterscheiden: die individuenzentrierte und die netzwerkanalytische Perspektive (Geber 2017, S. 37).

Individuenzentrierte Forschungsperspektive

- Untersuchung von Meinungsführern durch Selbstauskunft
- Meinungsführerschaft als kommunikative Disposition (spezifisches Kommunikationsverhalten)

▶ Meinungsführerschaft wird entweder als monomorph bezogen auf ein Themengebiet verstanden, oder als themenunabhängiges Persönlichkeitsmerkmal (polymorph).

Die Studien, die Meinungsführerschaft polymorph verstehen, arbeiten mit dem Konzept der Persönlichkeitsstärke, das von Noelle-Neumann (1983) und dem Institut für Demoskopie Allensbach entwickelt wurde. Die Skala der Persönlichkeitsstärke eignet sich zur Identifikation von Meinungsführern. Vor dem Hintergrund der großen Vielfalt an unterschiedlichsten Web-2.0-Anwendun-gen scheint das Konzept der Persönlichkeitsstärke dafür besonders gut geeignet (Schenk und Scheike 2011, S. 426).

Was ist mit dem Merkmal der Persönlichkeitsstärke gemeint? Persönlichkeitsstarke Menschen weisen Charakterzüge wie Selbstbewusstsein, Ausstrahlung und Durchsetzungsvermögen auf, die den Einfluss auf andere Personen verstärken. Hinzu kommt ein aktives Kommunikationsverhalten, vielseitige Interesse und ein großes, dichtes soziales Netzwerk. Persönlichkeitsstarken wird zudem Hilfsbereitschaft zugeschrieben.

Die Fragebatterie zur Persönlichkeitsstärke sieht mit nur leichten Variationen in den Skalen von Studie zu Studie folgende Fragen vor:

Frage

„Welche Persönlichkeitseigenschaften treffen wie stark auf Sie zu?“

- Gewöhnlich rechne ich bei dem, was ich mache, mit Erfolg.
- Ich bin selten unsicher, wie ich mich verhalten soll.

- Ich übernehme gern Verantwortung.
- Ich übernehme bei gemeinsamen Unternehmungen gern die Führung.
- Es macht mir Spaß, andere Menschen von meiner Meinung zu überzeugen.
- Ich merke öfter, dass sich andere nach mir richten.
- Ich kann mich gut durchsetzen.
- Ich bin anderen oft einen Schritt voraus.
- Ich besitze vieles, worum mich andere beneiden.
- Ich gebe anderen Ratschläge/Empfehlungen.

Das Konzept der Persönlichkeitsstärke wird noch heute zur Ermittlung von Meinungsführern durch Selbsteinschätzung verwendet. Lässt es sich nun eins zu eins auf die Identifizierung und Bewertung von Influencern im sozialen Netz übertragen? Oder spielt nicht der fachliche oder thematische Expertenstatus eine viel wichtigere Rolle, als die Stärke der Persönlichkeit? Das wären interessante Fragen, die sich in der Auseinandersetzung mit Influncern und Influencer Relations auf der Forschungsebene stellen. Aber auch der Anwendungsbezug wäre hier hoch. Viele Unternehmen, die planen, langfristige Kooperationen mit Influencern einzugehen, die vielleicht in ihren Aktivitäten noch am Anfang stehen, denen aber ein hohes Potenzial zugeschrieben wird, können aus der Skala der Persönlichkeitsstärke Bewertungskriterien ableiten. In jedem Fall wären diese Merkmale parallel zur Expertise für ein bestimmtes Thema in die Überlegungen einzubeziehen.

> Meinungsführerschaft verbindet Persönlichkeitsstärke als individuelles Persönlichkeitsmerkmal mit einer Spezialisierung auf ein bestimmtes Themengebiet.

Netzwerkanalytische Forschungsperspektive
Der netzwerkanalytische Ansatz verfolgt das Ziel, strukturelle Bedingungen für persönlichen Einfluss und Meinungsführerschaft zu analysieren. Eine erste Studie mit diesem Ansatz wurde von Coleman et al. (1966) durchgeführt (vgl. Geber 2017, S. 40). Die grundsätzlichen Annahmen lauten:

- Meinungsführerschaft hängt von der Position im Netzwerk ab und ist keine Disposition.
- Voraussetzung für Meinungsführerschaft ist eine einmalige und einflussreiche Position im Netzwerk.
- In der Forschung lassen sich entweder das gesamte Kommunikationsnetzwerk oder egozentrierte Netzwerke untersuchen.
- Die Beziehungen lassen sich in „strong ties" und „weak ties", sowie in „central individuals" und „marginal individuals" differenzieren.

Eine Netzwerkanalyse ermöglicht einen Einblick in komplexe Kommunikationsbeziehungen. Den Meinungsführern kann aufgrund von soziometrischen Untersuchungsergebnissen eine zentrale Position im Netzwerk zugeschrieben werden. Diese sind sowohl für den Intergruppenfluss der Informationen als auch für den Einfluss über die sozialen Gruppengrenzen hinaus verantwortlich.

Studien mit einer Kombination beider Perspektiven zeigen: Es gibt eine hohe Korrelation zwischen Meinungsführerschaft als kommunikativer Disposition und Persönlichkeitsstärke sowie als struktureller Position im Netzwerk.

Die Kombination: Eine dyadisch-interaktionale Perspektive

In ihrem Dissertationsprojekt zu politischen Meinungsführern entwickelte Geber eine dyadisch-interaktionale Perspektive mit dem Ziel, sowohl dem Individuum als auch der Bedeutung des sozialen Kontextes gerecht zu werden. Die Dyade als einfachste Stufe der netzwerkanalytischen Betrachtung erlaubt eine fokussierte Analyse der Interaktion zwischen Meinungsführer und -folger (Geber 2017 S. 47).

Die Grundlage bietet das relationale Verständnis von Meinungsführerschaft. Demnach:

- existiert Meinungsführerschaft immer nur in beständigen Sozialbeziehungen,
- ist nicht an sozioökonomischen Status geknüpft und
- eine Person kann zugleich Meinungsführer und -folger sein (Relativität von Meinungsführerschaft).

Der persönliche Einfluss ist ein zusätzlicher Aspekt, der sich auch in vielen Definitionen als zentral erweist,

> Opinion leaders are people who influence the opinions, attitudes, beliefs, motivations, and behavior of others (Valente und Pumuang; zit. nach Geber 2017, S. 49).

Geber selbst kommt in ihrem Ansatz zu folgender grundlegenden Definition von politischer Meinungsführerschaft für ihre Studie:

> Meinungsführerschaft ist eine relative Kommunikationsrolle in einer alltäglichen Kommunikationsbeziehung, die zur kommunikativen Einflussnahme befähigt, welche vom Ziel der [politischen] Beeinflussung angeleitet wird und sich auf die Meinung der Gesprächspartner auswirkt (Geber 2017, S. 51).

Die Ergebnisse aus der Analyse von politischen Alltagsgesprächen lassen sich nicht direkt auf die Beschäftigung mit digitalen Meinungsführern übertragen, da die Kommunikationssituation und Dialogizität nicht vergleichbar ist. Interessant sind jedoch die Erkenntnisse, dass die mit Meinungsführerschaft einhergehende kommunikative Kompetenz eher subtil realisiert ist. Die kommunikative Kompetenz wird auf der Beziehungseben eher nicht durch spezifische Kommunikationsstrategien, sondern durch Ähnlichkeit konstituiert. Hieraus ergäbe sich die Forschungsfrage, wie die sozialen Beziehungen im digitalen Raum zwischen Influencer und Follower zu beschreiben sind.

Weitere Begriffe: Market Maven und Frühadoptoren

Der marketinggerichtete Begriff des Market Maven wurde von Feick und Price geprägt und in Bezug auf den Konsumgüterbereich entwickelt. Market Maven wurden definiert als „individuals, who have information about many kinds of products, places to shop, and other facets of markets and initiate discussions with consumers and respond to requests from consumers for market informations“ (Feick und Price 1987). Die Parallelen zu dem heutigen Influencer-Begriff sind deutlich. Market Maven haben Einfluss auf andere aufgrund ihres Wissens und ihrer Erfahrung.

Market Maven fühlen sich verpflichtet, informiert zu sein und zeigen großes Interesse am Einkaufen. Sie nutzen die gesammelten Informationen für den sozialen Austausch. Somit nehmen Market Maven Informationen auf, die auch für andere interessant sind und die sie in Konversationen weitergeben können. Die Unterscheidungen zu den (spezialisierten) Meinungsführern liegen in ihrem produktübergreifenden Wissen und umfangreichen Kenntnissen über Marktgegebenheiten. Zahlreiche Studien fanden jedoch ähnliche Merkmale und Motive der Market Maven wie bei den (spezialisierten) Meinungsführern.

Frühadoptoren oder Innovatoren sind Menschen, die im Diffusionsprozess Produktinnovationen zeitlich gesehen früher übernehmen als die Mehrheit der Bevölkerung. Durch ihr großes Interesse an Neuheiten, ihre frühzeitigen Erfahrungen mit Innovationen und ihr daraus resultierender Wissensvorsprung werden Frühadoptoren bzw. Innovatoren ebenso wie die Meinungsführer als Bezugspersonen angesehen und um Rat gefragt. Im Vergleich sind Frühadoptoren und Meinungsführer vor allem in der Einführungsphase einer Neuheit als Zielgruppe interessant für das Marketing, während Market Maven aufgrund ihres Interesses an allgemeinen marktrelevanten Informationen in allen Phasen des Produktlebenszyklus für Unternehmen und Werbetreibende von Bedeutung sind.

Zusammenfassend kann man sagen, dass alle drei Begriffe für das gleiche Konzept stehen, indem sie Menschen beschreiben, die Einfluss auf die Einstellungen und Verhaltensweisen von anderen Personen nehmen können. Sie sind jedoch in unterschiedlichen Zusammenhängen betrachtet worden:

- der Frühadoptor als Bestandteil des Diffusions- und Adoptionsprozesses von Innovationen (Forschung zur Ausbreitung von Innovationen)
- der Market Maven als Einflussnehmender im Bereich Marketing bzw. zu marktrelevanten Fakten
- der Meinungsführer als Oberbegriff für Einflussnehmende, der in verschiedenen Bereichen wie Politik, Konsumgüter, Mode etc. untersucht wurde.

Die drei Konzepte unterscheiden sich hinsichtlich der Art, Intensität und des Zeitpunkts ihrer Kommunikationsbemühungen, was sie im Hinblick auf die Diffusion von Marketinginformationen nicht als gleichermaßen effektiv erscheinen lässt (Dressler und Telle 2009, S. 9; Möller 2011, S. 34). Eine definitorische Fragestellung wäre es, eine detaillierte Differenzierung oder Einordnung des Influencer-Begriffs vorzunehmen, wie er heute verstanden wird – im Kontext von Frühadoptoren, Meinungsführern und Market Maven.

1.5 Beziehungen: Empathie, sozialer Vergleich und parasoziale Interaktion

Digitale Influencer üben ihren Einfluss nicht in der interpersonellen Kommunikation aus, sondern im sozialen Netz. Die Kommunikation findet demnach medial vermittelt statt und hat in einigen Fällen Parallelen zur Mediennutzung (z. B. mittels YouTube-Channel oder Live-Videos). In der Medienwirkungsforschung gibt es eine Reihe von Konzepten, wie Menschen mit medialen Personen umgehen bzw. wie sich deren Beziehung zu ihnen gestaltet. Rezipienten können mit Medienfiguren mitdenken und mitfühlen (Empathie), wodurch es zu einem emotionalen Erleben kommen kann. Soziale Vergleiche können das Selbstkonzept beeinflussen und wenn es zu einer intensiven und langfristigen Beschäftigung mit einer Medienperson kommt, spricht man von einer parasozialen Beziehung. Bei der Identifikation löst sich die Grenze zwischen Medienperson und Mediennutzer temporär auf (Döring 2013, S. 295). Diese vier sozialpsychologischen Phänomene werden klassischerweise bei realen und fiktionalen Medienfiguren untersucht, können aber ebenso auf Influencer und ihre Followerschaft angewendet werden. Alle Prozesse sind kognitiv zu verstehen, setzen also eine Wahrnehmung, Informationsverarbeitung und Bewertung der Medienpersonen voraus.

Empathie bei der Mediennutzung

Die Empathie beruht auf neurologischen Prozessen und bezeichnet das Vermögen zur Einfühlung und zum Hineinversetzen in eine andere Person. Man unterscheidet zwischen kognitiver und affektiver Empathie, die jeweils entweder auf eine Perspektivenübernahme gerichtet ist oder auf ein emotionales Miterleben. Man spricht auch von Medienempathie, da sie deutlich von der interpersonalen Empathie abzugrenzen ist. Die mediale Distanz und geringere Involviertheit sind die Gründe für diese Differenzierung. Die Empathie mit virtuell auftretenden Personen wie beispielsweise Influencern ist stark von der Glaubwürdigkeit abhängig (Döring 2013, S. 298). Untersuchungen lassen sich über die standardisierten Fragebögen der Messung von Medienempathie ermitteln, hier gäbe es auch den Ansatzpunkt für die Frage:

Frage

Schafft es ein Influencer, bei seinen Followern eine kognitive oder affektive Empathie zu erzeugen?

Sozialer Vergleich mit Influencern

Die Theorie des sozialen Vergleichs geht auf Festinger (1954) zurück und basiert auf der Annahme, dass sich Menschen bei ihrer Selbsteinschätzung an anderen Personen orientieren. Dieser Vergleich bezieht sich immer auf bestimmte Merkmale, wie körperliche Attraktivität, sozialen Status etc. Soziale Vergleiche haben ebenso kognitive, emotionale und verhaltensbezogene Aspekte, die man in drei verschiedenen Varianten beschreiben kann: Aufwärts-Vergleiche (Vergleich mit überlegenen Personen), Abwärts-Vergleiche

(Vergleiche mit unterlegenen Personen) und horizontale Vergleiche (Vergleiche mit Personen, die hinsichtlich eines Merkmales ähnliche Ausprägungen haben) (Döring 2013, S. 300). Wenn man die Grundlage dieser Theorie für die Beschäftigung mit Influencern heranziehen möchte, wäre zu fragen:

Frage
Welche Art des sozialen Vergleichs provoziert der Influencer bei den Followern?

Die These, die an dieser Stelle zu überprüfen wäre, lautet: In der Beziehung von Influencern zu ihren Followern geht es in der Regel um Aufwärtsvergleiche oder horizontale Vergleiche. Internetnutzer, die beispielsweise Influencern aus dem Bereich Mode, Fitness und Lifestyle folgen, erwarten sich Inspirationen für den eigenen Lebensstil und versuchen dem jeweiligen Influencer nachzueifern. Dagegen sind beispielsweise themenbasierte Blogs, die sich mit einem bestimmten eingegrenzten Themengebiet befassen, auf den horizontalen Vergleich ausgelegt. Diese Annahmen könnten mithilfe der Theorie des sozialen Vergleichs genauer untersucht werden.

Parasoziale Beziehungen mit Influencern
Von einer parasozialen Beziehung spricht man, wenn sich eine situationsübergreifende Bindung an eine bestimmte Medienperson entwickelt. Schenk bezeichnet es als wichtigste Eigenschaften der Massenmedien insbesondere des Fernsehens, eine Illusion von face-to-face-Beziehungen zwischen Zuschauern und Darstellern zu erzeugen (Schenk 2007, S. 740). Viele Influencer lassen ihre Follower medial an ihrem Leben teilhaben, was die These nahelegt, dass es zu parasozialen Beziehungen kommen kann. Der Begriff beschreibt „scheinbar zwischenmenschliche Beziehungen", die durch wiederholte Einzelkontakte und Interaktionen zustande kommen und im Grunde die Phänomene Empathie, sozialer Vergleich oder Identifikation umfassen können (Döring 2013, S. 303). Eine parasoziale Beziehung besteht in Kontaktpausen weiter und manifestiert sich auf kognitiver Ebene durch Nachdenken über die Person, auf emotionaler Ebene in Form von Gefühlen für die Person oder auf der Verhaltensebene. Kommt es zu einer parasozialen Interaktion, spricht man von „role-taking". Es führt dazu, dass der Mediennutzer meint, an einer wechselseitigen Interaktion teilzunehmen. Bei fiktiven Medienfiguren kann sich diese Interaktion nur einseitig vollziehen, in sozialen Netzwerken kommt es teils jedoch auch zu einer wechselseitigen Interaktion zwischen Influencer und Follower.

Diese Form der Beziehung wollen Unternehmen oder Organisationen nutzen, die mittels des Influencers Einstellungs- oder Kaufempfehlungen geben wollen. Wenngleich das in der alltäglichen Kommunikationspraxis nicht empirisch und im Einzelfall zu ermitteln ist, müsste man an dieser Stelle fragen:

Fragen

- Wie können Influencer parasoziale Beziehungen zu ihrer Followerschaft aufbauen, die situationsunabhängig langfristig bestehen?
- Inwiefern bestehen bereits parasoziale Beziehungen des Influencers zu seinen Followern, die sich in Bezug auf die Verhaltensabsicht abbilden lassen?

Die theoretische Verknüpfung der Konzepte „Meinungsführerschaft" und „parasoziale Beziehung" wurde von Rösler et al. (2014) zu der parasozialen Meinungsführerschaft verdichtet. Dieses Phänomen wurde mittels einer qualitativen Befragungsstudie konkretisiert und beschrieben. Parasoziale Meinungsführerschaft entsteht, wenn ein Rezipient einer Medienperson im Rahmen einer parasozialen Beziehung bestimmte Merkmale zuschreibt, die ermöglichen, dass die Medienperson den Rezipienten daraufhin in dessen Einstellung beeinflussen kann. Dies geschieht unterschiedlich intensiv durch die Erfüllung von mindestens einer der drei Funktionen Informations- und Komplexitätsreduktion, Orientierung oder Interesse wecken (Rösler et al. 2014, S. 248). Dem parasozialen Meinungsführer werden somit zugeschrieben:

a) Informations- und Komplexitätsreduktion: Er oder sie übt eine Informationsfunktion aus und reduziert komplexe Themen auf für den Rezipienten verständliche Aspekte. Diese Funktion ist vor allem bei der politischen Berichterstattung von Bedeutung.
b) Orientierung: Parasoziale Meinungsführer geben dem Rezipienten Orientierungshilfe hinsichtlich bestimmter Werte, Normen und politischer Einstellungen, wenn sie Informationen und Standpunkte zu aktuellen Kontroversen vermitteln.
c) Interesse wecken: Parasoziale Meinungsführer sind in der Lage, den Horizont des Rezipienten zu erweitern und ihn so zu einer intensiveren Auseinandersetzung mit neuen und teilweise bisher nicht verfolgten Themen zu motivieren.

Die durchgeführte Studie bezog sich nicht auf das Phänomen eines digitalen Influencers, der über seine medialen Kanäle im Internet eine hohe Reichweite erreicht. Die ermittelten Merkmale ließen sich jedoch auf die Beziehung in diesem Kontext als Untersuchungsraster verwenden.

Theorie der Reaktanz

Ein letztes Konzept, das sinnvolle Einsatzmöglichkeiten bietet, wenn man sich mit Influencer Relations beschäftigt, ist die Theorie der Reaktanz. Eine große Diskussion und Entwicklung findet in der Branche zur Kennzeichnung von werblichen Inhalten auf Blogs oder Social-Media-Kanälen statt. Wenn nun Influencer, die von ihren Followern als vertrauensvoll und authentisch wahrgenommen werden, ihre Tätigkeiten auf kommerzieller Ebene betreiben, besteht die Annahme, dass sich die Nutzer durch zu viel oder zu deutliche Werbung abwenden. Diese Reaktion wurde mit der Theorie der Reaktanz erfasst. Was besagt sie?

Die Theorie der Reaktanz wurde 1966 von Brehm entwickelt und geht davon aus, dass Menschen ein grundsätzliches Bedürfnis nach Autonomie haben (Miron und Brehm 2006). Wenn diese Unabhängigkeit eingeschränkt wird, kommt es zu einer negativen Reaktion, der Reaktanz. Dieser motivationale Zustand ist darauf ausgerichtet, die eigene Freiheit wiederherzustellen. Dies geschieht zum Beispiel, wenn eine Persuasionsabsicht erkannt wird. Diese nahegelegte Einstellung wird dann abgelehnt und eine gegensätzliche Einstellung angenommen. Diese theoretische Grundlage bietet eine Option, die Einflussmöglichkeiten von digitalen Meinungsführern auch im sozialen Netz zu untersuchen. Zu fragen bzw. zu untersuchen wäre hier:

Fragen

- Produzieren Marken- oder Produktempfehlungen bei den Followern eines Influencers Reaktionen der Reaktanz?
- Inwieweit werden Marken- oder Produktempfehlungen wahrgenommen, akzeptiert und in eine eigene Verhaltensabsicht überführt?

Die Konzepte der Meinungsführer- und Medienwirkungsforschung bieten eine Reihe von Ansatzpunkten für die Erforschung der Influencer Aktivitäten, ihrer Beziehungen und Wirkungen beim Rezipienten. Jeder einzelne Ansatz liefert Erkenntnisse und Ergebnisse, wie sich die Beziehung zu einem Influencer aus Sicht der Followerschaft gestaltet. Diese Ansätze weisen jedoch eher in eine qualitative als quantitative Richtung. In der Kommunikationspraxis wird aber häufig die reine Reichweitenquantität und Interaktionshäufigkeit als Entscheidungsgrundlage herangezogen. Wenn es um langfristige Kooperationen geht, wird zudem die inhaltliche und thematische Ausrichtung des Influencers und der Markenfit in Augenschein genommen. Insgesamt muss im Sinne einer fundierten Auseinandersetzung und Grundlagenforschung über die allgemeine Ausgestaltung und Beschreibung der Beziehungen zwischen Influencer und Follower geforscht werden.

1.6 Erkenntnisse und Ansätze der Übertragung auf Influencer Relations

Die Untersuchung von Meinungsführerschaft hat im Marketing eine längere Tradition. Jungnickel zählt in ihrer ausführlichen Darstellung des Forschungsstands 241 Beiträge zu dem Thema. 45 % der Studien beziehen sich auf die Diffusionstheorie, 39 % auf die soziale Netzwerkanalyse und 35 % auf den Zweistufenfluss. Im Sinne der Diffusionstheorie geht es im Kern darin zu untersuchen, wie sich neue Produkte durch verschiedene massenmediale und interpersonale Einflüsse in einem sozialen System verbreiten. Dabei werden die Einflussmechanismen Kontakt (Aufmerksamkeit), Sozialisation (Diskussionen und Empfehlungen), Status-Wettbewerb (Kampf um Position im Netzwerk) und soziale Normen (Konformitätsdruck innerhalb der Gruppe) untersucht. Bei der Untersuchung von Influencer Relations würde das zweite Merkmal des Einflussmechanismus „Socialisation" von besonderem Interesse sein (Jungnickel 2017, S. 162).

Interessant ist auch das Ergebnis der empfehlenswerten Ausarbeitung von Jungnickel, dass 47 % aller Studien zu Marketing-Meinungsführerschaft einen Online-Bezug aufweisen. In diesen Studien dominierte die Bestimmung der Meinungsführer durch Kennzahlen und Algorithmen während in Beiträgen ohne Online-Bezug die Selbsteinschätzung die am häufigsten genutzte Methode war. Dabei kamen insbesondere die Market-Maven-Skala von Feick und Price (1987) und die monomorphe Skala von Flynn et al. (1996) zum Einsatz (ebd, S. 162).

Zusammenfassend weisen Marketing-Meinungsführer unabhängig von der konkreten Selbsteinschätzungsskala, mit der sie bestimmt wurden, ähnliche Eigenschaften auf. Insbesondere in Bezug auf Persönlichkeit, Involvement und Kommunikationsverhalten – meist jedoch bezogen auf ein Thema oder eine Produktkategorie, wie beispielsweise die Mode. Als öffentlich sichtbares Konsumgut ist sie ein wesentlicher Bestandteil der eigenen Selbstdarstellung und wird stärker als andere weniger sozial auffällige Produkte von Bezugsgruppen beachtet, die daraus Rückschlüsse auf die Persönlichkeit und den Status des Trägers ziehen (Ahrens und Dressler 2011, S. 71). Somit ist zu erwarten, dass sich Konsumenten im Bereich der Mode besonders stark an anderen Personen – speziell an Meinungsführern – orientieren und deren Meinungen und Empfehlungen berücksichtigen.

In einer Analyse von Fashion Blogs haben Sedeke und Arora (2014) ermittelt, dass Mode-Meinungsführer im Unterschied zu allgemeinen Marketing-Meinungsführern eher weiblich sind und sich durch ihre Sorge um das eigene äußere Erscheinungsbild und den stärkeren Vergleich mit anderen auszeichnen. Ihr Kommunikationsverhalten, ihre sozialen Kontakte, ihre Mediennutzung und Expertise stehen dabei seltener im Fokus der Analyse als ihre Persönlichkeit und ihr themenspezifisches Involvement. Ahrens und Dressler (2011) fanden heraus, dass das Vertrauen in den Mode-Meinungsführer durch dessen Attraktivität bedingt wird. Weiterhin ist auch die Ähnlichkeit zwischen dem Meinungssuchenden und dem Meinungsführer maßgeblich für das Vertrauen, welches dem Rat der Person entgegengebracht wird (Ahrens und Dressler 2011, S. 142 f.). Ist dieses Ergebnis auf andere Branchen übertragbar? Es bedarf in jedem Fall einer Differenzierung des jeweiligen Themengebiets, wenn man sich mit Influencern empirisch befassen möchte. Welche Schlüsse lassen sich jedoch übergreifend und zusammenfassend ableiten?

In der Kommunikationspraxis wird häufig über die Frage nachgedacht, wie man geeignete Influencer identifiziert, die kurz-, mittel- oder langfristig als Kooperationspartner für das Unternehmen oder die Marke infrage kommen. Legt man die Erkenntnisse der Meinungsführerforschung zugrunde, lassen sich Thesen über die Merkmale von Influencern identifizieren, die sich auch für die Kommunikationspraxis operationalisieren lassen.

> **These 1** Je höher die kommunikative Kompetenz eines Influencers, umso größer der Einfluss.

Nun ist zu fragen, was sich hinter dem Begriff der kommunikativen Kompetenz verbirgt bzw. wie man diesen beurteilen kann. In der Organisationskommunikation geht es nicht nur um die Fähigkeit, relevante Inhalte in Form von Texten, Bildern und Filmen zu produzieren, sondern auch um die strategische Ausrichtung von Inhalten in Bezug auf definierte Ziele. Im Modell des strategischen Textens wurden vier Ebenen definiert, die für die zielführende Arbeit mit mündlichen und schriftlichen Texten grundlegend sind (vgl. Schach 2017, S. 155 ff.). Bezogen auf den Influencer, sollten zielgerichtete und zielgruppenspezifische Inhalte erstellt werden können, die perfekt in den kommunikativen Kontext und Kanal eingebunden werden, und von der Themensetzung und -entwicklung sowie der sprachlichen Ausarbeitung qualitativ hochwertig sind.

Kommunikative Kompetenz ist demnach zu einem gewissen Teil systematisch in Kompetenzfelder aufzusplitten und in diesem Sinne auch trainier- bzw. erlernbar. Die Columbia-Studien haben ebenfalls ergeben, dass auch die Kommunikationsquantität einen Ausschlag über die Einflussstärke eines Influencers gibt. In der digitalen Medienlandschaft müsste man hinzufügen, dass sich die Quantität ebenso auf die Präsenz in verschiedenen kommunikativen Umfeldern bezieht. Die Studien sind zu einer Zeit entstanden, die von Massenmedien auf der einen Seite und persönlichen Gesprächen auf der anderen Seite geprägt waren. Somit wird Multimedialität und Reichweite selbstverständlich ein zusätzliches Kriterium für die Beurteilung eines Influencers sein. Die Meinungsführerforschung bestätigt jedoch darüber hinaus folgenden Aspekt:

These 2 Je höher die Persönlichkeitsstärke eines Influencers, umso größer der Einfluss.

Wenn Influencer sich durch bestimmte Dispositionen, wie Persönlichkeitsstärke auszeichnen, wären das Eigenschaften, die sich nicht erlernen lassen. Aktuell richten größere Unternehmen Schulungs- und Ausbildungsprogramme ein, die Mitarbeiter zu sogenannten „Corporate Influencern“ oder Unternehmens- oder Markenbotschaftern machen sollen. Wenn nach dem Konzept der Persönlichkeitsstärke diese Menschen mit besonderen Persönlichkeitsmerkmalen ausgestattet sein müssten, um als Influencer erfolgreich zu sein, kann das zwei Implikationen nach sich ziehen: Es sollten nur diese Menschen ausgewählt werden, die über die gewünschte Persönlichkeitsstärke verfügen. Wenn dies nicht berücksichtigt wird, kann man das „Influencen“ nicht erlernen, da eine persönliche Disposition schwerlich zu vermitteln ist.

These 3 Je besser die Position des Influencers in einem einflussreichen Netzwerk, umso höher der individuelle Einfluss.

Dieser Aspekt ist in der bisherigen Diskussion über die Auswahl von geeigneten Influencern zu wenig zur Sprache gekommen. Hier wäre zu untersuchen bzw. genau zu beobachten, inwiefern ein Influencer in ein Expertennetzwerk eingebunden ist und welche Position er darin einnimmt.

These 4 Je höher die Beziehungsstärke eines Influencers zu seinen Followern, desto höher der Einfluss.

Welche Beziehungen können bei der Followerschaft zu einem Influencer beobachtet werden, bzw. wie werden diese eingeschätzt? Vergleichen sich die Nutzer mit dem Influencer eher auf der Ebene von horizontalen Vergleichen oder von Aufwärtsvergleichen? Besteht eine Empathie auf kognitiver oder emotionaler Ebene und wie fest und dauerhaft sind Beziehungen aufgebaut? Ein Vorteil der Social-Media-Kommunikation im Gegensatz zur Untersuchung von z. B. Gesprächen liegt in der einfachen Verfügbarkeit durch die schriftliche Dialogfunktion in Blogs oder sozialen Netzwerken. Hier lassen sich Aussagen empirisch erfassen und analysieren, die nicht im Rahmen einer Befragung entstanden sind, sondern im „natürlichen" medialen Umfeld. Ansatzpunkte für inhaltsanalytische oder diskurslinguistische Verfahren für die Analyse könnten hier fruchtbar eingesetzt werden.

> **These 5** Je geringer die Reaktanz auf die Kommunikation eines Influencers, umso höher der Einfluss.

Konkret gefragt: Nehmen die Follower es einem Influencer übel, wenn er werblich tätig ist und eine Persuasionsabsicht (aus Gründen der rechtlichen Kennzeichnungspflicht) deutlich erkennbar ist. Kommt es zu Reaktionen der Reaktanz und einer Abkehr vom Influencer oder spielt das für die Nutzer keine Rolle? Und wenn das so ist, warum nicht?

1.7 Zusammenfassung und Ausblick

Der Influencer – ein neuer Begriff, der teils zu recht kontrovers diskutiert wird, sich aber in der Kommunikationspraxis für digitale Meinungsführer durchgesetzt hat. Auch der Begriff Influencer Relations oder Influencer Marketing als Bemühungen eines Unternehmens oder einer Organisation über Influencer seine Zielgruppen zu erreichen, ist im Marketing- und im PR-Bereich in aller Munde.

Die theoretische Grundlage für die Untersuchung dieser relativ neuen Entwicklung ist besonders spannend. Aus verschiedenen Gründen:

Influencern wird ein spezifischer Einfluss auf eine Gruppe Internetnutzer zugeschrieben. Sie sind demnach digitale Meinungsführer. Jedoch wird ihr Einfluss nicht durch persönliche Gespräche im Freundes-, Bekannten- oder Kollegenkreis realisiert, sondern im digitalen Raum. Greifen hier die gleichen Prozesse, wie in der klassischen Meinungsführerforschung ermittelt oder wirkt sich die spezifische Interaktions- und Kommunikationssituation des Internets auf die Meinungsführerschaft aus? Die klassische Medienwirkungsforschung beschäftigt sich in der Regel hauptsächlich mit Medienpersonen, wenn es um die Ermittlung von Medienempathie, sozialen Vergleich mit Medienfiguren oder parasoziale Beziehungen geht. Auch hier gibt es eine Reihe an Forschungsperspektiven, die sich als Grundlage für empirische Untersuchungen zu Influencer Relations eignen. Verbindet man diese beiden Forschungsrichtungen und bezieht sie auf den Influencer, könnte man demnach auch zusammenfassend sagen:

▶ Ein Influencer ist sowohl Meinungsführer, der im digitalen Bereich die Einstellungs- und Verhaltensabsicht seiner Follower beeinflussen kann, als auch zugleich eine mediale Person, die für seine Follower eine Vorlage für Empathie, sozialen Vergleich und parasoziale Beziehungen bietet.

Literatur

Ahrens G, Dressler M (2011) Online-Meinungsführer im Mode-Markt. Der Einfluss vom Web 2.0 auf Kaufentscheidungen. Springer Gabler, Wiesbaden

Coleman JS, Katz E, Menzel H (1966) Medical innovation: a diffusion study. Bobbs-Merrill, Indianapolis

Döring N (2013) Wie Medienpersonen Emotion und Selbstkonzept der Mediennutzer beeinflussen. Empathie, sozialer Vergleich, parasoziale Beziehung und Identifikation. In: Schweiger W, Fahr A (Hrsg) Handbuch Medienwirkungsforschung. Springer VS, Wiesbaden, S 295–310

Dressler M, Telle G (2009) Meinungsführer in der interdisziplinären Forschung. Bestandsaufnahme und kritische Würdigung. Springer Gabler, Wiesbaden

Feick LF, Price L (1987) The market maven: a diffuser of marketplace information. J Mark 51:83–97

Festinger L (1954) A Theory of Social Comparison Processes. Hum Relat 7:117–140

Flynn LR et al (1996) Opinion Leaders and Opinion Seekers: Two New Measurement Scales. J Acad Mark Sci 24(2):137–147

Geber S (2017) Wie Meinungsführer Meinung kommunizieren. Meinungsführerschaft in der politischen Alltagskommunikation. Halem, Köln

Gnambs T, Batinic B (2012) The roots of interpersonal influence: a mediated moderation model for knowledge and traits as predictors of opinion leadership. Appl Psychol 62:597–618

Jungnickel K (2017) Interdisziplinäre Meinungsführerforschung. Eine systematische Literaturanalyse. Springer VS, Wiesbaden

Katz E (1957) The two-step flow of communication: an up-to-date report on an hypothesis. Public Opin Q 21:61–78

Katz E (2015) Where are opinionleaders leading us? Int J Commun 9:1023–1028

Katz E, Lazarsfeld PF (1955) Personal influence: the part played by people in the flow of mass communications. Free Press, New York

Kroeber-Riehl W, Weinberg P (2003) Konsumentenverhalten, 8. Aufl. Vahlen, München

Lazarsfeld PF, Berelson B, Gaudet H (1944) The people's choice: how the voter makes up his mind in a presidential campaign. Duell, Sloan and Pearce, New York

Merton RK (1949) Patterns of influence: a study of interpersonal influenceand of communication behavoir in a local community. In: Lazarsfeld PF, Stanton N (Hrsg) Communication research, 1948–1949. Duell, Sloan and Pearce, New York, S 180–219

Miron AM, Brehm W (2006) Reactance theory – 40 years later. Z Sozialpsychol 37:3–12

Möller M (2011) Online-Kommunikationsverhalten von Multiplikatoren. Persönlichkeitsspezifische Analyse und Steigerung des Innovationsinputs von User Generated Content. Springer Gabler, Wiesbaden

Noelle-Neumann E (1983) Persönlichkeitsstärke. Ein neues Kriterium zur Zielgruppenbestimmung. In: Institut für Demoskopie Allensbach (Hrsg) Persönlichkeitsstärke: Ein neuer Maßstab zur Bestimmung von Zielgruppenpotentialen. Spiegel, Hamburg

Rösler P et al (2014) Parasoziale Meinungsführerschaft. Beeinflussung durch Medienpersonen im Rahmen parasozialer Beziehungen: Theoretische Konzeption und erste empirische Befunde. Publizistik 59:247–267

Schach A (2017) Strategisch texten. Der Entwurf eines integrativen Textmodells für die Produktion und Evaluation. In: Schach A, Christoph C (Hrsg) Handbuch Sprache in den Public Relations. Springer VS, Wiesbaden, S 153–170

Schenk M (1995) Soziale Netzwerke und Massenmedien. Untersuchungen zum Einfluß der persönlichen Kommunikation. Mohr Siebeck, Tübingen

Schenk M (2007) Medienwirkungsforschung, 3. Aufl. Mohr Siebeck, Tübingen

Schenk M, Scheiko L (2011) Meinungsführer als Innovatoren und Frühe Übernehmer des Web 2.0. Media Perspektiven 9:423–430

Sedeke K, Arora P (2014) Top ranking fashion blogs and their role in the current fashion industry. First monday. http://firstmonday.org/ojs/index.php/fm/article/view/4314/3739. Zugegriffen: 12. Dez. 2017

Trepte S, Böcking B (2009) Was wissen die Meinungsführer? Die Validierung des Konstrukts Meinungsführerschaft im Hinblick auf die Variable Wissen. Medien Kommunikationswiss 57:443–463

Weimann G (1994) The influentials: people who influence people. State University of New York Press, Albany

Über die Autorin

Annika Schach ist Professorin für Angewandte Public Relations an der Hochschule Hannover und Kommunikationsberaterin. Zuvor arbeitete sie rund 15 Jahre in der Kommunikationsbranche für verschiedene Agenturen und Unternehmen, zuletzt als Leiterin der Unternehmenskommunikation. Die gebürtige Rheinländerin studierte Soziologie und Psychologie in Duisburg und promovierte zum Dr. phil. in germanistischer Sprachwissenschaft in Greifswald. Ihr Schwerpunkt in Forschung und Lehre ist Konzeption und Sprache in der Unternehmenskommunikation sowie Public Relations im digitalen Umfeld.

2 Begriffsklärung: Influencer Marketing vs. Influencer Relations

Timo Lommatzsch

Zusammenfassung

Wenn neue Kommunikationsformen professionell erschlossen werden, ist es wichtig, sich bewusst zu sein, dass Begrifflichkeiten meist noch nicht allgemeingültig definiert sind. So verbergen sich derzeit hinter den Begriffen „Influencer Relations" und „Influencer Marketing" äußerst unterschiedliche Erwartungen, was die Ergebnisse und die prozessuale Umsetzung der darunter subsumierten Kommunikationsmaßnahmen betrifft. Dieser Beitrag soll dabei helfen, für die unterschiedlichen Definitionen zu sensibilisieren und gleichzeitig begriffliche Orientierung geben.

2.1 Einleitung

Im Bereich „Influencer Marketing" und „Influencer Relations" trifft man in der Praxis seit Jahren auf äußerst unterschiedliche Definitionen und Erwartungen, welche die erreichbaren Ziele, die prozessuale Umsetzung, die eingesetzten Ressourcen sowie den ethisch-normative Rahmen betreffen. Hierbei sind allerdings nicht nur die „klassischen Differenzen" zwischen dem eher heliozentrischen Stakeholder-Ansatz der Public Relations und dem oft absatzgetriebenen Kundenzielgruppenfokus des Marketings gemeint. So herrschen auch zum Beispiel innerhalb der Public-Relations-Abteilungen und Agenturen völlig unterschiedliche Vorstellungen darüber, was sich hinter dem Begriff „Influencer Relations" verbirgt, was damit erreicht werden kann, wie diese umzusetzen sind und worin die Abgrenzung, wenn überhaupt vorhanden, zum „Influencer Marketing" besteht. Die simple Faustregel,

T. Lommatzsch (✉)
Hannover, Deutschland
E-Mail: lommatzsch@mt-medien.com

A. Schach und T. Lommatzsch (Hrsg.), *Influencer Relations*,
https://doi.org/10.1007/978-3-658-21188-2_2

dass beim „Influencer Marketing" der Influencer für die Kooperation honoriert wird und bei „Influencer Relations" hingegen keine monetäre Honorierung stattfindet, lässt sich in der Praxis nicht validieren. Auch bei Personen und Institutionen, die nach eigenem Aussagen „Influencer Relations" betreiben, findet oft eine monetäre Entlohnung der Influencer statt.

2.2 Warum gibt es derzeit so viele unterschiedliche Definitionen und Erwartungen?

Das Interesse an dem professionellen Einbinden von Influencern in die Kommunikation und das Marketing von Unternehmen ist in den letzten Jahren stark gestiegen. Dieses liegt zum einen daran, das klassische Online-Werbung nicht ausreichend die Erwartungen der Marketingentscheider erfüllt und zugleich auf Public-Relations-Seite die sinkenden Auflagen und Reichweiten der klassischen Medien den Einfluss und Stellenwert der Media Relations, wenn nicht komplett infrage stellen, so doch durch neue Kanäle ergänzenswert erscheinen lassen. Zum anderen haben sich die Meinungsbildungs- und Informationsbeschaffungsprozesse der Zielgruppen, nicht zuletzt durch Social Media und Influencer, in den letzten zehn Jahren rasant gewandelt. Folglich suchen viele Abteilungen in Unternehmen und Organisationen, allen voran PR, Marketing und Vertrieb, neue Mittel und Wege, um Aufmerksamkeit und Relevanz für ihre kommunikativen Botschaften bei ihren Zielgruppen zu erlangen. Dabei verfolgen sie allerdings meist unterschiedliche Ziele, wie zum Beispiel den direkten Abverkauf, das Erlangen von Aufmerksamkeit für Produktbotschaften, die Imagebildung oder die Wissensvermittlung. Das Einbinden von Influencern scheint hierbei so verlockend, da sie als glaubwürdiger authentischer Absender Botschaften und Angebote der Unternehmen an ihre Follower aufmerksamkeitsstark kommunizieren können. Zudem schafft die digitale Form der Kommunikation völlig neue Möglichkeiten der Transparenz und Evaluation des Influencer-Kommunikationsprozesses, vor allem in Hinblick auf die Reichweiten und die Resonanz auf die Botschaften. Folglich experimentieren viele unterschiedliche Abteilungen mit dem Thema Influencer Kommunikation und bringen dabei ihre teilweise komplett unterschiedlichen Zielsetzungen, Umsetzungsprozesse und Evaluationsmethodiken in die Begriffe „Influencer Relations" und „Influencer Marketing" mit ein.

2.3 Definition der Begriffe unter dem Gesichtspunkt der Zielsetzung

Aufgrund der unterschiedlichen Zielsetzungen und Herangehensweisen gibt es erst einmal kein „Richtig" und kein „Falsch" bei der Definition und der prozessualen Umsetzung des Themas Influencer Kommunikation. Das reine „Einbuchen" von Reichweite über gekaufte Produktposts kann unter seltenen Umständen erfolgreich umgesetztes Influencer Marketing sein, genauso wie die Ausgabe von Affiliate Codes an diverse Micro-Influencer. Auf der anderen Seite können intensive Beziehungspflege und aufwendige gemeinsame Content-Erstellung mit den Influencern unter gewissen Umständen der einzige Weg sein, um die kommunikativen Ziele bei den Zielgruppen zu erreichen. Es gibt also viele unterschiedliche Möglichkeiten mit Influencern zusammenzuarbeiten, die sich je nach Branche, Influencer-Typ, Zielgruppe und strategischer Zielsetzung der Kommunikation unterschieden.

Aber natürlich gibt es aus der Praxis der letzten 15 Jahren Erfahrungswerte, die eine Annährung zulassen, was unter welchem Begriff zu verstehen ist.

Überblick: Influencer Marketing und Influencer Relations

Influencer Marketing

- Die Kommunikation zielt primär auf den Absatzmarkt.
- Ziele sind meist: direkte Absatzsteigerung, Reichweite und Aufmerksamkeit für Produktbotschaften, Brand Building
- Glaubwürdigkeit und Transparenz der Kommunikation sind relativ egal, solange Ziele erreicht werden.
- Evaluation mittels Absatz- und Reichweitenzahlen, Interaktionen, Conversions

Influencer Relations

- Die Kommunikation zielt primär auf den Meinungsmarkt und die direkte Beeinflussung der Meinungsbildung.
- Ziele sind meist: Image- und Reputationssteigerung, Informations- und Wissensvermittlung
- Glaubwürdigkeit und Transparenz der Kommunikation sind für die Zielerreichung besonders wichtig.
- Evaluation mittels Image- und Reputationskennzahlen, Interaktionen, Sentiment Analysen

Für die strategisch geplante Kommunikation mittels Influencern, welche diese als Individuen wahrnimmt und ihre Social-Media-Kanäle nicht als bloße Plakatwände einbucht, ist der übergeordneten Begriff der „Influencer Kommunikation“ empfehlenswert, wie im Beitrag von Thomas Pleil et al. in diesem Buch dargelegt. Denn wie die folgenden Beiträge dieses Buches zeigen, benötigt die erfolgreiche und effiziente Einbindung von Influencern in Kommunikationsstrategien, sowohl Marketing-, als auch Public-Relations-Know-how. Sie ist in ihrem Wesen also eine Verschmelzung der Prozesse, die man hinter den Ansätzen des „Influencer Marketings“ und der „Influencer Relations“ verortet.

Damit die Influencer Kommunikation die Erwartungen und Vorstellungen der prozessbeteiligten Parteien erfüllt, sollten diese sich folglich im Vorfeld über die Antworten auf eine Reihe von Fragen einigen.

Fragen

1. Welche strategischen und/oder operativen Ziele sollen durch die Einbindung der Influencer erreicht werden?
2. Welche Zielgruppen sollen erreicht werden und was soll ihnen vermittelt bzw. bei ihnen ausgelöst werden?
3. Wie wichtig sind dafür die Glaubwürdigkeit und die Authentizität der Botschaften sowie die Transparenz der Kommunikation?
4. Welches Budget steht zur Verfügung und wann werden die ersten Ergebnisse erwartet?
5. Mittels welcher Kennzahlen wird evaluiert, ob die Ziele auch wirklich erreicht wurden?

Über den Autor

Timo Lommatzsch ist Geschäftsführer der Corporate-Communications- und Content-Agentur MT-Medien. Er hat über 18 Jahre Erfahrung in der digitalen Kommunikation auf Unternehmens- und Agenturseite. Zu seinen Kernkompetenzen zählen die digitale Unternehmenskommunikation, Content Marketing und Content Strategien, Social Media und Influencer Kommunikation sowie Change Kommunikation und Employer Branding. Er hat dabei für Bundes- und Landesministerien, NGOs, Hochschulen, Dax30-Konzerne und kleine mittelständische Unternehmen aus den unterschiedlichsten Branchen gearbeitet. Als Dozent hält er seit über zehn Jahren Vorlesungen und Workshops zu vielen Themen der digitalen Kommunikation und betreibt einen Podcast über „Kommunikation, PR und Marketing in Zeiten des digitalen Wandels", welcher unter http://talkingdigital.de zu finden ist.

Botschafter, Blogger, Influencer: Eine definitorische Einordnung aus der Perspektive der Public Relations

3

Annika Schach

Zusammenfassung

Die Influencer Relations oder das Influencer Marketing ist ein in der Praxis viel diskutiertes neues Arbeitsfeld. Die Entwicklung vollzieht sich rasant, ist jedoch stark geprägt von der operativen Umsetzung. Eine allgemein akzeptierte Definition hat sich durch die Dynamik im Markt bisher nicht entwickeln können. Zudem existiert eine Vielzahl an Begriffen für den adressierten Personenkreis der Influencer. Der Beitrag liefert eine Einordnung der neuen Disziplin Influencer Relations im Kontext des Stakeholder Managements der Unternehmenskommunikation, entwirft eine definitorische Abgrenzung zu den Media Relations und stellt ein Modell für eine fundierte Schärfung des Begriffs des Influencers vor.

3.1 Einleitung

Die Zusammenarbeit mit Personen, die über eine hohe Reputation und Reichweite in digitalen Kanälen besitzen, ist ein neues Arbeitsfeld der Unternehmenskommunikation. Durch die einfachen Publishing-Möglichkeiten, die das soziale Netz einem großen Personenkreis bietet, hat sich die Kommunikation stark verändert. Die ausschließliche Gatekeeper-Funktion von Journalisten, die qua ihres Arbeitsbereiches Informationen recherchieren, aufbereiten und veröffentlichen, kann in der digitalen Medienlandschaft nicht mehr bestätigt werden. Der Faktor Prominenz, also die Bekanntheit von Persönlichkeiten, an denen ein hohes öffentliches Interesse besteht, muss erweitert werden

A. Schach (✉)
Hochschule Hannover, Hannover, Deutschland
E-Mail: annika.schach@hs-hannover.de

A. Schach und T. Lommatzsch (Hrsg.), *Influencer Relations*,
https://doi.org/10.1007/978-3-658-21188-2_3

auf die Menschen, die nicht aufgrund ihres Berufes oder ihrer Tätigkeit im Blick der Öffentlichkeit stehen. Eingeschlossen sind heute auch Personen, die im sozialen Netz ein großes Publikum erreichen. In der Berufspraxis hat sich der Begriff des „Influencers" durchgesetzt, wenngleich er durchaus kritisch betrachtet wird. Das leuchtet ein, wenn man sich die Bedeutung oder Übersetzung des Begriffes anschaut. Der Terminus umfasst lediglich den Einfluss, den ein Mensch auf andere ausübt und spezifiziert diesen Einfluss nicht weiter. Spricht man von Meinungsführern ist hier immerhin die inhaltliche Komponente der Meinung integriert (die sich ja zwangsläufig auf ein Thema beziehen muss) und eine Status-Komponente enthalten. Spricht man von einem Führer, muss es demnach Follower geben, die quasi einen geringeren Status innehaben. Der Begriff „Blogger" beinhaltet demgegenüber die Tätigkeit der Person, nämlich das Verfassen und Publizieren von Inhalten in einem digitalen Blog. Im ersten Teil dieses Beitrags geht es um eine Begriffsklärung und eine Spiegelung des neuen Arbeitsfelds in bestehende Definitionen der Public Relations und angrenzender Disziplinen.

Warum ist aber eine Einordnung des Begriffs Influencer aus der Perspektive der Public Relations so wichtig?

1. Bei der Zusammenarbeit mit Influencern haben es professionelle Kommunikatoren mit Menschen zu tun. Die Beziehungspflege und Kooperationsanbahnung im medialen Geschäft ist eine originäre Aufgabe der Public Relations. Sie bezieht sich allerdings in ihrem Kerngeschäft auf die Media Relations, wobei diese Grenzziehung in der Praxis nicht mehr haltbar ist. Aus definitorischer Perspektive ist es daher wichtig, eine Einordnung bzw. Abgrenzung vorzunehmen. Wie gliedert sich ein Arbeitsfeld „Influencer Relations" in den Überbegriff „Public Relations" ein? Kann diese neue Entwicklung dazu beitragen, die allgemeine theoretische und praktische Ausrichtung der PR hin zum Schwerpunkt Stakeholder-Management zu belegen?
2. Wenn man ein neues Arbeitsfeld definiert, bedeutet das gleichzeitig, dass man Aspekte in den Vordergrund stellt, andere wiederum ausblendet. Eine Definition kann demnach auch Ziele, Kernthemen und beteiligte Personen beschreiben und bietet einen Vorschlag für eine fundierte Auseinandersetzung mit dem neuen Arbeitsfeld. Sie bietet eine Diskussionsgrundlage für die Entwicklung einer Teildisziplin und die Basis für eine seriöse, wissenschaftliche Auseinandersetzung.
3. Im Bereich „Influencer Relations" oder „Influencer Marketing" wird viel diskutiert, da es sich um ein dynamisches und sich schnell entwickelndes Arbeitsfeld handelt. Dies führt auch dazu, dass ganz unterschiedliche Begriffe und Definitionen verwendet werden. Dies ist der Diskussion nicht zuträglich. Man muss sich konkret fragen: Sprechen wir eigentlich über die gleichen Personen oder Inhalte? Eine klare Definition oder Festlegung ist demnach nicht nur von theoretischem Interesse, sondern bietet auch ganz handfeste praktische Vorteile. Der vorliegende Beitrag liefert eine Einordnung in das Feld der Public Relations und des Stakeholder-Managements und eine

begriffliche Abgrenzung sowie Beschreibung des „Influencers“ im Rahmen der Stakeholder-Gruppe, die in der Praxis gerne als Multiplikatoren bezeichnet wird.

3.2 Meinungsführer in der digitalen Unternehmenskommunikation

Der Begriff „Meinungsführer“ (bzw. „Opinion Leader“) stellt die gebräuchlichste Bezeichnung dar, wenngleich im Deutschen wie im Englischen eine Vielzahl an Begriffen verwendet wird. So hatte sich auch die Bezeichnung beispielsweise für Personen etabliert, die den Informationsfluss an andere Gruppenmitglieder beeinflussen bzw. kontrollieren, der in der Verwendung jedoch hauptsächlich den Medienvertretern zugeschrieben wird.

Klassischerweise wurde der Begriff „Meinungsführer“ für Personen verwendet, die in ihrer Funktion als Bezugspersonen häufig um Rat und Meinung gebeten werden und dadurch Einfluss auf andere Personen haben. Meinungsführerschaft resultiert aus Persönlichkeitsstärke, Themenexpertise, Kommunikationsverhalten und Position in einem Netzwerk.

Das hier entwickelte Modell folgt aus konzeptioneller PR-Perspektive und hat den Anspruch eine klare Differenzierung für die Praxis zu geben. Es setzt an dem übergreifenden Begriff der Multiplikatoren an, die in einem Kommunikationskonzept in der Regel parallel zu den eigentlichen Zielgruppen für Kommunikationsmaßnahmen differenziert werden. Durch die Entwicklung der Medien- und Kommunikationslandschaft hat sich die Bandbreite der Multiplikatoren stark ausdifferenziert. Im PR-Bereich sind das klassischerweise die Medien, auf denen besonders in der Presse- und Medienarbeit der Fokus liegt. Neben klassischen Multiplikatoren, den Medien unterschiedlichster Themenbereiche, werden heute auch Personen in den Blick genommen, die aufgrund ihrer Themenkompetenz, eines Netzwerks im analogen und digitalen Bereich oder Prominenz als Meinungsführer (Opinion Leader) fungieren können. Die Typologisierung der Multiplikatoren in Abb. 3.1 setzt daher in eine übergreifende Differenzierung der Multiplikatoren in Medien und Meinungsführer an, deren Unterkategorien im Folgenden erläutert werden.

Multiplikatoren
Als Multiplikatoren werden übergreifend die Personengruppen bezeichnet, die aufgrund ihrer Profession (Journalisten), Berufstätigkeit (professionelle Blogger) oder privater Themenexpertise einen kleinen, mittleren oder großen Personenkreis mit Themen und Inhalten erreichen können. Dabei wird unterschieden zwischen Medien (Journalisten in Print- und Online-Medien, TV und Hörfunk) und Meinungsführern (Opinion Leader).

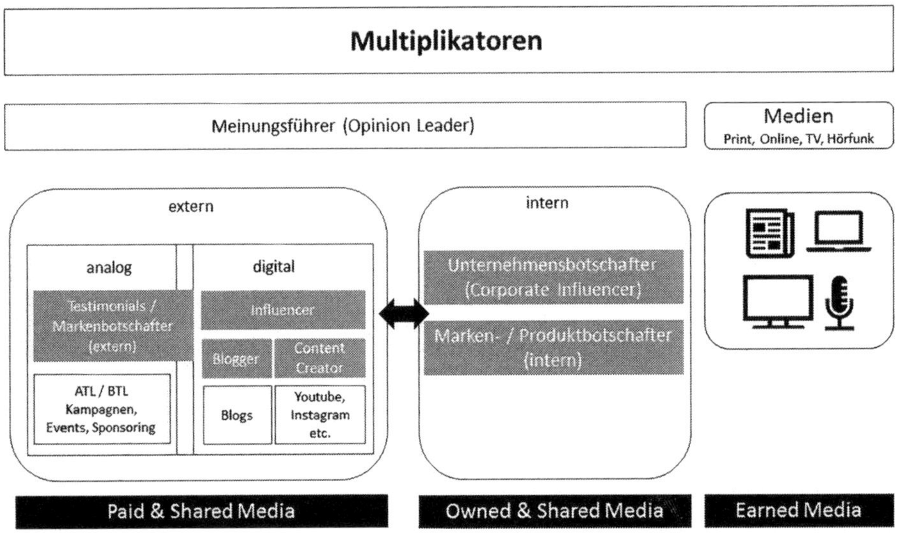

Abb. 3.1 Meinungsführer in der digitalen Unternehmenskommunikation. (Quelle: eigene Darstellung; © Schach)

Meinungsführer
Meinungsführer können aus der Sicht des Unternehmens differenziert werden in externe und interne Personengruppen. Allen gemein ist der zugeschriebene Einfluss auf die Aufmerksamkeit, die Einstellung und das Verhalten bestimmter Zielgruppen.

Unternehmens- und Markenbotschafter (Corporate/Brand Influencer)
Wenn Personen als Meinungsführer aus dem Unternehmen heraus agieren, bezeichnet man sie als Unternehmens- oder Markenbotschafter (Corporate/Brand Influencer). Unternehmensbotschafter sind freie oder angestellte Mitarbeiter, die Themen und Botschaften eines Unternehmens oder einer Marke kommunizieren. Das kann sowohl in der externen Kommunikation umgesetzt werden, als auch nach innen in die Organisation wirken. Das Vertrauen in Persönlichkeiten sorgt dafür, dass ein Inhalt näher betrachtet, eine Empfehlung angenommen und die Qualität der Beziehungen einer Organisation zu ihren Stakeholdern verbessert wird (Hoffmann 2017, S. 39).

Das Feld der externen Meinungsführer lässt sich segmentieren in hauptsächlich analoge oder digitale Meinungsführer. Die Grenzen sind jedoch fließend. Die Zuordnung bezieht sich auf eine prototypische, historische Entwicklung.

Testimonials
Testimonials oder externe Markenbotschafter sind Personengruppen oder Individuen, die aufgrund ihres analogen Netzwerks, einer bestimmten Themenkompetenz oder Prominenz eine zugesprochene Glaubwürdigkeit für bestimmte Themen besitzen und diese

einer breiten Personengruppe zugänglich machen können. Zu Testimonials oder Markenbotschaftern werden sie aber erst dann, wenn sie von einer Organisation bezahlt werden, definierte Inhalte und Botschaften zu kommunizieren oder in die Kommunikation eingebunden werden. Testimonials können kanalübergreifend in der Organisationskommunikation eingesetzt werden (z. B. in der Above-the-Line- und Below-the-Line-Kommunikation, Events, Sponsoring etc.).

Influencer

Der Begriff „Influencer", der sich aus dem englischen „influence" (Einfluss) ableitet, ist von der Wortbedeutung sehr unspezifisch. Es sind Personen oder Gruppen, die als Kommunikationsvermittler und Meinungsmacher insbesondere innerhalb ihrer Community wirken. Sie sind „vormediale Entscheider" (Ruisinger 2016, S. 103). Darüber hinaus wird ihnen die Fähigkeit zugesprochen, andere Menschen in ihrem Verhalten beeinflussen zu können:

> We call the ability to create changes in human behavior „influence" and the people who do it „influencers". At the end of the day, what qualifies people to be called „leaders" is their capacity to influence others to change their behavior in order to achieve important results (Grenny et al. 2013, S. 6).

Demnach ist der Begriff des „Influencers" durchaus mit Führungsaspekten verknüpft. In Bezug auf die PR und das Marketing muss man den Begriff jedoch mit weiteren Merkmalen aufladen, die diese Personen oder Gruppen kennzeichnen.

Influencer sind Personen, die aufgrund ihres digitalen Netzwerks, ihrer Persönlichkeitsstärke, einer bestimmten Themenkompetenz und kommunikativen Aktivität eine zugesprochene Glaubwürdigkeit für bestimmte Themen besitzen und diese einer breiten Personengruppe über digitale Kanäle zugänglich machen können.

Ruisinger (2016, S. 103) zählt zu dem Überbegriff „Influencer" Betreiber von reichweitenstarken Blogs ebenso wie Nutzer von bestehenden sozialen Netzwerken wie Twitter, YouTuber, Snapchat oder Instagram.

Sie lassen sich demnach unterscheiden in Blogger, die ein Weblog mit einer gewissen Reichweite betreiben und Content Creators die bestehende Social-Media-Kanäle für die Content-Produktion und die Kommunikation mit ihren Zielgruppen nutzen (z. B. Podcasts, YouTube, Instagram) und kein Weblog betreiben. Die Differenzierung ist an dieser Stelle als prototypisch zu betrachten, da Influencer in der Regel mehrere Kanäle für die Kommunikation ihrer Themen nutzen.

Die Grenze zwischen externen und internen Meinungsführern kann durchlässig sein, da Organisationen externe Meinungsführer für die Kommunikation rekrutieren können oder in der Organisation Personen aufbauen, die auch einen größeren externen Einfluss und Reichweite erzielen können.

Die Zusammenarbeit mit Meinungsführern (Opinion Leadern) lässt sich zudem wie folgt verorten:

Eine Differenzierung, die ursprünglich aus der Media-Planung stammt, unterteilt kommunikative Inhalte in die folgenden drei Hauptbereiche, die sich auf die entsprechenden Instrumente beziehen lassen (vgl. Lommatzsch 2015).

Earned Media
Mit diesem Begriff ist die Berichterstattung über das Unternehmen in anderen Medien gemeint, für die nicht gezahlt wurde. Es sind in der Regel die Ergebnisse von Medienarbeit mit Veröffentlichungen in journalistisch erstellten Magazinen, Tageszeitungen, Blogs, Internetportalen, sozialen Netzwerken usw.

Owned Media
Mit diesem Begriff sind unternehmenseigene Medien gemeint, die vom Unternehmen selbst publiziert und somit komplett inhaltlich bestimmt werden. Dazu zählen neben der Kundenzeitschrift auch Flyer, Websites, Corporate Publications, Unternehmensblogs, Facebook-Fanpages usw.

Paid Media
In diesem Bereich werden Medienplatzierungen zusammengefasst, für die das Unternehmen gezahlt hat. Beispiele sind Anzeigen, Materndienste, Advertorials, Online-Werbung.

Shared Media
Der Begriff „Shared Media" meint eine verdiente Publizität von Botschaften, die durch Stakeholder verbreitet wurden, wie beispielsweise Bewertungen, virale Inhalte, Verlinkungen.

Die Medienarbeit ist im Bereich „Earned Media" angesiedelt. Die Zusammenarbeit mit Unternehmensbotschaftern lässt sich im Bereich „Owned und Shared Media" verorten, wohingegen die Zusammenarbeit mit Meinungsführern (Opinion Leadern) in der Regel bezahlt wird und damit dem „Paid & Shared Media"-Bereich zuzuordnen ist.

3.3 Aktivität und Professionalisierung: Mögliche Binnendifferenzierungen

Im ersten Schritt erfolgte eine Abgrenzung der Begriffe, die sich rund um die „Influencer" entwickelt haben, damit eine präzise Diskussion in der Disziplin möglich wird. Was genau ist ein Influencer, was zeichnet ihn aus, was grenzt ihn von Begriffen wie „Markenbotschafter" oder „Content Creator" ab, die sich in der Praxis entwickelt haben? Die Agentur Edelman hat im Jahr 2007 eine „Typology of Influence" vorgeschlagen, die auf fünf verschiedenen Kommunikationsrollen im sozialen Netz basiert. Diese wurde von Tinati et al. (2012) aufgegriffen, um verschiedene Rollen auf Twitter zu definieren.

Die Rollen auf Twitter

- **Idea Starters:** Damit sind diejenigen gemeint, die die Ursprungsquelle einer Nachricht sind, die sich online verbreitet hat. Operationalisiert werden sie durch die Anzahl der Retweets.
- **Amplifiers:** Diese Nutzer verbreiten die Ursprungsnachricht an eine große Anzahl von Kontakten. Sie werden identifiziert anhand der Häufigkeit, mit der sie der erste Retweeter einer Nachricht waren.
- **Curators:** Kuratoren wählen gezielt interessantes Material aus, um es an die eigene Gruppe weiterzugeben. Sie verbreiten Ursprungsnachrichten nicht nur, sondern kommentieren und bewerten diese auch. Ihre Rolle erhielten sie, wenn sie die Tweets von mindestens zwei Idea Starters verbreitet haben.
- **Commentators:** Kommentatoren verbreiten eine Nachricht auch, sind dabei aber nicht unbedingt die ersten. Sie werden durch die Anzahl der Retweets bestimmt, die sie selbst getätigt haben.
- **Viewers:** Dies sind die passiv Interessierten, und damit die Meinungsfolger, die eine Nachricht nur konsumieren.

Hier wird demnach der Professionalisierungsgrad als Unterscheidungskriterium zugrunde gelegt. Dieses Kriterium ließe sich in Bezug auf diverse Plattformen oder Aktivitäten stärker operationalisieren und könnte Unternehmen auch als Entscheidungskriterium für oder gegen eine Zusammenarbeit dienen. Welchen Grad an Professionalisierung man sich von einem Influencer bzw. von den Kanälen wünscht, hängt von der strategischen Ausrichtung ab. Je nachdem wie Zielgruppe, Positionierung und Themenumfeld definiert werden, kann es auch vorteilhaft sein, mit weniger professionellen Influencern zu arbeiten, die in einem bestimmten Thema sehr glaubwürdig sind, aber nicht über eine überproportionale Reichweite verfügen. Hier hat sich in der Praxis der Begriff „Mikro-Influencer" etabliert, mit denen viele Unternehmen in bestimmten Kontexten arbeiten.

> Der Professionalisierungsgrad eines Influencers kann als Bewertungskriterium genutzt werden.

Ein weiterer Aspekt ist die Frage nach der Reichweite. In der Regel kann man sagen, dass bei steigender Reichweite eines Influencers, der Einfluss bzw. die Stärke der Beziehung abnimmt. Ein einfaches Beispiel ist der Vergleich eines Prominenten und eines guten Freundes. Insgesamt kann man sagen, dass das Merkmal Reichweite differenziert zu betrachten ist. Ein Beziehungsnetzwerk besteht aus sogenannten „weak ties", also flüchtigen Verbindungen zu vielen Menschen aus unterschiedlichen Kreisen, als auch aus „strong ties", also intensiven und einflussnehmenden Verbindungen zu gut bekannten wichtigen Menschen (Schüller 2015, S. 190).

> Der Faktor Reichweite ist zu differenzieren in die Stärke der Verbindungen in „weak" und „strong ties".

3.4 Public Relations, Medienarbeit und Content-Marketing

Wie wird Public Relations heute verstanden, wie entwickelt sich die Medienarbeit und was umfasst der Begriff des Content-Marketings? Das folgende Kapitel wirft einen Blick auf die Perspektiven der Unternehmenskommunikation und stellt Bezüge und Rückschlüsse zum neuen Feld der Influencer Relations her.

3.4.1 Die Perspektive der Public Relations

Public Relations und Werbe- oder Marketingkommunikation sind klar zu trennen. Es geht in der PR zwar darum, Interessen eines Unternehmens oder einer Institution zu vertreten, jedoch verfolgt die Öffentlichkeitsarbeit andere Ziele als die klassische Werbung. Eine ganz einfache Abgrenzung besteht darin, dass in der Mediawerbung Geld für die Veröffentlichung von Anzeigen sowie Spots bezahlt und die Aufmerksamkeit der Zielgruppe relativ zuverlässig geplant werden kann, während die Pressearbeit vor der Herausforderung steht, zunächst Journalisten zu überzeugen, bevor sie ihre Zielgruppe erreichen kann (Hoffjann 2015, S. 22). Es gibt viele Definitionen von Unternehmenskommunikation und Public Relations, die jeweils aus unterschiedlichen wissenschaftlichen Disziplinen heraus verschiedene Schwerpunkte setzen. Die Definitionsansätze beinhalten diverse Interpretationen des Begriffs, auch bezüglich der Einordnung und Abgrenzung zur werblichen Kommunikation. Aus Marketingsicht ist die Kommunikationspolitik („promotion") in einer Reihe mit den drei weiteren Elementen des Marketing-Mixes – Produkt, Preis und Vertrieb – einzuordnen. Bei der professionellen PR-Arbeit geht es darum, Vertrauen und Verständnis für ein Unternehmen aufzubauen und ein effektives Beziehungsmanagement zu allen Bezugsgruppen des Unternehmens zu betreiben. Public Relations sind immer auf einen langfristigen Beziehungsaufbau gerichtet. Die Erreichung der kommunikativen Ziele eines Unternehmens wird mit einem gesellschaftlichen Aspekt verbunden, einer Gemeinwohlorientierung der Kommunikation, wie in der Definition von Bentele deutlich wird:

> „Öffentlichkeitsarbeit oder Public Relations sind das Management von Informations- und Kommunikationsprozessen zwischen Organisationen einerseits und ihren internen und externen Umwelten (Teilöffentlichkeiten) andererseits. Funktionen von Public Relations sind Information, Kommunikation, Persuasion, Imagegestaltung, kontinuierlicher Vertrauenserwerb, Konfliktmanagement und das Herstellen von gesellschaftlichem Konsens" (Bentele 1997, S. 22 f.).

Bei Zerfaß umfasst die Unternehmenskommunikation „alle Kommunikationsprozesse, mit denen ein Beitrag zur Aufgabendefinition und -erfüllung in gewinnorientierten Wirtschaftseinheiten geleistet wird und die insbesondere zur internen und externen Handlungskoordination sowie Interessenklärung zwischen Unternehmen und ihren Bezugsgruppen (Stakeholdern) beitragen“ (Zerfaß 2014, S. 23). Das Aufgabenspektrum der Unternehmenskommunikation ist demnach breiter gefasst, als es in der oftmals in der Praxis anzutreffenden Verkürzung auf Medienarbeit erscheint.

Eine Unterscheidung der verschiedenen Bereiche der Unternehmenskommunikation wird auch immer stark in Bezug auf die jeweiligen Bezugsgruppen getroffen. Sind die Bezugsgruppen im Marktumfeld zu suchen, wie beispielsweise Kunden oder Geschäftspartner, spricht man von Marktkommunikation. Geht es um interne Bezugsgruppen wie Führungskräfte und Mitarbeiter, haben sich die Begriffe Mitarbeiterkommunikation oder Interne Kommunikation etabliert. Bei Stakeholdern im sozialen und politischen Kontext spricht man von Public Relations (Mast et al. 2005, S. 37). Public Relations kann somit – je nach Umfeld – verschiedene Funktionen übernehmen und ist aus kommunikationswissenschaftlicher und marketingtheoretischer Perspektive jeweils unterschiedlich verortet. In der konkreten Berufspraxis geht es jedoch in beiden Ausrichtungen um die zielgruppenspezifische Aufbereitung von Unternehmensinformation und die Schaffung von Aufmerksamkeit für bestimmte Themen unter Berücksichtigung der kommunikativen Ziele des Unternehmens. Hoffjann widmet sich der Definitionsvielfalt zu Public Relations systematisch, in dem er diese in vier Verständnisweisen von Public Relations zusammenfasst:

1. PR als Kommunikationsmanagement: PR umfasst die Gesamtheit strategischer Organisationskommunikation.
2. PR als Persuasion: PR als Kommunikationsmodus, der sich von anderen Modi wie Information und Unterhaltung unterscheidet.
3. PR als Pressearbeit: PR als kommunikationspolitisches Instrument, das sich von anderen Instrumenten wie Mediawerbung oder persönlicher Kommunikation unterscheidet.
4. PR als Legitimation: PR als Funktion bzw. Disziplin strategischer Organisationskommunikation, im Gegensatz zu anderen Disziplinen wie Absatzmarketing oder Personalmarketing (Hoffjann 2015, S. 21).

Hoffjann fasst die Ebenen wie folgt in eine Super-Definition zusammen: „PR überzeugt mit Pressearbeit (aber auch mit anderen Kommunikationsinstrumenten) kritische Bezugsgruppen (aber auch Mitarbeiter, Kunden und Investoren), um die Organisation zu legitimieren (aber auch Absatz zu fördern und die Mitarbeiter zu motivieren).“ (Hoffjann 2015, S. 21).

Diese vier Dimensionen und auch die Zusatzmerkmale, die dem PR-Begriff zugeschrieben werden, zeigen die Vielfalt der Disziplin, die weit über die klassische Medienarbeit hinausgeht. Betrachtet man diese vier Ebenen in Bezug zu den Influencer

Relations würde man diese der Persuasionsfunktion zuordnen bzw. diese als zutreffende übergreifende Verständnisweise zugrunde legen. PR als Persuasion ist eng angegliedert an die Werbung, die ebenfalls mit persuasiven Botschaften arbeitet. Demzufolge wären persuasive Handlungsweisen in der PR dennoch in dieser Disziplin zu verorten und müssten nicht der Werbekommunikation zugeschrieben werden. In Bezug auf Influencer Relations könnte man demnach sagen:

▶ Influencer Relations arbeitet im Rahmen eines persuasiven PR-Verständnisses mit digitalen Influencern.

Allen Ebenen oder Verständnisweisen der PR ist gemein, dass es sich immer um einen langfristigen Beziehungsaufbau handelt. Strategische Ausrichtung, Legitimation und Beziehungspflege sind immer auf einen längeren Zeitraum ausgerichtet. Die Public Relations eignen sich als begriffliches Dach für die Influencer Relations, wenn sich diese Langfristigkeit in der Strategie und Umsetzung widerspiegelt. Demzufolge kann man sagen:

▶ Influencer Relations zielen auf einen langfristigen Beziehungsaufbau von Organisationen zu Influencern, die eine kontinuierliche Präsenz in digitalen Kanälen, Plattformen oder eigenen digitalen Angeboten anstreben.

3.4.2 Media Relations und Influencer Relations

Die Massenmedien als Multiplikatoren spielen in der Unternehmenskommunikation eine zentrale Rolle, da Informationen an ein Massenpublikum kommuniziert werden können. Dieses Teilgebiet der Public Relations, das mit Pressearbeit, Medienarbeit oder Media Relations bezeichnet wird, beschäftigt sich mit der Beziehungspflege zu Medienvertretern als wichtige Mittlerzielgruppe in der Unternehmenskommunikation. Es geht darum, Informationen mediengerecht aufzubereiten und diese den Redaktionen als Angebot anzubieten, konkret in Form von Textsorten wie der Pressemitteilung, dem Autorenbeitrag oder dem Statement. Darüber hinaus umfasst die Medienarbeit auch Instrumente wie Presseveranstaltungen, Pressereisen oder Redaktionsbesuche, um belastbare Kontakte zu Journalisten aufzubauen. Die PR-Verantwortlichen stehen vor der Aufgabe, die Selektionsmechanismen in den Redaktionen genau zu kennen, um die Information auf bekannte Nachrichtenfaktoren zu prüfen und diese entsprechend aufzubereiten.

Ein wesentlicher Aspekt in der Bewertung von medialer Berichterstattung ist die Vertrauenswürdigkeit. Jede unternehmerische Selbstbeschreibung hat immer ein Unglaubwürdigkeitsstigma, was sich auch in der Beurteilung von Werbung zeigt und auch für unternehmenseigene Content-Formate gilt. Der Journalismus setzt der Selbstbeschreibung eine Fremdbeschreibung entgegen. Hierin liegt der kaum einzuholende Vertrauenswürdigkeitsvorsprung journalistischer Berichterstattung (Hoffjann 2014, S. 674). Hier gleichen sich die Bereiche Media Relations und Influencer Relations – wenn auch nicht im Professionalisierungsgrad der Schreiber der Fremddarstellung. Insgesamt wird Journalisten meist eine höhere Professionalität in der Auswahl, Gewichtung und Aufbereitung von Informationen und Botschaften zugeschrieben als Influencern.

> Organisationen profitieren durch Influencer Relations wie auch in den Media Relations von der Vertrauenswürdigkeit einer Fremdbeschreibung durch digitale Meinungsführer.

Dabei ist heute in der Zusammenarbeit von Kommunikatoren und Journalisten herrschende Meinung, dass es das Thema und die spezifische und individuell aufbereitete Geschichte ist, die die höchste Abdruckwahrscheinlichkeit besitzt. Wichtig in diesem Zusammenhang: Professionelle Medienarbeit beinhaltet immer ein Angebot zur Veröffentlichung, die Entscheidungshoheit obliegt dem jeweiligen Redakteur oder Journalisten. Bezieht man diesen Grundsatz von den Media Relations auf die Influencer Relations und versteht die Teildisziplin als Beziehungsanbahnung und -pflege, kann man festhalten:

> Influencer Relations sind immer darauf ausgelegt, eine Kooperation in Form von Aushandlungen zwischen Organisation und Influencer anzustreben. Die letzte inhaltliche Entscheidung obliegt dem Influencer.

Kommunikatoren und Journalisten sind aufeinander angewiesen. Erstere möchten über die Medien ein bestimmtes Publikum erreichen, letztere benötigen Informationen und Inhalte, die für die Leser, Hörer oder Zuschauer von Interesse sind. Schaut man sich diese wechselseitige Beziehung an und vergleicht sie mit der Beziehung von Unternehmen zu Influencern, ist auffällig, dass digitale Meinungsführer nicht im gleichen Maße auf die Publizität von Medien und damit auf Journalisten angewiesen sind. Sie bespielen ihre eigenen Kanäle und erreichen somit das Publikum. Die wechselseitige Beziehung besteht demnach nur, wenn sich z. B. ein Blogger einen monetären Vorteil von einer Unternehmenskooperation verspricht. Anders als ein Journalist ist er nicht zwingend und in gleichem Umfang auf Informationen eines Unternehmens angewiesen.

> Die Zusammenarbeit zwischen Kommunikatoren und Journalisten ist von wechselseitigen Beziehungen geprägt, da beide Gruppen aufeinander angewiesen sind (Informationen zu erhalten und Informationen zu verbreiten). Die Zusammenarbeit von Unternehmen und Influencern ist ebenso wechselseitig, allerdings von unterschiedlichen Interessen geprägt. Unternehmen wollen ein bestimmtes Publikum erreichen, Influencer in der Regel eine monetär geprägte Geschäftskooperation eingehen.

Ein wichtiger Aspekt ist das Konzept der doppelten Kontextsteuerung, die sowohl den Media Relations als auch den Influencer Relations zugrunde liegt. Was ist damit gemeint? Die Presse- und Medienarbeit umfasst alle Steuerungsversuche gegenüber der Zwischenzielgruppe der journalistischen Medien, um damit indirekt die journalistischen Publika als eigentliche Zielgruppe zu erreichen (Hoffjann 2014, S. 671). Diese Kontextsteuerung verletzt die Autonomie nicht, sondern versucht durch das Setzen von Anreizen zu steuern. In den Media Relations sind das journalistische Selektionskriterien oder Operationsweisen wie Nachrichtenfaktoren, journalistische Arbeitsroutinen und Zwänge. Auch in den Influencer Relations kommuniziert das Unternehmen nicht direkt mit den definierten Zielgruppen, sondern es nutzt gleichermaßen die Mittlerfunktion des Influencers. Lediglich die Anreize sind in diesem Fall anders.

> Influencer Relations können als doppelte Kontextsteuerung verstanden werden, in der Unternehmen über Mittlerpersonen mit deren Publika kommunizieren. Dabei wird die Autonomie des Influencers erhalten, die Steuerung erfolgt über Anreize, wie der Vermittlung einer inhaltlichen Passung zur Kommunikation des Influencers, thematischem Interesse beim Influencer und seinen Followern sowie monetärer Kooperationsgeschäfte.

Medien funktionieren in einer Doppelfunktion als Verbreiter von publizistischen Inhalten und werblichen Botschaften. Die Titel und Formate bewegen sich zwischen dem Lesermarkt und dem Anzeigenmarkt als Einnahmequellen, die in einem interdependenten Verhältnis zueinanderstehen. Steigt die Auflage, können auch die Anzeigenkosten steigen. Auf der anderen Seite ist ein ausgewogenes Verhältnis von den redaktionellen und den werblichen Teilen einer Publikation wichtig für die Glaubwürdigkeit und die Leser-Blatt-Bindung. Die Verlage, die mit ihren Medienprodukten in Print und Online auch profitabel arbeiten müssen, stehen daher unter Druck. Diese Situation kann als Grundlage zu einer Entwicklung gesehen werden, die zu einer zunehmenden Unschärfe bei der Trennung zwischen werblichen und redaktionellen Angeboten führt. Bei einigen aktuellen Erscheinungsformen verwischen zunehmend die Grenzen zwischen unabhängigen, redaktionellen Leistungen einerseits und den von Unternehmen bezahlten und gesteuerten Inhalten andererseits (Weber 2004, S. 295). Bezieht man diese Herausforderung auf den Bereich der Influencer Relations und den Großteil der Personen, die in den digitalen Kanälen kommunizieren, wird allerdings deutlich: Diese Interdependenz trifft hier genauso zu und ist eine wesentliche Herausforderung für den Erfolg.

> Influencer sind in der Regel in einer Doppelfunktion als Produzent von Inhalten als auch als Entscheider oder Umsetzer von Kooperationen mit Unternehmen tätig. Durch die Konzentration auf eine Person, kann eine besonders ausgewogene Gewichtung von publizistischen Inhalten und kommunikativen Einnahmequellen gewährleistet sein. Die Interdependenz zwischen Glaubwürdigkeit und Geschäft ist ein wesentliches Qualitätskriterium für Influencer.

3.4.3 Der Content-Fokus in der Unternehmenskommunikation

Mit dem Begriff des Content-Marketings wird gemeinhin eine Technik bezeichnet, die eine Zielgruppenansprache auf der Basis von informierenden, beratenden und unterhaltenden Inhalten vornimmt. Im Gegensatz zu den klassischen Werbemitteln des Marketings stehen hier Inhalte im Fokus, die das Unternehmen als Experte, Berater und Entertainer positionieren soll. Wenngleich dieser Begriff zu den Trendbegriffen im Marketing zählt, ist er in der definitorischen Auslegung und auch in der konkreten Umsetzung sehr nah an der Arbeit von Public Relations, die prinzipiell immer mit Themen und Inhalten arbeitet. Die Kernaussage einer sogenannten Content-Revolution in Unternehmen ist die Tatsache, dass Markeninhaber künftig auch das publizistische und verlegerische Handwerkszeug exzellent beherrschen müssen und es zugunsten ihrer Marken einsetzen (Eck und Eichmeier 2014, S. 9).

Die Aufbereitung von relevantem Content findet heute verstärkt im digitalen und Social-Media-Bereich statt. Die Distribution des Contents an spezifische Zielgruppen ist ein wesentlicher Bereich des Content-Marketings. Die allgemeine Entwicklung von Paid Media zu Owned und Shared Media, die sich auch an Neugründungen von Dienstleistern auf der einen Seite und Verschiebungen von Budgets auf der anderen Seite manifestiert, zeigt, dass auch das klassische Marketing neue Wege beschreitet. Hintergrund ist auch der heutige Umgang mit klassischen Werbeformaten, die gerade im Online-Bereich oft von Nutzern geblockt werden. Da das Medienpublikum weiß, dass Werbung eine bezahlte Botschaft ist, verspricht man sich von Content-Formaten und auch der Kommunikation im Rahmen von Influencer-Kooperationen eine höhere Glaubwürdigkeit für die Botschaften und einen höheren Mehrwert der Kommunikationsinhalte für die Stakeholder (Schach 2015, S. 8 ff.). Oftmals tritt dabei der Aspekt der Verkaufsförderung in den Hintergrund und die Kommunikation von Markenwerten und entsprechenden Inhalten in den Vordergrund. Wird eine Influencer-Kooperation aufgrund der Passung von Person, Thema und Unternehmen/Marke langfristig angelegt, kann das Unternehmen von der Glaubwürdigkeit und Authentizität der Person profitieren. Dann nämlich, wenn dem Nutzer glaubhaft vermittelt wird, dass der Influencer auch inhaltlich hinter der Marke bzw. dem Produkt steht. Hier kann man von der Kraft der persönlichen Empfehlung für die Kaufentscheidung profitieren, die vielfach in Studien mit einem hohen Stellenwert gemessen wird.

> ▶ Kooperationen zwischen Influencern und Unternehmen sind dann glaubwürdig, wenn der Nutzer dem Influencer eine Entscheidungshoheit und inhaltliche Passung zum Unternehmen/Marke/Produkt zuschreibt.

Ein weiterer Aspekt bezieht sich auf die Kommunikation von Marken, die immer auf eine Markenwelt und -inszenierung abzielt und das entsprechende Produkt oder die Dienstleistung mit Markenwerten und Persönlichkeitsmerkmalen koppelt. Der Influencer hat eine digitale Welt geschaffen: sei es sein Alltag, den er kommuniziert, eine Botschaft, für die er sich stark macht oder ein Thema, das er behandelt. Die Inszenierungsleistung des Unternehmens muss bei einer professionellen und sinnvollen Influencer-Kooperation nicht eigenständig geleistet werden, vielmehr wird das Unternehmen, die Marke oder die Dienstleistung Teil eines bestehenden inhaltlichen und thematischen Umfelds, das bereits vorher existierte, von einer externen Person entwickelt wurde und somit – auch durch einen gewissen Reichweitenerfolg – von einem entsprechenden Personenkreis geschätzt wird. So könnte man zusammenfassen:

- Influencer Relations können Vertrauen und Glaubwürdigkeit in eine Marke aufbauen, indem entsprechende Inhalte in ein existierendes und aktuelles Themenumfeld eingebunden werden.

3.5 Kommunikation als Stakeholder-Management

Das Konzept des Stakeholders, oder der Anspruchsgruppe, unterscheidet sich von der klassischen Zielgruppendefinition aus dem Marketing und basiert auf einer anderen Denkweise. Diese wird zunächst erläutert, um im Verlauf auf das Konzept der Unternehmenskommunikation als kommunikatives Netzwerkmanagement einzugehen und die Anknüpfungspunkte für das Feld Influencer Relations aufzuzeigen.

3.5.1 Stakeholder versus Zielgruppe

Für eine erfolgreiche strategische Kommunikationsplanung haben die Beschäftigung mit Stakeholdern und das Stakeholder-Management an Bedeutung gewonnen. In der Unternehmenskommunikation werden mit dem Begriff „Stakeholder" Anspruchs- oder Bezugsgruppen bezeichnet, die Ansprüche unterschiedlichster Art an die Organisation stellen. Der Begriff der Zielgruppe, der konzeptionell differenziert werden muss, umfasst die Personengruppen, die mit der Kommunikation taktisch erreicht werden sollen.

Die veränderte Medienlandschaft mit dem steigenden Einfluss der neuen Medien hat einen bedeutenden Einfluss auf die Definition von Bezugsgruppen in Kommunikationskonzepten. Die Möglichkeit eines globalen und sehr schnellen Netzes ermöglicht es den Menschen, sich digital über Themen auszutauschen, Meinungsprozesse zu prägen und somit auch eine Bedeutung für die Unternehmen zu erlangen. Allianzen von Bezugsgruppen, die vorher nicht als Zielgruppe definiert wurden, können sich im Internet schnell bilden und zu bestimmten Themen meinungsbildende Wirkung entfalten. Diese Tatsache beeinflusst die inhaltliche Definition von Bezugsgruppen, die für ein Unternehmen wichtig sind, und kann auch den Aufbau eines Kommunikationskonzeptes verändern. Die umfassende Recherche und Beschäftigung damit, wer durch die Kommunikationsthemen des Unternehmens berührt werden könnte, und für wen Inhalte und Botschaften eine Bedeutung haben könnten, ist eine zusätzliche Aufgabe in der Kommunikationsstrategie. Prinzipiell geht es um die Frage, wie die Unternehmensumwelt strukturiert ist. Diese besteht aus „Personengruppen der internen und externen Umwelt eines Unternehmens, mit denen Beziehungen aufgebaut werden und die Informationen liefern oder erhalten sollen“ (Gregory 2006, S. 188).

Mit dem Zielgruppen-Konzept auf der einen Seite und Stakeholdern oder Bezugsgruppen auf der anderen Seite stehen sich nicht nur verschiedene Begriffe gegenüber, sondern auch unterschiedliche Strukturierungskonzepte. Mit dem Begriff der Zielgruppe werden Personengruppen bezeichnet, die nach bestimmten Merkmalen beschreibbar sind und die Adressaten von PR- (oder Werbe-) Maßnahmen sein sollen. Es handelt sich hierbei oftmals um die klassische aus dem Marketing und der Werbeforschung stammende Segmentierung nach verschiedenen Merkmalen, wie z. B. demografischen, sozioökonomischen, psychografischen oder beziehungsorientierten. Die Zielgruppenforschung und auch die Praxis arbeiten dabei mit verschiedenen Zielgruppenmodellen, bei denen die Personen bestimmten Milieus oder Lebensstilen zugeordnet werden. Das bekannteste Modell sind die Sinusmilieus des Sinus Instituts in Heidelberg, bei dem zehn verschiedene Milieus nach sozialer Lage und Grundorientierung verortet werden (vgl. www.sinus-institut.de).

Das Konzept der Anspruchsgruppe folgt einem anderen Ansatz, der die Beziehung der Personen mit dem Unternehmen über bestimmte Themen in den Mittelpunkt stellt. Stakeholder (Anspruchsgruppen) sind die Menschen, die von Entscheidungen eines Unternehmens betroffen sind oder mit ihrem Handeln selbst die Aktionen eines Unternehmens beeinflussen können. Sie haben materielle oder immaterielle Ansprüche, Erwartungen und Interessen. Freeman definierte bereits 1984 Stakeholder als „group or individual who is affected by or can affect the achievement of an organization’s objectives“ (Freeman 1984). Der Stakeholder-Ansatz konzipiert somit das Unternehmen eingebunden in ein Interessen- und Anspruchsgeflecht, indem Unternehmen nicht nur ihren Kunden und Kapitaleigentümern (Shareholdern) gegenüber verantwortlich sind, sondern allen Gruppierungen, die durch sie tangiert werden oder die Organisation tangieren könnten. Konsequenterweise sollten Organisationen daher mit ihren Stakeholdern wechselseitig vorteilhafte Beziehungen pflegen, denn Stakeholder können den Erfolg der Organisation behindern oder nutzen.

Doch wodurch werden Personen konkret zu Stakeholdern eines Unternehmens? Nach Liebl gibt es verschiedene Kriterien, die Stakeholder beschreiben (Liebl 2000, S. 30):

- Formale bzw. vertragliche Beziehungen
- Stellungnahmen zu einem Issue (Stakeholder werden sichtbar durch ihre Aussagen oder Handeln zu einer Streitfrage)
- Vermutetes Interesse (Gruppen, deren Interessen vermutlich betroffen sind)
- Opinion Leader (Gruppen, die die Meinung anderer beeinflussen können)

In die gleiche Richtung geht das Konzept der Teilöffentlichkeiten, das auf dem Modell der „publics“ beruht (Grunig und Repper 1992). Damit werden situative Teilöffentlichkeiten beschrieben, die sich aus bestimmten Personen oder Gruppen zusammensetzen, welche über einen gemeinsamen Sachverhalt diskutieren oder zu einer bestimmten Position ähnlich denken. Der Unterschied der beiden Vorstellungen von der Unternehmensumwelt wird von Mast treffend zusammengefasst:

> Teilöffentlichkeiten sind soziale Gruppen, deren Handeln auf ein Interesse ausgerichtet ist und die untereinander in Verbindung stehen. Sie nehmen sich als aktive Gruppe wahr. Zielgruppen hingegen sind nach beliebigen Merkmalen differenzierte, disperse Publika, die ihre Entscheidung mehr oder weniger frei vor dem Hintergrund ihrer psycho-sozialen Realität als Individuum treffen (Mast 2015, S. 120).

Die Vorstellung von Personen mit Ansprüchen als Empfänger von Kommunikationsmaßnahmen hat zu der Diskussion geführt, diese stärker und an höherer Priorität im Konzeptionsprozess zu berücksichtigen. Karmasin spricht von einem paradigmatischen Wechsel von der Unternehmenskommunikation als Massenkommunikation hin zur Unternehmenskommunikation als Stakeholderkommunikation:

> Die Interaktion folgt dem Paradigma des Dialogs und hat zum Ziel, nicht über die Anspruchsgruppen, sondern mit ihnen zu kommunizieren (Karmasin 2015, S. 273).

Auch wenn sich dieser Ansatz in der Praxis bisher nicht überall durchgesetzt hat, steht fest, dass die Beschäftigung mit der Unternehmensumwelt für die Kommunikation noch wichtiger geworden ist. Das zeigt sich auch in dem steigenden Interesse an Monitoring, insbesondere im sozialen Netz. Viele Krisenkommunikationsfälle von Unternehmen, die ihren Ursprung im Internet haben, belegen, dass Netzwerke konsequent als Stakeholder der Kommunikationsarbeit „mitgedacht" werden müssen.

3.5.2 Stakeholder-Management

Was bedeutet die Stakeholder-Orientierung für die Entwicklung von kommunikativen Arbeitsfeldern wie den Influencer Relations? Die sich verändernde Kommunikationsumwelt führt zu sich wandelnden Ansprüchen an die Unternehmenskommunikation, die heute als kommunikatives Beziehungsmanagement verstanden wird. Karmasin und Weder schlagen eine Neu-Konzeption des Stakeholder-Managements vor, das die Unternehmenskommunikation als kommunikatives Netzwerkmanagement versteht (Karmansin und Weder 2014, S. 81). Das Konzept des Stakeholder-Managements geht davon aus, dass der Erfolg von Unternehmen in einer komplexen sozialen Umwelt von den Beziehungen zu allen Stakeholdern abhängt; das Unternehmen wird demnach in einem größeren Strukturzusammenhang gesehen. Das bedeutet auch, dass legitime Ansprüche der Stakeholder in die Entscheidungen von Organisationen eingebunden werden. Das Hauptaugenmerk liegt auf der aktuellen Beziehungssituation und damit auf dem Verhältnis der Organisation und der Stakeholder in Bezug auf ein spezielles Problem bzw. Thema, das es mit den Stakeholdern zu bearbeiten gilt. Somit kommt es zu einer „Rückkehr der

Gesellschaft in die Organisation" (Karmasin und Weder 2014, S. 86). Die Herausforderungen für die Unternehmenskommunikation beschreiben die Autoren wie folgt:

- Kommunikation als Legitimation in Netzwerkzusammenhängen
- Themen/Teilöffentlichkeiten als Strukturzusammenhang, der Unternehmen und Stakeholder in Beziehung setzt
- Kommunikation als Komplement aus Unternehmen und Stakeholdern, Stakeholder-Dialoge als „komplementäre Zusammenführung".

Das bedeutet auch, dass der strategische Prozess der Unternehmenskommunikation vom Kopf auf die Füße gestellt werden muss, da die gesamte Kommunikation der Organisation durch die Ansprüche von innen und außen bestimmt und gesteuert wird (Karmasin und Weder 2014, S. 92).

Es lassen sich Netzwerke von Kommunikationen, Kommunikationsbeziehungen und Kommunikationsstrukturen identifizieren, die sich als „Themen" oder „Themenräume" beschreiben lassen. Wie lässt sich das kommunikative Netzwerkbilden und Interagieren konkret beschreiben? Nach Svendsen und Laberge (2005, S. 100) bieten sich folgende Optionen:

- Framing of the key issue/questions
- Identifying and involving members of the system
- Defining the goals of the network
- Sharing of background information
- Establishing timely and effective communication linages and methods
- Clarifying roles and responsibilities.

Was bedeutet diese neue Perspektive von Unternehmenskommunikation als kommunikatives Netzwerkmanagement für die Influencer Relations? Sie sind zentraler Bestandteil dieser Perspektive und zwar aus zwei Gründen:

1. **Identifikation und Beziehungspflege von Influencern als zentrale kommunikative Knotenpunkte eines Themennetzwerks**
   Wenn man die Organisation als Teil eines Themennetzwerks versteht, die Kommunikationsbeziehungen in Form von Interaktionen pflegt, ist es entscheidend diese Netzwerke auf ihre Struktur hin zu untersuchen und die zentralen Knotenpunkte zu identifizieren. Influencer zeichnen sich durch eine zentrale Position in einem kommunikativen Netzwerk aus. Demzufolge kann man sagen:

> ▶ Influencer Relations sind ein relevantes Arbeitsfeld, wenn man Unternehmenskommunikation als kommunikatives Netzwerkmanagement versteht.

Die Methode der Stakeholder-Analyse bietet eine Grundlage zur Identifikation von Einzelpersonen, Stakeholder-Gruppen und Beziehungsgeflechten zu bestimmten Themen. Dies sollte jedoch als kontinuierlicher Prozess verstanden werden. Da Stakeholder ihre strategische Position für ein Unternehmen verändern können, sowohl innerhalb als auch außerhalb eines Unternehmens individuell oder innerhalb einer Gruppe, ist der analytische Prozess fortlaufend (Oestreicher 2010, S. 156).

2. **Positionierung in Themennetzwerken durch Unternehmensbotschafter (Corporate Influencer)**
   Wie können Organisationen aus der Perspektive des netzwerkorientierten Stakeholder-Managements in Netzwerken, die aus Interaktionen zu bestimmten Themen bestehen, eine zentrale Rolle einnehmen? Es braucht Mitglieder eines Netzwerks, die diese Anliegen auch glaubwürdig vertreten und konstruktiver Teil eines solchen Themennetzwerkes sind. Dies kann die Organisation als Konstrukt nicht. Nur Mitglieder der Organisation, die als Corporate Influencer von der Themenexpertise und kommunikativen Kompetenz geeignet sind, können diese Aufgabe übernehmen.

> Corporate Influencer können für eine Organisation als Mitglied eines Themennetzwerkes agieren und somit Anschlussfähigkeit in den Stakeholderbeziehungen sicherstellen.

An dieser Stelle ist nochmals der PR-Schwerpunkt dieser Form der Kommunikation unter dem neuen netzwerktheoretischen Verständnis zu betonen, wie Karmasin und Weder es zusammenfassen:

> Die Unternehmenskommunikation ist für Beziehungs- und Strukturzusammenhänge in Organisationen und zwischen Organisationen und Stakeholdern wichtig, sie ist Stabilisator und Sinnstifter zugleich (Karmasin und Weder 2014, S. 99).

Wenn der Erfolg einer Unternehmung demnach von der Beziehungsstärke und Struktur von Stakeholderbeziehungen abhängt, kann die Konzentration auf die Kommunikation mit und durch Influencer einen wichtigen Beitrag leisten. An dieser Stelle wird deutlich, dass sich die Ziele aus einer PR-Perspektive deutlich von einer marketingorientierten Sichtweise unterscheiden.

3.6 Definition und Perspektive von Influencer Relations

Wie kann man nun die Erkenntnisse der Einordnungen im Rahmen von Public Relations, Media Relations, Content- und Stakeholder-Management in eine Definition verdichten? Verschiedene Aspekte können im Überblick zusammengefasst werden:

1. In den Influencer Relations geht es um einen langfristigen Beziehungsaufbau, nicht um kurzfristige Produktplatzierung.
2. Im Sinne des Stakeholder-Managements sollte der Schwerpunkt auch auf der Betrachtung von Themen-Netzwerken liegen, in die das Unternehmen eingebunden wird.
3. Für die Kommunikation im digitalen Raum umfasst der Begriff Influencer sowohl externe Personen wie Blogger oder Content Creatoren als auch interne Personen wie Unternehmens- oder Markenbotschafter.
4. Es findet eine doppelte Kontextsteuerung analog der Media Relations statt, da über die Influencer gewisse Publika, Netzwerke oder Communities adressiert werden, die als relevante Stakeholder-Gruppe für das Unternehmen identifiziert wurden.
5. Influencer Relations mit ihrem eigenen Maßnahmen-Instrumentarium sind dann besonders relevant, wenn man die Unternehmenskommunikation als netzwerkorientiertes Stakeholder-Management begreift.
6. Auch in den Influencer Relations geht es letztendlich um die Erreichung kommunikativer Ziele, die je nach strategischer Vorgabe stärker auf einer Beeinflussung von Aufmerksamkeit, Wissen, Einstellung oder Verhaltensänderungen gerichtet sind.
7. Die Autonomie des Influencers als wichtige Grundlage für Glaubwürdigkeit sollte in der Umsetzung als Maxime beachtet werden.

Demzufolge lässt sich definieren:

► Influencer Relations sind das Management von langfristigen Beziehungen (Identifikation, Beziehungsaufbau und -pflege) zu relevanten externen Influencern oder internen Unternehmens- oder Markenbotschaftern im Sinne einer doppelten Kontextsteuerung auf der Basis einer netzwerkorientierten Unternehmenskommunikation, um kommunikative Ziele zu erreichen.

Auch Pleil beschreibt die Anforderungen, die heute an Kommunikationsmanager gestellt werden und die sie erfüllen müssen, mit zwei Strategien. Erstens: Einen professionellen Umgang mit neuen Meinungsmachern. Dazu gehört die Identifikation und Bewertung, konkrete Ansprache im Sinne von Influencer Relations und die Etablierung von nachhaltigen Beziehungen zu diesen Personen. Zweitens: Die Herausforderung besteht an der Schnittstelle externe/interne Kommunikation, dass nämlich Mitarbeiter des eigenen Unternehmens zu entsprechenden Knoten – und damit akzeptierten Kommunikationspartnern innerhalb eines digitalen Netzwerkes entwickelt werden und im Sinne des netzwerkorientierten Stakeholder-Management eine wichtige Rolle einnehmen können (Zerfaß und Pleil 2016, S. 35).

Ein Aspekt ist für eine erfolgreiche Unternehmenskommunikation dabei jedoch zu beachten, den Imhof (2015) sehr treffend formuliert:

> Gemeinschaften regulieren sich über die Reproduktion emotionaler Bindungen, In- und Outgroup-Differenzierungen, Gruppennormen und Selbstdarstellungen im Wettbewerb um

> Sozialkapital zwischen mehr oder weniger bekannten Mitgliedern. Dies bedeutet nichts anderes, als dass die Interaktionsnetze genauso wie Offline-Beziehungsnetze zu Homogenität bezüglich Herkunft, sozialem Status und Berufspositionen tendieren. Gemeinschaften können nicht die Gesellschaft in ihrer Differenzierung repräsentieren, gerade weil sie sozial exklusiv zusammen gesetzt sind (Imhof 2015, S. 18).

Je nachdem wie die Stakeholder-Struktur des Unternehmens ist, können Influencer Relations nur einen Teil dazu beitragen, die Legitimation des Unternehmens kommunikativ zu stärken. Man sieht sich bei einem Netzwerk einer relativ homogenen Gruppe gegenüber, die kein gesellschaftliches Gesamtbild abbilden kann. Die Anforderung an die strategische Planung liegt demnach in der genauen Analyse und Prüfung der Chancen und auch Limitierung von Influencer Relations im Gesamtkontext des Stakeholder-Managements.

Literatur

Bentele G (1997) Grundlagen der Public Relations. Positionsbestimmung und einige Thesen. In: Donsbach W (Hrsg) Public Relations in Theorie und Praxis. Grundlagen und Arbeitsweise der Öffentlichkeitsarbeit in verschiedenen Funktionen. Reinhard Fischer, München, S 21–36

Eck K, Eichmeier D (2014) Die Content-Revolution in Unternehmen. Laufe, Freiburg

Freeman E (1984) Strategic management: a stakeholder approach. Pitman, Boston

Gregory A (2006) Public relations as planned communication. In: Tench R, Yeomans L (Hrsg) Exploring public relations. Pearson Education, Harow, S 182–206

Grenny J, Patterson K et al. (2013) Influencer. The new science of leading change, 2. Aufl. McGraw-Hill, New York

Grunig JE, Repper FC (1992) Strategic management, publics and issues. In: Grunig JE (Hrsg) Excellence in public relations and communication management. Erlbaum, Hillsdale, S 117–157

Hoffjann O (2014) Presse- und Medienarbeit in der Unternehmenskommunikation. In: Zerfaß A, Piwinger M (Hrsg) Handbuch Unternehmenskommunikation. Strategie, Management, Wertschöpfung. Springer Gabler, Wiesbaden

Hoffjann O (2015) Public relations. UVK, Konstanz

Hoffmann K (2017) Lotsen in der Informationsflut. Erfolgreiche Kommunikationsstrategien mit starken Markenbotschaftern aus dem Unternehmen. Haufe, Freiburg

Imhof K (2015) Die Online-Geschichtsphilosophie der PR-Forschung. In: Hoffjann O, Pleil T (Hrsg) Strategische Onlinekommunikation. Theoretische Konzepte und empirische Befunde. Springer VS, Wiesbaden, S 13–30

Karmasin M (2015) Stakeholder Management als Ansatz in der PR. In: Bentele G, Fröhlich R, Szyszka P (Hrsg) Handbuch der Public Relations, 3. Aufl. Springer VS, Wiesbaden, S 268–280

Karmasin M, Weder F (2014) Stakeholder-Management als kommunikatives Beziehungsmanagement: Netzwerktheoretische Grundlagen der Unternehmenskommunikation. In: Zerfaß A, Piwinger M, Szyszka P (Hrsg) Handbuch Unternehmenskommunikation. Strategie, Management, Wertschöpfung, 2. Aufl. Springer VS, Wiesbaden, S 81–104

Liebl F (2000) Der Schock des Neuen. Entstehung und Management von Issues und Trends. Gerling Akademischer, München

Lommatzsch T (2015) Content-Marketing. Must-Have oder Bullshit Bingo. http://www.theorcas.net/contentmarketing/static/. Zugegriffen: 12. Okt. 2017

Mast C (2015) Unternehmenskommunikation, 6. Aufl. Lucius & Lucius & UTB, Stuttgart
Mast C, Huck S, Güller K (2005) Kundenkommunikation. UTB, Stuttgart
Oestreicher K (2010) Strategische Kommunikation und Stakeholder-Management. Struktur, Implementierung, Erfolgsfaktoren. Publicis, Erlangen
Ruisinger D (2016) Die digitale Kommunikationsstrategie. Schäffer-Poeschel, Stuttgart
Schach A (2015) Advertorial, Blogbeitrag, Content-Strategie & Co. Neue Texte der Unternehmenskommunikation. Springer Gabler, Wiesbaden
Schüller A (2015) Das neue Empfehlungsmarketing. Durch Mundpropaganda und Weiterempfehlungen neue Kunden gewinnen. Westermann, Zwickau
Svendsen AC, Laberge M (2005) Convening stakeholder networks: a new way of thinking, being and engaging. J Corp Citiznsh 19:91–104
Tinati R, Carr L et al (2012) Identifying communicator roles on Twitter. Proceedings of the 21st international conference on World Wide Web. https://pdfs.semanticscholar.org/bdbe/1095c98207c7ff37f4becdf8fc07d32cbb73.pdf. Zugegriffen: 10. Nov. 2017
Weber S (2004) Gemeinsamkeiten statt Unterschiede zwischen Journalismus und PR. In: Altmeppen K, Röttger U, Bentele G (Hrsg) Schwierige Verhältnisse. Interdependenzen zwischen Journalismus und PR. Springer VS, Wiesbaden, S 53–66
Zerfaß A (2014) Unternehmenskommunikation und Kommunikationsmanagement: Grundlagen, Wertschöpfung, Integration. In: Zerfaß A, Piwinger M (Hrsg) Handbuch Unternehmenskommunikation. Springer Gabler, Wiesbaden, S 21–70
Zerfaß A, Pleil T (2016) Handbuch Online-PR. Strategische Kommunikation in Internet und Social Web. Springer Gabler, Wiesbaden

Über die Autorin

Annika Schach ist Professorin für Angewandte Public Relations an der Hochschule Hannover und Kommunikationsberaterin. Zuvor arbeitete sie rund 15 Jahre in der Kommunikationsbranche für verschiedene Agenturen und Unternehmen, zuletzt als Leiterin der Unternehmenskommunikation. Die gebürtige Rheinländerin studierte Soziologie und Psychologie in Duisburg und promovierte zum Dr. phil. in germanistischer Sprachwissenschaft in Greifswald. Ihr Schwerpunkt in Forschung und Lehre ist Konzeption und Sprache in der Unternehmenskommunikation sowie Public Relations im digitalen Umfeld.

4 You influence me and I influence them: Meinungsbeeinflussung durch Multiplikatoren am Beispiel der Pyramid of Influence

Laura Pier und Katharina Faber

Zusammenfassung

Der Beitrag zieht einen Vergleich zwischen den traditionellen Medien und dem Influencer Marketing anhand der Pyramid of Influence. Die Pyramide zeigt unterschiedliche Level, auf denen sich Konsumenten einordnen und kategorisieren lassen. Von oben nach unten nimmt das Interesse, die Leidenschaft und die Begeisterung für ein bestimmtes Themengebiet (Vertical) ab und die Zielgruppe vergrößert sich gleichermaßen. Aus den Erkenntnissen des Modells leiten sich zwei unterschiedliche Strategien für die Zusammenarbeit mit Influencern ab: das Push- und Pull-Marketing.

4.1 Einleitung

Wer beeinflusst eigentlich wen im digitalen Universum? Traditionell war es im Zeitalter der Massenmedien so, dass Meinungsbeeinflussung durch Gatekeeper wie Journalisten und Medien regiert wurde. Im Zeitalter des Influencer Marketings hat sich diese Dynamik jedoch bedeutend verändert. Neue Medien und Plattformen wie Instagram, YouTube, Snapchat und Mucical.ly ermöglichen es jedem User, seine Meinung über Produkte, Marken oder Geschehnisse öffentlich kundzugeben und so seine Mitmenschen zu beeinflussen. Doch erfolgt diese Art der Meinungsbeeinflussung vollständig demokratisch oder herrscht auch hier weiterhin eine Art Hierarchie? Wie können sich Influencer in dieser

L. Pier (✉) · K. Faber
Social Match, Münster, Deutschland
E-Mail: laura.pier@social-match.com

K. Faber
E-Mail: katharina.faber@social-match.com

A. Schach und T. Lommatzsch (Hrsg.), *Influencer Relations*,
https://doi.org/10.1007/978-3-658-21188-2_4

neuen Medianlandschaft platzieren? Was ist die Rolle von Influencern? Wie kann man das Modell der Pyramid of Influence für die Entwicklung einer Influencer-Marketing-Strategie nutzen?

4.2 Das Modell „Pyramid of Influence"

Das Modell der Pyramid of Influence beschreibt ganz deutlich, dass die Meinungsbeeinflussung weniger demokratisch ausfällt, als vielleicht erwartet. Zudem spielt die Reichweite einer einzelnen Person nicht unbedingt die größte Rolle, sondern es zählt viel mehr, wer mit der Nachricht erreicht wird, oder ob diese Person ebenfalls ein potenzieller Meinungsmacher ist. Die Pyramide bezieht sich vor allem auf den Teil der Gesellschaft, der bereits ein gewisses Interesse an Trendthemen hat und sich durch Soziale Medien wie YouTube informiert oder durch Instagram inspirieren lässt.

Wie Abb. 4.1 zeigt, können Konsumenten vier Ebenen einer Pyramide zugeordnet werden. Von oben nach unten nimmt das Interesse bzw. die Begeisterung für ein Thema ab und die Zielgruppe vergrößert sich jeweils. Beispielhaft soll dies hier anhand des Themas „Fashion" veranschaulicht werden. Laut der Influencer Marketing & Relations Plattform InfluencerDB (2018) ist Fashion das stärkste Themengebiet (Vertical) im Bereich Influencer Marketing auf Instagram. Aktuell findet man 4409 deutsche Fashion Influencer. Die Follower-Zahlen dieser Influencer erreichen derzeit bis zu 3 Mio. wie beispielsweise bei GNTM-Gewinnerin und Model Stefanie Giesinger (Giesinger 2018).

Auf der obersten Ebene der Pyramide siedeln sich die absoluten Experten für ein Vertical an. Dies sind Personen, deren Leben und Identität ausschließlich durch dieses

Abb. 4.1 Pyramid of Influence: Level der Konsumenten. (Quelle: Social Match)

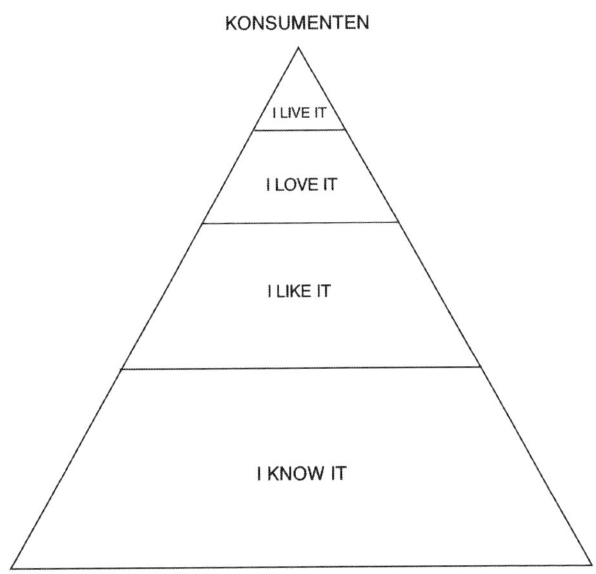

Thema definiert ist. Das Thema ist kein Hobby mehr, sondern bestimmt den Lebensalltag des jeweiligen Konsumenten, nimmt den Großteil der Zeit ein und ist zudem die größte Leidenschaft. Bezogen auf das Beispiel Fashion sind dies Modedesigner oder andere Personen, die sich intensiv und fast ausschließlich mit dem Thema Fashion auseinandersetzen.

Das zweite Level der Pyramide wird bestimmt durch Personen, die ein bestimmtes Vertical als ihr größtes Hobby oder eine große Leidenschaft ansehen. Die Konsumenten nutzen Mode, um sich darüber von anderen Mit-Konsumenten abzugrenzen und besitzen zudem ein ausgeprägtes Maß an Expertise auf diesem Themengebiet. Diese Konsumenten besitzen auch andere Hobbys, jedoch widmen sie diesen wesentlich weniger Zeit, Geld und Leidenschaft.

Die dritte Ebene wird mit „I like it" bezeichnet. Auf dieser Ebene wird das entsprechende Thema bewusst wahrgenommen. Die Konsumenten beschäftigen sich von Zeit zu Zeit damit und sehen dies als ein Hobby an. Es hat jedoch keine Priorität und bleibt ein Hobby von vielen. In Bezug auf das Fashion Vertical sind dies die Konsumenten, die ein Grundinteresse darin zeigen, sich nach Trends zu kleiden. Sie investieren jedoch weder besonders viel Zeit noch Geld in Mode im Vergleich zu ihren anderen Leidenschaften und Interessen.

Die unterste Ebene der Pyramide wird bezeichnet mit „I know it". Hier werden die Konsumenten und User angesiedelt, die das jeweilige Thema oder Vertical nicht bewusst wahrnehmen und dem Thema nicht viel Zeit einräumen. In Bezug auf das Beispielthema Fashion ist dieser Art von Usern das Thema soweit bewusst, dass sie Mode kaufen, ohne sich wirklich tief gehend dafür zu interessieren. Sich zu kleiden ist für sie eine Notwendigkeit und sie richten ihren Kleidungsstil eher weniger nach trendorientierten Teilen. Die unterste Ebene der Pyramide verkörpert die Konsumenten, die dem Mainstream zuzuordnen sind und somit auch die größte Gruppe umfasst.

Social Media ermöglicht es einzelnen Personen, ihre Leidenschaften digital und visuell auszuleben und diese mit der Community zu teilen. Personen, die ihre Leidenschaft erfolgreich ausleben, haben das Potenzial, damit eine Vielzahl von Konsumenten zu erreichen und so eine bedeutende Reichweite aufzubauen.

Die Personen, die sich durch Reichweitengewinnung auf Social Media platziert haben, werden so zu Influencern und haben das Potenzial, andere Konsumenten in ihrer Entscheidungsfindung zu beeinflussen. Durch Social Media sind aus Konsumenten nun auch Medien geworden, die Markenbotschaften weitertragen und Einfluss ausüben. Traditionellerweise wurde diese Beeinflussung vor allem durch Massenmedien vorangetrieben. Abb. 4.2 zeigt eine Gegenüberstellung der Influencer und Massenmedien auf den unterschiedlichen Ebenen der Pyramide.

Wenn man sich der linken Seite, der Influencer Seite der Pyramide, widmet, dann findet man beim Beispiel-Vertical Fashion auf der obersten Ebene Anna dello Russo, Editor at Large und Creative Consultant bei der japanischen Vogue. Sie ist für viele der Inbegriff von Fashion und jemand, der Trends setzt und nicht Trends folgt. Auf der Seite der Massenmedien findet sich auf dieser Ebene das Dazed & Confused Magazine. Sowohl

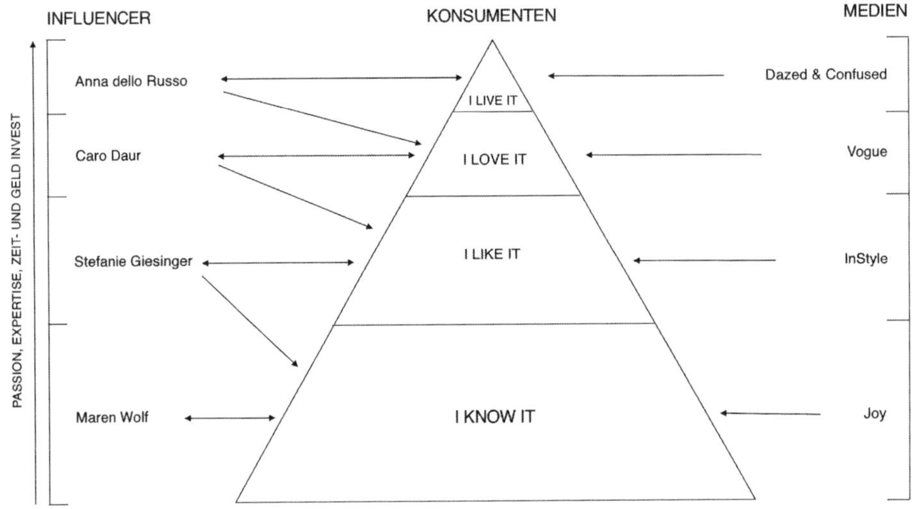

Abb. 4.2 Pyramid of Influence, links Influencer, rechts vergleichbare traditionelle Medien und ihr Einfluss auf das jeweilige Level der Pyramide. (Quelle: Social Match)

bei Anna dello Russo als auch dem Dazed & Confused Magazin handelt es sich um solch nischige und progressive Medien, dass mehr oder weniger ausschließlich die Konsumenten bzw. Experten auf der obersten Ebene der Pyramide diese Medien überhaupt kennen, konsumieren, sich von ihnen beeinflussen und inspirieren lassen.

Der entscheidende Unterschied zu den traditionellen Medien ist, dass die Beeinflussung auf Social-Media-Plattformen nicht mehr einseitig vonstatten geht, die Beeinflussung passiert viel mehr im Austausch: Konsumenten und Influencer beeinflussen sich gegenseitig. Dies ist unter anderem darin begründet, dass Influencer streng gesehen ja auch nur Konsumenten sind und sie weniger eine Gatekeeper-Funktion haben als die traditionellen Medien.

Dies trifft in der Regel auch auf die weiteren Ebenen der Pyramide zu. In den meisten Fällen beeinflussen Medien und Konsumenten sich gegenseitig eher auf der Ebene, auf der sie sich auch befinden. Influencer beeinflussen grundsätzlich auch noch die Ebene darunter. Bei dem Beispiel Anna dello Russo wäre dies ihre Ebene „I live it", als auch die Ebene „I love it" darunter. Die Personen auf dem gleichen Level befinden sich in einem Austausch und für die Konsumenten der Ebene „I love it" darunter ist sie ein Vorbild und dient als Inspirationsquelle. Dass sie auch die Ebenen der „I like it" und „I know it"-Konsumenten beeinflusst ist sehr unwahrscheinlich. Ihr Stil, die Inhalte, welche sie kreiert und die Produkte und Marken, die sie empfiehlt, sind zu weit entfernt von dem, was die Konsumenten des Mainstreams in der Regel konsumieren und weisen so weniger Fit auf.

In manchen Verticals kann es allerdings auch Ausnahmen geben. Ein valides Beispiel dafür wäre das Vertical Fußball. Den Spitzenfußballer Cristiano Ronaldo kann man auf dem Level „I live it" ansiedeln, er hat eine solch immense Strahlkraft, dass sein Einfluss weitaus größer ist. Anstatt nur die eigene Ebene, die Ebene der Experten, zu berühren, beeinflusst er auch alle darunterliegenden Ebenen vom Bundesligaspieler bis hinunter in den Mainstream, die Kicker auf dem Fußballplatz und auch die Jugendmannschaften.

Auf den Ebenen, welche unter der Ebene von Anna dello Russo und dem Dazed & Confused Magazine liegen, finden sich auf der Influencer-Seite Persönlichkeiten wie Dolce & Gabbana Testimonial und Fashion-Influencerin Caro Daur „I love it"-Level (1.356.506 Follower auf Instagram; Daur 2018), GNTM-Gewinnerin und Model Stefanie Giesinger „I like it"-Level (3.058.258 Follower auf Instagram, Giesinger 2018) und Maren Wolf, YouTuberin und Lifestyle-Influencerin „I know it"-Level (928.320 Follower auf Instagram und 843.852 Abonnenten auf YouTube; Wolf 2018).

4.3 Die Arten der Zusammenarbeit und des Einflusses

Wie Abb. 4.3 zeigt, hat sich durch die Entstehung von Social Media und Influencern nicht nur die Beeinflussung von Konsumenten und Medien, bzw. Influencern untereinander verändert, es existieren zudem neue Mechaniken bei der Zusammenarbeit mit Marken und Unternehmen.

Betrachtet man die traditionellen Massenmedien wie Dazed & Confused, Vogue, InStyle und Joy, die auf der rechten Seite der Pyramide angesiedelt sind, wurde und wird hier auf allen Ebenen gleichermaßen Beziehungspflege zu Journalisten (PR/Public Relations) geführt sowie Werbeanzeigen geschaltet (Advertising).

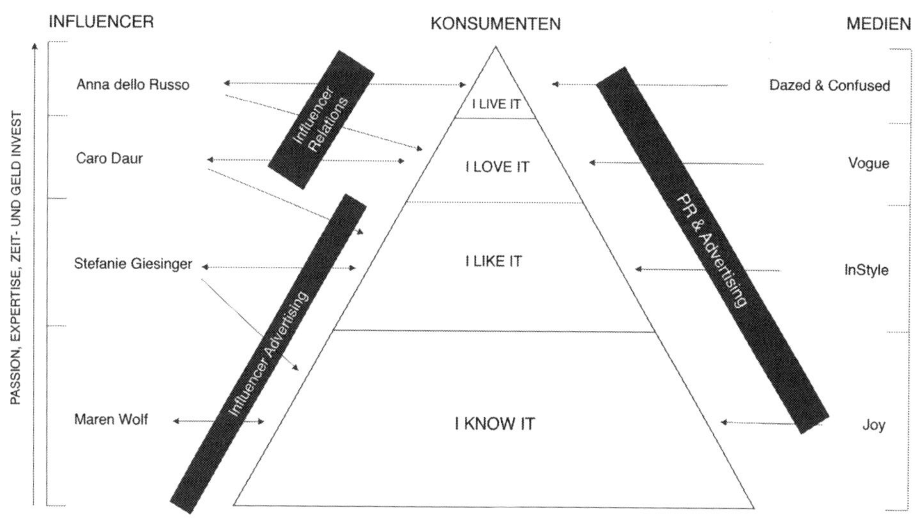

Abb. 4.3 Pyramid of Influence und Art der Zusammenarbeit und des Einflusses. (Quelle: Social Match)

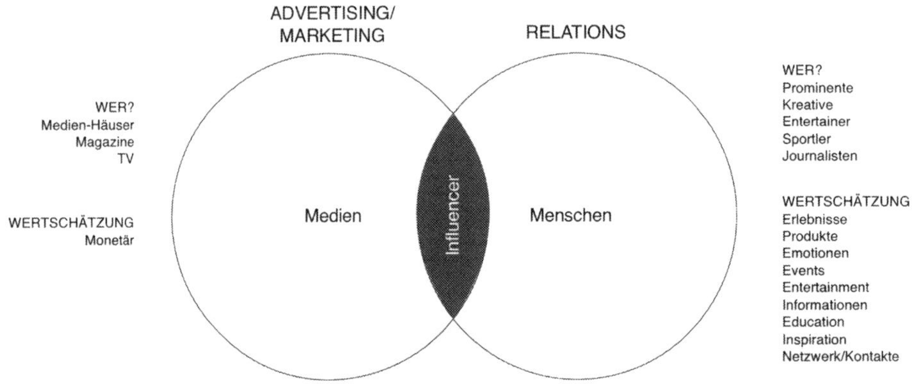

Abb. 4.4 Influencer zwischen Menschen und Medien. (Quelle: Social Match)

Diese Zusammenarbeit ist offensichtlich nur bis zu einem gewissen Grad möglich: Marken, die ein weniger luxuriöses oder zum jeweiligen Medium passendes Image aufweisen, wird es schwerer möglich sein, eine Platzierung in einem Medium wie der Dazed & Confused oder der Vogue zu erreichen. Dies gilt ab einem gewissen Grad auch unabhängig von monetären Faktoren. Wenn Journalisten der Ansicht sind, dass die Platzierung einer bestimmten Marke dem Image des Magazins eher schaden als nutzen könnte, dann kann auch ein hoher Einsatz finanzieller Mittel hier nur wenig Beeinflussung leisten.

Die Grenzen sind jedoch deutlich weniger scharf gezogen als bei der Zusammenarbeit mit Influencern. Der bedeutendste Unterschied liegt darin, dass bei Influencern der menschliche Aspekt hinzukommt. Influencer befinden sich an einer Schnittstelle zwischen Menschen und Medien und evaluieren mögliche Kooperationen mit Unternehmen und Marken auf Basis unterschiedlicher Kriterien: zunächst auf Basis ihrer unternehmerischen Herangehensweise und allen voran auf Basis einer emotionalen Komponente. Personen und Influencer wie Anna dello Russo sind niemals käuflich und werden, egal welches Honorar man ihnen für ein Posting anbietet, auf ihren Channels keine Marken oder Produkte empfehlen, von denen sie nicht vollständig überzeugt sind.

Abb. 4.4 zeigt die Querschnittsfunktion, die Influencer zwischen Medien und Menschen einnehmen.

4.4 Strategieentwicklung auf Basis der Pyramid of Influence

Nun gilt es die Frage zu beantworten, wie kann man aus der Pyramid of Influence eine konkrete Strategie für eine bestimmte Marke ableiten?

Zunächst sollte man sich Kenntnis darüber verschaffen, welche(s) Level der Pyramide realistisch die eigene Zielgruppe von Konsumenten darstellt und welches Level der Pyramide ggf. zur erweiterten Zielgruppe zählt. Daraus abgeleitet kann man anschließend für das entsprechende Vertical Influencer definieren. Die Art der Zusammenarbeit mit den Influencern richtet sich dann wiederum nach dem Level des jeweiligen Influencers im Vertical.

Bei Influencern auf der obersten Ebene der Pyramide geht es vordergründig um Beziehungspflege und „Money can't buy experiences". Influencer und Experten wie Anna dello Russo lassen sich nur durch ein wirklich gutes Produkt überzeugen und sind zu begeistern, wenn sie als echte Experten für ein Vertical, Partner und Markenbotschafter der Unternehmen, mit denen sie kooperieren, gesehen werden. Mit dieser Art von Influencern arbeiten Unternehmen auch oftmals weniger aus Gründen der Reichweite, sondern vielmehr aus Imagegründen zusammen. Daher müssen diese Influencer besonders gut ausgewählt werden und einen sehr guten Brand Fit haben. Generell sind eher qualitative Faktoren für die Auswahl entscheidend, wie z. B. das Standing der Influencer im Influencer Universum sowie der Bezug zu anderen Influencern, die mit dem Influencer regelmäßig interagieren. Darüber hinaus ist das Markenumfeld wichtig, in dem sich der Influencer positioniert und zudem die Content-Qualität. Man zielt darauf ab, dass das positive Image der Person bzw. des Influencers auf die jeweilige Marke übertragen und diese hierdurch emotional aufgeladen wird. Zudem sollten diese Influencer wiederum als Influencer für andere Influencer fungieren. Die Message soll von oben nach unten (Pull-Marketing) auf die anderen Ebenen der Pyramide abstrahlen und sich glaubwürdig in den Köpfen der Konsumenten, als auch der Influencer der darunterliegenden Level manifestieren wie in Abb. 4.5 dargestellt.

Wenn also die Qualität des Produkts stimmt, kann eine Marke sich langfristig und nachhaltig als Love Brand etablieren und ggf. so auch bis zum Mainstream durchdringen.

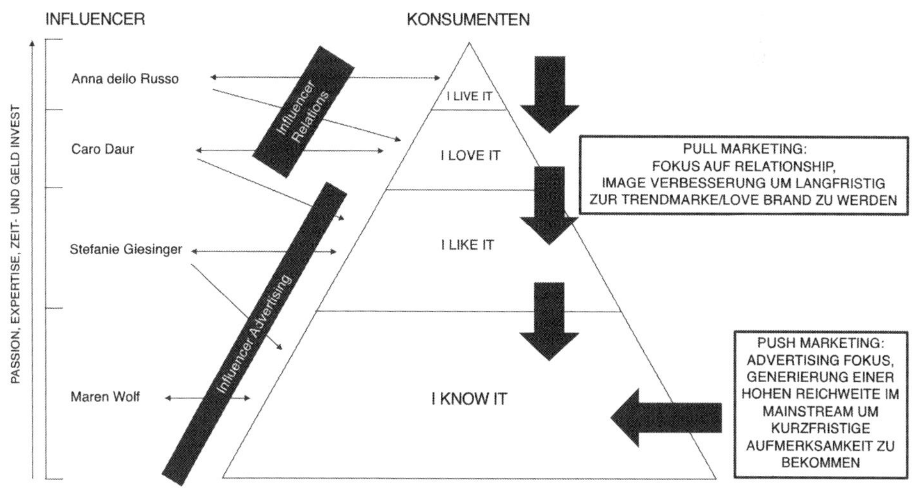

Abb. 4.5 Pyramid of Influence: Push- und Pull-Marketing im Influencer-Universum. (Quelle: Social Match)

Allerdings ist zu beachten, dass dieser strategische Weg nicht restlos planbar ist, insbesondere nicht, was den konkreten Zeithorizont betrifft.

Mit Influencern, die sich auf der untersten Ebene der Pyramide befinden, arbeiten Unternehmen weniger aus Image-Gründen, sondern vielmehr aus Reichweiten-Gründen zusammen (Push-Marketing). Bei kurzfristig angelegten Werbemaßnahmen (u. a. Kampagnen) spielen daher zum Beispiel qualitative Faktoren wie Brand Fit und Bildqualität bei der Auswahl der Influencer eine eher sekundäre Rolle. Viel wichtiger sind quantitative Metriken wie Reichweite, Like-Follower-Ratio/Engagement der Community, Zielgruppen-Fit und Wachstum des Accounts.

Die Strategie des Push-Marketings legt den Fokus auf eine kurzfristige Erhöhung der Aufmerksamkeit für eine Marke im Mainstream. Man bucht bei Influencern, ähnlich wie in traditionellen Medien, Anzeigen für einen monetären Gegenwert. Dies zielt auf Performance an einem bestimmten Zeitpunkt ab und die Aufmerksamkeit lässt sofort wieder nach, wenn man aufhört weiteres Geld zu investieren. Vorteil dieser Strategie ist, dass man innerhalb von kürzester Zeit Aufmerksamkeit generieren kann und der Ablauf und die einzelnen Anzeigen der Influencer sehr genau planbar sind.

4.5 Fazit

Die Qualität des Produktes spielt bei Marketingmaßnahmen wie dem Influencer Marketing, welches auf Empfehlungen beruht, eine entscheidende Rolle. Die Influencer müssen von einem Produkt überzeugt sein und die Überzeugung muss mit dem Level der Expertise/Ebene auf der Pyramide steigen. Dies ist eine Grundvoraussetzung für die glaubwürdige Kommunikation, die auch für die Influencer ein essenzieller Punkt ist. Denn: Auch sie müssen authentisch vor ihrer Community bleiben. Das gilt für alle Influencer, egal auf welcher Ebene der Pyramide sie sich befinden. Durch das Modell der Pyramid of Influence lassen sich zwei unterschiedliche Strategien ableiten: das Pull- und das Push-Marketing. Abhängig vom Produkt und vom Zeithorizont kann ein bewusster Mix aus beiden Wegen der Schlüssel zum Erfolg sein.

Literatur

Daur C (2018) Instagram-Profil. https://www.instagram.com/carodaur. Zugegriffen: 19. Jan. 2018

Giesinger S (2018) Instagram-Profil. https://www.instagram.com/stefaniegiesinger. Zugegriffen: 19. Jan. 2018

Influencerdb (2018) www.influencerdb.net. Zugegriffen: 19. Jan. 2018

Wolf M (2018) Instagram-Profil. https://www.instagram.com/marenwolf. Zugegriffen: 19. Jan. 2018

Über die Autorinnen

Laura Pier ist Managing Director bei Social Match, einer der führenden Influencer Marketing Agenturen Deutschlands, die zahlreiche Kampagnen mit namhaften internationalen Marken wie Huawei, Hollister, YSL Beauté oder der Deutschen Lufthansa betreut.

Katharina Faber ist Senior Concepter – Influencer Marketing Strategy bei Social Match sowie Freelance Content Creator bei der Influencer Marketing & Relations Plattform InfluencerDB.

Sie hat Social Match von der Gründung bis zum heutigen Zeitpunkt mitbegleitet.

Teil II

Studien und Empirie

5 Jenseits von Bibi & Co.: Influencer-Kommunikation für B2B- und mittelständische Unternehmen

Thomas Pleil, Pia Sue Helferich und Michael Grupe

Zusammenfassung

Influencer können neben dem B2C- auch im B2B-Umfeld eine sinnvolle Rolle spielen. Allerdings sind werbeartige Präsentationen wie sie beispielsweise durch den Einsatz von YouTubern in der B2C-Kommunikation bekannt sind, hier wenig bedeutsam. Stattdessen zählen längerfristige Beziehungen zu Influencern – und vor allem sind in der B2B-Kommunikation andere Influencer-Gruppen relevant, allen voran Kunden und Mitarbeiter. Dies zeigt eine Befragung von Kommunikations- und Marketingvertretern von B2B-Unternehmen.

5.1 Einleitung

Seit gut zehn Jahren wird die Rolle von Influencern diskutiert und als Chance für Online-PR und -Marketing dargestellt. In der Anfangszeit wurden in der PR vor allem Blogger als Influencer wahrgenommen – entsprechend wurde die Diskussion unter dem Schlagwort der Blogger Relations geführt (vgl. z. B. Belvederesi-Kochs 2013, S. 62–66; Schindler und Liller 2014, S. 134–137) oder sie drehte sich um „neue Meinungsmacher“

T. Pleil (✉) · P. S. Helferich
Mediencampus, Hochschule Darmstadt, Dieburg, Deutschland
E-Mail: thomas.pleil@h-da.de

P. S. Helferich
E-Mail: pia-sue.helferich@h-da.de

M. Grupe
Fink & Fuchs AG, Wiesbaden, Deutschland
E-Mail: michael.grupe@finkfuchs.de

A. Schach und T. Lommatzsch (Hrsg.), *Influencer Relations*,
https://doi.org/10.1007/978-3-658-21188-2_5

(Zerfaß und Boelter 2005). In der Marketing-Literatur lag der Schwerpunkt stärker auf der „Word-of-Mouth-Kommunikation“ bzw. der Mundwerbung (vgl. z. B. Kirby und Marsden 2006; Walsh et al. 2011). In den beiden sich ergänzenden Perspektiven geht es letztendlich um die Frage, wie die Meinungsbildung von Stakeholdern in einer digitalisierten Öffentlichkeit funktioniert und welche Instanzen jenseits des Journalismus bzw. der Anzeigenwerbung hieran beteiligt sind. Eine differenzierte Betrachtung von B2C- und B2B-Kommunikation findet in diesem Zusammenhang jedoch selten statt. Im Folgenden diskutieren wir zunächst die grundlegenden Begrifflichkeiten zu Influencern sowie Besonderheiten der B2B-Kommunikation. Anschließend führen wir die beiden Gebiete zusammen und diskutieren Influencer im B2B-Umfeld. Die Ergebnisse einer Befragung von Marketing- und Kommunikationsprofis aus B2B-Unternehmen liefert Hinweise zum Stand der Influencer-Kommunikation in diesem Feld.

5.2 Influencer Marketing oder Relations? Kommunikation!

Ruisinger (2016, S. 103). versteht unter Influencern Akteure, „die als Kommunikationsvermittler und Meinungsmacher insbesondere innerhalb ihrer eigenen Community wirken.“ Diese Rolle nehmen sie meist auf mehreren digitalen Kanälen wahr. Ruisinger sieht Influencer als „vormediale Entscheider“. Damit ist gemeint, dass Influencer sich im und durch den digitalen Raum herausbilden und (zumindest zunächst) ohne Zutun der klassischen Medien Einfluss auf die Wahrnehmungen und Entscheidungen ihrer jeweiligen Communities haben (ebd.).

Betrachtet man die Diskussion um Influencer Relations, so sind hier vor allem zwei Strategien relevant (vgl. Pleil 2015, S. 34 f.): Ein Ansatz hat das Ziel, Stakeholder, die meinungsbildend wirken können und einen direkten Bezug zum Unternehmen haben, zur Kommunikation zu Produkten oder anderen Themen des Unternehmens zu motivieren. Dabei kann es sich um Mitarbeiter handeln, die in der Kommunikation – etwa im Corporate Blog oder in Business Networks wie LinkedIn oder Xing – sichtbar werden; aber es kann sich zum Beispiel auch um Kunden handeln, die motiviert werden, ihre Erfahrungen mit Produkten und Leistungen des Anbieters zu veröffentlichen. Der andere Ansatz zielt darauf ab, mit „neuen Meinungsmachern“ (Zerfaß und Boelter 2005) längerfristige Beziehungen zu etablieren (Ruisinger 2016, S. 105). Diese „neuen Meinungsmacher“ haben aufgrund ihrer Publikation und Kommunikation selbst bereits eine gewisse Bekanntheit und Vernetzung erreicht, sodass auch hier von der Fähigkeit ausgegangen wird, die Agenda ihrer Follower bzw. Netzwerkpartner zu beeinflussen.

Solche Beziehungen können mit unterschiedlicher strategischer Zielsetzung und bezogen auf verschiedene Stakeholder eines Unternehmens entwickelt werden. Es gibt also keine Einengung auf Produktkommunikation. Influencer Relations können in ganz unterschiedlichen Teilgebieten des Kommunikationsmanagements eingesetzt werden. Ein Beispiel wäre etwa die Verbindung von Influencer Relations und Employer Branding. Hier werden beispielsweise Mitarbeitende als Markenbotschafter – also eine besondere Art von Influencern – eingesetzt.

Influencer selbst werden somit als Schnittstelle zwischen Unternehmen und Stakeholdern gesehen. Durch ihre Kommunikationsinhalte, ihre Vernetzung und damit verbunden die Möglichkeiten des Agenda Settings und der Content Distribution sowie durch ihre Persönlichkeit – meist handelt es sich um Peers der Zielgruppen – einen Einfluss auf die Meinungsbildung der Stakeholder haben können. Netzwerktheoretisch lassen sich Influencer als Knoten bzw. Hubs einordnen, deren intensive Vernetzung beispielsweise an Followerzahlen und Erwähnungen in Social-Media-Plattformen deutlich wird (Carter 2016). Diese Hubs (Knotenpunkte mit vielen Verbindungen) sind in einem Netzwerk meist sehr zentral und erreichen über diese Zentralität viele weitere Akteure im Netzwerk (vgl. auch Jansen 2006). Diese Zentralität lässt sich auf Basis der sozialen Netzwerkanalyse messen und z. B. mit anderen Knotenpunkten vergleichen (vgl. auch Wasserman und Faust 1994). Das bedeutet zwar nicht, dass ein zentraler Akteur seine Position auch immer so nutzt, jedoch besteht potenziell die Möglichkeit, viele weitere Personen im Netzwerk zu erreichen. Zu beachten ist in diesem Zusammenhang auch, dass die jeweiligen Netzwerke differenziert zu betrachten sind. So kann es sich beispielsweise um Netzwerke mit Mitgliedern bestimmter soziodemografischer Gemeinsamkeiten handeln, eher jedoch um spezifische Themennetzwerke. Die Aktivitäten von Influencern können in diesem Sinne zumindest zeitweise das Netzwerk eines Unternehmens erweitern und sie können Auswirkungen auf Bekanntheit und Reputation eines Unternehmens haben, aber auch direkt Einfluss auf Entscheidungen von Followern der Influencer.

Die Diskussion von Influencer Relations ist meist eng verbunden mit jener zur grundsätzlichen Relevanz von Social Media für Marketing und Kommunikationsmanagement. Die Logik dahinter ist einfach: Der Journalismus hat in seiner Funktion, Öffentlichkeit herzustellen, Konkurrenz bekommen – auf der einen Seite durch die Nutzung neuer Publikations- und Dialogmöglichkeiten von Unternehmen selbst (Owned Media), auf der anderen Seite durch das Herausbilden neuer Multiplikatoren im Social Web, die teilweise wiederum über Unternehmen und deren Leistungen bzw. Produkte berichten (Shared Media) (vgl. z. B. Pleil 2015).

Influencer Marketing geht oft stärker vom Paid-Media-Modell aus, Absatzziele durch den systematischen Einsatz von Influencern stehen dabei häufig im Mittelpunkt. Eine wichtige Motivation dafür sind zunehmend Probleme in der Wirksamkeit klassischer Werbung (Carter 2016). Damit integriert sich Influencer Marketing in den Konversionspfad (Marketing Funnel) von Kaufprozessen. Entsprechend ist im Influencer Marketing die Kommunikation von Produkten und Leistungen bzw. von Marken sehr bedeutend. Influencer Marketing wird oft kampagnenartig durchgeführt, etwa zur Einführung eines neuen Produktes. Die Reichweite der Influencer spielt bei ihrer Auswahl eine zentrale Rolle (Ruisinger 2016, S. 105). Das können im Marketing klassische Celebrities sein, die ihre Bekanntheit zum Beispiel in Sport oder Kultur erlangt haben und sehr aktiv im Web kommunizieren, aber auch sogenannte Social-Media-Stars, die ihre Bekanntheit hauptsächlich durch ihre Online-Aktivitäten erlangt haben (Carter 2016). Verbreitet ist im Influencer Marketing das direkte oder indirekte Bezahlen von Publikationsleistungen der Influencer (ebd.).

Wie gezeigt, lassen sich die Herkünfte der Begriffe Influencer Relations und Influencer Marketing grob den Disziplinen Kommunikationsmanagement/PR sowie Marketing zuordnen. Allerdings funktioniert die Unterscheidung in der Praxis oft nicht. Weder die Zielsetzungen noch die in der Zusammenarbeit mit Influencern eingesetzten Mittel (z. B. Bezahlung) sind eindeutig und sinnvoll einer Disziplin zuzuordnen. Wir verwenden deshalb im Folgenden den Begriff der Influencer-Kommunikation[1]. Wir verstehen unter Influencer-Kommunikation alle Maßnahmen von Organisationen, die darauf abzielen, Influencer systematisch anzusprechen bzw. in Kommunikations- und Marketingstrategien zu integrieren. Allgemein gesprochen soll dabei die Bekanntheit und Reputation der Influencer einen Beitrag dazu leisten, Kommunikations- bzw. Marketingziele zu erreichen. Dabei ist ihnen die genaue Ausgestaltung ihrer Berichterstattung üblicherweise selbst überlassen, um ihre Glaubwürdigkeit und Authentizität möglichst nicht zu gefährden (ebd.). Das Vertrauen der Zielgruppen bzw. Stakeholder in die Empfehlungen und das Urteil von Influencern spielt hier eine zentrale Rolle. Je nach Konstellation können Influencer Vorbildfunktionen wie Celebrities haben oder/und es wird ihnen eine besondere Fachkompetenz zugeschrieben (Carter 2016). Im besten Fall entstehen wiederum zwischen Influencer-Kommunikation und Medienberichterstattung Wechselwirkungen (Pleil 2015, S. 35).

5.3 Besonderheiten der B2B-Kommunikation

Die Kommunikation zwischen Unternehmen, also zum Beispiel zwischen Zulieferern und ihren Auftraggebern oder zwischen Kooperationspartnern, die sogenannte Business-to-Business-Kommunikation (B2B), wird traditionell in der Forschung weniger intensiv in den Blick genommen. In der Kommunikationspraxis spielten lange Zeit vor allem die Fachpressearbeit sowie direkte Kommunikationsbeziehungen zwischen Akteuren unterschiedlicher Unternehmen eine dominierende Rolle (Rizomyliotis et al. 2017b, S. 79). Auch heute ist die Expertenkommunikation im B2B-Umfeld besonders wichtig (Kreutzer et al. 2015, S. 15). Auf der taktischen Ebene arbeitet die B2B-Kommunikation zum Beispiel schon sehr lange mit sogenannten Third-Party-Endorsements, wie sie beispielsweise in Fachzeitschriften in Form von Anwenderberichten oder Case Studies zu bestimmten Produkten oder Leistungen seit Jahrzehnten zu finden sind. Insofern wurden Kunden in der B2B-Kommunikation schon vor der Verbreitung digitaler Kanäle oft als Influencer verstanden.

Mit der Zeit ist ein Bewusstsein dafür entstanden, dass auch B2B-Entscheider/innen intensiv das Internet nutzen, um Kooperationen oder Investitionen vorzubereiten.

[1]Dies spiegelt auch den Stand der akademischen Diskussion wider, wie sich z. B. auf der gemeinsamen Jahrestagung der DGPuK-Fachgruppen PR/Organisationskommunikation und Werbekommunikation Ende November 2017 in Wien gezeigt hat.

Rizomyliotis et al. (2017a, S. 80) halten die Anpassung von B2B-Unternehmen an die Digitalisierung in Marketing und Kommunikation für entscheidend, um Wettbewerbsvorsprünge zu sichern. Der B2B-Online-Monitor (Die Firma 2014) hat gezeigt, dass sich das Web bereits zur zentralen Schnittstelle der B2B-Kommunikation entwickelt hat. Hierzu gehören auch Kommunikationsaktivitäten von B2B-Unternehmen im Social Web (vgl. z. B. Pleil und studentisches Team 2010). Allerdings verlief hier die Anpassung der Kommunikationsstrategien und -maßnahmen weitaus langsamer als in der B2C-Kommunikation (vgl. ebd., S. 11). Noch 2016 haben nur etwa 20 % von 212 befragten B2B-Unternehmen Social Media fest in ihre Kommunikation eingebunden (Brandwatch 2015).

Auch der Begriff des Content Marketings ist bei B2B-Unternehmen angekommen. Ob hier wirklich neue Strategien entstanden sind, oder ob bekannte Strategien und Maßnahmen unter einer neuen Begrifflichkeit weiterentwickelt werden, muss hier offen bleiben. Eine Befragung des Content Marketing Institutes und der MarketingProfs mit etwa 870 Teilnehmern aus B2B-Unternehmen zeigt für Nordamerika, dass E-Books/Whitepapers, Fallstudien und Social-Media-Inhalte in dieser Reihenfolge als die effektivsten Marketing- und Kommunikationsinstrumente gesehen werden (Content Marketing Institute et al. 2018). E-Mail und Social-Media-Plattformen gelten demnach als besonders nützlich für die Distribution von Inhalten, gefolgt von Blogs und persönlichen Gesprächen bzw. kleinen Events. Für Deutschland zeigt der „B2B Social Media Report 2016“, dass gegenüber dem Vorjahr Foren, Blogs und News weniger genutzt werden, dafür jedoch Twitter, Review-Seiten und Facebook an Bedeutung gewonnen haben (Brandwatch 2015).

Kreutzer et al. (2015, S. 15) sehen zwei grundlegende Besonderheiten im B2B-Geschäft, die Einfluss auf Kommunikationsstrategien haben: Zum einen stehen eher komplexe Themen im Mittelpunkt; zum anderen sind die Geschäftsbeziehungen im B2B-Umfeld längerfristig. Hieraus lässt sich die hohe Bedeutung von Fachkommunikation im B2B-Marketing erklären und dass die Kommunikation die so bedeutsamen Beziehungen zwischen Unternehmen unterstützen sollte. Dies führt in der Praxis oft dazu, dass B2B-Kommunikation weniger kampagnenartig geplant und durchgeführt wird als in der B2C-Kommunikation üblich. Damit verbunden ist auch ein großer Druck zu hoher Seriosität, vor allem in der Onlinekommunikation von B2B-Unternehmen: Rizomyliotis et al. (2017a, S. 81) argumentieren, dass gerade B2B-Kunden besonders sensibel auf Marketing-Tricks reagierten. Die Entwicklung langfristiger, vertrauensvoller Beziehungen sehen sie als zentrale Herausforderung des B2B-Marketings. Diese Herausforderung hat sich durch die Machtverschiebung zugunsten der Kunden in letzter Zeit weiter vergrößert: Die Loyalität der Kunden wird damit als Schlüssel im B2B-Geschäft gesehen (Viswanathan et al. 2017). Strategien dazu können beispielsweise Loyalitätsprogramme im Rahmen des Customer Relationship Managements sein (ebd.) oder entsprechend ausgerichtete Kommunikation.

Murphy (2015, S. 703) betont, dass für Beziehungsmarketing online die Faktoren Zufriedenheit, Commitment und die Bereitschaft zur Fürsprache vor allem von Bedeutung sind. Damit wird deutlich, dass B2B-Kommunikation nicht allein auf Fakten basiert, sondern auch Emotionen berücksichtigt werden sollten. Jensen und Klastrup

(2008) haben auf Basis einer Studie mit Kunden eines dänischen Industrie-Unternehmens ein B2B-Markenmodell entwickelt, das rationale (z. B. Preis, Qualität) und emotionale Aspekte (z. B. Differenzierung, Leistungsversprechen, Vertrauen) zusammenführt. Grundsätzlich besteht auch im B2B-Umfeld eine starke Markenwahrnehmung. Brown et al. (2011) haben festgestellt, dass Marken in zwei Situationen im B2B-Geschäft eine große Rolle spielen: Entweder geht es um besonders einfache Beschaffungen, oder ein Markenbewusstsein hilft bei besonders komplexen Beschaffungen die damit verbundenen Risiken zu reduzieren; in wenig kompetitiven Umfeldern spielen Marken dagegen eine geringere Rolle (ebd.).

Homburg (2017, S. 153) sieht die Nutzung von Onlinequellen einschließlich Social-Media-Angeboten in unterschiedlichen Stufen des B2B-Kaufprozesses, beginnend mit der Bedarfserkennung bis zur Vorauswahl von Anbietern. Dabei werden komplexe Kaufentscheidungen im B2B-Umfeld typischerweise von mehreren Beteiligten vorbereitet, den Mitgliedern eines unternehmensinternen Buyer Networks (ebd., S. 149) – von anderen Autoren auch als Buying Center oder Business Decision Units bezeichnet (Kreutzer et al. 2015, S. 18). Hierzu gehören beispielsweise Mitarbeiter der Bereiche Einkauf, Controlling, Produktion, Marketing und auf Geschäftsführungsebene – wobei Kreutzer et al. (ebd.) betonen, dass weniger die formale organisationale Verortung der Beteiligten entscheidend ist, sondern dass hier zwischen verschiedenen Rollen unterschieden werden sollte: Demnach gibt es bei komplexen Beschaffungen fünf typische Rollen: Gatekeeper, Influencer, Entscheider, Beschaffer und Anwender (ebd., S. 19). Im Sinne einer Strategieentwicklung für die B2B-Onlinekommunikation könnten auf dieser Basis Personas (vgl. z. B. Spies 2015, S. 71–87) und auf sie bezogen wiederum abgestimmte Kommunikationsmaßnahmen entwickelt werden. Im Gegensatz dazu fallen Entscheidungen im B2C-Geschäft meist nur durch die Konsumenten selbst (Kreutzer et al. 2015, S. 14). Allerdings sind die B2B-Zielgruppen in der Tendenz einfacher zu identifizieren (ebd.). Wichtigste Instrumente, um diese online zu erreichen sind laut B2B-Online-Monitor (2014) die Suchmaschinenoptimierung, Newsletter sowie spezifische Landingpages.

Wille-Baumkauf et al. (2015, S. 153) halten Social Media in der B2B-Kommunikation für besonders bedeutsam, da im B2B-Geschäft ein hoher Informationsbedarf gepaart mit hohen Investitionskosten besteht. Das Social Web bietet wichtige Möglichkeiten der Personalisierung der Kommunikation und des Storytellings – beides Aspekte, die auch in der B2B-Kommunikation bedeutsam sind und an bisherige Strategien in diesem Feld anknüpfen (Rizomyliotis et al. 2017a, S. 85–87).

Im Gegensatz zur B2C-Kommunikation spielt die Reichweite von B2B-Akteuren im Social Web eine viel geringere Rolle, stattdessen rückt die Qualität der erreichten Zielpersonen in den Mittelpunkt (Wille-Baumkauf et al. 2015, S. 153). Dabei sollten Unternehmen im Rahmen ihrer B2B-Kommunikation gegenüber ihren Stakeholdern ein hohes Vertrauen entwickeln und diese im Idealfall aktiv im Sinne einer Co-Creation einbeziehen (Rizomyliotis et al. 2017a, S. 89) – die Stakeholder werden insofern als Influencer betrachtet.

5.4 Influencer im B2B-Umfeld

In der gesichteten wissenschaftlichen Literatur spielen Influencer Relations bezogen auf B2B-Marketing bzw. Kommunikation praktisch keine Rolle. Jedoch ergeben sich aus ihr bereits einige Indizien, dass Influencer im B2B-Umfeld durchaus relevant sein können. Deutlich wurde, dass B2B-Marketing und -Kommunikation besonders auf langfristige Beziehungen ausgelegt sein sollten und die Stakeholder empfindlich auf platte Werbeversprechen reagieren. Daraus lässt sich für die Entwicklung von Strategien zur Einbindung von Influencern folgern, dass werbliche Aktivitäten des Influencer Marketings, wie sie im B2C-Geschäft teilweise üblich sind, weniger infrage kommen: Influencer zum Beispiel im Rahmen einer Kampagne dafür zu bezahlen, damit sie als Testimonial für ein Produkt herhalten, dürfte im B2B-Umfeld seltener vorkommen.

Stattdessen ist davon auszugehen, dass Influencer im B2B-Umfeld auf andere Weise helfen können, Marketing- oder PR-Ziele zu erreichen. Hier ist auch zu fragen, welche Stakeholder im Einzelfall als Influencer betrachtet werden sollen – die Spanne der Möglichkeiten reicht von Mitarbeitern über Kunden bzw. Geschäftspartner bis hin zu Branchenexperten oder Analysten.

Am Beispiel von Mitarbeitern, die als Influencer verstanden werden, lässt sich die mögliche Vielschichtigkeit zeigen: So könnten z. B. Auszubildende durch ihre Kommunikation einen Beitrag zum Employer Branding bzw. zum Recruiting leisten. Mitarbeiter mit Vertriebshintergrund wiederum könnten durch die Kommunikation von Case Studies des eigenen Unternehmens stärker absatzorientierte Ziele erreichen helfen, während möglicherweise Mitarbeiter aus dem Innovationsbereich daran mitwirken, die Reputation des Unternehmens zu verbessern. Allerdings werden in einigen Fällen klare Unterscheidungen schwierig sein. Dies erschließt sich beispielsweise beim Betrachten konkreter Kommunikationsmaßnahmen: So kann etwa ein Mitarbeiterblog vor allem allgemeine Reputationsziele durch das Herstellen von Nähe und Corporate Storytelling unterstützen. Mit einzelnen Beiträgen, die womöglich später über Suchmaschinen gefunden werden, könnten jedoch wiederum Wirkungen in Richtung Absatz oder Employer Branding erzielt werden.

Auch beim Einsatz anderer Influencertypen im B2B-Umfeld können sich die Zielsetzungen mischen: So können Kunden als Influencer sicher direkt helfen, Absatzziele zu erreichen, beispielsweise durch die Kommunikation über konkrete Produkte bzw. Lösungen und Leistungen. Zugleich können aber auch Bekanntheit oder Reputation im Vordergrund stehen.

Eine weitere Betrachtungsebene bezieht das Alter von B2B-Entscheidern und ihre Zugehörigkeit zu den Generationen ein. So stellt eine von IBM initiierte Befragung in sechs Ländern fest, dass es im Informations- und Kommunikationsverhalten der B2B-Entscheider deutliche Unterschiede gibt (Heller Baird 2015). So zeigt sich etwa, dass neun von zehn der sogenannten Millenials (geboren zwischen 1980 und 1993) ihren Peers bzw. Word-of-Mouth-Kommunikation vertrauen; das sind deutlich mehr als in anderen Generationen. Geht es um die Vorbereitung von Käufen im B2B-Umfeld bevorzugen die Millenials den persönlichen Kontakt zu Vertretern des Anbieters im individuellen Gespräch, auf Konferenzen oder Messen sowie zu eigenen Kollegen. Dem gegenüber bevorzugen Vertreter der Generation X (geboren zwischen 1961 und 1980) Veröffentlichungen von Branchenexperten, Whitepapers, Blogs oder Fachartikel. Baby Boomer wiederum schätzen Konferenzen und Messen besonders, außerdem Fachartikel und Statements von Kunden eines Anbieters. Da die jüngste Generation, die Millenials, zunehmend in Unternehmen in verantwortliche Positionen kommt, dürfte deren Verhalten die strategische Ausrichtung der B2B-Kommunikation immer stärker prägen. Dabei ist dann auch zu berücksichtigen, dass Vertreter dieser Generation oft dazu bereit sind, als zufriedene B2B-Kunden positive Kommentare im Web hierzu zu hinterlassen (ebd.). In der Befragung von insgesamt 1800 Vertretern aus B2B-Unternehmen traf dies auf etwa 70 % aus dieser Generation zu. Entsprechend ist eine der zentralen Empfehlungen, dass B2B-Unternehmen es ihren Kunden so einfach wie möglich machen sollten, Erfolgsgeschichten zu publizieren und als Markenbotschafter aktiv zu werden (ebd.).

Zusammenfassend lässt sich festhalten, dass sich im B2B-Umfeld grundsätzlich vielfältige Möglichkeiten ergeben können, um Influencern eine Rolle in Kommunikations- und Marketingstrategien zu geben. Dabei lassen sich Influencer unterscheiden, die einen klaren Unternehmensbezug haben wie Mitarbeiter, Kunden oder Geschäftspartner. Andere Influencer sind unabhängig von bestimmten Unternehmen und aufgrund ihres Experten- oder Prominentenstatus möglicherweise für B2B-Unternehmen interessante Multiplikatoren und Meinungsbildner, die die klassischen Wege der Meinungsbildung durch die (Fach-)Presse ergänzen oder – abhängig zum Beispiel von den Nutzertypen – weitgehend ersetzen.

5.5 Fragestellung und Methode

Da sich gezeigt hat, dass die strategische Einbindung von Influencern im B2B-Umfeld bisher in der Literatur wenig thematisiert ist und über Unternehmenspraxis hierzu so gut wie nichts bekannt ist, haben wir eine Onlinebefragung unter deutschsprachigen B2B-Unternehmen unterschiedlicher Größe durchgeführt. Ziel war, einen ersten Überblick über den Einsatz von Influencern im B2B-Umfeld zu erhalten. An der Online-Befragung haben 53 Marketing- und Kommunikationsexperten aus unterschiedlichen Branchen teilgenommen. Der Fragebogen war zum Teil standardisiert und zum Teil offen. Die Befragung fand zwischen dem 05.10.2017 und dem 08.11.2017 statt. 28 Befragte ordneten sich selbst dem Bereich Marketing zu, 21 dem Bereich Kommunikation, vier ordneten sich einem anderen Bereich wie z. B. Personal zu. Mehr als die Hälfte der Befragten, insgesamt 31 Personen, sind in leitenden Funktionen tätig.

Die Befragten sind sowohl in kleinen, mittleren als auch größeren Unternehmen in unterschiedlichen Branchen beschäftigt. 21 der Befragten kommen aus Unternehmen mit weniger als 500 Mitarbeitern, 17 aus Unternehmen mit 500 bis 5000 Mitarbeitern und 15 aus Unternehmen mit über 500 Mitarbeitern. Unter den Branchen waren neben der IT- & Telekommunikationsbranche auch Chemie & Pharmazie, Automobil, Unternehmensberatung und E-Commerce vertreten.

Teilergebnisse des Fragebogens flossen zudem in ein Whitepaper ein (Pleil et al. 2017). Die Ergebnisse wurden mithilfe von Excel und SPSS ausgewertet.

5.6 Ergebnisse – Ein Blick in die Praxis

Die meisten befragten Praktiker sehen Unterschiede in Kommunikation und Marketing von B2B- und B2C-Unternehmen. Ähnlich wie in der Literatur verweisen die Befragten vor allem auf den komplexeren Kaufprozess im B2B-Geschäft sowie eine sachlichere und faktenorientiertere Kommunikation. Der B2C-Bereich basiert nach Einschätzung der Befragten mehr auf Emotionen.

Wie bereits beschrieben, basieren Marketing und Kommunikation im B2B-Bereich eher auf langfristigen Beziehungen, da platte Werbebotschaften hier fehl am Platz sind. Diese Anforderung der Langfristigkeit übertragen die Befragten auf die Zusammenarbeit mit Influencern. Der Aufbau von langfristigen Beziehungen macht jedoch die Auswahl der Influencer umso schwieriger. Am wichtigsten bei der Auswahl der Influencer sind den befragten Praktikern die „Relevanz der Inhalte" (37), gefolgt von der „persönlichen Reputation des Influencers" (27) und den „qualitative Outrearch" (25). Als weniger wichtig werden „quantitative Reichweite" (15) und „Bekanntheitsgrad" (16) bewertet.

Geht es um praktische Erfahrungen mit Influencern, so haben die befragten Praktiker bisher am häufigsten „Kunden" (3,3 Mittelwert) und „Business-Partner" (3,23) eingesetzt. Danach folgen „Journalisten" (3,15) und „Mitarbeiter" (3,08). Dagegen bewegen sich „Analysten/Marktexperten" (2,62) mit „Bloggern" (2,0) im Mittelfeld. „Prominente" (1,43) und YouTuber (1,4) werden im B2B-Bereich kaum als Influencer eingesetzt. Tab. 5.1 schlüsselt diese Unterschiede nach den unterschiedlichen Unternehmensgrößen auf. Bei den meisten Influencer-Arten gibt es kaum nennenswerte Unterschiede zwischen den Unternehmensgrößen. Allerdings: Unterschiede zeigen sich bei Analysten und Marktexperten. Diese werden tendenziell von größeren Unternehmen häufiger eingesetzt als von kleineren. Erklären lässt sich dies möglicherweise mit den sehr viel begrenzteren personellen Ressourcen in Marketing und Kommunikation von KMU. Außerdem wird ein Unterschied beim Einsatz von Mitarbeitern als Influencer deutlich. Hier zeigt sich, dass mittelgroße Unternehmen unter 5000 Mitarbeiter diese deutlich häufiger als Influencer einsetzen, als dies kleine Unternehmen mit weniger als 500 Mitarbeitern oder große Unternehmen mit über 5000 Mitarbeitern tun. Ein Großteil der Befragten stimmt der Aussage voll oder eher zu (39), dass Mitarbeiter wichtige Influencer sind. In diesem Zusammenhang zeigt sich allerdings, dass immerhin 12 der befragten Praktiker davon ausgehen, dass der Einsatz von Mitarbeitern als Influencer zu einem Kontrollverlust führt.

Tab. 5.1 Unterschiede im Einsatz verschiedener Influencer nach Unternehmensgröße, n = 53

Unternehmensgröße		Journalist	Analyst/ Experte	Blogger	You Tuber	Kunde	Business Partner	Mitarbeiter	Prominente
Unter 500 Mitarbeitern	Mittelwert	2,90	2,19	2,10	1,43	3,19	3,19	2,57	1,19
	N	21	21	21	21	21	21	21	21
	Standardabweichung	1,411	1,078	1,221	,926	1,327	1,289	1,076	,402
Unter 5000 Mitarbeitern	Mittelwert	3,35	2,76	1,76	1,18	3,59	3,47	3,65	1,65
	N	17	17	17	17	17	17	17	17
	Standardabweichung	1,115	1,033	,970	,393	1,064	1,007	1,169	1,057
Über 5000 Mitarbeitern	Mittelwert	3,27	3,07	2,13	1,60	3,13	3,00	3,13	1,53
	N	15	15	15	15	15	15	15	15
	Standardabweichung	1,335	1,335	1,125	,910	1,302	,926	1,187	,640
Gesamt	Mittelwert	3,15	2,62	2,00	1,40	3,30	3,23	3,08	1,43
	N	53	53	53	53	53	53	53	53
	Standardabweichung	1,292	1,180	1,109	,793	1,234	1,103	1,207	,747

Mittelwertskala: Einsatz der verschiedenen Influencer-Arten von 5 = sehr häufig bis 1 = gar nicht

Hinsichtlich der Nutzung unterschiedlicher Kanäle zeigt sich, dass über alle Unternehmensgrößen hinweg das „Gespräch“ (4,30 Mittelwert) z. B. auf Veranstaltungen einer der wichtigsten Kanäle der Influencer-Kommunikation ist (s. Tab. 5.2). Bei YouTube – stellvertretend für den Einsatz von Videos – gibt es große Unterschiede. Diesen Kanal nutzen eher die großen Unternehmen ab 5000 Mitarbeiter für sich, während kleine Unternehmen unter 500 Mitarbeitern diesen Kanal selten für die Influencer-Kommunikation nutzen.

Den größten Nutzen des Einsatzes von Influencern sehen die Befragten darin, „Image und Reputation zu stärken“ (38). Aber auch „Themen besetzen“ (30) sowie „Glaubwürdigkeit erhöhen“ (29) werden als Nutzen gesehen. Knapp die Hälfte der Befragten sieht auch die „Steigerung der Bekanntheit“ (26) als Nutzen. Bei dieser Frage konnten die Befragten drei Nutzenkategorien auswählen. Den größten Nutzen des Einsatzes von Influencern sehen die Befragten jedoch darin, die Glaubwürdigkeit von Unternehmen stärken zu können (42 von 53 stimmen dem eher oder voll zu).

Tab. 5.2 Kanalnutzung von Influencern aufgeschlüsselt nach Unternehmensgröße, n = 53

Unternehmensgröße		Gespräch	Magazin	Blog	YouTube	Soziale Netzwerke
Unter 500 Mitarbeitern	Mittelwert	4,29	3,33	3,29	2,48	3,52
	N	21	21	21	21	21
	Standardabweichung	1,007	1,155	1,102	1,209	1,030
Unter 5000 Mitarbeitern	Mittelwert	4,47	3,71	3,41	2,94	3,35
	N	17	17	17	17	17
	Standardabweichung	,624	,920	1,004	,748	,862
Über 5000 Mitarbeitern	Mittelwert	4,13	3,20	3,47	3,47	4,00
	N	15	15	15	15	15
	Standardabweichung	1,187	1,207	1,060	1,060	,845
Gesamt	Mittelwert	4,30	3,42	3,38	2,91	3,60
	N	53	53	53	53	53
	Standardabweichung	,952	1,100	1,042	1,097	,947

Mittelwertskala: Relevanz der einzelnen Kanäle von 5 = sehr relevant bis 1 = gar nicht relevant

Auf der anderen Seite sehen 31 der Befragten, dass Influencer umgekehrt die Glaubwürdigkeit von Unternehmen beschädigen können. Größtes Risiko ist dabei nach Einschätzung der Befragten, dass „Influencer die Marke oder das Unternehmen überstrahlen“ (34). 18 sehen das Risiko, dass „Ziele nicht erreicht werden“ oder sogar den „Verlust der Glaubwürdigkeit“ (18). Weitere Risiken des Einsatzes von Influencern sind „Kontrollverlust“ (11) und „Kostenexplosion“ (10), sowie dass „Influencer nicht zur Marke/Unternehmen passen“ (5). Auf der anderen Seite geben 17 Befragte an, gar keine Risiken zu sehen.

Die Identifikation der richtigen Influencer als Herausforderung im B2B-Bereich wurde bereits oben thematisiert. Dies ist auch mit 40 Nennungen das größte Hindernis, das die Befragten bei der Influencer-Kommunikation sehen. Gefolgt wird dies durch die mangelnde Bedeutung von Influencern im Marktsegment (33). Mit etwas Abstand werden „hohe Kosten“ (15) und „eine konkrete Definition der Beziehung und Zusammenarbeit“ (14) als Hindernisse genannt. Als weniger problematisch gelten die „Kontaktaufnahme und Ansprache“, eine möglicherweise „mangelnde Neutralität des Influencers“ oder eine „mangelnde Transparenz bei den Formen der Zusammenarbeit“.

Die eingesetzten Maßnahmen der Influencer-Kommunikation unterscheiden sich bezogen auf die Unternehmensgröße kaum (s. Tab. 5.3). Lediglich fünf der 53 Befragten haben

Tab. 5.3 Einsatz von Maßnahmen in der Influencer Kommunikation, n = 53

Maßnahmen	Mittelwert
Interviews mit Management	2,92
Einbindung bei Events	2,87
Nutzung als Testimonial	2,83
Gastbeiträge von Influencern	2,34
Unternehmensbesuche	2,26
Influencer testen Dienstleistung	1,81
Einbindung in Werbung	1,77
Produkte verschicken	1,47

Mittelwertskala: Angaben zur Erfahrung mit bestimmten Maßnahmen von 1 = keine Erfahrung bis 5 = ist Standard bei uns

für Influencer-Kommunikation ein Budget, allerdings verfügen zwei davon über mehr als 100.000 EUR pro Jahr für entsprechende Maßnahmen. Generell lässt sich erkennen, dass die Mittelwerte bezogen auf die praktischen Erfahrungen durchweg sehr gering sind. Die meisten Erfahrungen haben Unternehmen mit „Interviews mit dem Management" (2,92 Mittelwert), dicht gefolgt von der „Einbindung von Influencern auf Events" (2,87) und der „Nutzung als Testimonial" (2,83). „Gastbeiträge von Influencern" (2,34) und Unternehmensbesuche (2,26) bilden das Mittelfeld. Kaum eingesetzt wurden Tests von Produkten und Dienstleistungen durch Influencer sowie deren Einbindung in die Werbung. Diese Ergebnisse spiegeln letztlich auch die diskutierten Besonderheiten der B2B-Kommunikation.

5.7 Diskussion und Fazit

Die Umfrage zeigt, dass die B2B-Profis Influencern auch in ihrem Umfeld Bedeutung zusprechen. Allerdings unterscheiden sich die Art der eingesetzten B2B-Influencer und die strategischen Ansätze der Influencer-Kommunikation im Vergleich zum B2C-Geschäft. Die Fallzahl von 53 Befragten kann jedoch nur Tendenzen aufzeigen. Insgesamt gibt es bisher wenig Literatur, die sich mit Influencer-Kommunikation im B2B-Umfeld beschäftigt.

Die hier vorgestellten Ergebnisse der Umfrage zeigen auch, dass zum Einsatz von Influencern im B2B-Umfeld noch recht wenige Erfahrungen vorliegen und dies bisher eher punktuell sowie im Sinne erster Versuche betrieben wurde. Zum Gewinn weiterer Erkenntnisse über die genaue Zusammenarbeit mit Influencern in der B2B-Kommunikation wäre weitere Forschung sinnvoll. Dies betrifft externe Influencer, aber besonders auch die Gruppe der Mitarbeiter. Gerade mit Blick auf die komplexen Entscheidungsprozesse in B2B-Unternehmen stellt sich in der Praxis die Frage, ob der Einsatz von Influencern so konzipiert werden kann, dass hierbei die unterschiedlichen Rollen und Interessen im Buying Center berücksichtigt werden.

Literatur

Belvederesi-Kochs R (2013) Erfolgreiche PR im Social Web. Das praktische Handbuch. Galileo Press, Bonn

Brandwatch (2015) B2B social media report 2016. Brandwatch. https://www.brandwatch.com/de/reports/b2b-social-media-report-2016/view/. Zugegriffen: 14. Dez. 2017

Brown BP, Zablah AR, Bellenger DN, Johnston WJ (2011) When do B2B brands influence the decision making of organizational buyers? An examination of the relationship between purchase risk and brand sensitivity. Int J Res Mark. https://doi.org/10.1016/j.ijresmar.2011.03.004

Carter D (2016) Hustle and brand: The sociotechnical shaping of influence. Soc Media + Soc. https://doi.org/10.1177/2056305116666305

Content Marketing Institute & MarketingProfs (2018) B2B content marketing 2018 – benchmarks, budgets & trends – North America. http://contentmarketinginstitute.com/wp-content/uploads/2017/09/2018-b2b-rese-arch-nal.pdf. Zugegriffen: 20. Dez. 2017

Die Firma (2014) B2B Online-monitor 2014 – kings of content. http://www.diefirma.de/fileadmin/downloads/pdf/diefirma-B2B-online-monitor-2014.pdf. Zugegriffen: 20. Dez. 2017

Heller Baird C (2015) To buy or not to buy? How millennials are reshaping B2B marketing, IBM Institute for Business Value

Homburg C (2017) Das Kaufverhalten organisationaler Kunden. In: Homburg C (Hrsg) Marketingmanagement: Strategie – Instrumente – Umsetzung – Unternehmensführung. Springer Fachmedien, Wiesbaden, S 143–174

Jansen D (2006) Einführung in die Netzwerkanalyse: Grundlagen, Methoden, Forschungsbeispiele, 3., überarb Aufl. VS Verlag, Wiesbaden (Lehrbuch)

Jensen MB, Klastrup K (2008) Towards a B2B customer-based brand equity model. J Target Meas Anal Mark 16:122–128. https://doi.org/10.1057/jt.2008.4

Kirby J, Marsden P (2006) Connected marketing: the viral, buzz and word of mouth revolution. Elsevier, Jordan Hill

Kreutzer RT, Rumler A, Wille-Baumkauff B (2015) Charakterisierung von B2B-Märkten. In: Kreutzer RT, Rumler A, Wille-Baumkauff B (Hrsg) B2B-Online-Marketing und Social Media: Ein Praxisleitfaden. Springer Fachmedien, Wiesbaden, S 13–20

Murphy M (2015) A framework for examining B2B digital communication. In: Robinson L (Hrsg) Marketing dynamism & sustainability: things change, things stay the same… developments in marketing science: proceedings of the academy of marketing science. Springer, Cham. S 703–705

Pleil T (2015) Kommunikation in der digitalen Welt. In: Zerfaß A, Pleil T (Hrsg) Handbuch Online-PR, 2. Aufl. UVK, Konstanz, S 17–38

Pleil T und stud. Team (2010) Mehr Wert schaffen. Books on Demand, Darmstadt

Pleil T, Helferich PS, Gruppe M, Weigl S (2017) B2B Influencer Kommunikation (Whitepaper). http://b2binfluencer.de/. Zugegriffen: 14. Dez. 2017

Rizomyliotis I, Konstantoulaki K, Kostopoulos I (2017a) What is next for business-to-business marketing communication? In: Rizomyliotis I, Konstantoulaki K, Kostopoulos I (Hrsg) Business-to-business marketing communications: value and efficiency considerations in recessionary times. Springer, Cham, S 79–90

Rizomyliotis I, Konstantoulaki K, Kostopoulos I (2017b) Business-to-business marketing communications. Springer, Cham

Ruisinger D (2016) Die digitale Kommunikationsstrategie: Praxis-Leitfaden für Unternehmen – Mit Case Studys und Expertenbeiträgen – Für eine Kommunikation in digitalen Zeiten. Schäffer Poeschel, Stuttgart

Schindler M-C, Liller T (2014) PR im Social Web. O'Reilly, Köln

Spies M (2015) Branded interactions, 2. Aufl. Thames & Hudson, London
Viswanathan V, Sese FJ, Krafft M (2017) Social influence in the adoption of a B2B loyalty program: the role of elite status members. Int J Res Mark. https://doi.org/10.1016/j.ijresmar.2017.08.003
Walsh G, Kilian T, Zenz R (2011) Strategien der Mundwerbung im Web 2.0 am Beispiel von Medienprodukten. In: Walsh G, Hass BH, Kilian T (Hrsg) Web 2.0. Springer, Berlin, S 279–294
Wasserman S, Faust K (1994) Social network analysis: methods and applications. Structural analysis in the social sciences: Bd 8. Cambridge University Press, Cambridge
Wille-Baumkauff B, Rumler A, Kreutzer RT (2015) Social-media-marketing. In: Kreutzer RT, Rumler A, Wille-Baumkauff B (Hrsg) B2B-Online-Marketing und Social Media: Ein Praxisleitfaden. Springer Fachmedien, Wiesbaden, S 149–227
Zerfaß A, Boelter D (2005) Die neuen Meinungsmacher: Weblogs als Herausforderung für Kampagnen, Marketing, PR und Medien. Nausner & Nausner, Graz

Über die Autoren

Prof. Dr. Thomas Pleil ist seit 2004 Professor für Public Relations an der Hochschule Darmstadt. Dort hat er zehn Jahre den PR-Schwerpunkt im Studiengang Online-Journalismus verantwortet und den Studiengang Onlinekommunikation (B.Sc.) aufgebaut. Zudem ist er Sprecher des Direktoriums des Instituts für Kommunikation und Medien (ikum) sowie des Forschungsclusters Digitale Kommunikation und Medien-Innovation. Pleil ist außerdem Mitgründer des Steinbeis-Transferzentrums flux zu Organisationsentwicklung, Kommunikation und Lernen. Seine Forschungsschwerpunkte liegen in den Bereichen Online-PR und Social Media, PR für neue Technologien, Nonprofit-PR und lebenslanges Lernen.

Dr. Pia Sue Helferich Online-Journalismus und Educational Media studiert und in Irland zu lebenslangem Lernen in Kommunikationsberufen promoviert. Seit 2005 arbeitet sie in verschiedenen Projekten und Unternehmen zu den Themen Onlinekommunikation und Erwachsenenbildung. Helferich ist zudem Mitgründerin des Steinbeis-Transferzentrums flux zu Organisationsentwicklung, Kommunikation und Lernen. Ihre Forschungsschwerpunkte liegen in den Bereichen Organisationskommunikation, informelles und lebenslanges Lernen und Social Media.

Michael Grupe ist Vorstand bei der Fink & Fuchs AG. In seiner Rolle verantwortet er die Beratungsfelder Digital Relations, Content Marketing und Arbeitgeberkommunikation. Der Marketing-Fachkaufmann beschäftigt sich zudem damit, wie neue Technologien und Big Data die Kommunikation und das Kundenerlebnis verändern. Bevor er 2011 in den Vorstand berufen wurde, führte er mehrere Kundenberatungsteams, die unter anderem die Kunden Dell, Sony, EMC, Computacenter, Samsung und Adobe Systems betreuten. Seit 2017 ist Michael Grupe als Partner an der Agentur beteiligt.

6 Inspiration oder Störung? Ein Experiment zur Wirkung von Influencer-Werbung auf Instagram

Lisette Scheunert, Daniela Schlütz, Elena Link und Katharina Emde-Lachmund

> *Wenn ich ... Kleidungsstücke eines Online-Shops poste, sind sie am nächsten Tag ausverkauft.*
> Influencer Daniel Fuchs alias @magic_fox (zit. n. Lux 2016)

Zusammenfassung

Nutzerinnen und Nutzer sozialer Medien mit besonders hoher Reichweite und Expertise auf ihrem Gebiet, sogenannte Influencerinnen oder Influencer, gelten auf der Foto- und Video-Plattform Instagram als vertrauenswürdige Ratgeber. Entsprechend gefragt sind sie bei Werbetreibenden. Immer mehr Unternehmen entlohnen sie dafür, Produkte in ihren Beiträgen zu promoten, um von ihrem Einfluss zu profitieren. Nicht immer wird dabei die werbliche Intention offengelegt. Die experimentelle Studie ($N = 476$) untersucht, ob das Werben mit einer Instagram-Influencerin (in Form von direkter bzw. indirekter Influencer-Werbung im Kontrast zu einer Werbeanzeige) positiv auf die Einstellung zu Marke und Empfehlungsbereitschaft von Nutzerinnen wirkt und von welchen Faktoren die Effekte abhängen. Die kommunikationswissenschaftliche Grundlage dazu bilden Erkenntnisse zu Testimonial- und hybrider Werbung.

L. Scheunert (✉) · D. Schlütz · E. Link · K. Emde-Lachmund
Institut für Journalistik und Kommunikationsforschung, Hochschule für Musik, Theater und Medien Hannover, Hannover, Deutschland
E-Mail: lisette.scheunert@gmx.de

D. Schlütz
E-Mail: daniela.schluetz@ijk.hmtm-hannover.de

E. Link
E-Mail: elena.link@ijk.hmtm-hannover.de

K. Emde-Lachmund
E-Mail: katharina.emde-lachmund@ijk.hmtm-hannover.de

A. Schach und T. Lommatzsch (Hrsg.), *Influencer Relations*,
https://doi.org/10.1007/978-3-658-21188-2_6

6.1 Influencer-Werbung als hybride Testimonial-Werbung

Soziale Medien werden zunehmend wichtiger für persuasive Kommunikation (Knoll 2015). Basierten Kaufentscheidungen vor wenigen Jahren noch vorwiegend auf professioneller Auskunft, also Berichten in klassischen Medien sowie traditioneller Werbung, ziehen Konsumentinnen und Konsumenten heute verstärkt Bewertungen anderer Nutzerinnen und Nutzer heran, um sich eine Meinung zu Konsumentscheidungen zu bilden (Lis und Korchmar 2013, S. 1). Die werbetreibende Industrie nutzt diesen Kanal, indem sie auf bezahlte Empfehlungen sogenannter Influencerinnen und Influencer setzt (Abidin 2016; Mühle et al. 2016; Trost und Seitz 2016). Als solche bezeichnet man einflussreiche Nutzerinnen und Nutzer sozialer Medien, die über eine große Followerschaft verfügen und bei diesen als Personen mit besonderer Expertise auf ihrem Gebiet gelten (Trost und Seitz 2016, S. 28). Diese Form der Werbung ist vor allem auf Instagram sehr beliebt, unter anderem, weil dadurch junge, mobile Zielgruppen erreicht werden, die den traditionellen Werbeträgern zunehmend fehlen (Mühle et al. 2016).

Die Kooperationsmöglichkeiten von Unternehmen und Influencerinnen sind vielfältig: Zum Beispiel kann das Unternehmen kostenlos Produkte (oder eine sonstige Gegenleistung) zur Verfügung stellen (die medienanstalten – ALM GbR 2017), um in deren Posts integriert zu werden (direkte Influencer-Werbung). Diese Original-Posts können im Anschluss als sogenannte Regrams über das Unternehmensprofil weiterverbreitet werden (indirekte Influencer-Werbung). Schließlich können auch herkömmliche Werbeanzeigen ohne Beteiligung einer Influencerin geschaltet werden. Je weniger das Unternehmen an der Gestaltung des Contents beteiligt scheint, umso unauffälliger ist die Werbeintention und, so die Erwartung, umso erfolgversprechender der Effekt.

Die Strategie der Produktempfehlung durch bekannte und einflussreiche Personen ist nicht neu, sondern wird im Rahmen von Testimonial-Kampagnen oder Celebrity Endorsements in traditionellen Medien seit langem betrieben (Lauper 2011, S. 56). Im Gegensatz zu diesen Formen ist Influencer-Werbung jedoch bis dato häufig nicht ohne weiteres als persuasive Kommunikation erkennbar. Das Produkt wird mit den regulären Inhalten so geschickt verwoben (Mühle et al. 2016, S. 79), dass es zum generischen Content-Teil wird (Kock 2016). Es handelt sich damit um eine hybride Werbeform (Siegert und Brecheis 2010, S. 45). Die bislang meist getrennt auftretenden Werbestrategien Testimonial-Einsatz und Hybridisierung vereinen sich bei Influencer-Kampagnen also, sodass diese als eine Art hybride Testimonial-Werbung angesehen werden können.

Auch wenn die Influencer-Beiträge eher wie natürliche Schnappschüsse alltäglicher Situationen und nicht wie bezahlte, gestellte Werbebilder erscheinen (Mühle et al. 2016, S. 80), sind sie dieses faktisch, sodass die Frage der korrekten Kennzeichnung relevant ist. Zwar gilt für alle Werbeformen der Erkennbarkeits- oder Trennungsgrundsatz, nach dem Inhalt und Werbung für Rezipientinnen und Rezipienten zweifelsfrei unterscheidbar sein müssen (ZAW 2015, S. 50), doch weisen zum Untersuchungszeitraum nur wenige bezahlte Influencer-Beiträge auf Instagram auf Werbung hin[1] (Valentiner 2016). Die Persuasionsabsicht tritt daher hinter der Präsentation der Influencerin als unabhängiger Ratgeberin zurück, um die Wahrnehmung des Markenbeitrags als glaubwürdige Fremddarstellung zu forcieren (Krüger 2016). Aus werblicher Perspektive erhofft man sich dadurch eine Verbesserung der Werbewirkung. Die uneinheitliche bzw. fehlende Kennzeichnung ist allerdings nicht nur werbeethisch, sondern auch werberechtlich problematisch (vgl. Kelly et al. 2010; Köberer 2014). Aus der zugleich werbewirtschaftlichen wie medienethischen Relevanz des Themas ergibt sich das Erkenntnisinteresse dieser Studie: Es stellt sich die *Frage, inwieweit Influencer-Werbung auf Instagram wirkt und durch welche Faktoren die Wirkung begünstigt bzw. gehemmt wird.*

6.2 Der Einfluss von Glaubwürdigkeit, Attraktivität und Persuasionswissen

Werbewirkungen können generell kognitiver, affektiver oder konativer Art sein, also auf der Ebene von Erinnerung, Einstellung oder Verhalten bestehen. Wir fokussieren im Rahmen unserer empirischen Studie auf affektive (Einstellung zur Marke) und konative Einflüsse (Empfehlungsbereitschaft), da diese – anders als das Verankern der Marke in den Köpfen der Rezipierenden – bereits bei einer einmaligen Zusammenarbeit von Unternehmen und Influencern erreicht werden können (Ruff 2016). Solche kurzfristigen Effekte können forschungsökonomisch im Rahmen eines Ad-hoc-Experimentes nachgebildet werden. Die Konzepte haben sich zudem bereits mehrfach im Online-Kontext bewährt: So zeigt sich etwa für nutzergenerierte YouTube-Werbung gegenüber unternehmensinitiierten Beiträgen ohne Testimonial ein positiver Einfluss auf die Einstellung zur Marke (Lawrence et al. 2013; Paek et al. 2011) und die Empfehlungsbereitschaft (Chatterjee 2011).

Die Wirkung von Testimonial- bzw. Influencer-Werbung kann durch spezifische Eigenschaften der Kommunikatorin bzw. des Kommunikators (hier: der Influencerin) begünstigt werden (Wirth und Kühne 2013, S. 325). Vor allem zwei zentrale Ursachen für die Übernahme einer Botschaft in das eigene Meinungsspektrum wurden dabei wiederholt identifiziert: die Glaubwürdigkeit und die Attraktivität des Testimonials (Wirth 1999, S. 60–61). Der Einfluss der *Glaubwürdigkeit* wurde bereits früh von Hovland und Weiss (1951) im Rahmen des Source-Credibility-Modells beschrieben (vgl. Hovland et al. 1953) und mittels der zwei Dimensionen wahrgenommene Kompetenz und Vertrauenswürdigkeit konzeptualisiert. Demnach besitzen glaubwürdige Kommunikatorinnen und Kommunikatoren eine größere Persuasionswirkung als unglaubwürdige (Hovland

[1] Seit Sommer 2017 forciert Instagram allerdings ein Tool, das Branded Content einheitlich mit „Bezahlte Partnerschaft mit …" kennzeichnet und damit für mehr Transparenz sorgt (vgl. auch Rondinella 2017).

und Weiss 1951, S. 642). Das gilt auch für Influencerinnen, die für ihren Sachverstand von ihren Fans geschätzt werden (Trost und Seitz 2016, S. 28). Sie nehmen dadurch vielfach den Stellenwert von Expertinnen ein (Abidin und Ots 2015), deren Tipps wie die einer guten Freundin bewertet und als selbstlos eingeschätzt werden (Hein 2016) und die damit die Werbewirkung begünstigen.

Die *Attraktivität* einer Kommunikatorin oder eines Kommunikators bezieht sich nicht nur auf äußerliche Attribute, sondern auch auf Wesenseigenschaften. So wurde im Rahmen des Source-Attractiveness-Modells (vgl. McGuire 1985) der Einfluss anhand der drei Dimensionen wahrgenommene Sympathie, Ähnlichkeit und Vertrautheit[2] gemessen: Demnach erhöht die Attraktivität die Effektivität einer Botschaft: attraktive Kommunikatorinnen und Kommunikatoren wirken überzeugender als unattraktive (ebd., S. 264). Attraktivität hat damit im Wirkungsprozess eine moderierende Funktion. Diese Erkenntnisse lassen sich auch auf Influencerinnen und Influencer übertragen: Zum einen sind sie physisch hoch attraktiv (u. a. auch, indem sie sich [und die Produkte] mittels Filtern perfekt in Szene setzen (Ramos-Serrano und Martinze-Garcia 2016, S. 99)). Zum anderen haben sie bei ihrer Followerschaft hohe Sympathiewerte, ähnlich denen realer Freundschaften (Colliander und Dahlén 2011, S. 317), sind diesen häufig recht ähnlich in Bezug auf Alter oder Interessen (Lawrence et al. 2013, S. 295) und genießen deren Vertrauen (Tosev 2016).

Störend kann sich im Persuasionsprozess dagegen auswirken, wenn die Nutzerinnen und Nutzer die dem Werbemittel zugrunde liegende Persuasionsabsicht erkennen (vgl. Persuasion-Knowledge-Modell; Friestad und Wright 1994). Das sogenannte *Persuasionswissen* – verstanden als „ein System von Vermutungen und intuitiven Theorien über die Wirkungsweisen von Beeinflussungstechniken“ (Pütz 2009, S. 23–24) – befähigt zur Interpretation und Bewertung persuasiver Kommunikation. In Rezeptionssituationen ist ein solches Wissen latent vorhanden, es bedarf aber einer Aktivierung, um seinen Einfluss zu entfalten (Friestad und Wright 1994, S. 10). Je intensiver bzw. kritischer eine werbliche Botschaft verarbeitet wird, umso stärker wird das Persuasionswissen aktiviert (Burkart et al. 2004, S. 169), z. B., weil offensichtliche Werbemerkmale wie eine Kennzeichnung oder ein hohes Produktinvolvement[3] vorliegen. Wird das Persuasionswissen aktiviert, kann der erkannten Persuasionsabsicht mit Reaktanz, aber auch mit Toleranz begegnet werden (Colliander und Erlandsson 2015; Dekker und van Reijmersdal 2013; Schlütz und Hartmann 2012; Schlütz et al. 2016; Tutaj und van Reijmersdal 2013; Wirth et al. 2009). Persuasionswissen wirkt damit als Mediator, denn es beeinflusst die Wirkung des Werbemittels im Rezeptionsprozess. Im Allgemeinen zeigt Forschung zu Produktplatzierungen, dass hybrider Werbung toleranter begegnet wird als herkömmlicher Werbung (Gould et al. 2000; Gupta und Gould 1997; Stern und Russell 2004) oder als hybrider Werbung, die durch entsprechende Kennzeichen offengelegt wird (Boerman

[2]Die Vertrautheit wird zum Teil separat in Untersuchungen einbezogen statt als unmittelbare Dimension der Attraktivität (Wirth 1999, S. 61). Entsprechend berücksichtigen wir den Aspekt der Bekanntheit der Influencerin in der vorliegenden Studie als Kovariate.

[3]Produktinvolvement wird in der vorliegenden Studie daher ebenfalls als Kovariate berücksichtigt.

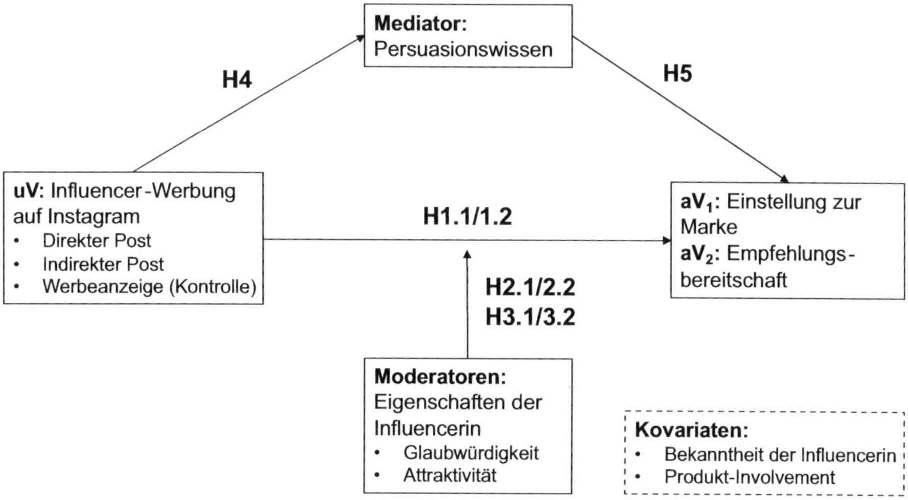

Abb. 6.1 Das Forschungsmodell

et al. 2012; Wojdynski und Evans 2016). Bei Werbeanzeigen auf Instagram ist die Werbeabsicht anhand erlernter Werbehinweise, wie der Kennzeichnung als „gesponsert", prinzipiell ersichtlich und die Anwendung einer adäquaten Bewältigungsstrategie daher möglich (Faßmann und Moss 2016, S. 18). Anders verhält es sich bei hybrider Influencer-Werbung, bei der gängige Werbetechniken eher subtil eingesetzt werden, sodass erlernte Werbehinweise nicht zwingend greifen und der Beeinflussungsversuch nicht erkannt wird. Die theoretischen Überlegungen sind im Forschungsmodell in Abb. 6.1 zusammengefasst.

Wir nehmen an, dass es einen direkten Effekt von der Art des Werbemittels auf die Einstellung zur Marke bzw. auf die Empfehlungsbereitschaft gibt, und zwar sollte sich die Wirkung verbessern, je unauffälliger die Werbeintention ist (H1.1/1.2). Weiterhin gehen wir davon aus, dass der direkte Effekt von den Eigenschaften der Influencerin – Glaubwürdigkeit (H2.1/2.2) bzw. Attraktivität (H3.1/3.2) – moderiert wird. Außerdem postulieren wir, dass die Werbeanzeige im Vergleich zur Influencer-Werbung stärker das Persuasionswissen aktiviert (H4) und sich dieses negativ auf die abhängigen Variablen auswirkt (H5).

6.3 Online-Experiment zur Wirkung von Influencer-Werbung

Auf Basis der theoretischen Überlegungen haben wir im Januar 2017 ein 3×1-Online-Befragungsexperiment durchgeführt. Der Faktor Werbeform wurde dabei dreistufig variiert: Die Befragten sahen, zufällig zugeordnet[4], entweder eine 1) direkte

[4]Der Randomisierungs-Check ergab, dass die Zufallsverteilung innerhalb der Gruppen erfolgreich war.

oder 2) indirekte Influencer-Werbung (in Form eines Regrams über ein Unternehmensprofil) oder 3) eine Werbeanzeige in Form eines Posts ohne Beteiligung der Influencerin (s. Abb. 6.2). Anders als die Influencer-Posts erscheinen Werbeanzeigen über den Kreis der Follower von Influencern oder Unternehmen hinaus und weisen die Kennzeichnung „gesponsert" unterhalb des Nutzernamens auf. Wir gehen davon aus, dass die Auffälligkeit der Werbeintention von 1) nach 3) wächst.

Als Stimulus diente ein Post mit dem Bild einer Armbanduhr der Marke Kapten & Son. Die Firma wirbt hauptsächlich über Instagram, arbeitet mit einer Vielzahl von Influencern zusammen und regramt deren Beiträge (Scherkamp 2015). Den Experimentalgruppen wurde suggeriert, dass die Armbanduhr von Pamela Reif getragen wird. Sie ist eine der erfolgreichsten Influencerinnen Deutschlands (Schwegler 2016) und kooperiert mit Kapten & Son (Kock 2016), sodass eine hohe externe Validität gegeben war. Bei der Stimulusproduktion wurde nicht auf vorhandene Instagram-Beiträge zurückgegriffen, sondern fiktive, aber dem Original sehr ähnliche Varianten erstellt. Bei allen drei Stimulusvarianten wurde das gleiche Foto verwendet, sodass sich die Instagram-Beiträge nur in der Werbeform unterschieden, um auch die interne Validität zu gewährleisten. Da die Werbeanzeige die Influencerin nicht enthalten sollte, wurde das Produkt lediglich am Handgelenk dargestellt, was ein üblicher Präsentationsmodus (#fromwhereistand) ist. Auch wurden bis auf grammatikalisch notwendige Anpassungen, Umfang und Inhalt der Bildbeschreibungen konstant gehalten. Da sowohl Pamela Reif als auch Kapten & Son

Abb. 6.2 Stimulusvarianten im Überblick

ihre Beiträge zwecks größerer Reichweite auf Englisch veröffentlichen, wurden entsprechend einfach verständliche englische Bildunterschriften gewählt.

Als Grundgesamtheit wurden ausschließlich Instagram-Nutzerinnen definiert, um dem Stimulusmaterial und der gewählten Influencerin gerecht zu werden. Wir gehen davon aus, dass das Geschlecht zu Unterschieden bezüglich Einstellungen und Verhaltensabsichten gegenüber einem frauenaffinen Produkt wie einer Damen-Armbanduhr führt und halten diesen Faktor daher konstant. Da Instagram und dortige Influencerinnen wie Pamela Reif insbesondere bei jungen Frauen beliebt sind (Tippelt und Kupferschmitt 2015, S. 445–446), ist es zudem wahrscheinlicher, mit der Umfrage junge Frauen zu erreichen.

Die Rekrutierung der Stichprobe erfolgte über ein Schneeballsystem. Als besonders erfolgreich erwies sich der Aufruf zur Teilnahme unter Beiträgen von Instagrammerinnen mit hoher Follower-Zahl. Das tatsächliche Erkenntnisinteresse der Studie wurde hierbei zunächst verschleiert und lediglich um die generelle Meinung zu Instagram und den dort veröffentlichten Beiträgen gebeten. Die Täuschung wurde im Rahmen des Debriefings am Ende des Fragebogens aufgeklärt.

Für die Umfrage wurden die theoretischen Konzepte auf Basis bestehender Studien operationalisiert, an den Untersuchungsgegenstand angepasst, auf interne Reliabilität geprüft und in Form von Mittelwert-Indices verdichtet:

- *Einstellung zur Marke* (vgl. Spears und Singh 2004; $\alpha = ,927$) und *Empfehlungsbereitschaft (*eigene Formulierung; $\alpha = ,729$): Die Befragten standen der Marke eher positiv gegenüber ($M = 3,54$; $SD = 0,85$), waren aber eher nicht bereit, das Produkt weiterzuempfehlen ($M = 1,73$; $SD = 0,72$).
- Die erhobenen *Eigenschaften der Influencerin* wurden im Vorfeld mittels explorativer Faktorenanalyse auf Eindimensionalität geprüft. Dabei entfiel der Aspekt der Kompetenz als Teil der Glaubwürdigkeit (erhoben nach Feick und Higie 1992). Die Influencerin wurde als mittelmäßig vertrauenswürdig ($\alpha = ,851$; $M = 2,76$; $SD = 0,94$) wahrgenommen. Eine Faktorenanalyse zur Attraktivität ergab ein eindimensionales Konzept aus physischer Attraktivität (Ohanian 1990), Ähnlichkeit (Feick und Higie 1992) und Sympathie (Reysen 2005). Die Influencerin wurde dabei von den Befragten als mittelmäßig attraktiv ($\alpha = ,819$; $M = 2,98$; $SD = 0,80$) bewertet.
- Bezüglich des *Persuasionswissens* (nach Schlütz et al. 2016) wies eine ebenfalls vorgeschaltete Faktorenanalyse auf zwei verschiedene Wissensarten hin: ein sehr hohes Überzeugungswissen ($\alpha = ,751$; $M = 4,50$; $SD = 0,60$) als die Kenntnis darüber, von dem Instagram-Beitrag beeinflusst zu werden (Items wie „soll meine Einstellung gegenüber einem Produkt positiv beeinflussen“), sowie ein hohes Abhängigkeitswissen ($\alpha = ,746$; $M = 3,96$; $SD = 0,81$) als die Kenntnis über das nicht uneigennützige Agieren der Influencerin (z. B. „liefert unbeeinflusste und transparente Informationen zum Thema Uhren“ [recodiert]).

Der Treatment-Check zeigte, dass viele Befragte ($n = 370$; 46 %) die ihnen vorgelegte Stimulusversion nicht korrekt erinnern konnten, die Werbevariante also nicht als solche erkannt hatten. Diese Fälle wurden entfernt. Nach Bereinigung verblieben insgesamt $N = 476$ Fälle im Datensatz (mit $n_{\text{direkteIW}} = 129$; $n_{\text{indirekteIW}} = 140$; $n_{\text{W}} = 207$).

In der Stichprobe lag das Durchschnittsalter der Nutzerinnen bei 22 Jahren ($SD = 6{,}47$; Range: 12–51 J.). Wie bei Online-Umfragen üblich, war die Bildung überdurchschnittlich hoch (74 % mit Abitur oder höherem Abschluss). Die Influencerin Pamela Reif kannte fast die Hälfte der Befragten (46 %). Im Bereich Armbanduhren wiesen die Befragten ein mittleres Interesse auf ($M = 3{,}23$; $SD = 1{,}07$).

6.4 Die Wirkung von Influencer-Werbung auf Instagram

Die Stimulusvarianten wurden von den Befragten mit Blick auf die vermutete Werbeintention unterschiedlich bewertet. Die Influencer-Werbung wurde – wie bei hybrider Werbung üblich – weniger gut als persuasive Kommunikation erkannt als die traditionelle Werbeform. Das zeigte sich insbesondere in einem geringeren Abhängigkeitswissen. Dabei hat die Quelle der Influencer-Werbung offenbar keinen Einfluss: Anders als erwartet, stufen Nutzerinnen den Beitrag nicht als Werbung ein, auch wenn er vom Unternehmen gepostet wird (s. Tab. 6.1). Die Analyse erfolgte entsprechend dem Forschungsmodell und ist in Abb. 6.3 für die abhängige Variable Empfehlungsbereitschaft dargestellt, da sich für die andere abhängige Variable keine signifikanten Resultate ergaben.

Zunächst zeigten sich keine direkten Effekte der Varianten der Influencer-Werbung auf Instagram. Auch nach Verdichtung des dreistufigen Faktors (beide Varianten der

Tab. 6.1 Wahrnehmung der Stimulusvarianten

	Direkte Influencer-Werbung ($n = 118$)	Indirekte Influencer-Werbung ($n = 130$)	Werbe-anzeige ($n = 189$)	F	df	p	η^2
Überzeugungswissen	4,41 (0,05)	4,56 (0,05)	4,57 (0,04)	3,208	2	,051	,015
Abhängigkeitswissen	3,78 (0,07)^{a}	3,97 (0,07)^{ab}	4,15 (0,06)^{b}	7,882	2	,000	,035

Skala von 1 „stimme überhaupt nicht zu“ bis 5 „stimme voll und ganz zu“
$N = 437$; $p \leq ,05$; $p \leq ,01$; $p \leq ,001$
MANCOVA
^{a,b,ab}Gruppenmittelwerte mit unterschiedlichen Kennbuchstaben unterscheiden sich signifikant auf Niveau von $p \leq ,05$ nach Tamhane-Test
Werbeform: $F(4, 868) = 4{,}447$; $p = ,001$; $\eta^2 = ,020$
Kovariaten: Häufigkeit Instagram-Nutzung, Kenntnis Marke, Kenntnis Influencer-Werbung, Alter, Bildung
Keine Homogenität der Kovarianzmatrizen: Box-M-Test, $p \leq ,01$; keine Normalverteilung: Kolmogorov-Smirnov-Test, $p \leq ,001$

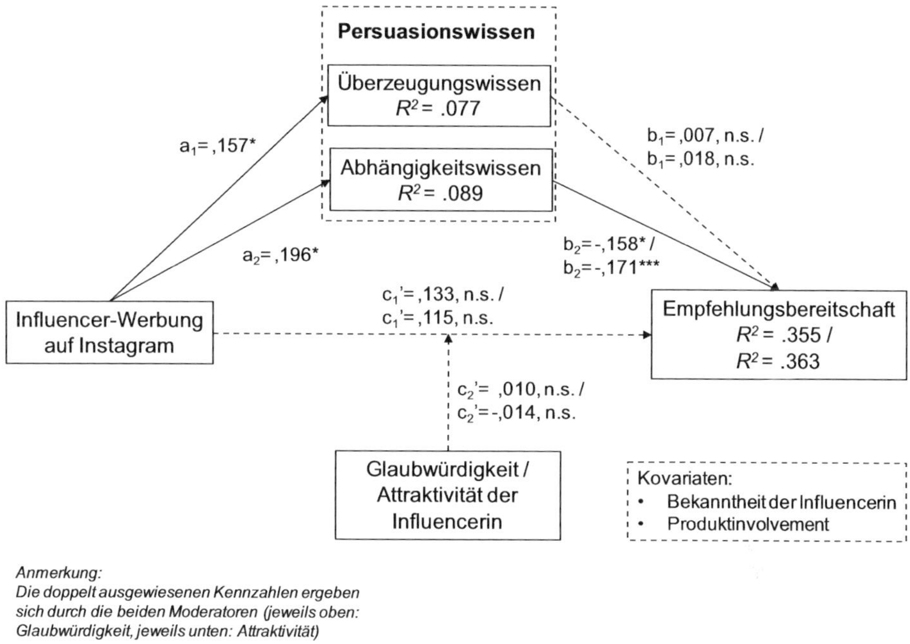

Abb. 6.3 Das Gesamtmodell mit Empfehlungsbereitschaft als aV

Influencer-Werbung vs. Werbeanzeige), ergaben sich keine signifikanten Unterschiede in den abhängigen Variablen. Die Hypothesen 1.1 und 1.2 müssen also abgelehnt werden. Die Eigenschaften der Influencerin übten ebenfalls keinen Einfluss aus, sodass auch die Hypothesen 2.1, 2.2, 3.1 und 3.2 falsifiziert werden. Die in den Hypothesen 4 und 5 postulierte Mediation wurde aber in Teilen signifikant. Der direkte Post der Influencerin wirkte im Gegensatz zum Regram bzw. der Werbeanzeige signifikant unabhängiger auf die Befragten. Das Abhängigkeitswissen wiederum korrelierte signifikant negativ mit den abhängigen Variablen, während dieses mit den Influencer-Eigenschaften positiv assoziiert war. Konkret beeinträchtigte das Abhängigkeitswissen (Wissen um die Rolle der Influencerin als Werbeträgerin) die Empfehlungsbereitschaft. Eine zusätzliche Berücksichtigung von Vertrauenswürdigkeit sowie Attraktivität als Moderator zeigte keine Einflüsse, sodass die beschriebenen Effekte unverändert bleiben.

6.5 Fazit

Unsere experimentelle Studie zur Wirkung von Influencer-Posts auf Instagram hat lediglich ein eingeschränktes Wirkungspotenzial dieser Werbeform gezeigt. Zumindest in unserem Sample ließen sich keine direkten Effekte auf die Einstellung zur Marke oder die Empfehlungsbereitschaft nachweisen. Allerdings zeigte sich, dass Persuasionswissen (genauer: Abhängigkeitswissen) auch durch eine hybride Werbeform getriggert werden und sich in der Folge negativ auswirken kann. Begünstigende Moderationseffekte der Eigenschaften der Influencerin (wie Glaubwürdigkeit oder Attraktivität) konnten wir im Rahmen der vorliegenden Studie nicht zeigen. Das heißt, Influencer-Werbung auf Instagram ist nicht immer nur Inspiration, sondern kann auch als Störfaktor wahrgenommen werden. Die Unaufdringlichkeit des Werbemittels ist – unserer Studie nach – die entscheidende Komponente für eine positive Wirkung. Je besser die persuasive Absicht verborgen bleibt, umso eher können sich Wirkungen entfalten. Hier gilt es allerdings, die Grenze zur Schleichwerbung zu beachten. Insgesamt offenbart die Studie damit den Konflikt zwischen den Interessen von Werbetreibenden und Medienethik bzw. Werberecht in Bezug auf Influencer-Werbung, denn dem ökonomischen Vorteil der Verschleierung der Werbeintention kann die Verletzung rechtlicher und werbeethischer Grundsätze gegenüberstehen.

Da diese Ergebnisse lediglich auf einer einzigen experimentellen Studie mit einem Convenience-Sample beruhen, sind sie selbstverständlich nicht generalisierbar. Auch die Spezifika der gewählten Influencerin, des Produktes sowie der Marke beeinflussen die Resultate, die daher zurückhaltend interpretiert werden müssen. Schließlich muss die Reaktivität der Methode (Einfluss der experimentellen Situation, Forced Exposure sowie gelenkte Rezeption) bei der Interpretation bedacht werden.

Aus Sicht der Praxis ist Influencer-Werbung unseren Ergebnissen folgend aber dennoch durchaus zu empfehlen, da sie (etwas) weniger wahrscheinlich Persuasionswissen triggert, welches sich in der Folge abträglich auf relevante Variablen wie die Empfehlungsbereitschaft auswirken kann. Das Regrammen der Influencer-Werbung schadet dabei nicht, da die Werbeabsicht hier ähnlich eingeschätzt wird wie bei dem ursprünglichen Influencer-Post. Positiv gewendet heißt dies, dass Influencer-Werbung aufgrund der geringeren Werbeerkennung nicht zwangsläufig effektiver ist als eine Werbeanzeige, sondern dass sich das Werben auf Instagram generell lohnt (vgl. Kobilke 2016). Für die Konzeption der Kampagne scheinen Influencer-Eigenschaften wie Glaubwürdigkeit und Attraktivität eine weniger große Rolle zu spielen als die Aufdringlichkeit der Werbeintention. Insbesondere die Wahrnehmung, dass die Influencerin nicht uneigennützig handelt, sondern für ihren Beeinflussungsversuch bezahlt wird, hat sich in der vorliegenden Studie als problematisch erwiesen. Trotzdem ist es aus werbeethischer Sicht notwendig, die Posts entsprechend zu kennzeichnen (insbesondere, wenn man bedenkt, dass auch in einer hochgebildeten Stichprobe erwachsener Frauen nicht alle Befragten die werbliche Absicht der Posts erkannt haben). Das kann auch auf die Glaubwürdigkeit einzahlen, denn falls ein nicht gekennzeichneter werblicher Post doch als Persuasionsversuch erkannt wird, wird er u. U. als unfair wahrgenommen, was zu Ablehnung führen und der Marke schaden kann. Der von Instagram bereits beschrittene Weg der deutlichen und v. a. einheitlichen Kennzeichnung werblicher Posts ist daher zu begrüßen und sollte auch auf anderen Social-Media-Plattformen umgesetzt werden (vgl. die medienanstalten – ALM GbR 2017; Rondinella 2016; Valentiner 2016). Neben Regelungen der Kennzeichnung von Influencer-Werbung kann der Schutz von Rezipierenden durch die Förderung einer kritischeren Haltung bei der Rezeption von Influencer-Werbung realisiert werden.

Es gilt entsprechend, die Medienkompetenz der Nutzerinnen und Nutzer zu stärken, indem sie für die Gestaltung und Ziele von Influencer-Werbung sensibilisiert werden und auf diese Weise einen souveränen Umgang mit hybrider Werbung erlernen.

Literatur

Abidin C (2016) Visibility labour. Engaging with Influencers' fashion brands and #OOTD advertorial campaigns on Instagram. Media Int Aust. https://doi.org/10.1177/1329878x16665177

Abidin C, Ots M (2015) The influencer's dilemma. The shaping of new brand professions between credibility and commerce. Vortrag im Rahmen der Annual Conference of the Association for Education in Journalism and Mass Communication (AEJMC), 06.–09. August 2015, San Francisco, USA

Boerman SC, Reijmersdal EA van, Neijens PC (2012) Sponsorship disclosure. Effects of duration on persuasion knowledge and brand responses. J Commun. https://doi.org/10.1111/j.1460-2466.2012.01677.x

Burkart R, Kratky M, Stalzer L (2004) Advertorials im Wandel: Innenansichten aus der österreichischen PR-Forschung und -Praxis. In: Baerns B (Hrsg) Leitbilder von gestern? Zur Trennung von Werbung und Programm. Eine Problemskizze und Einführung. Springer VS, Wiesbaden, S 153–173

Chatterjee P (2011) Drivers of new product recommending and referral behaviour on social network sites. Int J Advert. https://doi.org/10.2501/ija-30-1-077-101

Colliander J, Dahlén M (2011) Following the fashionable friend. The power of social media. Weighing publicity effectiveness of blogs versus online magazines. J Advert Res. https://doi.org/10.2501/jar-51-1-313-320

Colliander J, Erlandsson S (2015) The blog and the bountiful. Exploring the effects of disguised product placement on blogs that are revealed by a third party. J Mark Commun. https://doi.org/10.1080/13527266.2012.730543

Dekker K, Reijmersdal EA van (2013) Disclosing celebrity endorsement in a television program to mitigate persuasion. How disclosure type and celebrity credibility interact. J Promot Manag. https://doi.org/10.1080/10496491.2013.769473

die medienanstalten – ALM GbR (2017) FAQs. Antworten auf Werbefragen in sozialen Medien. https://www.die-medienanstalten.de/fileadmin/user_upload/die_medienanstalten/Themen/Werbeaufsicht/FAQ-Flyer_Kennzeichnung_Werbung_Social_Media.pdf. Zugegriffen: 15. Dez. 2017

Faßmann M, Moss C (2016) Instagram als Marketing-Kanal. Die Positionierung ausgewählter Social-Media-Plattformen. Springer VS, Wiesbaden

Feick L, Higie RA (1992) The effects of preference heterogeneity and source characteristics on ad processing and judgements about endorsers. J Advert. https://doi.org/10.1080/00913367.1992.10673364

Friestad M, Wright P (1994) The persuasion knowledge model: how people cope with persuasion attempts. J Consum Res. https://doi.org/10.1086/209380

Gould SJ, Gupta PB, Grabner-Kräuter S (2000) Product placements in movies. A cross-cultural analysis of Austrian, French and American consumers' attitudes toward this emerging, international promotional medium. J Advert. https://doi.org/10.1080/00913367.2000.10673623

Gupta PB, Gould SJ (1997) Consumers' perceptions of the ethics and acceptability of product placements in movies. Product category and individual differences. J Curr Issues Res Advert. https://doi.org/10.1080/10641734.1997.10505056

Hein D (2016) Youtuber werden für Jugendliche immer wichtiger. Horizont. http://www.horizont.net/medien/nachrichten/Bravo-Studie-Youtuber-werden-fuer-Jugendliche-immer-wichtiger-142092. Zugegriffen: 15. Dez. 2017

Hovland C, Weiss W (1951) The influence of source credibility on communication effectiveness. Public Opin Q. https://doi.org/10.1086/266350

Hovland CI, Janis IL, Kelley HH (1953) Communication and persuasion. Psychological studies of opinion change. Yale University Press, New Haven

Kelly L, Kerr G, Drennan J (2010) Avoidance of advertising in social networking sites: The teenage perspective. J Interact Advert 10:16–27

Knoll J (2015) Persuasion in sozialen Medien. Der Einfluss nutzergenerierter Inhalte auf die Rezeption und Wirkung von Onlinewerbung. Springer VS, Wiesbaden

Köberer N (2014) Advertorials in Jugendprintmedien: Ein medienethischer Zugang. Springer VS, Wiesbaden

Kobilke K (2016) Erfolgreich mit Instagram. Mehr Aufmerksamkeit mit Fotos & Videos, 2. Aufl. mitp, Frechen

Kock F (2016) Influencer Marketing. Das Geschäft mit der Glaubwürdigkeit. Süddeutsche Zeitung. http://www.sueddeutsche.de/stil/influencer-marketing-das-geschaeft-mit-der-glaubwuerdigkeit-1.3138243. Zugegriffen: 15. Dez. 2017

Krüger A (2016) Woher kommen plötzlich all diese Influencer? W&V. http://www.wuv.de/marketing/woher_kommen_ploetzlich_all_diese_influencer. Zugegriffen: 15. Dez. 2017

Lauper P (2011) Zur Wirksamkeit von Testimonial Endorsed Cause-Related Marketing. Springer Gabler, Wiesbaden

Lawrence B, Fournier S, Brunel F (2013) When companies don't make the ad. A multimethod inquiry into the differential effectiveness of consumer-generated advertising. J Advert. https://doi.org/10.1080/00913367.2013.795120

Lis B, Korchmar S (2013) Digitales Empfehlungsmarketing. Konzeption, Theorien und Determinanten zur Glaubwürdigkeit des Electronic Word-of-Mouth (EWOM). Springer Gabler, Wiesbaden

Lux T (2016) Wenn ich Kleidungsstücke eines Online-Shops poste, sind sie am nächsten Tag ausverkauft. http://www.onlinemarketingrockstars.de/podcast-daniel-fuchs-magic-fox/. Zugegriffen: 15. Dez. 2017

McGuire WJ (1985) Attitudes and attitude change. In: Lindzey G, Aronson E (Hrsg) Handbook of social psychology, 3. Aufl. Random House, New York, S 233–346

Mühle C, Ziegler B, Eisenbrand R (2016) Testimonials neu erfunden. Influencer Marketing mit Celebrities und Social-Media-Stars. absatzwirtschaft 1(2):78–80

Ohanian R (1990) Construction and validation of a scale to measure celebrity endorsers perceived expertise, trustworthiness, and attractiveness. J Advert. https://doi.org/10.1080/00913367.1990.10673191

Paek HJ, Hove T, Jeong HJ, Kim M (2011) Peer or expert? The persuasive impact of YouTube public service announcement producers. Int J Advert. https://doi.org/10.2501/ija-30-1-161-188

Pütz C (2009) Wirkungen von electronic-Word-of-Mouth-Empfehlungen bei misstrauischen Rezipienten: Eine empirische Untersuchung unter Betrachtung der Empfehlungskongruenz sowie der Botschaftsargumentation. Unveröffentlichte Dissertation an der Rheinisch-Westfälischen Technischen Hochschule Aachen. http://publications.rwth-aachen.de/record/51340/files/Puetz_Christoph.pdf. Zugegriffen 15. Dez. 2017

Ramos-Serrano M, Martinez-Garcia A (2016) Personal style bloggers. The most popular visual composition principles and themes on instagram. Observatorio. https://doi.org/10.7458/obs1022016947

Reysen S (2005) Construction of a new scale. The Reysen likability scale. Soc Behav Pers. https://doi.org/10.2224/sbp.2005.33.2.201

Rondinella G (2016) Electronic Arts führt eigenes Regelwerk für Influencer ein. Horizont. http://www.horizont.net/marketing/nachrichten/Schleichwerbung-verhindern-Electronic-Arts-fuehrt-eigenes-Regelwerk-fuer-Influencer-ein-144192. Zugegriffen: 15. Dez. 2017

Rondinella G (2017) Instagram will mehr Transparenz bei Geschäftsbeziehungen schaffen. Horizont. http://www.horizont.net/medien/nachrichten/Bezahlte-Partnerschaft-mit-Instagram-will-mehr-Transparenz-bei-Geschaeftsbeziehungen-schaffen-158838. Zugegriffen: 15. Dez. 2017

Ruff H (2016) Warum Influencer Marketing oft herausgeschmissenes Geld ist. Horizont. http://www.horizont.net/marketing/kommentare/Social-Media-Stars-Warum-Influencer-Marketing-oft-herausgeschmissenes-Geld-ist-143633. Zugegriffen: 15. Dez. 2017

Scherkamp H (2015) Kapten, Son. Die Instagram-Powerseller. http://www.gruenderszene.de/allgemein/kapten-son-instagram-powerseller. Zugegriffen: 15. Dez. 2017

Schlütz D, Hartmann L (2012) Geminderter Nutzen: Reaktanz bei Facebook. In: Scherer H, Schlütz D, Schmid-Petri H, Trommershausen A (Hrsg) Marken im Web 2.0: Theoretische Einordnung und empirische Erkenntnisse zur Markenkommunikation im Web 2.0 aus kommunikationswissenschaftlicher Sicht. Halem, Köln, S 183–197

Schlütz D, Krietsch C, Schomaker L (2016) Native Advertising oder Schleichwerbung? Eine experimentelle Studie zur Wahrnehmung und Wirkung von Advertorials. In: Zurstiege G, Schlütz D (Hrsg) Sozialität und Werbung. Halem, Köln, S 83–95

Schwegler P (2016) „Place to B Influencer Award“: „Bild“ adelt Social-Media-Stars. W&V. https://www.wuv.de/medien/place_to_b_influencer_award_bild_adelt_social_media_stars. Zugegriffen: 15. Dez. 2017

Siegert G, Brecheis D (2010) Werbung in der Medien- und Informationsgesellschaft. Eine kommunikationswissenschaftliche Einführung, 2. überarb Aufl. Springer VS, Wiesbaden

Spears N, Singh SN (2004) Measuring attitude toward the brand and purchase intentions. J Curr Issues Res Advert. https://doi.org/10.1080/10641734.2004.10505164

Stern BB, Russell CA (2004) Consumer responses to product placement in television sitcoms. Genre, sex, and consumption. Consum Mark Cult. https://doi.org/10.1080/1025386042000316324

Tippelt F, Kupferschmitt T (2015) Social Web. Ausdifferenzierung der Nutzung – Potenziale für Medienanbieter. Media Perspektiven 10:442–452

Tosev T (2016) Influencer-Marketing auf Instagram. Was macht einen guten Influencer aus? https://www.zielbar.de/influencer-marketing-instagram-10446/. Zugegriffen: 15. Dez. 2017

Trost K, Seitz J (2016) Influencer Marketing und die Medienunternehmen. MedienWirtsch 3:28–33

Tutaj K, van Reijmersdal EA (2013) Effects of online advertising format and persuasion knowledge on audience reactions. J Mark Commun. https://doi.org/10.1080/13527266.2011.620765

Valentiner V (2016) Bezahltes Lob. Frankfurter Allgemeine Sonntagszeitung, S 33

Wirth W (1999) Methodologische und konzeptionelle Aspekte der Glaubwürdigkeitsforschung. In: Rössler P, Wirth W (Hrsg) Glaubwürdigkeit im Internet. Fragestellungen, Modelle, empirische Befunde. Reinhard Fischer, München, S 47–66

Wirth W, Kühne R (2013) Grundlagen der Persuasionsforschung. Konzepte, Theorien und zentrale Einflussfaktoren. In: Schweiger W, Fahr A (Hrsg) Handbuch Medienwirkungsforschung. Springer VS, Wiesbaden, S 313–332

Wirth W, Matthes J, Schemer C, Stämpfli I (2009) Glaubwürdigkeitsverlust durch programmintegrierte Werbung? Publizistik, Eine Untersuchung zu den Folgen von Produktplatzierungen in Informationssendungen. https://doi.org/10.1007/s11616-009-0026-0

Wojdynski BW, Evans NJ (2016) Going native. Effects of disclosure position and language on the recognition and evaluation of online native advertising. J Advert. https://doi.org/10.1080/00913367.2015.1115380

ZAW (2015) ZAW-Reader Native Advertising. http://www.zaw.de/zaw/zaw/publikationen/pdf/Native-Advertising-LF-3.pdf. Zugegriffen: 15. Dez. 2017

Über die Autorinnen

Lisette Scheunert, M.A., Jahrgang 1991, ist Absolventin des Instituts für Journalistik und Kommunikationsforschung (IJK) der Hochschule für Musik, Theater und Medien Hannover. Nach ihrem Bachelor of Arts in Medienmanagement und Praktika im Bereich Marketing bei der TUI und Porsche erwarb sie im Sommer 2017 den Master of Arts in ebendiesem Studiengang.

PD Dr. habil. Daniela Schlütz, Jahrgang 1968, ist Privatdozentin und Mitarbeiterin am Institut für Journalistik und Kommunikationsforschung (IJK) der Hochschule für Musik, Theater und Medien Hannover. Ihre Forschungsschwerpunkte sind Methoden der empirischen Sozialforschung, Rezeptions- und Unterhaltungsforschung (insbes. Fernsehserien) sowie Werbekommunikation.

Elena Link, M.A., Jahrgang 1988, ist wissenschaftliche Mitarbeiterin und Doktorandin am Institut für Journalistik und Kommunikationsforschung (IJK) der Hochschule für Musik, Theater und Medien Hannover. Ihre Forschungsschwerpunkte liegen in den Bereichen Gesundheitskommunikation, Methoden der empirischen Sozialforschung sowie Vertrauen in Medien.

Katharina Emde-Lachmund, M.A., Jahrgang 1988, ist wissenschaftliche Mitarbeiterin und Doktorandin am Institut für Journalistik und Kommunikationsforschung (IJK) der Hochschule für Musik, Theater und Medien Hannover. Ihre Forschungsschwerpunkte liegen in den Bereichen Medienpsychologie, politische Kommunikation und Methoden der empirischen Sozialforschung.

7 Produktplatzierungen auf YouTube: Eine Untersuchung zu werberechtlichen Rahmenbedingungen und der Wahrnehmung von Produktplatzierungen

Carina Bogus

Zusammenfassung

Junge Heranwachsende stellen für Werbetreibende eine äußerst attraktive Zielgruppe dar – als direkte und indirekte Käuferschaft, aber auch hinsichtlich der frühen Bildung von Markenpräferenzen. Diese in Zeiten von Adblockern, Second Screen & Co. zielgruppengerecht und ohne hohe Streuverluste zu erreichen, gestaltet sich allerdings mitunter herausfordernd. Produktplatzierungen/Product Placements in Sozialen Medien als Disziplin des Influencer Marketings setzen genau an dieser Stelle an. Der nachfolgende Beitrag beleuchtet diesen Umstand anhand von Produktplatzierungen auf der Videoplattform YouTube, die laut aktuellen Ergebnissen zum Mediennutzungsverhalten junger Menschen eine sehr hohe Relevanz für diese Zielgruppe besitzt. Die Untersuchung erfolgt dabei aus zwei Perspektiven: Zum einen werden die rechtlichen Rahmenbedingungen zu Produktplatzierungen in Deutschland beleuchtet. Bußgelder und vor allem das jüngste Gerichtsurteil des Oberlandesgerichts Celle gegen Rossmann bezüglich Schleichwerbung auf der Social-Media-Plattform Instagram sorgten in der Branche zuletzt für Verunsicherungen. Ob dies seitens der Medienanstalten auch zu einer Verschärfung der implementierten Richtlinien für YouTube führte und wie diese generell ausgestaltet sind, wird in diesem Beitrag erläutert. Zum anderen gibt eine empirische Untersuchung zu Produktplatzierungen auf YouTube Einblicke, wie eine junge Zielgruppe diese Form der nativen Werbung wahrnimmt.

C. Bogus (✉)
Hamburg, Deutschland
E-Mail: carina.bogus@gmx.de

A. Schach und T. Lommatzsch (Hrsg.), *Influencer Relations*,
https://doi.org/10.1007/978-3-658-21188-2_7

7.1 Einleitung

Smartphones, Fernsehen, Radio, Magazine & Co.: Deutschen Jugendlichen stehen eine Fülle an Medien und Geräten für Informations- und Unterhaltungszwecke zur Auswahl. Damit verbunden ist eine Vielzahl an potenziellen Werbekontakten. Doch in Zeiten ständiger Reizüberflutung stellt es Werbetreibende vor eine große Herausforderung, die begrenzte Aufmerksamkeit von Konsumenten auf sich zu ziehen. Immer mehr Menschen meiden gar klassische Werbung (Siegert und Brecheis 2010, S. 40). Gerade Jugendliche von 18 bis 29 Jahren ($N = 8600$) nutzen mit 52 % im Vergleich zu anderen Altersgruppen überdurchschnittlich häufig sogenannte Adblocker (YouGov 2016). Mit der Installation eines Adblockers wird die Werbung auf Webseiten ausgeblendet (OnlineMarketing.de o. J.). Dieser Umstand ist deshalb problematisch, weil die anvisierte Zielgruppe der Heranwachsenden vor allem online anzutreffen ist:

- Die tägliche Nutzungsdauer des Internets unter den 14- bis 29-Jährigen beträgt laut ARD/ZDF-Onlinestudie 2017 mittlerweile 245 min pro Tag, also circa vier Stunden.

Im Vergleich zum Vorjahr verzeichnete diese Nutzergruppe damit einen Zuwachs von etwa einer halben Stunde (213 min/Tag in 2015) (Koch und Frees 2016, S. 422).

Werbetreibende sind somit angehalten, über neue innovative Werbestrategien auf diese Entwicklungen zu reagieren. Aktuell nähern sich redaktionelle und werbliche Inhalte zunehmend einander an, bis hin zur Entstehung hybrider Formen. Produkte oder Dienstleistungen werden dabei so optimal in ein redaktionelles Umfeld eingebettet, dass die Identifizierung dieser Werbeform schwerer fällt, als dies bei klassischen Werbemaßnahmen der Fall ist. Zu diesen hybriden Werbeformen gehören auch Produktplatzierungen (Siegert und Brecheis 2010, S. 40 f.). Damit Rezipienten die Werbeintention einer in ein redaktionelles Umfeld eingebetteten Produktplatzierung erkennen können, müssen Produktplatzierungen gekennzeichnet werden (Mallick 2009, S. 42 f.). Im Kino und Fernsehen werden Produktplatzierungen schon seit einiger Zeit eingesetzt. Neu ist die Einbindung in YouTube-Videos, die sich vor allem bei einer jungen Werbezielgruppe anbietet. Denn aktuelle Ergebnisse zum Mediennutzungsverhalten junger Menschen belegen, dass online vor allem die Plattform YouTube Werbenden ein hohes Erfolgspotenzial bietet. So zeigt bspw. die JIM-STUDIE, dass für 64 % der befragten Jugendlichen im Alter von zwölf bis 19 Jahren YouTube das beliebteste Online-Angebot ist ($N = 1200$) (Medienpädagogischer Forschungsverbund Südwest 2016, S. 29).

Im Zuge dieser Entwicklung sind einige dort tätige deutsche Videoproduzenten, sogenannte YouTuber, mit hoher Abonnentenzahl gefeierte Stars und gefragte Markenbotschafter (Döring 2014b, S. 2). Im Unterschied zu klassischen Prominenten, z. B. aus Film und Fernsehen, werden sie von ihren jungen Fans als nahbarer und authentischer beurteilt (Ault 2014; Döring 2014a, S. 294). Die Verdienstmöglichkeiten eines bekannten YouTubers sind vielfältig, wobei Produktplatzierungen hier eine tragende Rolle spielen. Gleichzeitig ist hervorzuheben, dass die Werbe- und Medienkompetenz junger Zuschauer solcher YouTuber nicht mit der eines Erwachsenen gleichgesetzt werden kann (Stanford History Education Groups 2016, S. 3 ff.).

Eine interessante Frage in diesem Zusammenhang ist daher: *Welche Erkenntnisse lassen sich für Produktplatzierung auf YouTube in Bezug auf Wahrnehmung, Einstellung und Verhalten von Rezipienten identifizieren?*

7.2 Untersuchungsgegenstand Produktplatzierungen

Produktplatzierungen zählen übergeordnet zur Below-the-Line-Kommunikation. Bei dieser Art der Kommunikation setzen Unternehmen nicht auf den Weg der klassischen Massenmedien, um ihre Produkte zu bewerben. Stattdessen versucht Below-the-Line-Kommunikation über ungewöhnliche Kommunikationswege und -maßnahmen Zielgruppen persönlich und direkt anzusprechen. Ziel ist es, dass Rezipienten diese nicht immer von vorneherein als Werbemaßnahme werten. Neben Produktplatzierungen gehören z. B. auch Aktivitäten wie virales Marketing, Sponsoring oder Guerilla Marketing zum Bereich der Below-the-Line-Kommunikation (Esch o. J.).

Noch spezifizierter betrachtet, fallen Produktplatzierungen in die Kategorien programmintegrierte Werbung und hybride Werbeformen. Als solche nähern „sie sich den redaktionellen Inhalten" an „oder [verschmelzen] gar mit ihnen zu hybriden Formen" (Siegert und Brecheis 2010, S. 40). Aus diesem Grund sind diese schwer als Werbung zu erkennen. Hierfür lassen sich vier Gründe identifizieren:

1. Programmintegrierte Werbung fügt sich thematisch optimal in das ausgewählte redaktionelle Umfeld ein. Ein dabei häufig verwendetes Schlagwort lautet „werbefreundliches Umfeld".
2. Für diese Werbeform werden oft Gestaltung und Inhalt des jeweiligen Programms imitiert.
3. Hybride Werbeformen werden zielgerichtet in einen redaktionellen Kontext, eine Filmhandlung etc. eingebettet und bestimmen häufig deren Aufbau.
4. Programmintegrierte Werbung kann redaktionelle Inhalte ersetzen, indem Unternehmen bspw. ein hohes Sendungskontingent bei einem Fernsehsender einkaufen. So sicherte sich bspw. Burger King für eine selbstproduzierte Show, die eine hybride Werbeform darstellte, ein einstündiges Zeitfenster bei einem amerikanischen Pay-TV-Sender (Siegert und Brecheis 2010, S. 40 ff.).

> Kennzeichnungspflicht besteht, damit sich Rezipienten der Werbeintention bewusst sind, wenn Produktplatzierungen in ein redaktionelles Umfeld eingebettet sind.

Diese Kennzeichnungspflicht dient dem Schutz des Rezipienten (Mallick 2009, S. 42 f.).

Nach § 2 II Nr. 11 Rundfunkstaatsvertrag (Arbeitsgemeinschaft der öffentlich-rechtlichen Rundfunkanstalten der Bundesrepublik Deutschland 2010, S. 8) handelt es sich bei einer Produktplatzierung um

> die gekennzeichnete Erwähnung oder Darstellung von Waren, Dienstleistungen, Namen, Marken, Tätigkeiten eines Herstellers von Waren oder eines Erbringers von Dienstleistungen in Sendungen gegen Entgelt oder eine ähnliche Gegenleistung mit dem Ziel der Absatzförderung. Die kostenlose Bereitstellung von Waren oder Dienstleistungen ist Produktplatzierung, sofern die betreffende Ware oder Dienstleistung von bedeutendem Wert ist.

7.3 Produktplatzierungen auf YouTube

Nachfolgend werden die oben angeführten Erkenntnisse speziell auf YouTube übertragen und beispielhaft illustriert. Product Placements werden neben anderen Formen der Einbindung von Marken, Dienstleistungen und Co. in einem Leitfaden der Medienanstalten erläutert und abgegrenzt.

Der grundlegende Unterschied zu einem reinen Werbevideo auf YouTube ist, dass ein Video mit enthaltener Produktplatzierung schwerpunktmäßig aus redaktionellen Inhalten besteht (die medienanstalten o. J., S. 4). Eine Produktplatzierung kann unterschiedlichste Formen annehmen. Als Beispiel sei die Einbindung von Waren oder einer bestimmten Marke genannt (Arbeitsgemeinschaft der öffentlich-rechtlichen Rundfunkanstalten der Bundesrepublik Deutschland 2010, S. 8). Im Falle einer Produktplatzierung auf YouTube kann es sich also z. B. um ein Smartphone handeln. Dieses würde im Video gezeigt werden, allerdings lediglich in die Handlung eingebettet, sodass die Präsentation des Smartphones nicht den gesamten Inhalt des Videos bestimmt.

Eine Platzierung kann einerseits im Gegenzug für Geld oder andere Gegenleistungen erfolgen. Anderseits handelt es sich um eine Produktplatzierung, wenn dem Werbenden etwas kostenlos zur Verfügung gestellt wird, dessen Wert 1000 EUR übersteigt. Bei mehreren Produkten werden die Einzelwerte lediglich dann addiert, wenn es sich um mehrere Produkte (oder Dienstleistungen etc.) desselben Geschäfts oder derselben Marke handelt.

7.4 Kennzeichnungspflicht auf YouTube

Beinhaltet ein YouTube-Video ein Product Placement, müssen Zuschauer laut Leitfaden der Medienanstalten zu Beginn des Videos darauf hingewiesen werden. Dies ist über den Hinweis „Produktplatzierung“, „unterstützt durch Produktplatzierung“ oder „unterstützt durch (Einsatz der jeweiligen Marke o. Ä.)“ möglich (die medienanstalten o. J., S. 3 f.). An dieser Stelle muss herausgehoben werden, dass derzeit keinerlei explizite Vorgaben zur Gestaltung der Kennzeichnung vorliegen. So gibt es zum Beispiel keine einheitlichen Vorschriften hinsichtlich der Dauer der Einblendung, der verwendeten Schriftgröße oder

der Platzierung im Bild. Auch Vorschriften zur etwaigen Unterstützung der Lesbarkeit – indem bei wechselnden Hintergründen die Kennzeichnung beispielweise mit einem farbigen Kasten hinterlegt wird – fehlen in den Angaben der Medienanstalten. Dies resultiert darin, dass Kennzeichnungen zu Produktplatzierungen in der Praxis höchst unterschiedlich ausfallen und mitunter schwer erkennbar sind. Dies soll nachfolgend an zwei Beispielen illustriert werden.

- Als *Positivbeispie*l einer gut erkennbaren Kennzeichnung einer Produktplatzierung kann das Video „WOHNUNGSPROBLEME, VIDEOWOCHE & YOGA | Weekly Vlog #103“ des Kanals Consider Cologne angeführt werden (Consider Cologne 2016, 00:00–00:07). Auf das im Video enthaltene Product Placement wird direkt zu Beginn mit der Markierung „Unterstützt durch Produktplatzierung“ hingewiesen. Die Einblendung erfolgt sieben Sekunden lang über die gesamte Videobreite, in entsprechend großer Schrift. Auch der farbliche Kontrast zwischen dem schwarzen Schriftzug auf hellem Hintergrund trägt zur guten Sichtbarkeit bei (Consider Cologne 2016, 00:00–00:07).
- Als *Negativbeispiel* dient ein Video der YouTuberin Dagi Bee mit dem Titel „Spätsommer/Herbst – LOOKBOOK ♡ “ (Dagi Bee 2015 00:00–00:04). Die Kennzeichnung „Unterstützt durch Produktplatzierung“ in der linken oberen Ecke ist lediglich in den ersten Sekundenbruchteilen lesbar. Danach erschweren schnelle Schnittwechsel, damit verbundene Hintergrundwechsel und die helle Schriftfarbe auf hellem Hintergrund die Lesbarkeit erheblich. Theoretisch ist die Betitlung vier Sekunden eingeblendet – nach zwei Sekunden ist jedoch nur noch ein „P“ erkennbar (Dagi Bee 2015, 00:00–00:04). Beide Videos erfüllen trotz der erschwerten Lesbarkeit der Kennzeichnung in letzterem Fall die aktuellen Vorgaben der Medienanstalten.

Kennzeichnungspflicht

Auch bei Fotos und Texten auf den Social-Media-Plattformen Instagram, Facebook, Twitter oder Snapchat muss man gegenüber den eigenen Followern transparent darstellen, welche Posts werblich sind. An dieser ist Stelle festzuhalten, dass die Medienanstalten ihre Hinweise diesbezüglich verschärft haben. „Kennzeichnungen wie #ad, #sponsored by, #powered by“ können demzufolge nicht mehr empfohlen werden. Zudem solle man nun eine Kennzeichnung direkt vorn in ein Posting stellen (die medienanstalten o. J., S. 5). Mit der Kennzeichnung „WERBUNG ODER ANZEIGE“ sei man dabei „auf der sicheren Seite“ (die medienanstalten o. J., S. 5). Zurückzuführen ist diese Überarbeitung der Kennzeichnungsempfehlung auf eine jüngste Abmahnungswelle seitens des Verbands Sozialer Wettbewerb, die sich vor allem auf die Plattform Instagram konzentrierte. Viel mediale Aufmerksamkeit wurde dem Gerichturteil gegen die Drogeriekette Rossmann zuteil, für den ein Instagram-Star mit 1,3 Mio. Followern Schleichwerbung betrieben hatte (Rest 2017). Am 8. Juni 2017 urteilte das Oberlandesgericht Celle, dass der „Hashtag #ad, versteckt zwischen mehreren anderen Hashtags, [...] keineswegs ausreichend“ sei. Der werbliche Charakter eines Posts müsse auf den ersten Blick erkennbar sein. Im Wiederholungsfall drohe Rossmann ein Ordnungsgeld von bis zu 250.000 EUR (Rest 2017).

Es bleibt festzuhalten, dass die Kennzeichnungsvorschriften zu Product Placements auf YouTube von solchen Verschärfungen allerdings unberührt und damit weiterhin unspezifisch blieben.

7.5 Eine Studie zur Wahrnehmung, Einstellung und Verhalten von Rezipienten bei YouTube

Welche Erkenntnisse lassen sich für die Thematik der Produktplatzierung auf YouTube in Bezug auf Wahrnehmung, Einstellung und Verhalten von Rezipienten identifizieren? Um diese Frage nach der Wahrnehmung, der Einstellung und dem Verhalten von jungen, deutschsprachigen YouTube-Nutzern zu untersuchen, wurden vier Untersuchungsfragen entwickelt: Die erste Frage zielt auf den Aspekt Wahrnehmung von Produktplatzierungen und die Fragen 2 und 3 auf die Einstellung zu Produktplatzierungen. Programmfrage 4 deckt den Aspekt Verhalten ab – dabei geht es konkret um das Kaufverhalten der Rezipienten.

7.5.1 Die Untersuchungsfragen der Studie

Die forschungsleitenden Aspekte der Untersuchung wurden als Hypothesen oder Forschungsfragen formuliert:

Welche Faktoren haben Einfluss darauf, ob eine Produktplatzierung erkannt wird?
Folgt man den Ausführungen des Persuasion Knowledge Model, fällt es Menschen mit zunehmendem Alter leichter, persuasive Absichten zu identifizieren (Friestad und Wright 1994, S. 6). Dem Modell zufolge erweitern Rezipienten außerdem im Verlauf ihrer Mediensozialisation ihr Wissen über die Taktiken Werbetreibender (Weber und Fahr 2013, S. 344). Allgemein herrscht in der Literatur Einigkeit darüber, dass die Werbe- und Medienkompetenz von Kindern und Jugendlichen nicht mit der eines Erwachsenen gleichgesetzt werden kann. Je nach Autor werden für die Erlangung von Werbekompetenz verschiedene Altersgrenzen gezogen. Effertz und Teichert zufolge wird diese z. B. im Alter von elf bis 14 Jahren erreicht (2010, S. 224 f.). Herauszuheben ist allerdings, dass neuartige Werbeformen wie Product Placements gerade für junge Rezipienten die Unterscheidung von Werbung und Programm erschweren (Diergarten et al. 2014, S. 112). Die gesetzliche Kennzeichnungspflicht von Product Placements schließt sich der Logik des Persuasion Knowledge Model an: Demzufolge aktiviere die Kennzeichnung einer Produktplatzierung das Persuasionswissen des Rezipienten, sodass dieser den Beeinflussungsversuch selbstständig identifizieren kann. Wie vorab erläutert, gestalten sich die Kennzeichnungen in YouTube-Videos in der Praxis jedoch höchst unterschiedlich.

Übertragen auf die vorliegende Thematik lassen sich anhand dieser Überlegungen folgende Hypothesen aufstellen:

- *H1: Jüngere Zuschauer erkennen Produktplatzierungen seltener als ältere.*
- *H2: Zuschauer, die häufig YouTube-Videos rezipieren, erkennen Produktplatzierungen öfter.*
- *H3: Eine hervorgehobene Kennzeichnung aktiviert das Persuasionswissen eher als eine unauffällige Kennzeichnung.*

Wie bewerten Rezipienten Produktplatzierungen?

Eine Untersuchung zu Produktplatzierungen in einer TV-Informationssendung von Wirth et al. zeigte, dass sich die Zuschauer mit zunehmender Anzahl an Produktplatzierungen dem Persuasionsversuch dieser Werbeart bewusst werden. Sofern „das Involvement in den Beitrag groß genug ist", empfinden sie diesen Beeinflussungsversuch allerdings nicht als störend (Wirth et al. 2009, S. 64). Interessant ist auch die Tatsache, dass viele Produktplatzierungen nicht die Glaubwürdigkeit eines Beitrags oder dessen Gesamtbewertung herabsetzen. Wirth et al. resümieren deshalb, dass sie die derzeitige Diskussion zur Gefährdung von Programminhalten durch neuartige Werbeformen als entschärft ansehen (Wirth et al. 2009, S. 64). Diese Ergebnisse gilt es übertragen auf YouTube zu überprüfen. Gegenstand einer Studie von YouGov war es, über die sogenannte YouGov Reel Echtzeitbewertung für jede rezipierte Sekunde eines YouTube-Videos den entsprechenden Involvement-Wert zwischen 0 (negative Assoziation) und 100 (positive Assoziation) zu ermitteln. Die Studienergebnisse (446 Probanden im Alter von 14 bis 34 Jahren) deuten darauf hin, dass junge Zuschauer YouTube-Videos in der Tendenz positiver bewerten und sich empfänglicher für Product Placement zeigen (YouGov 2015). Demnach lautet die nächste Hypothese:

- *H4: Jüngere Rezipienten bewerten Produktplatzierungen positiver.*

Besteht eine Nachfrage nach weiter ausdifferenzierten, einheitlichen Richtlinien zur Kennzeichnung von Produktplatzierungen?

Bernhard und Volpers verifizierten in einer Untersuchung die These, dass sich viele Menschen versteckter Werbeformen wie Product Placements nicht bewusst sind. 42,2 % der Befragten änderten ihre Einschätzung dazu, Werbung immer als solche identifizieren zu können, nachdem ihnen diese neuartigen Werbeformen vorgestellt worden waren. So steigerte sich die Zahl der Personen, die sich nicht sicher waren, Werbung immer zu erkennen von ursprünglich 52,5 % auf 72,6 % (2009, S. 47 f.). Übertragen auf YouTube und vor allem auf junge Rezipienten stellt sich die Frage, bis zu welchem Grad diese mit der Thematik von Produktplatzierungen vertraut sind. Es gilt zu untersuchen, inwieweit die Rezipienten explizitere Ausführungen (wie bspw. eine festgelegte Einblendungsdauer) der Medienanstalten für notwendig erachten und ob sie erweiterte Kennzeichnungspflichten (wie die Nennung im Videotitel) befürworten. Auf dieser Grundlage werden folgende Forschungsfragen formuliert:

- *F1: Besteht eine Nachfrage, die Kennzeichnung von Produktplatzierungen zu vereinheitlichen?*
- *F2: Besteht eine Forderung nach ausdifferenzierteren/erweiterten Regelungen zur Kennzeichnung von Produktplatzierungen?*

Lassen sich Zuschauer in ihrem Kaufverhalten durch YouTube-Videos beeinflussen? Nach Petty und Cacioppo beschäftigen sich Menschen mit hohem Involvement intensiver mit einem Beeinflussungsversuch als Personen mit niedrigem Involvement (1986, S. 144 ff.). Überträgt man die Annahmen des Elaboration Likelihood Models auf die vorliegende Arbeit, so führt dies zu folgender Annahme: Je mehr sich ein Rezipient mit einer Person verbunden fühlt, z. B. in einer Star-Fan-Beziehung, desto stärker ist das Involvement. Wie sich dieser Ansatz konkret auf das Kaufverhalten auswirkt, war Gegenstand verschiedener Untersuchungen. Eine Studie von Twitter ergab, dass sich 49 % der Nutzer auf Empfehlungen von Influencern auf Twitter verlassen. Verglichen damit lag der Anteil an Personen, die sich auf die Beratung von Freunden verlassen mit 56 % nur ein wenig höher. 40 % der Befragten gaben an, einen Kauf getätigt zu haben, der direkt auf den Tweet eines Influencers zurückzuführen ist (Karp 2016). Diese Ergebnisse gilt es zu überprüfen, da Twitter im vorliegenden Fall nicht als unabhängiger Auftraggeber betrachtet werden kann. Auch zahlreiche Abschlussarbeiten haben sich mit der Beeinflussung des Kaufverhaltens auseinandergesetzt. So beschäftigte sich eine hier herangezogene Bachelorarbeit mit der Frage, ob der Einfluss von Modebloggern auf das Kaufverhalten von Männern und Frauen zwischen 18 und 50 Jahren stärker ist als der Einfluss klassischer Werbeformen. Die durchgeführte Online-Befragung ($N = 186$) verifizierte die Hypothese „Wenn die Probanden zwischen 18 und 25 Jahre alt sind, dann wird ihr Kaufverhalten stärker von Modebloggern als von klassischen Werbeformen beeinflusst" (Nehr 2015, S. 48 f.). Adaptiert auf YouTuber ergeben sich folgende Forschungsfrage sowie zwei neue Hypothesen:

- *F3: In welchem Ausmaß erwerben Rezipienten Produkte auf Empfehlung von YouTubern?*
- *H5: Junge Rezipienten folgen häufiger den Produktempfehlungen von YouTubern.*
- *H6: Identifizieren sich Zuschauer mit einem YouTuber, so folgen sie vermehrt dessen Empfehlungen.*

7.5.2 Operationalisierung

Zur Beantwortung der Forschungsfragen und Überprüfung der Hypothesen wurde eine standardisierte quantitative Online-Befragung durchgeführt und die Programmfragen in konkrete Testfragen überführt.

- Um zu *Programmfrage 1* Aussagen darüber treffen zu können, welche Faktoren möglicherweise beeinflussen, ob eine Produktplatzierung von einer Person eher erkannt wird oder nicht, wurden soziodemografische Daten (Geschlecht, Alter und Bildung) abgefragt. Die Hypothese zur Mediensozialisation wurde über die Rezeptionshäufigkeit von YouTube-Videos operationalisiert.
  Die Befragung enthielt zudem einen experimentellen Teil: Um zu prüfen, ob die Befragten die Kennzeichnung von Produktplatzierungen wahrnehmen, wurde ihnen einer von zwei möglichen Videoausschnitten für einige Sekunden per Zufallstrigger ausgespielt. Das Stimulusmaterial stammte aus den Videos von Consider Cologne oder Dagi Bee. Beide enthalten die Einblendung „Unterstützt durch Produktplatzierung". Video 1 von Consider Cologne ist dabei auffällig gekennzeichnet, die Kennzeichnung der Produktplatzierung in Video 2 von Dagi Bee ist dagegen schwieriger zu identifizieren. Nach Abspielen des jeweiligen Videos folgte zunächst die Frage, ob das Video bereits vorher einmal angesehen wurde. Ziel war es, die befragte Person nicht direkt auf das Thema der Untersuchung zu stoßen. Der Befragte sollte anschließend beantworten, ob er werbliche Aktivitäten im Video bemerkte. Durch die Ausprägung „Weiß nicht" wurde an dieser Stelle auch die Möglichkeit der offenen Unwissenheit gegeben. Es folgte ein Debriefing, in welchem die Probanden darüber aufgeklärt wurden, dass das jeweilige Video eine Produktplatzierung enthielt und worum es sich dabei handelt, was mit einem an die Zielgruppe angepassten Beispiel illustriert wurde. Außerdem wurden die Probanden darüber in Kenntnis gesetzt, dass Product Placements in Deutschland gekennzeichnet werden müssen, die Regularien bezüglich YouTube-Videos aber wenig konkret sind. Nach dieser Aufklärung bezüglich der Produktplatzierung mussten die Befragungspersonen die Sichtbarkeit der Einblendung des jeweils rezipierten Videos über die Vergabe einer Schulnote bewerten.
- Zur Beantwortung von *Programmfrage 2* wurde die Frage „Was denkst du über Produktplatzierungen?" gestellt. Den Befragten wurden vier Aussagen zu Product Placements angezeigt. Den Grad der Zustimmung konnten sie über eine fünfstufige Likert-Skala von 1 (stimme überhaupt nicht zu) bis 5 (stimme voll und ganz zu) abstufen. Die ausgewählten Aussagen, angepasst auf den Untersuchungsgegenstand YouTube, dienen der Überprüfung der eben erläuterten Ergebnisse von Wirth et al.: „Wenn mir ein Video gefällt, ist es mir egal, ob der YouTuber für den Inhalt bezahlt wird.", „Schlecht gekennzeichnete Produktplatzierungen machen einen YouTuber unglaubwürdiger." sowie „Produktplatzierungen stören mich." (Wirth et al. 2009, S. 64). Die letzte Aussage „Produktplatzierungen sind eine neue, kreativere Art der Werbung" beruht auf Ausführungen von Esch (o. J.).
- Um *Programmfrage 3* zu beantworten, wurde zum einen eruiert, welche Kennzeichnungsoptionen die Befragten bei Einbindung einer Produktplatzierung für sinnvoll hielten. Abgefragt wurde die Einstellung zu folgenden Kennzeichnungsmöglichkeiten: Nennung im Titel, Einblendung zu Beginn des Videos, durchgängige Einblendung, verbale Nennung durch den YouTuber sowie Kennzeichnung in der Infobox.

Zur Einordnung der persönlichen Relevanz der jeweiligen Kennzeichnungsoption diente den Befragten eine fünfstufige Likert-Skala mit den Endpunkten „unwichtig" und „sehr wichtig". Zum anderen wurde abgefragt, ob die Probanden zustimmen, dass die Regularien zur Kennzeichnung von Produktplatzierungen vereinheitlicht werden müssten. Hier kam eine Likert-Skala von 1 (Stimme überhaupt nicht zu) bis 5 (Stimme voll und ganz zu) zum Einsatz.

- Für *Programmfrage 4* wurden im Maximalfall drei Variablen, die das (Kauf-)Verhalten betreffen, erhoben. Zunächst wurde mittels vier Ausprägungen allgemein abgefragt, wie oft die Empfehlung eines YouTubers zum Kauf geführt hat (noch nie; 1–2 Mal; 3–4 Mal; häufiger). Nur Personen, die mindestens einmal der Empfehlung eines YouTubers gefolgt waren, wurden mittels Filterführung zur nächsten Frage, die das Kaufverhalten betraf, weitergeleitet. Dabei galt es zu klären, ob Rezipienten, die sich mit einem YouTuber identifizieren, dessen Empfehlungen vermehrt folgen. Als Anwendungsbeispiel wurde die YouTuberin *BibisBeautyPalace* genutzt. Beim Item Fan-Dasein mussten die Befragten mittels einer fünfstufigen Likert-Skala bezüglich der Aussage „Ich bin Fan von BibisBeautyPalace." angeben, inwieweit dies zutrifft bzw. nicht zutrifft. Mittels dieser Daten galt es zu prüfen, ob Fans ihren Produktempfehlungen folgten. Die zugehörige Frage im Fragebogen lautete „Und wie häufig hast du auf die Empfehlung von Bibi ein Produkt nachgekauft?" (noch nie; 1–2 Mal; 3–4 Mal; häufiger). Auch dieser Frage folgte eine Filterfunktion: Über die Frage „Ich werde auch in Zukunft interessante Produkte, die mir Bibi empfiehlt, kaufen." wurde die Wiederholungsbereitschaft einer Kaufhandlung operationalisiert. Den Befragten stand eine fünfstufigen Likert-Skala mit den Endpunkten „Trifft überhaupt nicht zu" bis „Trifft voll und ganz zu" zur Auswahl.

7.6 Die Ergebnisse zu Wahrnehmung, Einstellung und Verhalten von Produktplatzierungen auf YouTube

Die Grundgesamtheit der Untersuchung bildeten junge, deutschsprachige Personen, die zumindest selten YouTube-Videos anschauen. Die Rekrutierung der Teilnehmer erfolgte über den Kurznachrichtendienst Twitter. Dazu wurden Tweets und Direktnachrichten an Kommentatoren von Tweets der reichweitenstarken YouTuber mit junger Zielgruppe BibisBeautyPalace, Julienco, Melina Sophie, Paola Maria sowie Sami Slimani versendet. Die Datenerhebung erfolgte vom 4. Dezember 2016 bis zum 13. Dezember 2016. Nach Bereinigung der Stichprobe bestand der Datensatz aus 116 auswertbaren Fällen.

Von den Befragten waren 85,3 % weiblich und 14,7 % männlich. Die Altersspannweite lag zwischen elf und 26 Jahren. Die Berechnung des Mittelwerts *(M)* ergab, dass die Befragten im Durchschnitt 15,33 Jahre alt sind, bei einer Standardabweichung *(SD)* von 2,480 Jahren. Die ermittelten Daten zum höchsten Schulabschluss ergaben, dass 13,8 % einen Abschluss der Realschule und 9,5 % die Fachhochschul- oder Hochschulreife (Abitur) besitzen. Fast drei Viertel der Befragten (72,4 %) gehen allerdings noch zur

Schule. Die in diesen Fällen ($n = 84$) am häufigsten besuchte Schulform ist das Gymnasium (58,3 %). Die Häufigkeitsverteilungen von Realschule (19,0 %) und Gesamtschule (16,7 %) liegen nah beieinander. Festzuhalten ist außerdem, dass 75,9 % der Probanden jeden Tag YouTube-Videos anschauen. Zudem gaben 88,8 % an, dass sie bereits vor der Befragung Produktplatzierungen in YouTube Videos wahrgenommen hätten.

Hypothese 1 konnte nach der Berechnung einer binär-logistischen Regressionsanalyse unter Berücksichtigung eines erhöhten Signifikanzniveaus vorläufig bestätigt werden:

▶ Jüngere Zuschauer erkennen Produktplatzierungen in YouTube-Videos tendenziell seltener als ältere.

Anhand der durchgeführten Berechnung zur zweiten Hypothese lässt sich nicht belegen, dass eine höhere Rezeption von YouTube-Videos das Erkennen von Produktplatzierungen, also einem Persuasionsversuch, verbessert.

Zur Klärung der Frage, ob die Auffälligkeit der Kennzeichnungsweise das Erkennen einer Produktplatzierung in einem Video begünstigt, wurde im Fragebogen Stimulusmaterial in Form von zwei Videos per Zufallstrigger ausgespielt. Die beiden Gruppen lassen sich optimal vergleichen, da auch nach Bereinigung der Stichprobe eine Gleichverteilung pro Video-Gruppe vorhanden ist. Eine entsprechende Häufigkeitsauszählung ergab einen tendenziellen Zusammenhang zwischen einer auffällig gekennzeichneten Produktplatzierung und dem Bemerken eines Persuasionsversuches.

Die je rezipiertem Video vergebenen Schulnoten zur Beurteilung der Kennzeichnung wurden mittels eines t-Tests für eine unabhängige Stichprobe analysiert. Es zeigt sich, dass die auffällige Kenntlichmachung eines Product Placements tendenziell in einer besseren Benotung der Kennzeichnung resultiert.

Mittels Häufigkeitsauszählung wurde für Programmfrage 2 die allgemeine Einstellung der Befragten zu Produktplatzierungen erhoben. 67,2 % der Befragten war es nicht wichtig, ob ein YouTuber für den Inhalt eines Videos Geld erhält, solange ihnen das Video gefällt. 16,4 % stimmten dem eher zu – beide Ausprägungen zusammengenommen ergeben einen Wert von 83,6 %.

▶ Die Mehrheit der Befragten steht einem Video mit werblichem Hintergrund positiv gegenüber, solange der Inhalt für sie ansprechend ist.

Für die Aussage „Produktplatzierungen sind eine neue, kreativere Art der Werbung" lässt sich keine klare Mehrheit unter den Befragten finden. Die Modalkategorie bildet die Ausprägung „Teils-teils" (35,3 %).

Abb. 7.1 zeigt, dass der Aussage „Produktplatzierungen stören mich." 42,2 % der Befragten überhaupt nicht zustimmen. Zusammengenommen mit der Ausprägung „Stimme eher nicht zu" (25,0 % Zustimmung) stehen 67,2 der Befragten Produktplatzierung nicht abwehrend gegenüber.

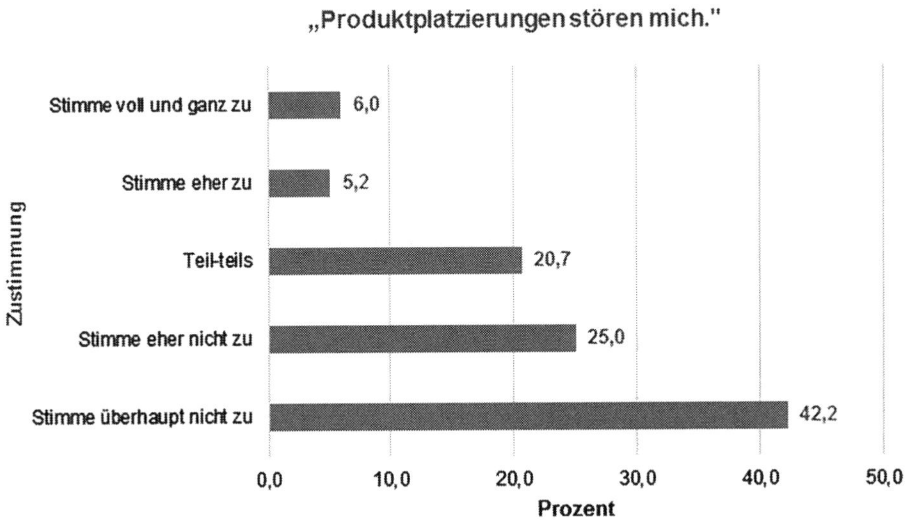

Abb. 7.1 Einstellung zur Aussage „Produktplatzierungen stören mich." (N = 116, gemessen als Likert-Skala, 1 = Stimme überhaupt nicht zu bis 5 = Stimme voll und ganz zu)

„Schlecht gekennzeichnete Produktplatzierungen machen einen YouTuber unglaubwürdiger." – Bei dieser Aussage verteilten sich die Häufigkeiten relativ gleich. Demzufolge lässt sich keine klare Mehrheit bezüglich dieser Aussage identifizieren, tendenziell stimmen die Befragten der Aussage aber eher zu.

Im Anschluss an die Betrachtung der allgemeinen Einstellung seitens der Befragten gegenüber Product Placements, soll nachfolgend geprüft werden, ob das Alter einen Einflussfaktor darstellt. Für jede der abgefragten Aussagen unter Hypothese 4 wurde eine bivariate lineare Regression berechnet. Es zeigt sich, dass das Alter bei den Aussagen „Wenn mir ein Video gefällt, ist es mir egal, ob der YouTuber für den Inhalt bezahlt wird.", „Produktplatzierungen stören mich." und „Produktplatzierungen sind eine neue, kreativere Art der Werbung" keinen Einfluss hat, da die Ergebnisse nicht signifikant sind. Mit einem signifikanten Ergebnis weist allerdings die Aussage „Schlecht gekennzeichnete Produktplatzierungen machen einen YouTuber unglaubwürdiger." einen Zusammenhang zum Faktor Alter auf. Somit kann die Aussage getroffen werden, dass sich die Zustimmung zu dieser Aussage mit ansteigenden Alter erhöht.

▶ Bei älteren Rezipienten verliert ein YouTuber, der eine Produktplatzierung schlecht kennzeichnet, eher an Glaubwürdigkeit.

Rund 42 % der Befragten stimmten eher oder voll und ganz zu, dass die Regelungen zur Kennzeichnung von Produktplatzierungen vereinheitlicht werden müssten. Ein Drittel

Tab. 7.1 Einstellung zu Kennzeichnungsoptionen

Aussagen	*M*	*SD*
Einblendung zu Videobeginn	4,09	1,095
Kennzeichnung in der Infobox	3,92	1,158
YouTuber sagt im Video, dass es sich um PP handelt	3,53	1,205
Durchgängige Einblendung im Video	2,66	1,402
Erwähnung im Titel des Videos	2,12	1,352

$N = 116$
Verfahren: Mittelwert-Vergleich
Frage: „Jetzt möchte ich wissen, wie eine Produktplatzierung deiner Meinung nach optimal gekennzeichnet wäre", gemessen als Likert-Skala 1 = Unwichtig bis 5 = Sehr wichtig

der Befragten (33,6 %) stand dieser Forderung uneinig gegenüber und wählte die Option „Teils-teils". Zu Forschungsfrage 1 lässt sich also festhalten:

> Für eine Vereinheitlichung der Kennzeichnung von Produktplatzierungen findet sich keine klare Mehrheit.

Um für die zweite Forschungsfrage unter Programmfrage 3 zu prüfen, inwiefern die Probanden ausdifferenzierte Kennzeichnungsregelungen einfordern, gaben sie über eine fünfstufige Likert-Skala („unwichtig" bis „sehr wichtig") ihre Einstellung zu fünf Varianten ab. Darunter hat die Einblendung zu Videobeginn, wie in Tab. 7.1 ersichtlich, für die Befragten die höchste Priorität ($M = 4{,}09$; $SD = 1{,}095$). Als sehr wichtig wird auch die Kenntlichmachung in der Infobox ($M = 3{,}92$; $SD = 1{,}158$) betrachtet. Knapp dahinter ($M = 3{,}53$; $SD = 1{,}205$) liegt die Kennzeichnungsmöglichkeit „Der YouTuber sagt im Video, dass es sich um PP handelt.". Da die Mittelwerte der Optionen „Durchgängige Einblendung im Video" und „Erwähnung im Titel des Videos" unter 3, also der Ausprägung „teils-teils" liegen, schreiben die meisten Befragten diesen Varianten zur Kennzeichnung einer Produktplatzierung keine hohe persönliche Relevanz zu.

Die Betrachtung der Häufigkeitsverteilung und des Mittelwerts für die Auswertung zum Nachkaufverhalten (Programmfrage 4) zeigt, dass die Befragten den Empfehlungen von YouTubern in geringem Maße folgen. So haben 41,1 % noch nie einen Kauf auf eine solche Empfehlung hin getätigt. Es konnte auch nicht bestätigt werden, dass das Alter beeinflusst, wie häufig ein Rezipient Produktempfehlungen von YouTubern folgt.

H6: Identifizieren sich Zuschauer mit einem YouTuber, so folgen sie vermehrt dessen Empfehlungen. Zur Überprüfung dieser Hypothese diente die erfolgreichste YouTuberin Deutschlands, *BibisBeautyPalace* als Anwendungsbeispiel. Nach entsprechender Filterführung konnte eine Teilstichprobe von 69 Fällen generiert werden. Die Berechnung von Spearman's Rho zeigt, dass die Identifizierung mit einem YouTuber einen hoch

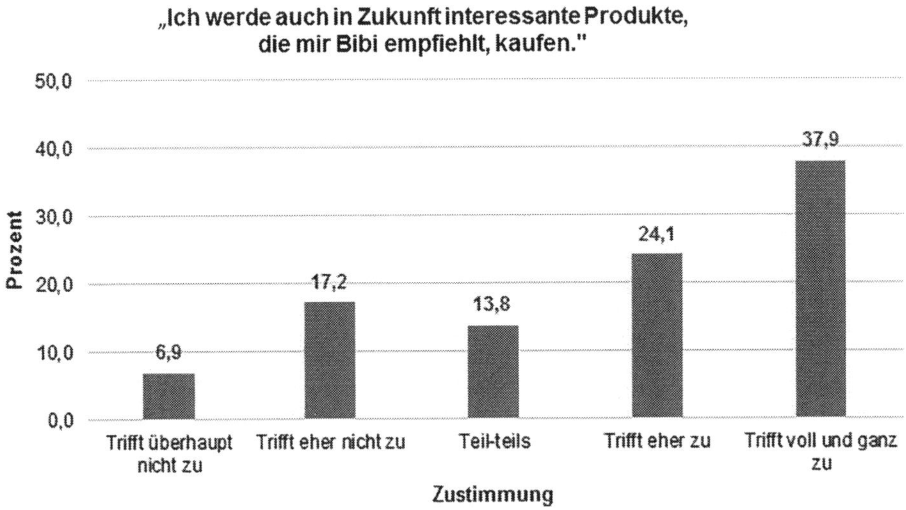

Abb. 7.2 Wiederholung Nachkaufen BibisBeautyPalace (n = 29, Verfahren: Häufigkeitsauszählung, gemessen als Likert-Skala, 1 = Trifft überhaupt nicht zu bis 5 = Trifft voll und ganz zu)

signifikanten Einfluss auf das Nachkaufverhalten des Fans hat. Es besteht ein starker Zusammenhang zwischen dem Fan-Dasein und dem Folgen von Produktempfehlungen. Personen, die schon einmal etwas auf Empfehlung von BibisBeautyPalace erworben haben wurden per Filterführung gefragt, ob sie dies auch in Zukunft bei interessanten Produkten, die die YouTuberin empfiehlt, tun würden. Auf 62 % der Befragten traf dies „voll und ganz“ oder „eher“ zu. Abb. 7.2 visualisiert die Verteilung aller Antwortkategorien. Die Hypothese kann also vorläufig angenommen werden.

7.7 Fazit und Handlungsempfehlungen

Zusammenfassend lässt sich festhalten, dass YouTube eine hohe Relevanz im täglichen Leben von jungen Menschen hat. YouTuber eignen sich bei dieser Zielgruppe bisweilen besser als Identifikationsfiguren als klassische Prominente aus Branchen wie der Musik- oder Filmindustrie. Denn sie punkten vor allem mit ihrer Nahbarkeit und Authentizität. Aus diesem Grund nutzen immer mehr Unternehmen solche Videokünstler als Markenbotschafter. Die Einbindung von Produktplatzierung erwies sich dabei als weit verbreitete Werbeform, welche sich unauffällig in den Kontext eines Videos einfügen kann. Auch die vorliegende Ausarbeitung zeigt, dass sich YouTuber mit starker Fangemeinde sehr gut als Werbefigur bzw. Markenbotschafter zu eignen scheinen. Der hierbei dokumentierte Einfluss auf das Nachkaufverhalten von beworbenen Produkten ist aus *wirtschaftlicher Perspektive* sehr relevant.

Per Gesetz müssen Product Placements durch eine Einblendung direkt zu Beginn eines Videos markiert werden. Dies ist im Rahmen des Rundfunkstaatsvertrags sowie – explizit auf YouTube bezogen – in einem Leitfaden der Medienanstalten geregelt. Aus *medienethischer Perspektive* stellt sich die Frage, ob diese Regelung ausreicht. Zwar sprach sich keine klare Mehrheit unter den Befragten für eine Vereinheitlichung der Kennzeichnungsregeln aus. Eine Erklärung dazu kann unter Umständen das Design des Fragebogens liefern: Den Befragten wurde nur jeweils eines der beiden Videos angezeigt. Ihnen stand also kein direktes Vergleichsmaterial zur Verfügung. So beschränkte sich der Hinweis vor Abfrage der Einstellung zur Vereinheitlichung auf eine schriftliche Erläuterung („Bisher gibt es kaum einheitliche Regeln zur Kennzeichnung von Produktplatzierungen. Als Beispiel: Wie lange ein Hinweis eingeblendet ist oder welche Schriftgröße für den Hinweis verwendet wird, ist bei jedem YouTuber anders.") Möglicherweise reichte dieser Hinweis nicht aus, um die Vorstellungskraft der Befragten zu wecken. Zudem zeigte sich, dass die überwiegende Mehrheit bereits vor der Befragung schon einmal Produktplatzierungen in YouTube-Videos wahrgenommen hat, die Platzierung im schlecht gekennzeichneten Beispielvideo jedoch oft nicht identifizierte. Des Weiteren wurde festgestellt, dass sich tendenziell ein Einfluss zwischen dem Alter eines Rezipienten und dem Erkennen eines Placements zeigte. Jüngere Rezipienten erkannten eine Produktplatzierung in YouTube-Videos demnach seltener als ältere. Die Rezeptionshäufigkeit von YouTube-Videos erwies sich dagegen nicht als Einflussfaktor. Wer mehr Videos guckt, erkannte Produktplatzierungen also nicht unbedingt besser.

Vor diesem Hintergrund empfiehlt es sich aus Sicht der Medienanstalten die in Abschn. 7.2 erläuterten Vorgaben für Videokünstler beispielsweise um folgende explizitere Ausformulierung in zielgruppengerechter Sprache zu ergänzen:

Beispiel

Um die Lesbarkeit der Kennzeichnung deiner Produktplatzierung zu gewährleisten, halte dich bitte an folgende Regelungen: Die Einblendung zu Beginn des Videos muss mindestens fünf Sekunden für deine Zuschauer sichtbar sein. Verwende die gut lesbare Schrift Arial in weiß sowie mindestens Schriftgröße 16. Positioniere die Kennzeichnung oben rechts in der Ecke deines Videos. Sollte die Lesbarkeit der Einblendung beeinträchtigt sein, setze die Schrift in einen einheitlich schwarzen Kasten.

Hinsichtlich der Einstellung zur Relevanz der fünf im Fragebogen vorgestellten Kennzeichnungsoptionen, hatte die Einblendung der Kennzeichnung zu Beginn eines Videos für die Befragten die höchste Priorität. Da dies bereits gesetzlich vorgeschrieben ist, handeln die Medienanstalten hier zielgruppengerecht. Sehr stark befürwortet wurde auch die Kenntlichmachung in der Infobox. An dieser Stelle besteht somit der Wunsch nach einer Ausdifferenzierung der Kennzeichnungsmöglichkeiten. Aus diesem Grund empfiehlt es sich, dies im Leitfaden zur Kennzeichnung von Produktplatzierungen der Medienanstalten festzuschreiben.

Aus der *Perspektive des Kommunikationsmanagers* ist zunächst die grundlegende Erkenntnis, dass Product Placements von der befragten Zielgruppe zumeist nicht als störend empfunden werden, von Interesse. Die Einbindung in ein Video unterstützen jüngere Zuschauer, solange sie das Video inhaltlich anspricht. Auch eine schlecht gekennzeichnete Produktplatzierung geht für die Mehrheit der Befragten nicht direkt mit der Herabsetzung der Glaubwürdigkeit des jeweiligen Videoproduzenten einher. Hier spielt jedoch das Alter der Befragten eine Rolle: Demzufolge verliert ein YouTuber, der eine Produktplatzierung schlecht kennzeichnet, bei älteren Zuschauern eher an Glaubwürdigkeit. Als Kommunikationsmanager empfiehlt es sich daher bei einer, im Gegensatz zur Untersuchungsgruppe, älteren Zielgruppe mit einem kooperierenden Videokünstler eine sehr eindeutige Kenntlichmachung zu vereinbaren. Denn als Botschafter des Unternehmens überträgt sich ein etwaiger Glaubwürdigkeitsverlust auch auf das eigene Unternehmen/die eigene Marke.

Für Kommunikationsmanager, die im Auftrag eines hinsichtlich medienethischer Aspekte vorbildlich und proaktiv agierenden Unternehmens handeln, empfiehlt sich eine Kennzeichnung, die über gesetzliche Vorschriften hinausgeht. Laut Untersuchungsergebnissen bietet sich hier die zusätzliche Kennzeichnung in der Infobox an. Grundsätzlich gilt es bei der Auswahl eines passenden Botschafters nicht lediglich auf die reine Reichweite zu achten. Denn vor dem Hintergrund des identifizierten Erfolgsfaktors Fanbindung ist vor allem dem Bereich Interaktion Beachtung zu schenken.

Literatur

Arbeitsgemeinschaft der öffentlich-rechtlichen Rundfunkanstalten der Bundesrepublik Deutschland (2010) Staatsvertrag für Rundfunk und Telemedien (Rundfunkstaatsvertrag – RStV –). http://www.dvtm.net/fileadmin/pdf/gesetze/13._RStV.pdf. Zugegriffen: 29. Okt. 2017

Ault S (2014) Survey: YouTube stars more popular than mainstream celebs among U.S. Teens. http://variety.com/2014/digital/news/survey-youtube-stars-more-popular-than-mainstream-celebs-among-u-s-teens-1201275245/. Zugegriffen: 28. Okt. 2017

Bernhard U, Volpers H (2009) Die Zuschauerperspektive. In: Volpers H, Holznagel B (Hrsg) Trennung von Werbung und Programm. Zuschauerwahrnehmung und Regulierungsoptionen. Vistas, Berlin, S 33–114

Consider Cologne (2016) WOHNUNGSPROBLEME, VIDEOWOCHE & YOGA I Weekly Vlog #103 [YouTube-Video]. veröffentlicht am 26. September. https://www.youtube.com/watch?v=NaPTIyQvhGE. Zugegriffen: 5. Nov. 2017

Dagi Bee (2015) Spätsommer/ Herbst – LOOKBOOK ♡ I Dagi Bee [YouTube-Video]. veröffentlicht am 18. September. https://www.youtube.com/watch?v=TLYppby5L-k. Zugegriffen: 5. Nov. 2017

die medienanstalten (o. J.) FAQs. Antworten auf Werbefragen in sozialen Medien. https://www.die-medienanstalten.de/fileadmin/user_upload/Rechtsgrundlagen/DMA_Rechtsgrundlagen/FAQ-Flyer_Werbung_Social_Media.pdf. Zugegriffen: 5. Nov. 2017

Diergarten AK, Nieding G, Ohler P (2014) Beeinflussung von Kindern und Jugendlichen durch Werbung in den neuen Medien. In: Porsch T, Pieschl S (Hrsg) Neue Medien und deren Schatten. Mediennutzung, Medienwirkung und Medienkompetenz. Hogrefe, Göttingen, S 103–131

Döring N (2014a) Peer-to-Peer-Gesundheitskommunikation mittels Social Media. In Hurrelmann K, Baumann E (Hrsg) Handbuch Gesundheitskommunikation. Huber, Bern, S 286–305

Döring N (2014b) Professionalisierung und Kommerzialisierung auf YouTube. https://www.lmz-bw.de/fileadmin/user_upload/Medienbildung_MCO/fileadmin/bibliothek/doering_youtube/doering-youtube.pdf. Zugegriffen: 28. Okt. 2017

Effertz T, Teichert T (2010) Kindermarketing aus neurologischer Sicht: Empfehlungen für ethisch korrekte Gestaltungen des Marketing-Mix. J Betriebswirtsch 60(3):203–236

Esch FR (o. J.) Below-the-Line-Kommunikation. http://wirtschaftslexikon.gabler.de/Definition/below-the-line-kommunikation.html. Zugegriffen: 29. Okt. 2017

Friestad M, Wright P (1994) The persuasion knowledge model: how people cope with persuasion attempts. J Consu Res 21(1):1–31

Karp K (2016) New research: the value of influencers on Twitter. https://blog.twitter.com/2016/new-research-the-value-of-influencers-on-twitter. Zugegriffen: 25. Nov. 2017

Koch W, Frees B (2016) Ergebnisse der ARD/ZDF-Onlinestudie 2016. Dynamische Entwicklung bei mobiler Internetnutzung sowie Audios und Videos. http://www.ard-zdf-onlinestudie.de/files/2016/0916_Koch_Frees.pdf. Zugegriffen: 25. Nov. 2017

Mallick R (2009) Product-Placement in den Massenmedien. Rechtstatsachen und Rechtsgrundlagen. Nomos, Baden-Baden

Medienpädagogischer Forschungsverbund Südwest (2016) JIM-Studie 2016. Jugend, Information, (Multi-) Media. http://www.mpfs.de/fileadmin/files/Studien/JIM/2015/JIM_Studie_2015.pdf. Zugegriffen: 25. Nov. 2017

Nehr N (2015) Die Macht der Modeblogger – Eine Analyse des Einflusses auf das Kaufverhalten. Bachelorarbeit, Hochschule Mittweida, University of Applied Sciences, Mittweida, Deutschland

OnlineMarketing.de (o. J.) Adblocker. https://onlinemarketing.de/lexikon/definition-adblocker. Zugegriffen: 28. Okt. 2017

Petty RE, Cacioppo JT (1986) The Elaboration Likelihood Model of Persuasion. Adv Exp Soc Psychol 19:123–205

Rest J (2017) Drogeriekette Rossmann für Schleichwerbung mit Instagram-Star verurteilt. http://www.manager-magazin.de/unternehmen/handel/rossmann-fuer-schleichwerbung-mit-instagram-star-verurteilt-a-1164434.html. Zugegriffen: 28. Okt. 2017

Siegert G, Brecheis D (2010) Werbung in der Medien- und Informationsgesellschaft. Eine kommunikationswissenschaftliche Einführung, 2. Überarb. Aufl. VS Verlag, Wiesbaden

Stanford History Education Groups (2016) Evaluating information. The Cornerstone of civic online reasoning. https://sheg.stanford.edu/upload/V3LessonPlans/Executive%20Summary%2011.21.16.pdf. Zugegriffen: 29. Okt. 2017

Weber P, Fahr A (2013) Werbekommunikation. Werbewirkungsforschung als angewandte Persuasionsforschung. In: Schweiger W, Fahr A (Hrsg) Handbuch Medienwirkungsforschung. Springer VS, Wiesbaden, S 333–352

Wirth W, Matthes J, Schemer C, Stämpfli I (2009) Glaubwürdigkeitsverlust durch programmintegrierte Werbung? Eine Untersuchung zu den Kontexteffekten von Produktplatzierungen im Fernsehen. Publizistik 54(1):64–81

YouGov (2015) Product-Placement in YouTuber-Videos: Jugendliche reagieren deutlich stärker. https://yougov.de/news/2015/03/12/product-placement-youtuber-videos-jugendliche-reag/. Zugegriffen: 29. Okt. 2017

YouGov (2016) Jeder Dritte blendet Online-Werbung aus. https://yougov.de/news/2016/07/05/jeder-dritte-blendet-online-werbung-aus/. Zugegriffen: 28. Okt. 2017

Über die Autorin

Carina Bogus ist als Kommunikationsberaterin für Unternehmenskommunikation und Social Media in der inhabergeführten PR-Agentur ORCA van Loon Communications tätig. Ihre Schwerpunkte liegen in den Bereichen Medienarbeit, Corporate Publishing und Influencer Relations. Zuvor schloss sie ihr Bachelorstudium der Public Relations und ihr Masterstudium Kommunikationsmanagement an der Hochschule Hannover ab.

Own the Follower: Wie lassen sich Influencer erfolgreich in den eigenen Unternehmenskanal einbinden? Eine Untersuchung anhand der YouTube-Kanäle deutscher Beauty-Unternehmen

8

Lisa Krömer, Nils S. Borchers und Nadja Enke

Zusammenfassung

Bei der Konzeption ihrer Owned-Media-Kanäle in sozialen Netzwerken wie YouTube und Instagram stehen Unternehmen vor dem grundlegenden Problem, das Interesse ihrer Zielgruppen zu wecken und sich eine Reichweite für die eigenen Distributionskanäle aufzubauen. Eine Lösung: Unternehmen machen sich vermehrt die Bekanntheit von Social-Media-Stars zunutze und binden umfassende Influencer-Inhalte in ihre eigenen Kanäle ein. Dieses Vorgehen bietet Unternehmen den Vorteil, ihre Abhängigkeit von den Influencern als Vermittler zwischen Unternehmen und Zielgruppe zu verringern. In diesem Beitrag untersuchen wir, wie es anhand der Integration von Influencern in unternehmenseigene YouTube-Kanäle gelingen kann, die eigene Kanalreichweite zu steigern und eigene, unvermittelte Beziehungen zur Zielgruppe aufzubauen. Am Beispiel deutscher Kosmetikunternehmen geben wir zunächst einen allgemeinen Überblick über die Formen von Influencer-Kooperationen auf der Videoplattform und stellen dann die erfolgreichsten Kanalkonzepte der Beauty-Branche vor. Auf dieser Grundlage präsentieren wir schließlich praxisorientierte Handlungsempfehlungen für die Einbindung von Influencern in unternehmenseigene YouTube-Kanäle.

L. Krömer (✉)
Leipzig, Deutschland
E-Mail: lisakroemer@icloud.com

N. S. Borchers · N. Enke
Universität Leipzig, Leipzig, Deutschland
E-Mail: nils.borchers@uni-leipzig.de

N. Enke
E-Mail: nadja.enke@uni-leipzig.de

A. Schach und T. Lommatzsch (Hrsg.), *Influencer Relations*,
https://doi.org/10.1007/978-3-658-21188-2_8

8.1 Das Potenzial von Influencer-Kommunikation für den eigenen Unternehmenskanal

„#ungeschminkt – Echter Mädels-Talk“ – mit diesem Motto begrüßen die drei Beauty-Influencer Diana zur Löwen, Kisu und Giulia Groth die Besucher auf dem YouTube-Kanal der bekannten Kosmetikmarke *bebe Young Care.* Tatsächlich steht der Kanal ganz im Zeichen der drei YouTuberinnen: Neben der Talkshow *#ungeschminkt,* in der sich die drei Influencer wöchentlich mit einem Gast-Influencer zu verschiedenen Themen des Erwachsenwerdens austauschen, geben sie Styling-Tipps, verlosen *bebe*-Produkte und beantworten Fragen zur Marke. Und das mit Erfolg: Der Kanal hat im Januar 2018 über 32 Mio. Aufrufe bei 123.000 Abonnenten. Einzelne Videos kommen auf über 400.000 Aufrufe. Das sind mehr als bei jedem anderen Unternehmenskanal im Bereich Beauty-produkte.

Das Beispiel *bebe Young Care* zeigt eindrücklich, wie Influencer eingesetzt werden können, um eine eigene, reichweitenstarke Präsenz in einem Sozialen Netzwerk wie YouTube aufzubauen. Im Gegensatz zur Strategie, Kooperationsinhalte auf den Kanälen der Influencer zu spielen, in der Hoffnung, Follower auf den eigenen Kanal umleiten zu können, besitzt dieser Ansatz den Vorteil, dass sich die Kontakte zu Nutzern direkt in den Händen des Unternehmens befinden. Damit ist viel gewonnen, denn der „Besitz“ der Beziehungen zu Plattformnutzern – also potenziellen Kunden – ermöglicht es erstens, Inhalte nach eigenen Vorgaben zu spielen, ohne auf die Veröffentlichungspolitik eines Influencers Rücksicht nehmen zu müssen. Da die Follower des Kanals auch ohne den Influencer erreicht werden können, verringert dieser Ansatz zweitens die Abhängigkeit des Unternehmens von einzelnen Influencern. Und drittens besitzt das Unternehmen größere Freiheitsgrade bei der Ausgestaltung des Kanals, als es sie bei der eines Influencer-Kanals hätte. So kann die Rezeptionsumgebung nach eigenen Vorstellungen gestaltet werden und es fällt leichter – etwa über Playlists, prominente Platzierungen oder entsprechende Teaser-Videos – auf weitere eigene Inhalte hinzuweisen.

Wie lassen sich Influencer aber nun erfolgreich in den eigenen Kanal einbinden, um selbst in den Besitz der Beziehungen zu den Plattformnutzern zu gelangen? Im vorliegenden Beitrag suchen wir Antworten auf diese Frage, indem wir am Beispiel deutscher YouTube-Kanäle der wichtigsten Beauty-Unternehmen untersuchen, welche Formen der Einbindung von Influencern bestehen und wie sie den Erfolg des Kanals unterstützen. Wir haben Beauty-Unternehmen gewählt, da die Zusammenarbeit mit Social-Media-Influencern in der Mode- und Kosmetikbranche bereits fester Bestandteil unternehmerischer Kommunikationskonzepte ist (Schnoor 2016). Wir gehen also davon aus, dass die entsprechenden Unternehmen schon Erfahrungen mit der Integration von Influencern gesammelt haben und sich somit *Best Cases* identifizieren lassen. Gleichzeitig lassen die hohen Abonnentenzahlen der Kanäle von Beauty-YouTubern wie z. B.

BibisBeautyPalace und *Dagi Bee* mit jeweils über vier Millionen Abonnenten auf ein großes Interesse der YouTube-Nutzer schließen – Nutzer, die als potenzielle Kunden über einen unternehmenseigenen Kanal erreicht werden können.

Um die Erfolgsfaktoren zu identifizieren, geben wir zunächst einen allgemeinen Überblick über den Stand der Influencer-Integration in der Kosmetikbranche. Im Anschluss zeigen wir anhand der drei erfolgreichsten Kanäle – der Kanäle von *bebe Young Care, essence cosmetics* und *Maybelline New York* – welche Formen der Einbindung sich bereits bewährt haben. Auf dieser Grundlage lassen sich schließlich Handlungsempfehlungen für die Einbindung von Influencern in den eigenen Unternehmenskanal abstrahieren. Diese Empfehlungen diskutieren wir zum Schluss des Beitrages.

8.2 Aufbau eigener Markenkanäle

8.2.1 Influencer in paid, earned und owned media

Die Einbindung von Influencern in den eigenen Social-Media-Unternehmenskanal betrifft in erster Linie die Frage, wie die Distribution von Inhalten organisiert wird. Um diese Organisation zu systematisieren, ist die Unterscheidung in paid, earned und owned media hilfreich (Burcher 2012). Im Influencer Marketing setzen Unternehmen zumeist auf paid media, d. h. sie bezahlen Influencer dafür, den Content nicht nur zu erstellen, sondern ihn – für die Unterscheidung paid/earned/owned entscheidend – auch zu verbreiten. Schließlich ist einer der zentralen Gründe, weshalb Unternehmen im Bereich Influencer Marketing aktiv werden, die Möglichkeit, Kontakt zum Publikum der Influencer auszubauen – also die Reichweite der Influencer auszunutzen, um Zielgruppen zu erreichen (Linqia 2017; Solis 2016). Zum Teil versuchen Unternehmen zudem, Influencer durch die Bereitstellung von Informationsmaterial oder Testprodukten zur Nennung ihrer Marken zu bewegen. Dieser Earned-Media-Ansatz lässt sich häufig dort beobachten, wo die Influencer-Aktivitäten aus der Pressearbeit erwachsen sind und sich als *Influencer Relations* verstehen. Auch hier versuchen Unternehmen, von der Reichweite der Influencer zu profitieren – jedoch ohne für ihre Distributionsleistung zu zahlen. Dieser Ansatz kann sich besonders bei *Love Brands* als erfolgreich erweisen, etwa wenn *Disney* nicht nur Journalisten zum Pre-Screening eines neuen Films einlädt, sondern auch Influencer.

Im Gegensatz zu den ersten beiden Ansätzen erfolgt die Distribution der Inhalte im Falle von Owned-Media-Strategien nicht durch den Influencer, sondern durch das Unternehmen über die eigenen Kanäle. Owned media bezeichnet sämtliche Distributionskanäle, deren Gestaltung und Pflege beim Unternehmen liegen. Zu diesen Kanälen gehören beispielsweise Kundenzeitschriften und Corporate TV. Die Bedeutung von owned media hat sich allerdings durch die Digitalisierung massiv erhöht, weil sie die Voraussetzungen für das Betreiben eigener Kanäle massiv verringert hat. Relevante Owned-Media-Kanäle sind heute neben der unternehmenseigenen Website insbesondere Präsenzen auf Social-Media-Plattformen. Eine Owned-Media-Strategie schließt dabei natürlich nicht aus, dass Influencer auf ihren eigenen Kanälen auf den Content des Unternehmenskanals verweisen. Und genauso wenig schließt es aus, dass Influencer für die Erstellung des Contents bezahlt werden. Influencer werden hier schlicht in einer ganz spezifischen Rolle eingesetzt – der des Content Creators.

Owned-Media-Ansätze haben den Vorteil der doppelten Kontrolle: Zum einen können Unternehmen eigenständig entscheiden, wie Inhalte gestaltet und aufbereitet werden, wann und in welcher Regelmäßigkeit diese online gehen und welche Interaktionsmöglichkeiten für den Kontakt mit Stakeholdern genutzt werden (Bailey 2014). Zum anderen kann das Unternehmen Informationen über die Nutzer der eigenen Kanäle sammeln und so eigenständig Beziehungen aufbauen, anstatt auf die Vermittlungsleistung eines Drittanbieters – seien es klassische Medienangebote oder eben ein Influencer – zurückgreifen zu müssen. Diesen Vorteilen steht jedoch für gewöhnlich der Nachteil entgegen, dass owned media nicht von einer Fremdreichweite profitiert, sondern die Reichweite selbst aufgebaut werden muss. Vonseiten der potenziellen Kunden muss also bereits ein relativ großes Interesse an der Marke bestehen, damit sie etwa deren YouTube-Kanal freiwillig besuchen oder sogar abonnieren. Um ein solches Interesse zu generieren und für den Aufbau nachhaltiger Beziehungen zu nutzen, lassen sich – so argumentieren wir – Influencer strategisch einsetzen.

8.2.2 Der unternehmenseigene YouTube-Kanal

Social Media ist heute ein wichtiger Pfeiler unternehmerischer Marketing- und Kommunikationsstrategien. Besondere Bedeutung besitzen v. a. die globalen Social-Media-Netzwerke YouTube, Facebook, Twitter und LinkedIn (Mangles 2017; Solis 2016, S. 15). Die Relevanz von YouTube ist in den vergangenen Jahren kontinuierlich gewachsen – kein Wunder, denn die Videoplattform zählt inzwischen mehr als eine Milliarde aktiver Nutzer, und auch in Deutschland besuchen 88 % der Social-Media-Nutzer YouTube regelmäßig (faktenkontor 2016). Online-Videos bringen als beliebtes Kommunikationsmedium im Content Marketing Vorteile sowohl für Unternehmen als auch für Nutzer mit sich: Erstens bieten sie die Möglichkeit, eine große Informationsmenge innerhalb kurzer Zeit aufzubereiten bzw. aufzunehmen, weshalb die allgemeine Motivation einer Rezeption größer ist als bei Texten (Opresnik und Yilmaz 2016). Zweitens erleichtern sie emotionale Darstellungen, die sich wiederum positiv auf die Glaubwürdigkeit des Inhalts auswirken können. So steigt z. B. die Wahrscheinlichkeit eines Produktkaufes um 80 %, wenn sich potenzielle Käufer vorher ein Video zu dem Produkt ansehen konnten (Groche und Leichtweiß 2016, S. 43). Drittens binden Videos – aufgrund ihrer Bewegtheit und

Dynamik – die Aufmerksamkeit der Nutzer stärker als nicht-bewegte Texte und Bilder. Dies begünstigt die Verinnerlichung der Inhalte und Botschaften und kann so die Kundenbindung stärken (Gugel 2015). Schließlich sind Online-Videos durch die fortschreitende technische Mobilität jederzeit, überall und von nahezu jedem mobilen Endgerät abrufbar (Gerloff 2014, S. 29).

Die Präsenz auf YouTube hat für Unternehmen also viele Vorteile. Neben den Videos anderer Nutzer (organisiert als paid oder earned) ist gerade der unternehmenseigene YouTube-Kanal dafür geeignet, diese herzustellen. Wie bereits dargelegt, stehen Owned-Media-Ansätze wie dieser jedoch vor dem grundlegenden Problem, das Interesse ihrer Zielpublika zu wecken. Wir gehen davon aus, dass die strategische Einbindung von Influencern das Potenzial besitzt, dieses Problem zu lösen. Allerdings wurde bislang noch nicht systematisch untersucht, wie sich Influencer erfolgreich auf unternehmenseigenen Social-Media-Kanälen einsetzen lassen. Wir stellen daher die Forschungsfrage: Wie und in welchen Formen lassen sich Influencer erfolgreich in unternehmenseigene Social-Media-Kanäle einbinden? Diese Frage werden wir am Beispiel der Videoplattform YouTube beantworten.

8.3 Methodisches Vorgehen

Die vorliegende Untersuchung erfolgt in zwei Schritten: Zunächst soll aus einem weiten Blickwinkel ein Überblick über den heutigen Stand der Einbindung von Influencern in YouTube-Kanäle von Kosmetikunternehmen erarbeitet werden. Auf dieser Grundlage gilt es sodann, die *Best Cases* genauer zu analysieren, um Handlungsempfehlungen zu entwickeln.

8.3.1 Überblick über das Praxisfeld: Quantitative Inhaltsanalyse

Um einen Überblick über den heutigen Stand der Influencer-Einbindung zu erhalten, untersuchen wir in einer Voruntersuchung die YouTube-Kanäle der relevanten Unternehmen sowohl auf Kanal- als auch auf Videoebene. Den beiden Ebenen entsprechend erfolgte auch die Stichprobenerstellung zweistufig: Ausgangspunkt für die erste Stichprobenziehung, der Ziehung auf Auswahleinheiten- bzw. Kanalebene, sind die vier Online-Shops der beliebtesten deutschen Drogerien und Parfümerien *dm, Rossmann, Douglas* und *Müller.* Die Grundgesamtheit für diese Studie lässt sich anhand der im Online-Sortiment geführten Marken in den Kategorien *dekorative Kosmetik* und *pflegende Kosmetik* bilden. Ausgeschlossen werden hierbei Parfüm- und Duftmarken, da diese Kanäle sich meist nur zu einem geringen Anteil mit der Markenkommunikation ihrer Kosmetikprodukte befassen – stattdessen stehen das Label mit seinen Modekollektionen oder der Celebrity im Vordergrund. Die Berücksichtigung dieser meist sehr erfolgreichen Kanäle würde die Stichprobe somit verzerren und entsprechend das Riskio erhöhen, Artefakte zu produzieren. Zusätzlich werden die vier Drogerien und Parfümerien selbst berücksichtigt, da sie durch die Herstellung und den Vertrieb eigener Hausmarken als relevante Kosmetikunternehmen anzusehen sind. Auf diesem Wege konnten 342 Marken ausgemacht werden, von denen 40 einen deutschsprachigen YouTube-Kanal mit über tausend Abonnenten betreiben und für die Untersuchung berücksichtigt werden. Im zweiten Schritt zogen wir mithilfe eines nummerischen Auswahlschlüssels eine Zufallsstichprobe von maximal zehn Videos pro Kanal. Auf diese Weise wurden für die geschichtete Stichprobe auf Videoebene 387 zu untersuchende Videos als Auswahleinheiten ausgewählt.

Als Analyseeinheiten wurden sowohl der Kanal als auch die Videobeiträge definiert. Daher wurde im nächsten Arbeitsschritt ein hierarchisches Kategoriensystem entwickelt, welches auf den zwei Ebenen Variablen zur Untersuchung der 1) strukturellen und inhaltlichen Kanal-Konzeption, 2) der Nutzung von Interaktionsmöglichkeiten sowie 3) den Formen von Influencer-Kooperationen umfasst. Ergänzt wurde dieses Kategoriensystem durch formale Variablen zur Erfassung der zentralen Messzahlen: Anzahl von Abonnenten, Views, Likes/Dislikes und Kommentaren. Diese vier Werte dienen als direkte Indikatoren für die Beliebtheit des Kanals bzw. des Videos bei den Zuschauern.

8.3.2 Best Cases: Qualitative Fallstudien

Nach der Erstellung des Überblicks über den Status Quo richtet sich der Blick in den Betrachtungen der *Best Cases* in die Tiefe. Als *Best Cases* identifizieren wir die Unternehmenskanäle mit den höchsten Abonnentenzahlen, die wir als zentralen Hinweis auf eine erfolgreiche Kanalaufstellung interpretieren: *bebe Young Care* (111 Tsd. Abos), *essence cosmetics* (108 Tsd. Abos) und *Maybelline New York* (80 Tsd. Abos).

Für die Fallstudien nutzen wir in erster Linie die Datengrundlage sowie die systematischen Beobachtungen, die während der Sichtung der Videos der quantitativen Voruntersuchung gemacht wurden. Um ein möglichst genaues Bild über die Inhalte bestimmter Videoreihen eines Kanales zu erlangen, haben wir zusätzlich relevante Videos, die ursprünglich nicht in der Stichprobe der Voruntersuchung waren, gesichtet. In bestimmten Fällen wurden für die Feinanalyse Sequenzprotokolle verfasst, die die Handlungen und filmischen Besonderheiten des Videos für die Analyse nachvollziehbar machen.

8.4 Ergebnisse der empirischen Analyse

Im Folgenden präsentieren wir die Ergebnisse der beiden Studienteile: der quantifizierenden Vorstudie und der Analyse der *Best Cases* zur Einbindung von Influencern auf Unternehmenskanälen.

8.4.1 In Zahlen: Kosmetikunternehmen und ihre Influencer auf YouTube

Der Betrieb eines YouTube-Kanals ist für Kosmetikunternehmen noch immer keine Selbstverständlichkeit. 35,9 % der identifizierten Unternehmen verfügen überhaupt nur über einen eigenen YouTube-Kanal. Der Anteil der Unternehmenskanäle, die dabei eine Reichweite von mindestens tausend Abonnenten erreichen, beträgt nur geringe 11,7 %. Diese 40 untersuchten Kanäle gehören zur Hälfte zu Marken der pflegenden Kosmetik (50 %) daneben zu Marken dekorativer Kosmetik (33 %), zu Drogerien und Parfümerien (8 %) sowie zu Marken, die sowohl pflegende als auch dekorative Kosmetik in ihrer Produktpalette führen (10 %).

Innerhalb der 40 analysierten YouTube-Auftritte arbeiten insgesamt 30 Unternehmen mindestens einmal mit Influencern zusammen. Der Anteil der gesichteten Videos mit Influencer-Auftritt liegt bei 28 %. Besonders hervorzuheben sind dabei die Kanäle der *Best Cases bebe Young Care, essence cosmetics* und *Maybelline New York,* die jeweils in allen zehn erfassten Videos mit Influencern kooperieren. Alles in allem ist die Häufigkeit von Influencer-Auftritten jedoch größtenteils geringer ausgeprägt: So treten bei der Hälfte der Kanäle, bei denen zwar eine Videoumsetzung mit Influencern erfasst wurde, diese in maximal zwei Videos auf. Allerdings zeigt der Vergleich der Abonnentenzahlen, dass sich eine häufige bzw. regelmäßige Veröffentlichung von Videos mit Influencern positiv auf diese auswirkt.

Die Einbindung von Influencern wirkt sich daneben auch positiv auf die Interaktionsraten aus. Es lässt sich anhand unserer Daten zeigen, dass Aufrufe von Influencern auf größere Resonanz stoßen, als wenn sie von einem anderen Akteur stammen. So zeichnet sich deutlich ab, dass Influencer den Austausch mit und die Aktivität von Zuschauern maßgeblich steigern. Interaktionsaufforderungen, die der Influencer innerhalb der Videohandlung mündlich formuliert, zielen dabei vor allem auf die Initiierung eines Dialogs in den Kommentaren ab. Call-to-Actions als grafische Aufforderungen innerhalb des Videos, die zum Teilen, Bewerten und Abonnieren anregen sollen, haben wiederum einen positiven Einfluss auf die Bewertung von Videos mit Likes oder Dislikes.

8.4.2 Im Überblick: Formen des Influencer Marketings auf Beauty-Kanälen

In einem nächsten Schritt lässt sich aufschlüsseln, welche Formen von Kooperationen zwischen Unternehmen und Influencern bestehen. Dabei können Gastauftritte und (langfristige) Kooperationen unterschieden werden. Treten Influencer über einen längeren Zeitraum regelmäßig auf einem Unternehmenskanal auf, haben wir sie als Markenbotschafter für das Unternehmen erfasst. Insgesamt konnten wir durch die Sichtung der

Videostichprobe 24 Markenbotschafter für 15 verschiedene Unternehmen ausmachen. Weitere vier Botschafter wurden anhand ihrer Sichtbarkeit auf Kanalebene – im Hosttrailer, in den Kanalinformationen oder auf dem Titelbild – identifiziert. Es fällt allerdings auf, dass Unternehmen diese repräsentativen Kanalfunktionen nur selten nutzen, um Zuschauer auf Kooperationen mit Markenbotschaftern aufmerksam zu machen.

Unterscheidet man diese Markenbotschafter in Social-Media-Influencer und Real World Celebrities, die sich durch eigenen Content eine Social-Media-Reichweite aufgebaut haben, zeigt sich, dass Unternehmen langfristige Influencer-Kooperationen wesentlich häufiger mit Influencern der ersten Gruppe eingehen. So sind 17 der 28 Markenbotschafter YouTuber, Instagrammer oder Blogger. Drei weitere Langzeitkooperationen bestanden außerdem mit „Hybrid-Influencern", die dadurch charakterisiert sind, dass sie ursprünglich zwar durch unterschiedliche TV-Formate bekannt wurden, aber nun vor allem in den sozialen Netzwerken aktiv sind und unter anderem erfolgreiche YouTube-Kanäle mit großen Reichweiten betreiben. Die Relevanz von Influencern aus dem Social-Media-Bereich zeichnet sich innerhalb der Analyse auch unabhängig von der Dauer der einzelnen Kooperationen ab: 67 % der in Videos sichtbaren Influencer gehören zur Gruppe der Social-Media-Influencer.

Neben dem zeitlichen Faktor von Influencer-Kooperationen haben wir die verwendeten Videoformate und die in den Videos aufgegriffenen Themen analysiert. So lässt sich erkennen, für welche Formate und Themen der Auftritt eines Influencers besonders relevant ist. Zur Kontextualisierung der entsprechenden Befunde geben wir zunächst einen Überblick über alle analysierten Videos, um im Anschluss solche näher zu betrachten, in denen Influencer auftreten.

Hinsichtlich der Themen zeigt sich, dass fast drei Viertel der Videos (71 %) die Kategorie *Unternehmen & Marke* behandeln. Diese Kategorie umfasst alle Videos, die sich mit dem Unternehmen und dessen Expertise im Bereich Kosmetik (z. B. Styling und Pflege) befassen. Als weitere Kategorie besitzt der Themenbereich *Freizeit & Lifestyle* mit einem Anteil von 16 % der Gesamtvideos eine nennenswerte Relevanz für die YouTube-Kanäle. Um die eingesetzten Formate zu analysieren, haben wir die Videos in fünf Kategorien eingeordnet, die sich aus der Typologie von Online-Marketing-Videos nach Costa-Sánchez (2017, S. 21) ergeben und die wir um die Kategorie *Unterhaltung* ergänzt haben. Der Großteil der Videos fällt in die Kategorie *Produkt & Service* (47 %), die u. a. Tutorials, Unboxings und Produktvorstellungen beinhaltet. Andere Formate werden weitaus seltener eingesetzt (S. Abb. 8.1).

Wendet man diese inhaltliche Untergliederung auf Videos mit Influencer-Präsenz an (S. Abb. 8.1), so zeigt sich, dass Influencer besonders häufig in Interview- und Erfahrungsvideos auftreten. Inhaltlich befassen sich Videos dieser Kategorie mit der Beantwortung von Fragen, der Äußerung persönlicher Meinungen oder Berichten über eigene Erfahrungen. Neben Influencern können hierbei auch Experten, Kunden oder Markenvertreter zu Wort kommen. Insgesamt beinhalten aber 81 % der Videos dieser Formatkategorie den Auftritt eines Influencers – das sind etwas mehr als ein Drittel aller

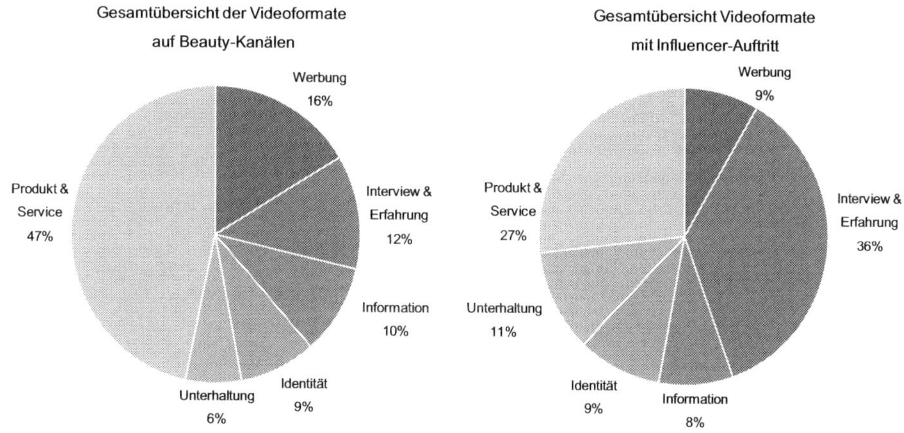

Abb. 8.1 Verteilung der Videoformate

Influencer-Videos (36 %). Interview- und Erfahrungsvideos erweisen sich bei Zuschauern zudem als besonders beliebt, was die hohen Anzahlen an Nutzerbewertungen und Kommentaren zu den einzelnen Videos zeigen. Neben den vermehrten Auftritten von Influencern beruht diese Beliebtheit wahrscheinlich darauf, dass dieses Format vor allem dadurch geprägt ist, dass Präsentationen von Produkten und Markenbotschaften zumeist nicht im inhaltlichen Fokus stehen. Stattdessen stehen bei Videos dieser Kategorie in 52 % der Fälle vornehmlich die interviewten Personen und deren Erlebnisse und Geschichten im Vordergrund, während Produktpräsentationen eher im Hintergrund eingebettet werden. In 35 % der Videos wird sogar gänzlich auf die Präsentation von Produkten verzichtet.

Der Einsatz von Influencern ist auch bei lustigen und unterhaltungsorientierten Videos beliebt. Die Hälfte der Videos der Kategorie *Unterhaltung* zeigt Influencer. Zu dieser Kategorie gehören etwa Wettbewerbe, „Roomtours" und mit versteckter Kamera gefilmte Videos. Ähnlich wie bei den Interview- und Erfahrungsvideos stehen auch hier Produktpräsentationen meist im Hintergrund der Videohandlung.

Interessant ist zudem, dass sich die unterschiedlichen Videoformate auch durch den Einsatz des Influencer-Typus signifikant unterscheiden. So kommen in Videos der Kategorien *Produkt & Service* (90 %), *Interview & Erfahrungen* (64 %) und *Information* (89 %) Influencer aus den sozialen Netzwerken bevorzugt zum Einsatz. In Imagevideos (64 %) und Werbespots (56 %) treten hingegen eher klassische Prominente auf. Ebenso unterscheidet sich die Rollenverteilung innerhalb der Videohandlung zwischen den beiden Influencer-Typen voneinander (S. Abb. 8.2). Influencer aus dem Social-Media-Bereich nehmen in 85 % der Fälle die Rolle des Protagonisten oder Moderators ein, der die Zuschauer durch das Video begleitet. Sie beanspruchen den Hauptredeanteil und leiten eigenständig und anscheinend ohne vorgegebenen Text durch die Handlung. Alle übrigen

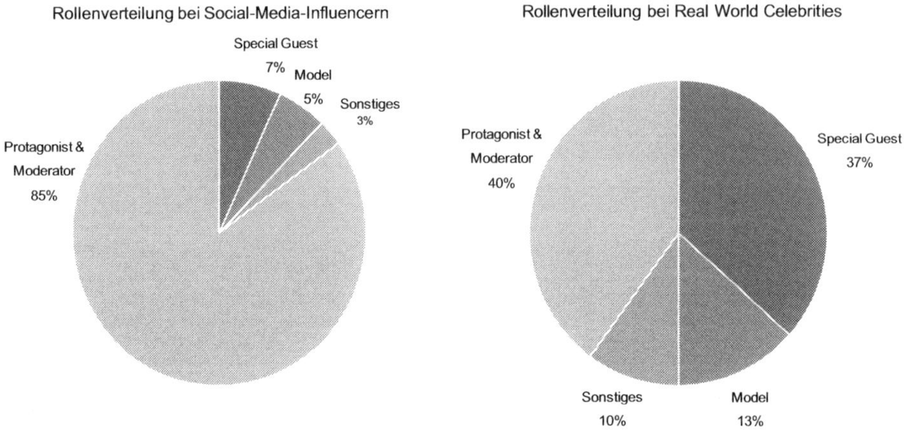

Abb. 8.2 Unterschiede in der Rollenverteilung bei Social-Media-Influencern und Real World Celebrities

Rollen als Special Guest, Model oder als erläuternde Experten sind somit für diesen Typ kaum relevant. Anders sieht das für den etablierten Influencer-Typ aus den klassischen Medien aus: Neben der Rolle des Protagonisten (40 %) tritt er vermehrt auch als Special Guest (37 %) oder Model (13 %) in Erscheinung. Als Special Guest haben Influencer die Möglichkeit, frei über sich und die angesprochenen Themen des Videos zu reden, aber sie können ansonsten keinen Einfluss auf die Handlungsabläufe nehmen. Die Rolle des Models nimmt dem Influencer zudem auch seine sprachliche Freiheit – alle Vorgänge sind strikt an ein Skript gebunden. Während Social-Media-Influencer demnach fast ausschließlich eingesetzt werden, um aktiv und eigenständig Inhalte des Unternehmens zu behandeln, besetzen die Real World Celebrities im Gegensatz dazu als Special Guests oder Models auch häufig Rollen, die allein durch ihren Auftritt die Aufmerksamkeit für bereits bestehende Botschaften des Unternehmens steigern sollen.

8.4.3 Im Detail: Die erfolgreiche Einbindung von Influencern ins Kanalkonzept

bebe Young Care – *#ungeschminkt* zum Gesicht der Marke
Im Zentrum des YouTube-Kanals der Pflegemarke *bebe Young Care* steht das Format *#ungeschminkt*. Dabei handelt es sich um eine wöchentlich wiederkehrende Videoreihe aus der Kategorie *Interview & Erfahrungen,* in der die drei YouTuberinnen Diana zur Löwen (589 Tsd. Abos), Kisu (373 Tsd. Abos) und Giulia Groth (170 Tsd. Abos) mit je einem weiteren Gast-Influencer aus dem Social-Media-Bereich „ungeschminkt" – also völlig offen und ehrlich – gemütlich auf einem Sofa sitzen und Fragen zu unterschiedlichen Themen des Erwachsenwerdens besprechen.

#ungeschminkt wird dabei vom Unternehmen auf dem gesamten Kanal prominent und immer wiederkehrend platziert. So wird bereits auf dem Titelbild im Header des Kanals auf die Videoreihe aufmerksam gemacht, und ein prominent platzierter Hosttrailer auf der Startseite gibt einen Einblick in die Inhalte von *#ungeschminkt*. Die drei Influencer, allesamt erfolgreiche deutsche Beauty-YouTuberinnen, treten in jeder Folge der Videoreihe gemeinsam auf und werden auf diese Weise nicht nur zu Markenbotschaftern für die Marke *bebe Young Care*, sondern für die Zuschauer vordergründig zu den Gesichtern eines eigenständigen YouTube-Formates. Untrennbar an das Format gebunden, wird ihre Präsenz deshalb auf dem gesamten Kanal hervorgehoben – sei es durch einen Auftritt im Hosttrailer, Fotos auf dem Titelbild, eine angegliederte Abo-Box in der Sidebar oder durch namentliche Nennung in jedem Videotitel.

Die Videos der *#ungeschminkt*-Reihe sind in sich aufgebaut und konzeptioniert wie eine kleine Sendung und folgen stets einem festen Schema: So steht am Anfang jedes Videos das gleiche Intro. Dieses zeigt die drei Markenbotschafterinnen, wie sie sich zum fröhlich gepfiffenen Jingle des Unternehmens, der bereits aus diversen TV-Spots der Marke bekannt ist, mit unterschiedlichen Pflegeprodukten der Marke abschminken. Anschließend folgt eine einleitende Sequenz, in der der jeweilige Gast-Influencer der Folge vorgestellt wird, während auch er sich mit den *bebe*-Produkten abschminkt. Sobald alle „ungeschminkt" sind, unterhalten sich die Influencer im Hauptteil des Videos in einer gemütlichen Gesprächsrunde zu einem bestimmten Thema und erzählen Geschichten aus ihrem Leben, geben Ratschläge und berichten von eigenen Erfahrungen. Dabei liegt der inhaltliche Fokus ausschließlich auf den jeweiligen Gesprächsthemen wie z. B. die erste große Liebe, Probleme in der Schule oder Reisen und Auslandsaufenthalte. Das Unternehmen rückt in den Hintergrund, trotz der kontinuierlichen Einblendung des Markenlogos an der Stelle, die im TV für gewöhnlich das Senderlogo einnimmt.

Der Vorteil des Gesprächsrunden-Konzeptes von *#ungeschminkt* besteht dabei darin, dass es Erwartbarkeit und Wiedererkennbarkeit mit Neuigkeiten und frischem Input kombiniert. Zuschauer können so jeden Dienstag um 14 Uhr ein neues Video mit Diana, Kisu und Giulia erwarten. Gleichzeitig werden sie mit der Auswahl der Gäste und Themen aber überrascht, wodurch sie neue Informationen erhalten können und es nicht langweilig wird.

Fest in das Konzept von *#ungeschminkt* ist außerdem verankert, dass Zuschauer eingebunden und zur Interaktion aufgefordert werden. Dies passiert zum einen innerhalb der Videos, indem sich die Influencer in jeder Folge mindestens einmal direkt an die Zuschauer wenden und Fragen stellen, die in den Kommentaren diskutiert werden sollen:

> Und da könnt ihr direkt mal in die Kommentare schreiben: Habt ihr vielleicht schon ein Tattoo, oder Piercings, oder Ohrringe? Oder könnt ihr euch vorstellen euch sowas mal stechen zu lassen?

Zum anderen regt *bebe Young Care* aber auch außerhalb des Videokontextes zum Interagieren an. So fordert das Unternehmen die Zuschauer auch in den Kanalinformationen und im begleitenden Infotext zum Hosttrailer auf, allgemeine Fragen oder Themenvorschläge für weitere *#ungeschminkt*-Folgen zu formulieren:

> Habt ihr Fragen an Diana, Giulia oder Kisu? Oder möchtet ihr mehr über ein bestimmtes Thema erfahren? Kommentiert einfach unter dieses Video, was euch am meisten interessiert.

Auf diese Weise wird den Zuschauern vermittelt, dass ihre Meinungen wichtig sind und sie über die Inhalte mitentscheiden können. Durch die explizite Nennung der Influencer wird außerdem impliziert, dass sie in den direkten Kontakt mit den Markenbotschafterinnen treten können. Die Ansprache erfolgt dabei stets durch ein freundschaftliches „Ihrzen", was sowohl Nähe vermittelt als auch den Community-Charakter des Kanals stärkt und deshalb auch von den meisten Influencern auf ihren Privataccounts als Form der Anrede genutzt wird.

Ergänzt wird die Serie *#ungeschminkt* durch weitere feste Videoreihen anderer Formatkategorien. So wird das Programm des Kanals mit Videos von „bebe Insider" und „Gib mir 5" um Informationsvideos und mit Videos von „How To's | bebe" und „Post von bebe" um Produkt- & Servicevideos erweitert. Auch bei diesen Formaten tritt mindestens eine der drei Markenbotschafterinnen auf, sodass die Videos gut in das Kanalkonzept eingebettet sind.

essenceTV – Influencer in freier Wildbahn

Der Kanal des Kosmetikherstellers *essence cosmetics* heißt *essenceTV*. Er ist der einzige Kanal innerhalb des Samples, der nicht den Namen des Unternehmens, sondern einen künstlichen Kanaltitel trägt. Dabei setzt er bei der Umsetzung der Kanalinhalte – dem Vorbild eines Fernsehkanals folgend – bei seinen Uploads und Inhalten vor allem auf eine sehr regelmäßige Upload-Routine und die Adaption von aktuellen Videotrends auf YouTube. Egal ob „life hacks", „swatch partys" oder „make up challenges", *essenceTV* orientiert sich bei der Programmgestaltung stark an den internationalen Trendformaten und lässt sich vor allem von großen und erfolgreichen Beauty-YouTubern inspirieren.

Auch bei der Einbindung von Influencern folgt *essenceTV* gängigen YouTube-Gewohnheiten: So finden sich auf dem Kanal ausschließlich Videos, die der Aufmachung, Ästhetik und den Inhalten eines Influencer-Kanals auf YouTube entsprechen. Anstelle von Hochglanz-Werbevideos bewegen sich die Beiträge von *essenceTV* – ganz dem semiprofessionellen Charme eines normalen YouTube-Videos nachempfunden – im privaten Setting der beteiligten Influencer. Folglich entsprechen die Videos stark der persönlichen Linie der jeweiligen Influencer. Sie unterscheiden sich in ihrer Konzeption und Machart nicht merklich von den Videos, die sich auf den Influencer-eigenen Kanälen finden ließen. Dies hat zum Vorteil, dass die Kanalinhalte einen persönlicheren und authentischeren Anschein erhalten. Gleichzeitig leidet aber die Qualität der Videos zum Teil unter den semiprofessionellen Aufnahmetechniken, und die Inhalte wirken zudem im Vergleich mit *bebe Young Care* weniger einheitlich. Den Versuch einer gewissen Vereinheitlichung macht *essenceTV*, indem in jedem Video Intro und Endcard im Corporate Design des Unternehmens eingespielt werden. Zudem ist das gesamte Video durch die Einblendung eines Senderlogos gekennzeichnet. Auch die Thumbnails der Videos, die sich ästhetisch stark voneinander unterscheiden, werden mit einer violetten Textbinde mit dem Namen des YouTube-Kanals am linken Bildrand formal vereinheitlicht. Auf diese Weise wirkt der Kanal geordnet, und die Verbindung der Influencer-Videos zum Unternehmen wird auch außerhalb des Kanalkontextes deutlich gemacht.

Da *essenceTV* der Kanal mit der regelmäßigsten Upload-Routine ist und jede Woche immer dienstags, donnerstags und sonntags ein Video hochlädt, kooperiert das Unternehmen gleichzeitig mit acht verschiedenen YouTuberinnen. Diese wechseln sich mit dem Upload von Videos ab. Die ausgewählten Influencer wirken allesamt jung und dürften im Alter der Zielgruppe des Kanals sein. Allerdings unterscheiden sie sich typmäßig stark voneinander: Teilweise sind sie eher natürlich – teilweise eher stark gestylt. So können sich unterschiedliche Zielgruppen innerhalb der anvisierten Altersgruppe angesprochen fühlen.

Im Vergleich zu *bebe Young Care* präsentiert *essenceTV* die Kooperationen mit den Influencern unauffälliger. Das wird schon bei der Betrachtung der Startseite deutlich: Keine der repräsentativen Kanalfunktionen aus Hosttrailer (der tatsächlich gar nicht existiert), Titelbild und Kanalinformationen macht auf die Zusammenarbeit mit den Influencern aufmerksam. Trotzdem weisen eine Abo-Box auf der Startseite und Verlinkungen in den Infoboxen der einzelnen Videos auf die Zusammenarbeit mit den YouTuberinnen hin. Die Influencer werden dabei als Mitglieder des „essenceTV teams" bezeichnet, was den Community-Charakter der Zusammenarbeit verstärkt. Trotz allem scheinen die Kooperationen zwischen Unternehmen und Influencern insgesamt weniger bindend zu sein als z. B. bei *bebe Young Care,* sodass die YouTuberinnen unter Umständen ausgetauscht werden könnten, ohne das Konzept des Kanals dadurch zu gefährden.

Maybelline New York – Influencer zwischen YouTube und Fernsehen

Die Kosmetikmarke *Maybelline New York* betreibt von den betrachteten *Best Cases* den wohl buntesten Kanal mit der größten Bandbreite an Videoformaten und Kooperationsformen. Bereits bei der Betrachtung der Startseite wird deutlich, dass der Kanal weder ein durchgängiges Farbschema, noch ein einheitliches Design bei den Thumbnails der Videos besitzt. Bei den eingestellten Werbespots – die *Maybelline* als einziges Unternehmen der erfolgreichsten drei Kanäle postet – wird sogar vollständig auf ein Vorschaubild verzichtet. Folglich wirkt der Kanal auf den ersten Blick unübersichtlich und wenig strukturiert. Schaut man sich die Inhalte des Kanals in der Videoübersicht jedoch genauer an, stellt man fest, dass ein Großteil der hochgeladenen Videos drei unterschiedlichen Videoreihen zuzuordnen ist:

Als Erstes gibt es Make-up-Tutorials mit Boris Entrup, in denen der TV-Make-up-Artist die Kandidatinnen der ProSieben Castingshow *Germanys Next Topmodel (GNTM)* schminkt. Diese kurzen Videos mit einer Spielzeit von etwa anderthalb Minuten werden vom Unternehmen nicht nur auf YouTube hochgeladen, sondern auch im Fernsehen in den Werbeblöcken der Castingshow gezeigt. Sie dienen vor allem der Vorstellung des aktuellen Sortiments der Marke und sind aufgebaut wie ein ganz normales, wenngleich hochwertig produziertes Schmink-Tutorial auf YouTube.

Die zweite umfangreiche Serie des Kanals ist die *Maybelline Trendsquad.* Hier bereisen vier Blogger und YouTuber mit *Maybelline* verschiedene Metropolen, um Make-up-Inspirationen für die große Make-up-Show der Marke auf der Berliner Fashion Week zu sammeln. Die Videoreihe ist aufwendig produziert und wie ein TV-Dokumentationsfilm aufgebaut. So gibt es ständig wechselnde Kameraeinstellungen und -perspektiven, hochwertige Schnittbilder und kommentierende Intervieweinblendungen von Experten oder den vier Influencern. Ebenso weist das Format ein eigenes Design auf, das vom Intro über das Wasserzeichen und Soundmuster bis hin zur Endcard reicht. Aufgrund der Professionalität der Umsetzung ist von der eher amateurhaften und nahbaren YouTube-Ästhetik des *Vloggens* kaum etwas zu verspüren. Lediglich wenn die Influencer in ihren Interviews die Zuschauer direkt ansprechen oder Fragen an das Publikum richten, die in den Kommentaren diskutiert werden sollen, werden typische Darstellungsmuster der Videoplattform aufgegriffen:

> Oh mein Gott, Leute! Es ist gleich soweit! […] Sagt mir doch einfach in den Kommentaren, was ihr macht, wenn ihr aufgeregt seid.

Insgesamt handelt es sich bei dem Format *Trendsquad* also um eine Mischform, die die professionelle Video-Ästhetik einer Fernsehdokumentation aufgreift und dabei die Interaktionsmöglichkeiten und Identifikationspersonen der sozialen Netzwerke eingliedert. Durch den regelmäßigen Auftritt von ehemaligen Castingshow-Gewinnern (z. B. *GNTM*) in den Videos trägt *Maybelline* zudem zu der Entwicklung von neuen Hybrid-Influencern bei, die ihre ursprüngliche Offline-Prominenz in den sozialen Netzwerken ausbauen.

Diese Schlussfolgerung lässt sich auch für die Hauptsendung des Kanals – den *Maybelline Glossytalk* mit der YouTuberin *MRS BELLA* (841 Tsd. Abos) – ziehen. Dieses Format stellt eine Hybridform aus TV-Talkshow und YouTube-Video dar. Die Reihe ist wie eine normale Fernsehsendung organisiert: Sie hat einen festen Sendetermin und wird in mehreren Staffeln vorproduziert, sodass am Ende jeder Show bereits eine Vorschau auf die Themen und die Gäste – Prominente aus dem Fernsehen oder Influencer aus den sozialen Medien – der nächsten Folge gegeben werden kann. Außerdem wird für jede Folge des *Glossytalk* ein eigener Teaser veröffentlicht, der mit kurzen Videoausschnitten aus der jeweiligen Folge einige Tage vor dem Upload-Termin das Interesse für die nächste Sendung wecken soll. Die YouTuberin *MRS BELLA* nimmt beim *Glossytalk* die Rolle einer klassischen Moderatorin ein. Sie stellt Fragen und leitet die Zuschauer durch die gesamte Sendung. Dabei sitzt sie – wie in einem gewöhnlichen TV-Studio – ihrem jeweiligen Gast auf einem Sessel gegenüber, ausgestattet mit Moderationskarten im Corporate Design des Formates. Das Studio ist professionell ausgeleuchtet und mehrere Kameras filmen das Gespräch aus unterschiedlichen Perspektiven. Diesbezüglich unterscheidet sich das Format von *bebes #ungeschminkt,* das nur mit einer frontalen Kamera und der Zoomfunktion arbeitet. Stattdessen orientiert sich das Videoformat eher an professionellen TV-Standards.

Inhaltlich ist der *Glossytalk* folgendermaßen aufgebaut: Zu Beginn stellt die YouTuberin ihren Gast mit einigen kurzen „Fun Facts" vor. Es folgt das Intro und eine kurze Interviewrunde, bei der der Gast von seinen aktuellen Projekten berichten kann. Anschließend wird das Interview thematisch auf aktuelle Make-up-Trends gelenkt, wobei stets neue Produkte aus dem Sortiment von *Maybelline* vorgestellt und von den Gästen empfohlen werden. Durch die Einblendung von mit Links unterlegten Informationstafeln werden hier die Vernetzungsmöglichkeiten der Plattform genutzt und die Zuschauer zum eigenen Online-Shop weitergeleitet. Am Ende jeder Folge stehen schließlich ein Gewinnspiel für die Zuschauer sowie ein Spiel mit dem Gast. Bei einigen Spielen werden dabei die Zuschauer miteinbezogen, indem z. B. ihre Fragen aus den Kommentaren in der Sendung gestellt werden. Ebenso entscheidet sich auch das Gewinnspiel über die Kommentare. Folglich handelt es sich beim *Glossytalk* um ein eigenständiges Format, das viele Merkmale einer Fernsehshow adaptiert und die Vernetzungsmöglichkeiten von YouTube ergänzend nutzt, um sich mit Zuschauern auszutauschen und sie dauerhaft an die Marke zu binden.

Die Fallbetrachtung des Kanals von *Maybelline New York* zeigt, dass eine komplett einheitliche Gestaltung des Gesamtbildes des Unternehmenskanals nicht zwangsläufig notwendig ist. Es ist wichtiger, ein spannendes, abwechslungsreiches aber dennoch in sich geschlossenes Programm für YouTube zu erarbeiten. *Maybelline* präsentiert ein aufwendig produziertes Programm, bestehend aus verschiedenen Videoformaten, die viele Merkmale klassischer Fernsehsendungen aufweisen. Auf diese Weise entstehen neue Hybridformen, sowohl von Videos als auch von Influencern, die YouTube und das klassische Fernsehen enger aneinanderbinden.

8.5 Hinweise zur erfolgreichen Einbindung von Influencern

Was lässt sich nun aus den Ergebnissen unserer empirischen Analyse für den Aufbau von Unternehmenskanälen lernen? Im Folgenden möchten wir sechs Vorschläge für eine erfolgreiche Einbindung von Influencern auf Unternehmenskanälen unterbreiten.

Langfristige Einbindung von Influencern

Die Betrachtung der *Best Cases* zeigt: Im Mittelpunkt eines erfolgreichen YouTube-Unternehmenskanals stehen ein oder auch mehrere Influencer. So arbeiten *bebe Young Care* und *essenceTV* bei der Produktion ihrer Kanalinhalte prominent mit YouTubern aus dem Beauty-Bereich zusammen. Nur der Kanal von *Maybelline New York,* der sich in seinem Programm am meisten den Strukturen und Inhalten des klassischen Fernsehens annähert, arbeitet ergänzend dazu auch mit Hybrid-Influencern, deren Bekanntheit sich ursprünglich außerhalb der Videoplattform etabliert hat.

Die Gesamtanalyse aller Kanäle zeigt, dass bereits die Mehrheit der Beauty-Marken zumindest gelegentlich Videos in Zusammenarbeit mit Influencern veröffentlicht. Im

Vergleich mit den untersuchten *Best Cases* fällt jedoch auf, dass die Influencer auf den erfolgreichen Kanälen einen vergleichsweise großen Stellenwert erhalten und das Erscheinungsbild des Kanals entscheidend prägen. Dafür ist eine gewisse Kontinuität in der Zusammenarbeit notwendig. Kontinuität sorgt für Erwartbarkeit, und Erwartbarkeit ist wichtig, damit auch gelegentliche Zuschauer den Kanal in ihr Medienportfolio aufnehmen. Unsere Ergebnisse zeigen, dass die Abonnentenzahlen merklich ansteigen, sobald die Zuschauer mit einem wiederholten und regelmäßigen Auftritt bestimmter Influencer rechnen können. Unternehmen sollten also bereit sein, auch langfristig mit einzelnen Influencern zusammenzuarbeiten.

Natürlich stellen langfristige Kooperationen mit Influencern ein Risiko dar (so wie Kooperationen stets ein Risiko darstellen), weil sich die Marke in einem gewissen Ausmaß abhängig von Kooperationspartnern macht. Hat es der Kanal jedoch erst einmal ins Medienportfolio der Zuschauer geschafft, sinkt diese Abhängigkeit. Wie dargelegt, kann es sich lohnen, dieses Risiko einzugehen, denn die Zusammenarbeit mit Influencern kann die Attraktivität des Kanals für bestimmte Zielgruppen erheblich steigern. Es liegt daher auf der Hand, dass die Auswahl passender Influencer eine große Herausforderung darstellt, denn es muss nicht nur die gegenwärtige Passung zur Marke festgestellt, sondern auch die künftige Entwicklung des Influencers prognostiziert werden.

▶ Die Zusammenarbeit mit Social-Media-Influencern ist ein Erfolg versprechender Weg, um die Attraktivität des eigenen Unternehmenskanals zu erhöhen. Langfristige Kooperationen sind notwendig, um Zielgruppen dauerhaft für den Kanal zu interessieren. Eine langfristige Kooperation kann beispielsweise durch die Etablierung fester, wiederkehrender Darstellungsformen mit Influencern als Protagonisten auf den Unternehmenskanälen umgesetzt werden.

Feste Veröffentlichungszeitpunkte von Influencer-Videos

Die Bedeutung der Erwartbarkeit zeigt sich auch im Hinblick auf den Veröffentlichungsplan. Die drei Top-Kanäle veröffentlichen mindestens ein Video pro Woche, in dem „ihre" Influencer auftreten. Sie folgen dabei einem festen, regelmäßigen Veröffentlichungsplan, sodass den Zuschauern Veröffentlichungstag und -uhrzeit des nächsten Videos stets bekannt sind. Sie ähneln so einer Fernsehsendung. Diese Regelmäßigkeit schafft Erwartbarkeit und stellt somit die Grundlage dafür dar, dass Zuschauer Rezeptionsroutinen ausbilden. So kann es gelingen, Zuschauer dauerhaft an den Kanal zu binden. Dabei können die Auftritte – wie bei *essenceTV* – zwischen mehreren Influencern wechseln oder – wie bei *Maybelline* und *bebe* – immer dieselben Influencer in der Protagonisten-Rolle zeigen. Wichtig ist in erster Linie, dass die Zuschauer Beständigkeit und Regelmäßigkeit bei den Uploads erwarten können.

▶ Eine regelmäßige Upload-Routine, die Zuschauern den Auftritt der Influencer zu festen Zeiten verspricht, begünstigt eine dauerhafte Zuschauerbindung in Form von Kanalabonnements.

Berücksichtigung der Kooperationen beim Kanaldesign
Unternehmen, die längerfristig mit Influencern zusammenarbeiten, sollten dies auch deutlich zeigen. Denn der regelmäßige Auftritt von Influencern motiviert YouTube-Nutzer, den Unternehmenskanal zu besuchen. Insofern ist es naheliegend, dass die Kooperationen bei der formalen und strukturellen Gestaltung eines Kanals soweit hervorgehoben werden sollten, dass sie Nutzern unmittelbar auffallen – noch bevor sie den Kanal wieder verlassen.

Für dieses Vorhaben erweist sich vor allem die visuelle Einbindung der Influencer auf dem Kanal von *bebe Young Care* als beispielhaft: Einheitlich im Corporate Design des Unternehmens gestaltet, werden sowohl der hervorgehobenen Hosttrailer als auch das Titelbild im Header und die Kanalinformationen genutzt, um auf das Vorzeigeformat *#ungeschminkt* und die Zusammenarbeit mit den drei Markenbotschafterinnen aufmerksam zu machen. Auf diese Weise erfahren auch Nutzer, die nicht direkt über die Influencer auf den Unternehmenskanal geleitet wurden, von den Kooperationen.

Umgekehrt sollte man bedenken, dass Videos auf YouTube nicht zwangsläufig über den Kanal aufgerufen werden. Nutzer können Videos auch über Vorschläge der Plattform entdecken. Deshalb ist es wichtig, dass auch innerhalb der Videos stets deutlich wird, dass diese im Unternehmenskontext entstanden sind. Unsere Untersuchung zeigt, dass die Top-Kanäle dafür vor allem eingeblendete Markenlogos innerhalb der Videos und (meist) einheitliche Thumbnails im Corporate Design verwenden. Ebenso sind kurze Intros oder die Einblendung von Endcards im Unternehmensdesign möglich (wie z. B. bei *#ungeschminkt* oder *Glossytalk*). Wichtig ist vor allem, dass Unternehmen und Marke sichtbar und wiedererkennbar sind, sodass die Follower der Influencer letztlich auf den Unternehmenskanal weitergeleitet werden können.

> Bei der visuellen und strukturellen Konzeption eines Kanals sollte die Sichtbarkeit von Influencern und Unternehmen ausgewogen sein und sich ergänzen. Influencer können zum Aushängeschild des Unternehmenskanals werden. Auch wenn die Influencer in den Hauptrollen auftreten, darf jedoch der Rückbezug zum Unternehmen innerhalb der Videos nicht fehlen.

Ausreichender Handlungsspielraum für Influencer
Der Status von Influencern in ihrer Community ist zu einem großen Teil das Resultat ihrer kreativen Entfaltung. Influencer schaffen eigene Bildsprachen und Ästhetiken, eigene Sprach- und Narrationsweisen. Eben weil sie ihre Persönlichkeit einbringen und so einen individuellen, im besten Fall unverkennbaren Stil entwickeln, werden sie als authentisch wahrgenommen. Für die Einbindung von Influencern in Unternehmenskanäle gilt deshalb genauso wie für das Influencer Marketing insgesamt: Marken müssen eine gute Balance zwischen Kontrolle der Aktivitäten und eigenständigem Handlungsspielraum für die Influencer finden, der trotz notwendiger Vorgaben die kreative Entfaltung der Influencer nicht beeinträchtigt. Nur wenn dies gelingt, können Influencer Inhalte entwickeln, die ihr Publikum als authentisch wahrnimmt und die so die Attraktivität des Unternehmenskanals, auf dem sie veröffentlicht werden, erhöhen.

Influencer sollten daher an der Entwicklung von Format- und Videoideen beteiligt werden. Indem die Influencer zudem in den einzelnen Videos in einer bestimmten Rolle auftreten, können sie ihren individuellen Stil weiter einbringen. Geeignet ist vor allem die Rolle des Protagonisten bzw. Moderators des Videos. Als Hauptakteur bestimmen die Influencer hier maßgeblich die Handlungsabläufe und die Gestaltung der Inhalte. Auf diese Weise verleihen sie den Unternehmensvideos eine persönliche Note, sodass Empfehlungen und Produktpräsentationen glaubwürdig und in der Sprache ihrer Follower kommuniziert werden.

Besonders große Freiheitsgrade lassen sich dabei im Fall von *essenceTV* erkennen. Hier drehen die Influencer in ihrem gewohnten „privaten“ Umfeld, statt im Studio des Unternehmens. Es ist jedoch nicht dringend erforderlich, die Influencer-Settings in den Unternehmenskanal zu importieren, wie die zwei weiteren analysierten *Best Cases* zeigen. Solange ausreichend Freiheiten zugestanden werden, können auch eigens für den Kanal entwickelte Formate wie *#ungeschminkt* und *Glossytalk* erfolgreich sein.

> Ausgestattet mit ästhetischen, sprachlichen und erzählerischen Freiheiten, können Influencer ihren individuellen Stil beibehalten. Auf diese Weise kann es gelingen, dass Influencer-Content auch auf Unternehmenskanälen als authentisch wahrgenommen wird und der Kanal interessant für die Zuschauer ist. Bei der Auswahl der Influencer sollte jedoch darauf geachtet werden, dass Bildsprache und narrativer Stil zur Corporate Identity passen.

Ausrichtung der Videoformate am Zuschauerinteresse

Die genutzten Videoformate haben einen erheblichen Einfluss auf den Erfolg von Unternehmenskanälen. Die Analyse der Formate auf den Kanälen von *bebe Young Care* und *Maybelline New York* zeigt, dass Influencer gerade in Interview- und Erfahrungsvideos besonders überzeugen, denn diese Formatkategorien stoßen auf die größte Zuschauerresonanz. Diese Formate zeichnen sich vor allem dadurch aus, dass hier Produktplatzierungen insgesamt seltener und in wenig offensichtlicher Form vorkommen. Der werbliche Charakter ist bei diesen Formaten also weniger dominant. Bei *#ungeschminkt* und *Glossytalk* stehen nicht die Produkte, sondern die Influencer im Vordergrund der Videohandlung: Durch das Gespräch mit den Gästen erhalten Zuschauer in erster Linie neue Informationen über die agierenden Personen – die Präsentation von Produkten rückt entweder gänzlich in den Hintergrund *(#ungeschminkt)* oder wird thematisch geschickt in das Geschehen eingegliedert *(Glossytalk)*.

Unternehmen können ihren Zuschauern jedoch nicht nur mit Interview- und Erfahrungsvideos ein abwechslungsreiches Programm bieten, sondern auch mit anderen unterhaltenden Videoformaten, die sich als beliebte Trendformate auf YouTube etabliert haben. Beispielhaft für die Adaption von YouTube-Trends ist *essenceTV:* Der Kanal greift Formate auf, die sich auf den Kanälen bekannter und großer Beauty-Influencer etabliert haben. Daneben zeigt das Beispiel der Videoreihe *Trendsquad* von *Maybelline New York,* dass auch eine Anlehnung an unterhaltungsorientierte Fernsehformate auf dem eigenen YouTube-Kanal funktionieren kann.

- Die Inhalte eines Kanals sollten die Interessen der Zuschauer aufgreifen. Zuschauer bevorzugen persönliche und unterhaltsame Geschichten von den Influencern anstelle von offensichtlichen Markenbotschaften. Markenbotschaften müssen daher zurückhaltend und thematisch passend in die Videohandlung integriert werden.

Aufgreifen von Dialogangeboten

Eine Stärke der Influencer liegt darin, dass sie in der Lage sind, Zuschauer zu aktivieren und einen Dialog mit ihnen zu initiieren. Unsere Analyse zeigt, dass der Auftritt eines Influencers die Zahl von Bewertungen und Kommentaren eines Videos maßgeblich steigert. Dies wird vor allem am Kanal von *bebe Young Care* deutlich, dessen Videos am häufigsten von allen untersuchten Kanälen kommentiert werden. Die beteiligten Influencer stellen ihren Zuschauern in den Kanalvideos nicht nur inhaltsbezogene Fragen, sondern in den Kanalinformationen und den Videobeschreibungen wird auch immer wieder betont, dass Fragen an die Influencer oder Themenvorschläge für neue *#ungeschminkt*-Folgen erwünscht sind. Ebenso werden die Zuschauer sowohl bei *bebe Young Care* als auch bei *Maybelline New York* regelmäßig aufgefordert, neue Gast-Influencer für Interviews oder Aufgaben für Spiele vorzuschlagen. Insofern haben Zuschauer nicht nur die Chance, mit dem Unternehmen und den Influencern in Kontakt zu treten, sondern können auch über die Inhalte auf dem Kanal und die Aktivitäten der Influencer in den Videos mitentscheiden.

Um das Engagement der Zuschauer nutzen zu können, ist es erstens notwendig, die Dialogmöglichkeiten, die soziale Netzwerke wie YouTube bieten, für den Kanal einzusetzen. Dennoch lassen beispielsweise noch nicht alle untersuchten Kanäle Kommentare von Zuschauern zu. Zweitens ist es wichtig, eine Community Management- bzw. Listening-Infrastruktur aufzubauen, um angemessen auf Nutzerreaktionen eingehen zu können. Die eingebundenen Influencer müssen redaktionell unterstützt werden, um möglichst viele Reaktionen aufgreifen zu können und so die Chancen zu nutzen, die sich durch Zuschauerreaktionen für die Weiterentwicklung des Kanals und den Aufbau von engen Kanalbindungen auftun. Auf diese Weise werden die Influencer zu einem Bindeglied zwischen Unternehmen und YouTube-Nutzern. Als Gesichter des Kanals und sympathische Ansprechpartner können sie die Distanz zum Unternehmen verringern und liefern einen Ansatzpunkt für die Kommunikation mit dem Unternehmen.

- Influencer können die Zuschauer durch gezielte Fragen und direkte Aufforderungen unmittelbar ansprechen. Diese Interaktionsweise der Influencer mit ihrem Publikum eröffnet für Unternehmen eine seltene Chance, in einen Dialog mit der Zielgruppe einzusteigen, der von dieser auch aktiv gewünscht wird. Um diese Chance zu nutzen, ist es notwendig, eine geeignete Infrastruktur zum Aufgreifen der Nutzerreaktionen aufzubauen.

8.6 Fazit: Potenzial von Influencern auf Unternehmenskanälen

Die gute Nachricht: Die Kooperation mit Social-Media-Influencern bietet eine realistische Möglichkeit, die Attraktivität des eigenen Unternehmensprofils in sozialen Netzwerken in bestimmten Influencer-affinen Zielgruppen zu erhöhen. So kann eines der zentralen Probleme von Owned-Media-Strategien gelöst werden: das mangelnde Interesse potenzieller Kunden an unternehmenseigenen Medien. Indem Unternehmen die Reichweite ihrer Kanäle steigern, schaffen sie sich einen Weg, ihre Zielgruppen auch unabhängig von den Vorgaben der kooperierenden Influencer, etwa deren Veröffentlichungsplänen, Formatideen und Themensetzungen, zu erreichen. Gelingt es, den Kanal im Medienportfolio der Nutzer zu etablieren, ist es langfristig sogar möglich, die Zielgruppen auch unabhängig von den Influencern selbst mit Inhalten zu versorgen. Daneben eröffnen sich durch die Einbindung von Influencern auch neue Optionen, mit den Zielgruppen in Dialog zu treten. Der erweiterte Handlungsspielraum von Unternehmen beruht in beiden Fällen darauf, dass die Beziehungen zu den Followern nicht exklusiv beim Influencer verbleiben, sondern vom Unternehmen in Besitz genommen werden.

Die im vorausgegangenen Abschnitt vorgestellten Handlungsempfehlungen, die wir aus der empirischen Analyse der YouTube-Kanäle von Beauty-Unternehmen abgeleitet haben, zeigen Wege auf, wie die Einbindung von Influencern gelingen kann. Dass es jedoch kein Universalkonzept für diese Einbindung geben kann, dürfte dabei selbstverständlich sein. Nicht zuletzt zeigen die Fallbetrachtungen der *Best Cases,* die bei ihren Kanalkonzepten verschiedene Schwerpunkte setzen, dass die Integration auf unterschiedliche Weise zum Erfolg führen kann. Ob Influencer-Kommunikation jedoch überhaupt geeignet und welche Art der Einbindung für das eigene Unternehmen passend ist, hängt von Unternehmens- und Kommunikationsstrategie ab.

Auf die gute folgt jedoch auch eine schlechte Nachricht: Denn auch wenn die Kanäle von *bebe Young Care, essence cosmetics* und *Maybelline New York* beweisen, dass Unternehmen sich auf YouTube eine eigene reichweitenstarke Präsenz aufbauen können, so bleibt der Erfolg dieser Kanäle letztlich doch relativ. Obwohl einzelne Videos mehrere hunderttausend Views aufweisen können, kommt keiner der untersuchten Kanäle auch nur annähernd an die Abonnentenzahlen heran, die die jeweils kooperierenden Influencer über ihre eigenen Accounts erreichen. Das heißt, nur ein bestimmter Anteil der Follower folgt den YouTube-Stars tatsächlich auch auf die Kanäle der Unternehmen.

Offen bleibt weiterhin, weshalb beim Übergang zum Unternehmenskanals so viele Follower verloren gehen. Das mag zum einen daran liegen, dass die Strategien zur Einbindung von Influencern bislang noch nicht vollends ausgereift sind und in den nächsten Jahren – parallel zur steigenden Relevanz von Influencern – optimiert werden. Zum anderen mag es aber auch generelle Grenzen für die Zusammenarbeit mit Influencern auf Unternehmenskanälen geben. Diese Grenzen ergeben sich aus der Wichtigkeit der wahrgenommenen Authentizität für eine erfolgreiche Influencer-Kooperation. Kooperationen mit Unternehmen stellen bereits an sich eine Herausforderung für die Repräsentation von

Authentizität dar, weil die Influencer glaubhaft vermitteln müssen, dass ihre Bewertungen und Einschätzungen trotz der Kooperation unabhängig sind. Spielt sich die Kooperation dazu auf Unternehmens- und nicht auf Influencer-Kanälen ab, vergrößert sich diese Herausforderung noch einmal. Gelingt die Repräsentation nicht, können die Influencer-Videos für Follower an Attraktivität verlieren, weshalb letztlich eine dauerhafte Bindung an den Unternehmenskanal bei vielen Followern ausbleibt. Statt die Einbindung von Influencern also vorschnell zum Königsweg für die Stärkung eines Unternehmenskanals zu küren, sollte man sich dieser Einschränkungen bewusst sein.

Wie die Ergebnisse der vorgestellten Studie jedoch zeigen, bietet die Kooperation mit Influencern auf Unternehmenskanälen trotz dieser wichtigen Einschränkungen einen Erfolg versprechenden Ansatzpunkt zum Auf- und Ausbau von unternehmenseigenen Social-Media-Kanälen. Das gilt besonders in Anbetracht der Tatsache, dass Owned-Media-Strategien stets vor dem Problem stehen, das Interesse der Zielgruppen zu wecken. Social-Media-Influencer verfügen über einen unmittelbaren Zugang zu ansonsten nur schwerlich erreichbaren Zielgruppen. Ihr Auftauchen als neue – in ihrer Wirkweise bislang unbekannte – Akteursgruppe eröffnet neue Möglichkeiten, potenzielle Kunden zu begeistern und nachhaltige Kundenbeziehungen aufzubauen.

Literatur

Bailey C (2014) An overview of paid, earned and owned media. https://xen.com.au/overview-paid-earned-owned-media/. Zugegriffen: 15. Jan. 2108

Burcher N (2012) Paid, owned, earned: maximising marketing returns in a socially connected world. Kogan Page, London

Costa-Sánchez C (2017) Online video marketing strategies. Typology by business sector. Commun Soc 30:17–38

Faktenkontor (2016) Social Media-Atlas 2015/2016: Nutzung einzelner Kanäle. http://social-media-atlas.faktenkontor.de/2015/nutzung-einzelner-kanaele.php. Zugegriffen: 15. Jan. 2018

Gerloff J (2014) Erfolgreich auf YouTube: Social-Media-Marketing mit Online Videos. Mitp-Verlag, Heidelberg

Groche C, Leichtweiß C (2016) Videomarketing wird häufig noch unterschätzt. bank und markt 6:40. https://www.wiso-net.de/document/BUMT__061601035. Zugegriffen: 15. Jan. 2018

Gugel B (2015) Big Business mit YouTube. Internet World Business 3:20. https://www.wiso-net.de/document/IWB__IWB_0315_S20_A01. Zugegriffen: 15. Jan. 2018

Linqia (2017) The state of influencer marketing 2017: A look into how brands and agencies view the future of influencer marketing. http://www.linqia.com/wp-content/uploads/2016/11/The-State-of-Influencer-Marketing-2017_Final-Report.pdf. Zugegriffen: 15. Jan. 2018

Mangles C (2017) How businesses use social media: 2017 report. SmartInsights. https://www.smartinsights.com/social-media-marketing/social-media-strategy/businesses-use-social-media-2017-report. Zugegriffen: 15. Jan. 2018

Opresnik M, Yilmaz O (2016) Die Geheimnisse erfolgreichen YouTube-Marketings: Von YouTubern lernen und Social Media Chancen nutzen. Springer Gabler, Berlin

Schnoor M (2016) Leitfaden Influencer Marketing. 10 Tipps für den erfolgreichen Start mit Influencer Marketing. DigitasLBi. https://www.digitaslbi.com/globalassets/insights/de/leitfaden-influencer-marketing/digitaslbi_leitfaden_influencer_marketing.pdf. Zugegriffen: 15. Jan. 2018
Solis B (2016) The influencer marketing manifesto. Why the future of influencer marketing starts with people and relationships not popularity. Tapinfluence. http://pages.tapinfluence.com/hubfs/Influencer_Marketing_Manifesto.pdf. Zugegriffen: 15. Jan. 2018

Über die Autoren

Lisa Krömer studiert seit Oktober 2014 Kommunikations- und Medienwissenschaft an der Universität Leipzig. Ihre Bachelorarbeit schrieb sie über die Relevanz von YouTube im Social-Media-Marketing von deutschen Wirtschaftsunternehmen. Neben ihrem Studium hat Lisa Krömer Praxiserfahrung in den Bereichen der Öffentlichkeitsarbeit und Veranstaltungsplanung für Medienorganisationen gesammelt.

Dr. Nils S. Borchers ist wissenschaftlicher Mitarbeiter (Post-Doc) am Lehrstuhl für Strategische Kommunikation am Institut für Kommunikations- und Medienwissenschaft der Universität Leipzig. Er promovierte im Fach Medien- und Kommunikationswissenschaft an der Universität Mannheim mit einer Arbeit zur Werbekommunikation. Nils S. Borchers forscht zu den Themen Werbekommunikation und Peer-Kommunikation, insbesondere Influencer Marketing, Online-Bewertungen und Sharing Economy. Er ist stellvertretender Sprecher der Fachgruppe Werbekommunikation in der Deutschen Gesellschaft für Publizistik und Kommunikationswissenschaft.

Nadja Enke ist wissenschaftliche Mitarbeiterin und Doktorandin der Juniorprofessur Online-Kommunikation am Institut für Kommunikations- und Medienwissenschaft der Universität Leipzig. Ihre Forschungsschwerpunkte liegen in den Bereichen strategischer Kommunikation von Medienorganisationen, Social-Media- und Influencer-Kommunikation. In ihrer Dissertation beschäftigt sie sich mit dem Wert strategischer Kommunikation für Medienorganisationen. Zusammen mit Dr. Nils Borchers betreut sie derzeit das Forschungsprojekt „Management von strategischer Social-Media-Influencer-Kommunikation". Neben ihrer wissenschaftlichen Tätigkeit unterstützt sie die Stabsstelle Universitätskommunikation der Universität Leipzig und arbeitet als freiberufliche Kommunikationsberaterin.

9 Blogger vs. Journalisten – Influencer Relations vs. Media Relations: Befunde einer vergleichenden empirischen Untersuchung

Olaf Hoffjann und Oliver Haidukiewicz

Zusammenfassung

Blogger bzw. Influencer werden für Unternehmen neben Journalisten zu einer zunehmend wichtigeren Zwischenzielgruppe. Das hat bereits dazu geführt, dass Unternehmen analog zu ihren Media Relations auch die Blogger bzw. Influencer Relations auf- und ausbauen. Damit rückt die Frage in den Mittelpunkt: Was verbindet Blogger mit oder trennt sie von professionellen Journalisten? Wie bewerten etablierte Journalisten und die zumeist weniger etablierten Blogger die Bemühungen von Unternehmen und anderen Organisationen? Zum Vergleich zwischen beiden Gruppen liegen bislang kaum Befunde vor. Diese vergleichende Perspektive steht im Mittelpunkt dieses Beitrages. Dazu werden ausgewählte Befunde aus einer größeren, von der Otto Brenner Stiftung geförderten Studie vorgestellt.

9.1 Einleitung

Blogger bzw. Influencer werden zunehmend wichtiger für Unternehmen: Knapp 60 % der Unternehmen in Europa haben Influencer als wichtige Gruppe erkannt und mehr als 40 % haben bereits eine Strategie bzw. Maßnahmen zu ihrer Ansprache entwickelt

Wir danken Djure Meinen für kritische Anmerkungen zu einer früheren Fassung dieses Textes.

O. Hoffjann (✉) · O. Haidukiewicz
Ostfalia Hochschule, Salzgitter, Deutschland
E-Mail: o.hoffjann@ostfalia.de

O. Haidukiewicz
E-Mail: o.haidukiewicz@ostfalia.de

A. Schach und T. Lommatzsch (Hrsg.), *Influencer Relations*,
https://doi.org/10.1007/978-3-658-21188-2_9

(Zerfass et al. 2016, S. 70). Dies ändert zunächst nur wenig an der Relevanz der klassischen Media Relations, die von bis zu knapp 75 % der Befragten weiterhin als wichtig erachtet wird (Zerfass et al. 2016, S. 61). Blogger bzw. Influencer Relations ersetzen damit seltener klassische Media Relations, sondern sind in der Regel ein zusätzliches Instrument (Hoffjann und Gusko 2013). So sehr die Unterschiede zwischen Influencer und Media Relations betont werden (z. B. Smith 2011), so verbindet beide doch, dass sie ihren Zwischenzielgruppen, den Influencern bzw. Journalisten, relevante Inhalte anbieten, um durch eine Veröffentlichung schließlich ihre eigentlichen Zielgruppen zu erreichen.

Damit rückt die Frage in den Mittelpunkt: Was verbindet Blogger mit oder trennt sie von professionellen Journalisten? Wie bewerten etablierte Journalisten und die zumeist weniger etablierten Blogger die Bemühungen von Unternehmen und anderen Organisationen? Zum Vergleich zwischen „Amateur- und Profijournalisten" (Neuberger 2017, S. 101) liegen bislang kaum Befunde vor. Diese vergleichende Perspektive steht im Mittelpunkt dieses Beitrages. Dazu werden ausgewählte Befunde aus einer größeren, von der Otto Brenner Stiftung geförderten Studie vorgestellt.

Konkret werden die Ziele bzw. das Rollenselbstverständnis (Kap. 3) von professionellen Journalisten und journalistischen Bloggern verglichen. Dahinter steht die Vermutung, dass ein investigativer Journalist bzw. Blogger den PR-Angeboten eines Unternehmens ganz anders begegnen wird als jemand, der seine Leser vor allem unterhalten möchte. Anschließend stehen die Einstellungen zur strategischen Kommunikation im Mittelpunkt: Wie werden die Bemühungen von Unternehmen insgesamt bewertet (Kap. 4)? Wie kritisch sehen Journalisten und Blogger PR-Angebote (Kap. 5)? Und in welchem Ausmaß kennzeichnen sie bezahlte Beiträge (Kap. 6)?

Die Studie ist damit eine klassische Kommunikatorstudie, die sich an frühere Studien zu Journalisten (insbesondere Scholl und Weischenberg 1998; Weischenberg et al. 2006) und zu Bloggern (z. B. Armborst 2006; Schenk et al. 2014) anlehnt. Während das Feld der Journalisten in Deutschland aber auch international (vergleichend) intensiv erforscht ist, steht die Erforschung von Bloggern noch am Anfang. Zudem liegen nennenswerte quantitativ vergleichende Studien bislang nicht vor.

9.2 Untersuchungsdesign

Das Rollenselbstverständnis und ihre Einstellungen zur strategischen Kommunikation sind mittels einer Onlinebefragung untersucht worden. Dabei ist zunächst die vermeintlich einfache Frage zu klären: Was ist ein journalistischer Blogger? Wie kann er z. B. von PR-Bloggern abgegrenzt werden?

9.2.1 Journalistische Blogger vs. professionelle Journalisten: Abgrenzung und Operationalisierung

Um journalistische Blogger und professionelle Journalisten voneinander abzugrenzen sind einerseits Weblogs bzw. Blogs, andererseits Journalismus zu definieren. Blogs können mit Neuberger et al. (2009, S. 205) definiert werden als „ein Angebot, in dem in regelmäßigen, meist kurzen Abständen Beiträge (Postings) eingestellt werden, die in chronologisch absteigender Form angeordnet sind“. Blogs sind in diesem Verständnis ein Medienformat. Mit Bucher et al. (2010, S. 19 ff.) können Blogs als relativ stabiles Medienformat verstanden werden. Die Besonderheiten eines Medienformates liegen darin, dass es erstens Form-, Funktions- und Inhaltsaspekte umfasst und zweitens auf einer mittleren Ebene zwischen den Makrostrukturen eines Mediums und den Mikrostrukturen medialer Beiträge angesiedelt ist. Andere Medienformate sind Tageszeitungen, Wochenzeitungen, Podcasts und Chats. Ein Medienformat ist damit wie ein ‚Behälter‘, der mit unterschiedlichen ‚Inhalten‘ gefüllt werden kann. Entsprechend gibt es Blogs auch in ganz unterschiedlichen Kontexten: Experten-Blogs, Watchblogs, Warblogs, journalistische Blogs, Untergrund-Blogs oder Corporate Blogs (Armborst 2006, S. 50 ff.).

Journalismus ist ein möglicher ‚Inhalt‘ für den ‚Behälter‘ Blog. Journalismus kann als soziales System über seine Funktion bzw. Leistung bestimmt werden (Neuberger und Quandt 2010, S. 70). Journalismus wird hier neben Werbung, Öffentlichkeitsarbeit und Unterhaltung als eines von vier Leistungssystemen der Öffentlichkeit verstanden. Die Öffentlichkeit ermöglicht der Gesellschaft, dass sie sich über sich selbst informieren kann. Der Journalismus leistet hierzu mit seinen aktuellen und verbindlichen Fremdbeschreibungen einen wesentlichen Beitrag (Hoffjann und Arlt 2015, S. 37 f.).

Damit wird deutlich: Zwischen Blogs und Journalismus besteht „kein klarer Gegensatz“ (Schmidt 2006, S. 121), weil beides auf unterschiedlichen Ebenen verortet ist: Wenn Blogs als Medienformat der ‚Behälter‘ sind, ist Journalismus neben der Öffentlichkeitsarbeit, also strategischer Kommunikation, ein möglicher ‚Inhalt‘.

Aus der Funktion lassen sich konkrete Identitätsmerkmale ableiten, die für alle Formen des Journalismus verwendet werden können (Neuberger und Quandt 2010, S. 70) und die Mindestanforderungen für ein journalistisches Angebot sind. Konkret können journalistische Angebote über die klassischen publizistischen Kriterien abgegrenzt werden: Erreichbarkeit, Autonomie der Redaktion bzw. der Autoren, vollständige Artikel, die (relative) Aktualität der Inhalte, Periodizität und eine (relative) thematische Breite (nach Neuberger et al. 2009, S. 209 ff.). Diese Identitätsmerkmale sind die ‚K.O.-Kriterien‘. Angebote, die diese Kriterien erfüllen, sind Journalismus. Blogs, die diese Kriterien erfüllen, werden damit als journalistische Blogs verstanden (Abb. 9.1).

In der Studie werden damit nur journalistische Blogs berücksichtigt. Dazu zählen nicht nur Blogs, die von ausgebildeten Journalisten betrieben werden oder die explizit einen journalistischen Anspruch erheben, sondern – im Gegenteil – die Mehrzahl der weithin sichtbaren Blogger. Die meisten Autoblogger, Reiseblogger oder Modeblogger erfüllen die publizistischen Kriterien und sind damit dem Journalismus zuzurechnen – auch

Abb. 9.1 Journalistische Blogs in Abgrenzung zu anderen Blogs und zu ‚professionellen' Journalisten

wenn sie für ihre Inhalte vielleicht gar keinen journalistischen Anspruch erheben. Erst ein solches (system)theoretisches Verständnis von Journalismus ermöglicht damit eine Beschreibung neuer journalistischer Formen, weil sie sich von lange dogmatisch benutzten Kriterien wie Beruflichkeit und redaktioneller Gebundenheit löst. Aus Gründen der besseren Lesbarkeit werden journalistische Blogger im weiteren Verlauf in der Regel verkürzt als Blogger und professionelle Journalisten als Journalisten bezeichnet. Der Begriff ‚Professionalität' wird hier nicht im Sinne der Professionalisierungsdebatte, sondern vor allem mit Blick auf die Beruflichkeit von Journalisten in traditionellen Medien und die vermutete teilweise fehlende Beruflichkeit vieler Blogger verwendet (Engesser 2013, S. 19, Fußnote 19).

9.2.2 Online-Befragung Blogger und Journalisten

Die Grundgesamtheit sind alle Journalisten und journalistischen Blogger in Deutschland. Während zur Zusammensetzung der Grundgesamtheit der Journalisten mittlerweile Erkenntnisse und entsprechende repräsentative Studien vorliegen (z. B. Weischenberg et al. 2006), liegen zur Grundgesamtheit von Blogs sowie ihren Teilpopulationen hinsichtlich Größe und Struktur keine gesicherten Informationen vor (Engesser 2013, S. 62). Die vorliegende Studie basiert auf einer Gelegenheitsstichprobe. Dabei wurden Kontaktdaten des Mediendatenbank-Anbieters Cision genutzt und insgesamt 14.649 Journalisten sowie 1483 Blogger angeschrieben und zur Teilnahme eingeladen. Die Laufzeit der Befragung war von Februar bis April 2017. Den vollständigen Fragebogen beantwortet haben 1431 Teilnehmer. In die Auswertung eingeflossen sind die 1399 Teilnehmer, die über die Autonomie-Frage („Die Redaktion bzw. ich entscheiden in der Regel selbstständig über die Themenauswahl, die inhaltliche Ausrichtung und den Veröffentlichungszeitpunkt eines Beitrages.") als Journalisten bzw. journalistische Blogger von PR-Tätigen abgegrenzt wurden. Darunter sind 936 Journalisten (Ausschöpfungsquote: 6,4 %) sowie 463 journalistische Blogger (Ausschöpfungsquote: 31,2 %).

9.3 Was Blogger und Journalisten mit ihrer Arbeit erreichen wollen

Bloggern wird vielfach zugeschrieben, dass ihnen vor allem eine persönliche und humorvolle Ansprache sowie eine direkte Interaktion mit ihren Lesern wichtig sei (z. B. Engesser 2013, S. 61 f.). Wenn man dieser Beschreibung journalistische Stars wie Bob Woodward, Carl Bernstein oder Hans Leyendecker gegenüberstellt, erscheinen Blogger schnell als journalistische Leichtgewichte. Wie sehr dies ein Äpfel-und-Birnen-Vergleich ist, zeigt sich daran, dass es im professionellen Journalismus ebenso unterhaltungsorientierte Journalisten gibt, wie es in Blogs kritische Journalisten wie Markus Beckedahl gibt. Daraus folgt die Frage, wie sich Blogger und Journalisten jenseits von Einzelfällen tatsächlich hinsichtlich ihrer Ziele bzw. Rollenselbstverständnisse unterscheiden.

Der investigative Journalismus von Bob Woodward und Co. ist *eine* Möglichkeit zu berichten. Sie kann gemeinsam mit dem Einsatz für Benachteiligte oder der Kontrolle der Mächtigen zum Berichterstattungsmuster „Kritik und Kontrolle" gezählt werden. Die Regel ist im Journalismus immer noch das Berichterstattungsmuster „Information und Vermittlung". Die *Tagesschau* und größte Teile einer Tageszeitung folgen in der Regel diesem Primat des Informationsjournalismus. Das dritte klassische Berichterstattungsmuster ist der service- und unterhaltungsorientierte Journalismus, in dem u. a. die unterhaltende Aufbereitung der Information im Mittelpunkt steht. Diese drei Berichterstattungsmuster können zu „Gesamtstrategien des Wirklichkeitsbezugs und der Thematisierung" (Weischenberg 1995, S. 111) verdichtet werden: Informationsjournalismus, unterhaltender Servicejournalismus und investigativer Journalismus (Weischenberg 1995, S. 111 ff.; Scholl und Weischenberg 1998, S. 166 ff.).

Diese Berichterstattungsmuster spiegeln das Rollenselbstverständnis von Journalisten wider. Ein Hans Leyendecker interpretiert seine Rolle als Journalist so, dass er aufklären und aufdecken will – und nicht unterhalten möchte. Dieses Rollenselbstverständnis ist damit ein Einstellungskonstrukt bzw. die Kommunikationsabsicht, die man als Rolleninterpretation des jeweiligen Inhabers konzipieren kann (Marcinkowski 1993, S. 101; Scholl und Weischenberg 1998, S. 161). Sie hat keine direkte Handlungsrelevanz, weil die Umgebung diese Rolleninterpretation ermöglichen oder erschweren kann. Ein Hans Leyendecker könnte sein Rollenselbstverständnis des investigativen Journalismus kaum realisieren, wenn er bei der *Tagesschau* arbeiten würde. Auch wenn der kritisierende und kontrollierende Journalist gerne als der journalistische Idealtyp verklärt wird, braucht es alle Berichterstattungsmuster. Erst der Informationsjournalismus der *Tagesschau* und der meisten Tageszeitungen ermöglicht uns eine schnelle Orientierung in der Welt, während das Drohpotenzial des investigativen Journalismus dazu beiträgt, dass Öffentlichkeitsarbeit befürchten muss, dass allzu schöngefärbte Selbstdarstellungen hinterfragt und entlarvt werden. Die Berichterstattungsmuster wurden in Anlehnung an Scholl und Weischenberg (1998) operationalisiert.

Das Berichterstattungsmuster *„Information und Vermittlung"* ist in beiden Gruppen das wichtigste Berichterstattungsmuster, Journalisten aber insgesamt etwas wichtiger als Bloggern (Abb. 9.2). Alle Items des Informationsjournalismus werden von Journalisten leicht oder deutlich als wichtiger bewertet. Während es bei der Aktualität kaum Unterschiede gibt, ist Journalisten ihre Neutralität deutlich wichtiger als Bloggern. Die Rolle als „Kritiker und Kontrolleur" ist Bloggern etwas unwichtiger als Journalisten. Journalisten wollen Politik und Wirtschaft mehr kontrollieren, setzen sich mehr für Benachteiligte ein und wollen Missstände aufdecken. Die größten Unterschiede zeigen sich beim Berichterstattungsmuster *„Service und Unterhaltung"*, das Bloggern deutlich wichtiger ist. Während es bei dem Aufzeigen von Trends und Serviceinformationen noch keine größeren Diskrepanzen gibt, sind Bloggern vor allem unterhaltende Themen und eine unterhaltende Aufbereitung deutlich wichtiger. Noch deutlicher öffnet sich die Schere nur bei der ‚persönlichen Perspektive'.

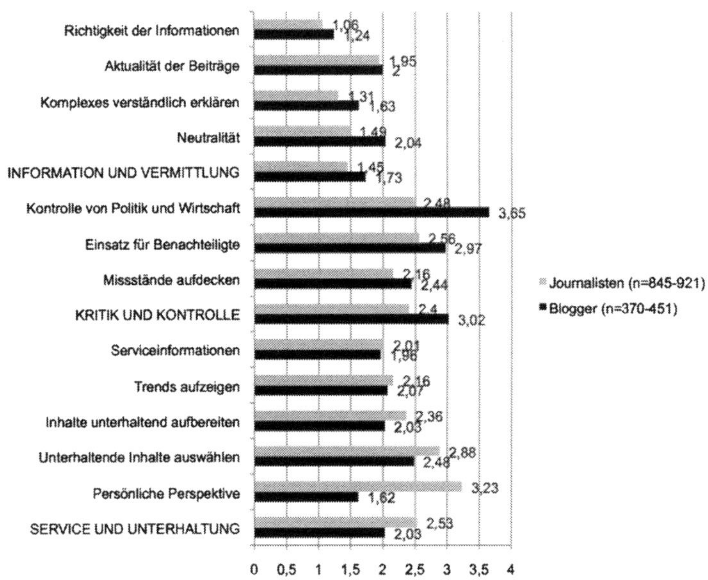

Abb. 9.2 Berichterstattungsmuster bei Journalisten und Bloggern im Vergleich (Mittelwerte: 1 = sehr wichtig; 5 = sehr unwichtig)

Tab. 9.1 Die wichtigsten fünf Ziele von Journalisten und Bloggern (in Klammern die Mittelwerte: 1 = sehr wichtig; 5 = sehr unwichtig)

	Journalisten	Blogger
1.	Richtigkeit der Informationen (1,06)	Richtigkeit der Informationen (1,24)
2.	Glaubwürdigkeit (1,21)	Glaubwürdigkeit (1,26)
3.	Komplexes verständlich erklären (1,31)	Persönliche Perspektive (1,62)
4.	Neutralität (1,49)	Komplexes verständlich erklären (1,63)
5.	Unabhängigkeit der Berichterstattung (1,55)	Unabhängigkeit der Berichterstattung (1,75)

Die Unterschiede zwischen Journalisten und Bloggern werden deutlicher, wenn man sich statt der Mittelwerte anschaut, wie viele Journalisten bzw. Blogger alle Items eines Berichterstattungsmusters mit (sehr) wichtig bewertet haben. Es zeigt sich, dass rund 70 % der Journalisten und jeder zweite Blogger informieren und vermitteln wollen, knapp 40 % der Journalisten und jeder zehnte Blogger kritisieren und kontrollieren sowie jeder zehnte Journalist und jeder dritte Blogger Service bieten und unterhalten wollen.

Hinsichtlich ihres Rollenselbstverständnisses bzw. ihrer Ziele sind sich Blogger und Journalisten ähnlicher als erwartet. Beide wollen primär informieren und vermitteln. Die Gemeinsamkeiten werden noch deutlicher, wenn man jeweils die fünf wichtigsten von insgesamt 29 abgefragten Zielen miteinander vergleicht. Dabei zeigt sich, dass es im Grunde nur zwei Items gibt, die völlig unterschiedlich bewertet werden, im Kern aber zwei Seiten derselben Medaille sind: die Neutralität bzw. persönliche Perspektive. Während Journalisten Neutralität im Mittel mit 1,49 bewertet haben, ist sie bei Bloggern mit 2,04 deutlich unwichtiger (Tab. 9.1). Umgekehrt ist die persönliche Perspektive bei Bloggern mit 1,62 auf Rang drei von zentraler Relevanz, während sie bei Journalisten mit 3,23 auf den hinteren Rängen liegt. Ansonsten gilt: richtige Informationen, Glaubwürdigkeit, Komplexes verständlich erklären und ihre eigene Unabhängigkeit sind in fast identischer Reihenfolge beiden Gruppen wichtig.

Dennoch zeigt der Katalog der 29 Ziele auch die zentralen Unterschiede zwischen Bloggern und Journalisten auf: Blogger wollen persönlicher, unterhaltender und literarischer schreiben und suchen einen direkteren Draht zum Publikum. Journalisten hingegen sind aktuelle, relevante und exklusive Informationen und vielfältige Meinungen wichtiger, zudem wollen sie neutraler und kritischer berichten und sich mehr für Benachteiligte einsetzen als Blogger.

9.4 Wie Blogger und Journalisten Influencer und Media Relations allgemein bewerten

Wenn journalistische Blogs nach Tageszeitungen, Zeitschriften, TV und Radio zu einem weiteren wichtigen Zielobjekt strategischer Kommunikationsbemühungen geworden sind (Zerfass et al. 2016, S. 70), stellt sich die Frage, wie strategische Kommunikation den

Medienzugang hierzu organisiert. Bei klassischen journalistischen Medien ist der Zugang nicht nur gesetzlich klar geregelt, es sind im Laufe der Jahrzehnte auch institutionalisierte Praktiken bzw. Strukturen auf beiden Seiten entstanden. Die bezahlte Mediawerbung wickeln in der Regel die Werbevermarktung und Mediaagenturen gemeinsam ab, während die Pressearbeit bzw. Media Relations den Journalisten Themenangebote machen, über deren Veröffentlichung bzw. Verarbeitung die Redaktion idealtypisch autonom und nach journalistischen Kriterien entscheidet. Allein das Prinzip der Arbeitsteilung selbst in kleineren Verlagen und mittleren Unternehmen hat zu der organisatorischen Trennung von Presse- und Werbeabteilung bzw. Verlagsseite und Redaktion geführt. Das ändert gleichwohl nichts daran, dass in Medienunternehmen diese „chinesische Mauer" zunehmend bröckelt (Porlezza 2014, S. 71) und Schleichwerbung nicht verhindert.

Bei Blogs ist das Feld deutlich unübersichtlicher. Dies ist zunächst darauf zurückzuführen, dass ein Blogger in der Regel Einzelkämpfer ist, der gleichzeitig inhaltlich denkender Journalist und ökonomisch denkender Verleger ist – selbst wenn er in der Werbevermarktung mit einem Dienstleister zusammenarbeitet. Hinzu kommt, dass die Medienzugänge für die strategische Kommunikation unübersichtlicher sind. Neben der klassischen Mediawerbung in Form von Bannerwerbung gibt es als Pendant zu den Media Relations die Blogger Relations bzw. im weiteren Sinne die Influencer Relations, die beide in der idealtypischen Form auf relevante und passende Themen setzen. Hybridformen wie bezahlte Beiträge gibt es bei Tageszeitungen z. B. als ‚Sonderbeilagen' zwar auch, bei Blogs sind sie als Einnahmequelle aber deutlich wichtiger. So hat die Studie gezeigt, dass Kooperationen bzw. Advertorials als Einnahmequelle deutlich wichtiger sind als klassische Onlinewerbung.

Diese beiden Aspekte haben auf der Seite der strategischen Kommunikation zu einer Entdifferenzierung geführt. Dem Einzelkämpfer Blogger, der immer wieder aufs Neue (mehr oder weniger) passende und relevante PR-Angebote mit möglichen Geldzahlungen zu kombinieren hat, steht auf Unternehmensseite ein Influencer Relations-Ansprechpartner gegenüber, der für Inhalte und Geld zuständig ist (Abb. 9.3). Was in der Zusammenarbeit mit klassischen Medienorganisationen die Ausnahme war, scheint hier zur Regel zu werden. Blogs haben damit nicht nur zu neuen beruflichen Rollen auf der Produzentenseite, sondern ebenso auf der Seite der strategischen Kommunikation geführt (Archer und Harrigan 2016).

Nachfolgend steht zunächst die Frage im Mittelpunkt, wie Blogger – unabhängig von Fragen einer möglichen Bezahlung – die Influencer Relations und Journalisten die Media

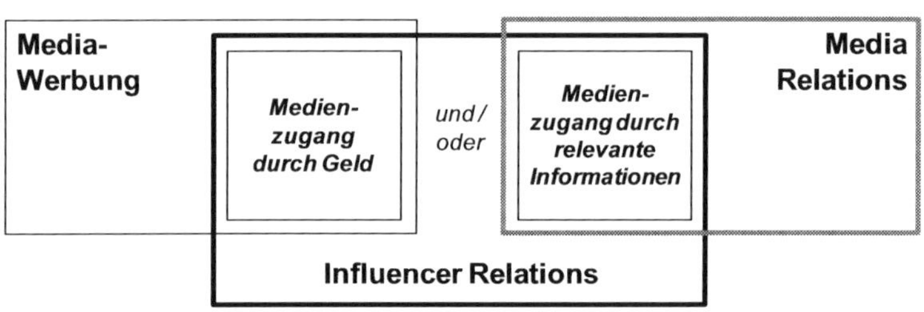

Abb. 9.3 Medienzugänge bei klassischen journalistischen Medien und bei journalistischen Blogs

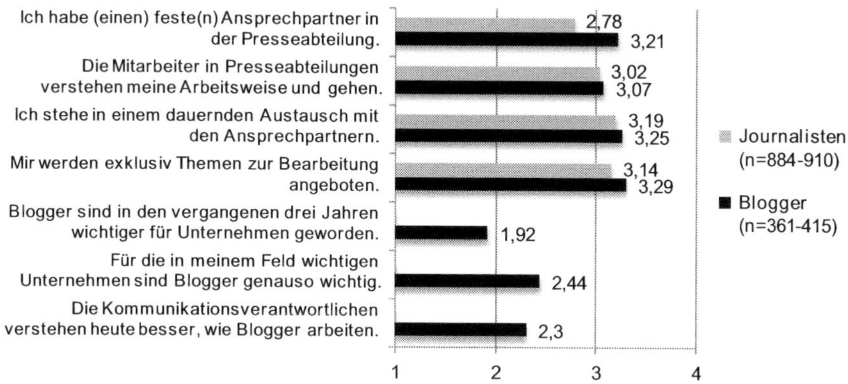

Abb. 9.4 Wie Journalisten und Blogger die Media und Influencer Relations bewerten (Mittelwerte: 1 = voll und ganz; 5 = überhaupt nicht)

Relations bewerten. Die Media Relations bzw. Pressearbeit boomt in Deutschland wie nahezu alle Bereiche strategischer Kommunikation seit vielen Jahrzehnten (z. B. Wienand 2003). Für Journalisten ist es bei ihrer Recherche fast kaum mehr möglich, Pressearbeit zu umgehen. Große Konzerne haben hoch spezialisierte und ausdifferenzierte Abteilungen für Pressearbeit (Bentele et al. 2015), selbst in vielen kleinen Vereinen sind Mitglieder im Umgang mit Journalisten geschult (Hoffjann et al. 2015).

Davon konnten Blogger lange Zeit nur träumen. Die Befunde zeigen, dass sich dies zumindest aus der Perspektive der Blogger rasant geändert hat. Blogger bewerten die Influencer Relations heute kaum mehr schlechter als Journalisten die Media Relations (Abb. 9.4). Sie haben ähnlich häufig einen Ansprechpartner in der Presseabteilung wie Journalisten, bewerten deren Verständnis für ihre Belange als ähnlich gut, stehen in ähnlicher Weise in einem engen Austausch mit ihnen und Bloggern werden in ähnlichem Ausmaß exklusive Themen angeboten. Dies ist – wenig überraschend – auf einen enormen Aufholprozess in Organisationen zurückzuführen. Fast 80 % der Blogger stimmen (voll) zu, dass Blogger in den vergangenen drei Jahren wichtiger für Unternehmen geworden sind. Und immerhin fast 60 % stimmen (voll) zu, dass die Kommunikationsverantwortlichen heute besser verstehen, wie sie arbeiten. Dennoch ist jeder zweite Blogger der Überzeugung, dass Journalisten in ihrem Feld immer noch wichtiger sind als Blogger.

9.5 Wie Blogger und Journalisten PR-Angebote bewerten

PR-Angebote bieten Journalisten den Vorteil, dass ihnen Informationen ohne Rechercheaufwand auf dem ‚Silbertablett' serviert werden. Dafür zahlen Journalisten den Preis, dass sie idealisierte Selbstdarstellungen (teilweise) übernehmen und sich damit den Pressestellen ausliefern. Der Umgang von Journalisten mit PR-Angeboten ist seit langer Zeit eine zentrale Frage in der deutschsprachigen Kommunikationswissenschaft (Hoffjann 2013). Das Verhältnis von Journalismus und PR wird dabei traditionell eher aus einer Bedrohungsperspektive gesehen: PR bedroht die Unabhängigkeit des Journalismus. Barbara Baerns (1991) sprach gar von der Determination des Journalismus durch die PR. In einer differenzierteren Sichtweise können PR-Angebote als notwendige Zulieferungen verstanden werden, die mindestens (kritisch) ausgewählt werden, häufiger als Anlass zu weiteren Recherchen rund um das Thema dienen und mitunter auch zu kritischer Gegenrecherche führen können.

Pressearbeit im Allgemeinen und Pressemitteilungen im Besonderen sind also per se weder Fluch noch Segen, weder Bedrohung noch Arbeitserleichterung. Entscheidend ist, wie Journalisten und Blogger mit ihnen umgehen. Wenn sie jede Pressemitteilung ungeprüft ‚per copy and paste' übernehmen, schafft sich der Journalismus selbst ab. Umgekehrt erscheinen ein völliger Verzicht und das rigorose Umgehen von PR angesichts des PR-Booms unrealistisch. Normativ betrachtet geht es also um einen aufgeklärten, kritischen Umgang mit PR-Angeboten. In der Journalismusforschung ist dies u. a. operationalisiert worden über die Bewertung von Pressemitteilungen. Hier zeigt sich, dass die Bewertung der PR im Zeitraum von 1993 bis 2005 deutlich schlechter geworden ist (Weischenberg et al. 2006, S. 127). Dies kann als Abwehrreaktion des ökonomisch kriselnden Journalismus gegen eine immer weiterwachsende PR interpretiert werden: Journalisten sorgen sich um ihren Arbeitsplatz und um ihre Unabhängigkeit und bewerten PR-Angebote zunehmend kritischer.

Die Ergebnisse der Studie zeigen, dass Journalisten und Blogger Pressemitteilungen erstaunlich ähnlich einschätzen. Beide Seiten bewerten Pressemitteilungen als mäßig zuverlässig und aufbereitet, sind gleichermaßen der Meinung, dass zu viele Pressemitteilungen produziert würden und sie ihre Recherche nur wenig entlasten. Vergleicht man die Befunde mit denen der Studie „Journalismus in Deutschland" zeigt sich, dass sich an der Bewertung von Pressemitteilungen seit 2005 kaum etwas geändert hat (Weischenberg et al. 2006, S. 286). Der „Imageabfall" der PR von 1993 zu 2005 hat sich seither also offenkundig nicht mehr fortgesetzt. Für Blogger überrascht diese kritische Bewertung, weil zu erwarten gewesen wäre, dass sie PR-Angeboten wegen ihrer geringeren Ressourcen deutlich offener gegenüberstehen und sie deshalb positiver bewerten.

Einen unterschiedlichen Einfluss auf die Einschätzung der PR-Angebote hat die Frage, ob die Befragten zusätzlich in der PR arbeiten. Während Journalisten, die ihr Geld zusätzlich mit PR-Tätigkeiten verdienen, die Pressemitteilungen durchweg leicht positiver bewerten, finden Blogger, die zusätzlich in der PR arbeiten, Pressemitteilungen weniger gut aufbereitet und beobachten sogar eher ein Übermaß an Pressemitteilungen als andere Blogger (Abb. 9.5).

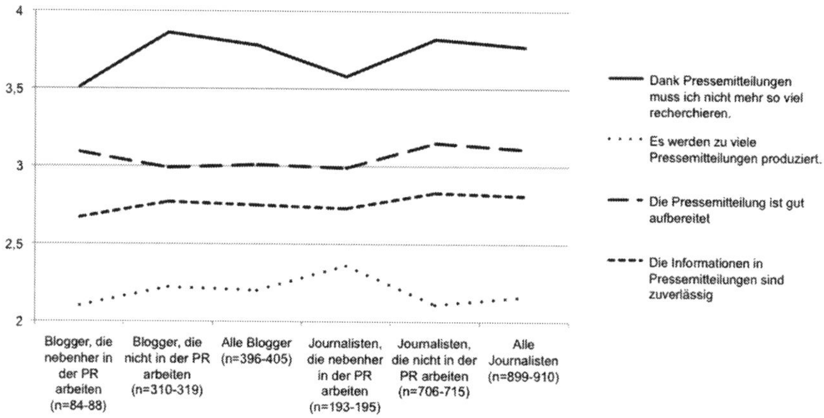

Abb. 9.5 Wie Journalisten und Blogger Pressemitteilungen bewerten (Mittelwerte: 1 = voll und ganz; 5 = überhaupt nicht)

9.6 Wie Blogger und Journalisten mit bezahlten Beiträgen umgehen

Das Rossmann-Urteil des Oberlandesgerichts Celle im Sommer 2017 löste bei einigen Medien bekannte Reflexe aus. „Störer im Netz" titelte das Handelsblatt (29.08.2017). Eben jenes Handelsblatt, das seit Jahren im redaktionellen Teil sehr ausführlich über die Handelsblatt-Veranstaltungen berichtet, deren Eintritt sehr teuer ist und die ein einträgliches Geschäftsfeld sind. So ausführlich in den vergangenen Jahren über Schleichwerbung bei Blogs berichtet wurde, so wenig liest man etwas über Schleichwerbung in klassischen journalistischen Medien. Das Bild, das hier entsteht: Unprofessionelle, sich verkaufende Blogger auf der einen Seite stehen seriösen Journalisten auf der anderen Seite gegenüber. Es bleibt die Frage: Kennzeichnen Blogger tatsächlich bezahlte Beiträge seltener als Journalisten?

Das Kennzeichnen bezahlter Beiträge ist in Deutschland eine gesetzlich vielfach abgesicherte Norm (s. Beitrag von Meinen und Gereke in diesem Band). Die Kennzeichnung bezahlter Beiträge wird im journalistischen Bereich in Deutschland vor allem mit dem Begriff der Schleichwerbung diskutiert und ist ein klassisches Forschungsfeld (s. Überblick in Baerns 2004; Fassihi 2008). Für die empirische Forschung ist das Thema wie jede andere Form der Korruption jedoch nur schwer zugänglich. Inhaltsanalysen stoßen hier an ihre Grenzen, weil das Ziel der Schleichwerbung ja gerade darin besteht, den bezahlten Charakter nicht offen zu legen. Daher beschränken sich Nutzerbefragungen (z. B. Baerns 2004) in der Regel darauf, die Wirkungen von gekennzeichneten und damit legalen Grenzgängern wie PR-Anzeigen zu untersuchen. Kommunikatorbefragungen (z. B. Rider 2002) stoßen schließlich auf das Problem der sozialen Erwünschtheit. Studien zeigen, dass Chefredakteure den

Trennungsgrundsatz für eine unverzichtbare Norm halten, aber fast jeder in Konkurrenzzeitungen mindestens einmal bereits einen potenziellen Verstoß dagegen beobachtet hat (Feldschow 2003). 90 % der befragten Journalisten sind bereits schon einmal unter Druck gesetzt worden (Soley und Craig 1992), dem sie allerdings – nach eigener Auskunft – selten nachgegeben haben (Nyilasy und Reid 2011).

Schleichwerbung setzt im klassischen Journalismus in der Regel die Zusammenarbeit von zwei Bereichen voraus: der Redaktion und des Anzeigenverkaufs. Altmeppen (2006) konzipiert Redaktion und das Medienmanagement organisationstheoretisch als zwei getrennte Organisationen, deren Verhältnis als Ko-Orientierung beschrieben werden kann. Studien zum Verhältnis dieser beiden Organisationen bzw. Abteilungen zeigen, dass die Zusammenarbeit zunimmt (An und Bergen 2007). In Boulevardmedien haben Redaktionen häufiger Interessenskonflikte mit Anzeigenabteilungen als bei Qualitätsmedien (Weber 2000, S. 147) und sind offener für Steuerungsversuche (Porlezza 2014, S. 201). Grundsätzlicher zeigt sich: Je kleiner die Medienorganisation ist, desto häufiger arbeiten Redaktion und Medienorganisation zusammen (Wyss 2002, S. 278 f.). Da die meisten Blogger Einzelkämpfer sind, wird sich zeigen, wie sie mit diesem Inter-Rollenkonflikt (Wiswede 1977; Koch et al. 2012) umgehen. Eine weitgehende Leerstelle ist der Umgang mit dem Trennungsgebot für das Feld der Blogger sowohl in der deutschsprachigen als auch internationalen Forschung. Grundsätzlich zeigt sich lediglich, dass 2006 57 % der Blogger der Ansicht waren, dass es keinen Blogger-Ethik-Kodex bräuchte, da es bereits ungeschriebene Regeln gebe (Armborst 2006, S. 181).

Die Ergebnisse bestätigen all diese Vermutungen nicht: Die grundsätzliche Kennzeichnungspflicht bezahlter und damit werblicher Inhalte wird von Journalisten und Bloggern nach eigener Aussage in vergleichbarer Weise befolgt (Abb. 9.6). 91,6 % der Blogger und 91,7 % der Journalisten kennzeichnen Kooperationen mit Unternehmen als Anzeige, Werbeanzeige o.ä. Durchschnittlich ist die Zustimmung bei Bloggern sogar noch etwas höher als bei Journalisten (1,31 vs. 1,36).

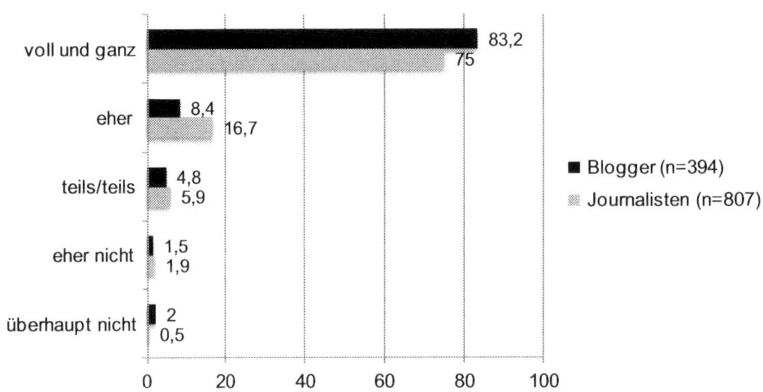

Abb. 9.6 „Kennzeichnungsfrage": „Bitte bewerten Sie die folgende Aussage: ‚Kooperationen mit Unternehmen kennzeichne ich gemäß den Vorgaben.'"

Auf welche Erwartungen treffen Blogger in der Zusammenarbeit mit Unternehmen? Daher wurden Blogger gefragt, mit welchen Erwartungen sie von Unternehmensseite konfrontiert werden. 32,3 % der Blogger sagten, dass Unternehmen von ihnen erwarten, dass bezahlte Kooperationen nicht als solche gekennzeichnet werden. Schließlich wurde gefragt, wie Journalisten und Blogger mit Anfragen umgehen: 93,1 % der Blogger und damit deutlich mehr als Journalisten (65,7 %) lehnen Anfragen grundsätzlich ab, die nicht zur inhaltlichen bzw. redaktionellen Ausrichtung passen, selbst wenn sie dafür auf Werbeeinnahmen verzichten müssen.

Da das Kennzeichnungsniveau bei Bloggern und Journalisten insgesamt sehr hoch ist, überrascht es nicht, dass es kaum Variablen gibt, die die Kennzeichnung signifikant beeinflussen. So kennzeichnen Blogger, die mehr Zeit mit Marketing- und PR-Aktivitäten verbringen, in vergleichbarer Weise, wie die anderen Blogger. Ein Unterschied zeigt sich lediglich bei der Frage, ob Journalisten, die zusätzlich zu ihrer journalistischen Arbeit auch in der PR arbeiten, seltener kennzeichnen: Sie kennzeichnen signifikant seltener (MW = 1,55) als Journalisten, die nicht zusätzlich in der PR arbeiten (MW = 1,31).

9.7 Fazit

Die Befunde zeigen, dass sich journalistische Blogger und professionelle Journalisten überraschend ähnlich sind. Die größten Unterschiede gab es noch beim journalistischen Rollenselbstverständnis bzw. den Zielen. Demnach wollen Blogger persönlicher, unterhaltender und literarischer schreiben und suchen einen direkteren Draht zum Publikum, während Journalisten aktuelle, relevante und exklusive Informationen und vielfältige Meinungen wichtiger sind und sie neutraler und kritischer berichten und sich mehr für Benachteiligte einsetzen wollen. Auffälliger ist aber, dass richtige Informationen, Glaubwürdigkeit, das verständliche Erklären komplexer Sachverhalte sowie eine unabhängige Berichterstattung für beide die wichtigsten Ziele sind.

Noch ähnlicher stehen Blogger und Journalisten zur strategischen Kommunikation. Blogger sind mit den Aktivitäten der Unternehmen überraschend zufrieden und sehen sich kaum benachteiligt, obwohl viele konzedieren, dass Journalisten in ihrem Themenbereich wichtiger sind. Noch geringere Unterschiede sind hinsichtlich der Bewertung von Pressemitteilungen zu finden. Beide Seiten bewerten Pressemitteilungen als mäßig zuverlässig und aufbereitet, sind gleichermaßen der Meinung, dass zu viele Pressemitteilungen produziert würden und diese ihre Recherche nur wenig entlasten.

Die größte Überraschung sind die Befunde zur Kennzeichnung bezahlter Beiträge. Hier ist sicherlich das Problem sozialer Erwünschtheit zu berücksichtigen, demnach zu vermuten ist, dass das tatsächliche Kennzeichnungsverhalten geringer ist. Aber diese soziale Erwünschtheit, so ist zu erwarten, stellt sich für Journalisten und Blogger in vergleichbarer Weise dar. Das Kennzeichnungsgebot und das Verbot von Schleichwerbung ist im Journalismus eine der zentralen und klassischen Normen, sodass auch hier davon auszugehen ist, dass nicht alle Journalisten, die nicht kennzeichnen, dies in der Befragung angegeben haben.

Die Befunde zeigen daher, dass sich Blogger und Journalisten in vielen Bewertungen ähnlicher als erwartet sind.

Literatur

Altmeppen KD (2006) Journalismus und Medien als Organisationen. Leistungen, Strukturen und Management. VS-Verlag, Wiesbaden

An S, Bergen L (2007) Advertiser pressure on daily newspapers. J Adver 36(2):111–121

Archer C, Harrigan P (2016) Show me the money: how bloggers as stakeholders are challenging theories of relationship building in public relations. Media Int Aust 160(1):67–77

Armborst M (2006) Kopfjäger im Internet oder publizistische Avantgarde? Was Journalisten über Weblogs und ihre Macher wissen sollten. LIT, Münster

Baerns B (1991) Öffentlichkeitsarbeit oder Journalismus? Zum Einfluß im Mediensystem, 2. Aufl. Wiss. u. Pol, Köln

Baerns B (2004) Leitbilder von gestern? Zur Trennung von Werbung und Programm. In: Baerns B (Hrsg) Leitbilder von gestern? Zur Trennung von Werbung und Programm. VS Verlag, Wiesbaden, S. 13–42

Bentele G, Seidenglanz R, Fechner R (2015) Profession Pressesprecher 2015 – Vermessung eines Berufsstandes. Helios Media, Berlin

Bucher HJ, Gloning T, Lehnen K (2010) Medienformate: Ausdifferenzierung und Konvergenz – zum Zusammenhang von Medienwandel und Formatwandel. In: Bucher HJ, Gloning T, Lehnen K (Hrsg) Neue Medien – neue Formate. Ausdifferenzierung und Konvergenz in der Medienkommunikation. Campus, Frankfurt a. M., S 9–38

Engesser S (2013) Die Qualität des Partizipativen Journalismus im Web. Bausteine für ein integratives theoretisches Konzept und eine explanative empirische Analyse. Springer VS, Wiesbaden

Fassihi FF (2008) Werbebotschaften aus der Redaktion? Journalismus im Spannungsfeld zwischen Instrumentalisierung und Informationsauftrag. UVK, Konstanz

Feldschow M (2003) Zur Relevanz des Grundsatzes der Trennung von Redaktionellem und Anzeigen in den Redaktionen der Publizistischen Einheiten Deutschlands. Unveröffentlichte Magisterarbeit, Berlin

Hoffjann O (2013) Public Relations und Journalismus: Verblassender Klassiker oder Evergreen? In: Hoffjann O, Huck-Sandhu S (Hrsg) UnVergessene Diskurse – 20 Jahre PR- und Organisationskommunikationsforschung. Springer VS, Wiesbaden, S 315–337

Hoffjann O, Arlt HJ (2015) Die nächste Öffentlichkeit. Theorieentwurf und Szenarien. Springer VS, Wiesbaden

Hoffjann O, Gusko J (2013) Der Partizipationsmythos. Wie Verbände Facebook, Twitter & Co. nutzen. OBS, Frankfurt a. M.

Hoffjann O, Lohse M, Schaare B (2015) (Un)Professionelle Pressesprecher in (un)professionellen Organisationen? PR-Mag 46(7):58–64

Koch T, Fröhlich R, Obermaier M (2012) Tanz auf zwei Hochzeiten. Rollenkonflikte freier Journalisten mit Nebentätigkeiten im PR-Bereich. Medien Kommun 60(4):520–553

Marcinkowski F (1993) Publizistik als autopoietisches System. Politik und Massenmedien. Eine systemtheoretische Analyse. Westdeutscher Verlag, Opladen

Neuberger C (2017) Soziale Medien und Journalismus. In: Schmidt JH, Taddicken M (Hrsg) Handbuch Soziale Medien. Springer VS, Wiesbaden, S 101–127

Neuberger C, Quandt T (2010) Internet-Journalismus: Vom traditionellen Gatkeeping zum partizipativen Journalismus. In: Schweiger W, Beck K (Hrsg) Handbuch Online-Kommunikation. Springer VS, Wiesbaden, S 59–79

Neuberger C, Nuernbergk C, Rischke M (2009) Journalismus – neu vermessen. Die Grundgesamtheit journalistischer Internetangebote – Methode und Ergebnisse. In: Neuberger C, Nuernbergk C, Rischke M (Hrsg) Journalismus im Internet. Profession – Partizipation – Technisierung. Springer VS, Wiesbaden, S 197–230

Nyilasy G, Reid LN (2011) Advertiser pressure and the personal ethical norms of newspaper editors and ad directors. J Adver Res 51(3):538–551

Porlezza C (2014) Gefährdete journalistische Unabhängigkeit. Zum wachsenden Einfluss von Werbung auf redaktionelle Inhalte. UVK, Konstanz

Rider A (2002) Die Relevanz des Grundsatzes der Trennung von Werbung und Programm für die Öffentlichkeitsarbeit. Eine Umfrage unter leitenden PR-Praktikern. Unveröffentlichte Magisterarbeit, Berlin

Schenk M, Niemann J, Briehl A (2014) Blogger 2014. Das Selbstverständnis von Themenbloggern und ihr Selbstverständnis zum Journalismus. DFJV, Hohenheim

Schmidt J (2006) Weblogs. Eine kommunikationssoziologische Studie. UVK, Konstanz

Scholl A, Weischenberg S (1998) Journalismus in der Gesellschaft. Theorie, Methodologie und Empirie. Westdeutscher Verlag, Opladen

Smith BG (2011) Becoming "quirky" towards an understanding of practitioner and blogger relations in public relations. Public Relat J 5(4):1–17

Soley LC, Craig RL (1992) Advertising pressures on newspapers: a survey. J Advert 21(4):1–10

Weber S (2000) Was steuert Journalismus? Ein System zwischen Selbstreferenz und Fremdsteuerung. UVK, Konstanz

Weischenberg S (1995) Journalistik 2. Medienkommunikation: Theorie und Praxis. Medientechnik, Medienfunktionen, Medienakteure, Bd 2. Westdeutscher Verlag, Opladen

Weischenberg S, Malik M, Scholl A (2006) Die Souffleure der Mediengesellschaft. Report über die Journalisten in Deutschland. UVK, Konstanz

Wienand E (2003) Public Relations als Beruf. Kritische Analyse eines aufstrebenden Kommunikationsberufes. Westdeutscher Verlag, Wiesbaden

Wiswede G (1977) Rollentheorie. Kohlhammer, Stuttgart

Wyss V (2002) Redaktionelles Qualitätsmanagement. Ziele, Normen, Ressourcen. UVK, Konstanz

Zerfass A, Verhoeven P, Moreno A, Tench R, Verčič D (2016) European Communication Monitor 2016. Exploring trends in big data, stakeholder engagement and strategic communication. Results of a survey in 43 Countries. EACD & EUPRERA, Brussels

Über die Autoren

Prof. Dr. Olaf Hoffjann, ist seit 2011 Professor am Institut für öffentliche Kommunikation an der Ostfalia Hochschule in Salzgitter. Studium der Kommunikationswissenschaft, Wirtschaftspolitik, Politikwissenschaft und Geschichte an der Westfälischen Wilhelms-Universität in Münster, Leiter Public Campaigning und stellvertretender Leiter des Berliner Büros von fischerAppelt Kommunikation, 2006–2011 Professur für Kommunikationsmanagement an der Mediadesign Hochschule in Berlin. Forschungsschwerpunkte: PR-Theorie, Kommunikationsberatung und politische Kommunikation.

Oliver Haidukiewicz, M.A., ist seit 2017 wissenschaftlicher Mitarbeiter am Institut für öffentliche Kommunikation an der Ostfalia Hochschule in Salzgitter. Studium der Public Relations (B.A.) und Kommunikationsmanagement (M.A.) an der Hochschule Hannover 2012 bis 2017. Forschungsinteresse: Die Rolle der internen Unternehmenskommunikation und ihr Verhältnis zur externen Unternehmenskommunikation im Kontext unternehmerischer Digitalisierung und Agilitätserfordernis.

Teil III
Strategie und Umsetzung

Influencer Relations: Der neue King of Content

10

Lan Anh Nguyen

Zusammenfassung
Dieser Beitrag erklärt, wie Unternehmen Influencer als Markenbotschafter gewinnen können und welche Grundsätze bei der Zusammenarbeit mit Influencern zu berücksichtigen sind. Nach einer Begriffsbestimmung von Influencern als Meinungsführer im digitalen Kommunikationsraum des Social Web erfolgt eine Kategorisierung in verschiedene Influencer-Typen. Hierbei werden die für Influencer charakteristischen Merkmale expliziert und ihr meinungsbildender Einfluss auf Kaufentscheidungen und Markenpräferenzen von Konsumenten erklärt. Anschließend werden sechs Konzeptionsschritte vorgelegt, die Kommunikationsverantwortliche als praxisorientierten Leitfaden für eine systematisch und langfristig angelegte Influencer Relations-Strategie dienen können. Anhand typischer Content-Formate aus den Branchen Beauty, Fashion und Food wird die Bandbreite an möglichen Influencer-Kooperationen aufgezeigt, um glaubwürdige Produktempfehlungen und Markennennungen zur Verbesserung der Unternehmensreputation zu erzielen.

10.1 Einführung und Überblick

Das Social Web bietet Konsumenten vielfältige Plattformen zum öffentlichen Meinungs- und Erfahrungsaustausch über Unternehmen, Marken, Produkte und Dienstleistungen. So werden Kaufentscheidungen heute immer weniger alleine getroffen, sondern zunehmend in soziale Kontexte eingebettet (Bruhn 2014, S. 17). Konsumenten greifen mithilfe

L. Nguyen (✉)
Hamburg, Deutschland
E-Mail: lan_anh_nguyen_91@yahoo.de

A. Schach und T. Lommatzsch (Hrsg.), *Influencer Relations*,
https://doi.org/10.1007/978-3-658-21188-2_10

digitaler Medien auf das kollektive Wissen anderer Konsumenten zu und fällen ihre Kaufentscheidungen und Markenpräferenzen auf Basis von Rezensionen und Bewertungen anderer Verbraucher. Entscheidend in diesem Zusammenhang ist die Rolle der sogenannten Influencer.

Abgeleitet vom englischen Wort influence (Einfluss) bezeichnet der Begriff Influencer einzelne Personen oder Personengruppen, die aufgrund ihres digitalen Netzwerks, ihrer Themenkompetenz sowie der ihnen zugesprochenen Glaubwürdigkeit in der Lage sind, die öffentliche Meinungsbildung über ein Unternehmen oder eine Marke zu beeinflussen. Influencer können grundsätzlich Blogger, Instagrammer, Twitterer, YouTuber, Snapchatter oder Podcaster sein. Wie hoch der Einfluss von Influencern auf Kaufentscheidungen von Verbrauchern tatsächlich ist, belegt eine aktuelle Studie vom Bundesverband Digitale Wirtschaft (BVDW) e. V. und Influry GmbH. Im April 2017 wurden bundesweit insgesamt 1604 Internetnutzer ab 14 Jahre zu ihrer Produktwahrnehmung durch Social Media und Influencer befragt. Das Ergebnis: Jeder sechste 14- bis 29-jährige Internetnutzer hat schon einmal ein Produkt gekauft, welches von einem Influencer beworben wurde (BVDW und Influry 2017, S. 13). In den Branchen Beauty, Fashion und Food ist der Einfluss durch die digitalen Meinungsbildner besonders groß (BVDW und Influry 2017, S. 17).

In Anbetracht der hohen Wirkungskraft von Influencern auf Produktwahrnehmung und Kaufentscheidungen ergibt sich für Unternehmen die Notwendigkeit, Influencer als Markenbotschafter strategisch in die Kommunikationsaktivitäten zu integrieren. Die Disziplin Influencer Relations baut auf der Multiplikatorwirkung der Influencer auf und räumt diesen Gestaltungsmöglichkeiten bei der Konzeption und Exekution von Content ein. Hierbei sollten Kommunikationsverantwortliche Influencer nicht nur als reine Content-Distributoren verstehen, sondern sie vielmehr als Content-Kreatoren betrachten, mit denen das Unternehmen eine Kooperationsbeziehung auf Augenhöhe eingeht.

Der vorliegende Beitrag zeigt auf, welche Grundsätze bei der Zusammenarbeit mit Influencern gelten und liefert einen konzeptionellen Bezugsrahmen, welche Schritte bei einer Influencer-Relations-Strategie zu beachten sind.

10.2 Influencer als Markenbotschafter in der Unternehmenskommunikation

Ähnlich wie prominente Testimonials aus der klassischen Werbung können Influencer als Kommunikationsvermittler und Meinungsmacher ein disperses Publikum erreichen. Charakteristisch für Influencer sind ihre inhaltlich-fachliche Expertise, kommunikative Kompetenz, digitale Vernetzung und Authentizität. Abhängig von ihrer Reichweite und Glaubwürdigkeit können Influencer in verschiedene Kategorien eingeordnet werden. Dieses Kapitel legt die Merkmale von Influencern dar und präsentiert eine Pyramide zur Einordnung verschiedener Influencer-Typen.

10.2.1 Merkmale von Influencern

Netzwerktheoretisch stellen Influencer Knotenpunkte in einem Netzwerk zwischenmenschlicher Beziehungen dar. Durch die intensive Vernetzung über ihre Social-Media-Kanäle schlagen Influencer Brücken zwischen verschiedenen Gruppen und verbinden eine Vielzahl von Menschen beziehungsweise Followern. Mit Follower sind alle Personen gemeint, die aktiv Inhalte von Influencern über digitale Medien beziehen. Die zentrale Position der Influencer innerhalb der sozialen Netzwerke ihrer Follower begünstigt ihre Rolle bei der Informationsvermittlung. Dies macht sie für Unternehmen zu attraktiven und reichweitenstarken Multiplikatoren von Markenbotschaften.

Neben ihrer starken Vernetzung und Kompetenz im Umgang mit digitalen Medien haben sich Influencer meistens auf ein Kernthema fokussiert und eine fachliche Expertise erarbeitet. Sie werden von Followern als glaubwürdige Experten auf einem Themengebiet wahrgenommen, da sie aus eigenem Interesse heraus Inhalte im Social Web veröffentlichen. Bei den publizierten Inhalten handelt es sich um User Generated Content in Form von Text, Bild oder Video. Beziehen sich die nutzergenerierten Inhalte auf ein Unternehmen, eine Marke oder ein Leistungsangebot, handelt es sich um „Brand Related User Generated Content". Hiermit ist die Teilmenge aller im Social Web publizierten nutzergenerierten Inhalte gemeint, die auf Unternehmen oder ihr Angebot bezogen sind und nicht von Unternehmen selbst kreiert werden (Burmann et al. 2012, S. 191). Brand Related User Generated Content ist ungefiltert und spiegelt die subjektive Meinung der Influencer wider. Wie Abb. 10.1 zeigt, kann es sich hierbei beispielsweise um Erfahrungsberichte auf dem Blog, Produktempfehlungen auf Instagram oder Produktrezensionen auf YouTube handeln.

Die Tatsache, dass online ein meinungsstarker Dialog zwischen Influencern und ihren Followern stattfindet, ist grundsätzlich nicht neu. Entscheidend ist jedoch, dass markenbezogene nutzergenerierte Inhalte über das Social Web schneller und mit höherer Reichweite ausgetauscht werden. Positive wie negative Bewertungen der Influencer sind omnipräsent und damit für jedermann, jederzeit und überall zugänglich. Der Kontrollverlust der Unternehmen über die Diffusion von Verbrauchermeinungen konkretisiert sich in der zwölften These des Cluetrain Manifests (Levine et al. 1999): „Es gibt keine Geheimnisse mehr. Die vernetzten Märkte wissen über die Produkte der Unternehmen mehr, als die Unternehmen selbst. Ob die Nachricht gut oder schlecht ist, sie wird weitergegeben."

Zudem vertrauen Follower den Meinungen von Influencern mehr als den Unternehmen selbst. Konsumenten orientieren sich online entlang ihrer Interessen und bauen sich ihr „Web of Trust" auf (Schindler und Liller 2011, S. 74; Pleil und Zerfaß 2007, S. 529). Sie vernetzen sich mit Gleichgesinnten und folgen vor allem Influencern, die in ihren Augen glaubwürdig und authentisch sind. Eine Person „wie du und ich" gilt für 60 Prozent der Deutschen laut Edelman Trust Barometer 2017 als besonders glaubwürdig (Edelman 2017). Durch den entsprechenden Vertrauensvorschuss ihrer Community haben viele Influencer den Einfluss, Themen zu setzen und die Aufmerksamkeit ihrer Follower zu kanalisieren. Bei Bedarf können Influencer ihre hoch vernetzte Community oder ausgewählte Stränge im Netzwerk für eigene Aktivitäten nutzen (Ruisinger 2016, S. 104).

Abb. 10.1 Beispiel für Brand Related User Generated Content der Influencerin Xenia van der Woodsen. (Quelle: Instagram @xeniaoverdose)

Vor diesem Hintergrund müssen Unternehmen die für ihre Themen relevanten Influencer identifizieren und langfristig Beziehungen zu ihnen aufbauen, um sie als Markenbotschafter zu gewinnen. Abb. 10.1 zeigt ein Beispiel für Brand Related User Generated Content.

10.2.2 Klassifizierung von Influencern

Der Einfluss von Influencern auf die Kaufentscheidung und Produktwahrnehmung hängt sowohl von der Anzahl und Stärke ihrer Beziehungen als auch von ihrer Glaubwürdigkeit und dem Vertrauen ihrer Community ab. Wie Abb. 10.2 zeigt, lassen sich grundsätzlich fünf Kategorien von Influencern differenzieren.

Während am Boden der Pyramide die meisten Influencer mit einer kleinen Reichweite verortet sind, thronen an der Spitze nur wenige sehr große Influencer, die aber über eine vergleichsweise geringe Glaubwürdigkeit verfügen. Hierbei handelt es sich um „Celebrities", also sehr reichweitenstarke Influencer, deren Aktivitäten und Aussagen ähnlich wie denen von Prominenten eine hohe Bedeutung, Relevanz und Aufmerksamkeit beigemessen wird. „Professional Influencers" zeichnen sich dadurch aus, dass sie ihr Geld primär durch Kooperationen mit Unternehmen beziehungsweise Marken verdienen und hauptberuflich als Influencer arbeiten. „Rising Stars" sind Personen, die neben ihrem

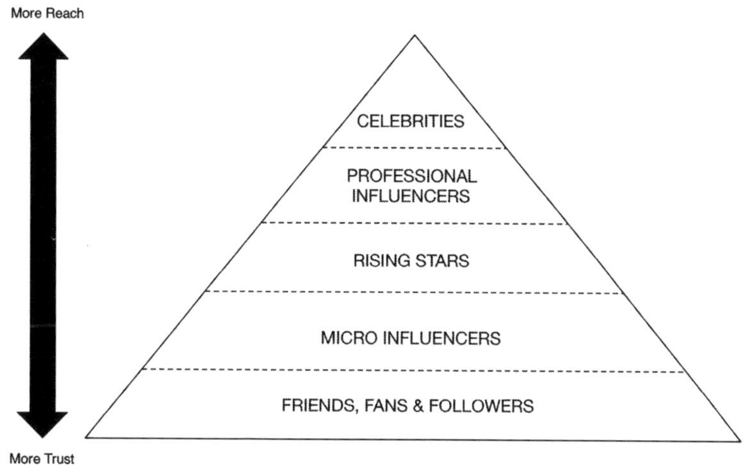

Abb. 10.2 Influencer-Kategorien. (Quelle: Eigene Darstellung in Anlehnung an Edelman.ergo 2017)

Engagement als Influencer meist noch eine andere berufliche Tätigkeit ausüben. Aufgrund ihrer Expertise auf einem Themengebiet verfügen sie über eine entsprechende Reichweite und Glaubwürdigkeit. „Micro Influencer" haben sich meist als Meinungsführer für ein spezielles Thema etabliert. Folglich beschränkt sich ihr Einfluss auf eine Nische. Bemessen an der Reichweite stehen „Friends, Fans & Follower" am Boden der Pyramide. Da ihren Empfehlungen aber meist kein kommerzielles Interesse innewohnt, gelten sie als besonders glaubwürdig und genießen viel Vertrauen.

Die Typologisierung von Influencern erfolgt grundsätzlich immer vor dem Hintergrund der jeweiligen Branche. So verfügen etwa Celebrity-Influencer aus der Beauty- und Fashion-Industrie in der Regel über mehr Reichweite und Follower als Celebrity-Influencer aus der vergleichsweise kleineren Food-Branche. Darüber hinaus sind die Grenzen zwischen den einzelnen Pyramidenstufen fließend. Professional Influencer, die sich durch langjähriges Engagement im Social Web eine Reputation als Experte und Meinungsführer aufgebaut haben, werden in der Branche nicht selten als Celebrities betrachtet.

Je nachdem, welches Ziel ein Unternehmen mit dem Einsatz von Influencern als Markenbotschafter verfolgt, empfiehlt sich eine Zusammenarbeit mit einem bestimmten oder mehreren Influencer-Typen. Ein Beispiel: Möchte ein Unternehmen wie Coca Cola weltweit Aufmerksamkeit für seine Sponsoring-Aktivitäten bei der Fußballweltmeisterschaft schaffen, liegt eine Kooperation mit einem Celebrity oder Professional Influencer nahe. Ein Start-up, das ein Nischenprodukt auf den Markt bringt und die Reputation von veganer Kosmetik auf dem deutschen Markt verbessern möchte, ist womöglich mit einem Rising Star oder Micro Influencer besser beraten. Während Unternehmen mit Celebrity und Professional Influencern generell viel Reichweite und Sichtbarkeit generieren können, haben Rising Stars und Micro Influencer mehr Potenzial, um intensive Gespräche und Diskussionen innerhalb ihrer Community herbeizuführen. Die Auswahl der richtigen Multiplikatoren erfordert strategisch geplante Influencer Relations.

10.3 Sechs Schritte der Influencer-Relations-Strategie

Der strategische Aufbau und die kontinuierliche Beziehungspflege zu themenrelevanten Influencern sind Kern der Influencer Relations. Von den übergeordneten Zielen der digitalen Kommunikationsstrategie abgeleitet, tragen Influencer Relations idealerweise langfristig zur Verbesserung der digitalen Reputation des Unternehmens und seiner Marken bei. Im Rahmen einer bezahlten Kooperation sind Influencer als Fürsprecher für das Unternehmen tätig und kommunizieren im Interesse des Auftraggebers. Das Unternehmen bedient sich der Expertise und Meinungsbildungsfunktion der digitalen Meinungsführer, um authentischen und glaubwürdigen Brand Related User Generated Content produzieren und verbreiten zu lassen. Wie Abb. 10.3 zeigt, umfassen Influencer Relations sechs Schritte, auf die im folgenden Kapitel näher eingegangen wird.

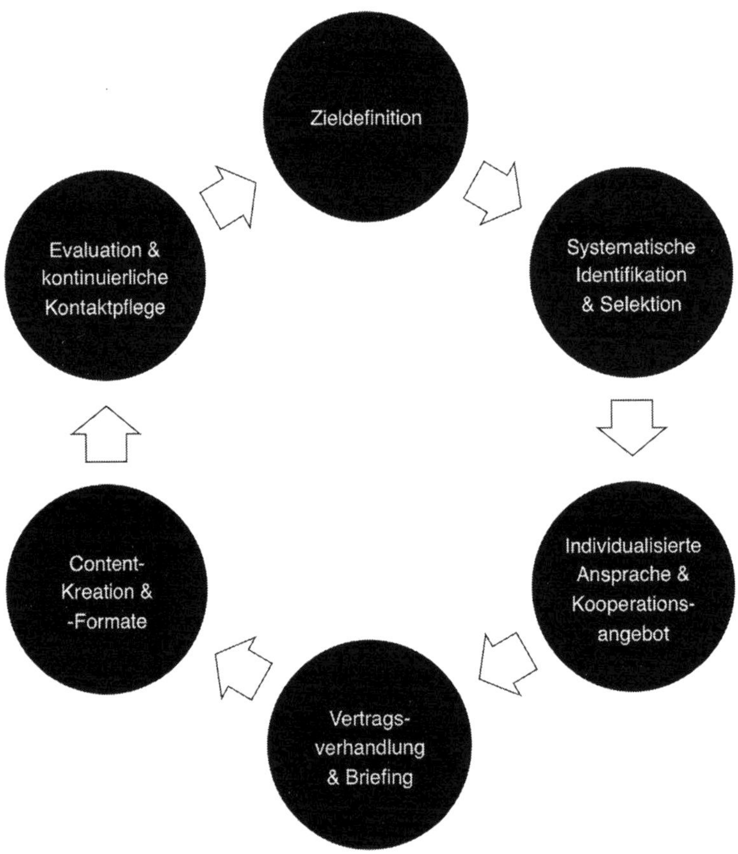

Abb. 10.3 Sechs Schritte der Influencer-Relations-Strategie. (Quelle: Eigene Darstellung)

10.3.1 Zieldefinition

Zu Beginn sollten Unternehmen festlegen, welche Ziele sie durch die Zusammenarbeit mit Influencern anstreben. Anhand der SMART-Formel sind spezifische, messbare, akzeptierte, realistische und terminierte Ziele zu definieren. So können Influencer-Kooperationen etwa dazu beitragen, die Bekanntheit einer Marke zu erhöhen, die Sichtbarkeit eines Produkts zu verbessern, Markenbotschaften zu verbreiten oder die Teilnahme an Gewinnspielen, Wettbewerben sowie Events zu steigern. Anhand der Zielsetzung lässt sich der Aktionsradius und Gestaltungsfreiraum der Influencer abstecken. Das heißt, die Ziele geben vor, welche Vorgaben die ausgewählten Influencer zu erfüllen haben, oder ob sie völlig frei bei der Content-Kreation agieren können. Darüber hinaus ist von den Kommunikationsverantwortlichen zu klären, welche Ressourcen zur Ansprache und Betreuung der Influencer zur Verfügung stehen. Denn Influencer-Kooperationen beanspruchen ein hohes Maß an personellen und finanziellen Ressourcen (Ruisinger 2016, S. 107).

10.3.2 Systematische Identifikation und Selektion

Der Influencer-Auswahl liegt meist eine aufwendige manuelle Recherche zugrunde, die ergänzend mit Tools unterstützt wird. In diesem Schritt geht es um die systematische Identifikation und Selektion von Influencern auf Basis von thematischer Kompatibilität und weiteren festgelegten Kriterien. Die Communications Marketing-Agentur Edelman. ergo wählt Influencer auf Basis der Kriterien „Reach" (Reichweite), „Relevance" (Relevanz), „Authority" (Autorität) und „Accessibility" (Zugänglichkeit) aus. Die Reichweite erfasst, wie viele Follower ein Influencer erreicht und in welche Kategorie er einzustufen ist. Die Relevanz bestimmt, ob der Influencer zum Unternehmen passt und über die notwendige Marken-Affinität verfügt, um als Botschafter aufzutreten. Die Autorität indiziert, ob der Influencer über die hinreichende inhaltlich-thematische Expertise verfügt. So lassen sich anhand der Reaktionen der Follower wie Likes, Kommentare oder Shares beurteilen, ob der Influencer den Ruf als Experten in seiner Community genießt. Die Zugänglichkeit gibt Aufschluss darüber, ob Influencer grundsätzlich für Kooperationen mit Unternehmen und Marken bereit sind und damit als Multiplikatoren infrage kommen. Insgesamt helfen die vier Kriterien beim Priorisieren der Influencer und verschaffen einen Überblick über ihr Meinungsbildungs- und Einflusspotenzial.

10.3.3 Individualisierte Ansprache und Kooperationsangebot

In den meisten Fällen weisen Influencer auf ihren Social-Media-Profilen explizit darauf hin, wie sie für Kooperationen angefragt werden möchten. In der Regel bevorzugen sie den Erstkontakt per Email, in keinem Fall per Telefon. Bei der Influencer-Ansprache sollten Absender und Ziel der Zusammenarbeit immer transparent kommuniziert werden. Um ihnen Wertschätzung entgegenzubringen und ein ernsthaftes Interesse an einer Zusammenarbeit zu signalisieren, sollten Kommunikationsverantwortliche im Vorfeld die Social-Media-Kanäle des Influencers analysieren und bei der Ansprache auf inhaltlich verwandte Blog-Beiträge, Instagram-Bilder oder YouTube-Videos hinweisen (Ruisinger 2016, S. 110). Desweiteren sollten Kommunikationsverantwortliche die Gegenleistung beziehungsweise das Honorar aufführen und dem Influencer erklären, welchen Mehrwert er von der Zusammenarbeit erwarten kann. Je höher Influencer auf der Pyramide angesiedelt sind, desto mehr Überzeugungsarbeit und Honorar ist vonseiten der Unternehmen nötig, um sie für eine Kooperation zu gewinnen. Attraktive Gründe, um gefragte Celebrities, Professional Influencer oder Rising Stars zu überzeugen:

- Das Unternehmen bietet exklusive Gesprächspartner für einen Blick hinter die Kulissen.
- Das Unternehmen bietet eine Produktvorstellung noch vor der Markteinführung.
- Das Unternehmen bietet eine prominente Vorstellung und Verbreitung des Influencer-Contents über die eigenen Social-Media-Kanäle und verstärkt die mediale Präsenz des Influencers.
- Das Unternehmen gewährt dem Influencer die Chance als Markenbotschafter aufzutreten und das Unternehmen in der Öffentlichkeit zu repräsentieren.

10.3.4 Vertragsverhandlung und Briefing

Im Sinne der Professionalisierung sollte die Zusammenarbeit zwischen Unternehmen und Influencern schriftlich fixiert werden. Der Vertrag deckt Kooperationsinhalte, Honorar, Leistungsumfang und -zeitraum ab. Wenn Influencer im Auftrag von Unternehmen als Fürsprecher agieren, besteht eine gesetzliche Kennzeichnungspflicht. Durch die Markierung gesponserter Beiträge stellen Influencer Transparenz her und wahren die Authentizität und Glaubwürdigkeit gegenüber ihrer Community. Aus Unternehmenssicht empfiehlt es sich, einen Konkurrenzausschluss im Vertrag zu inkludieren. Dies stellt sicher, dass Influencer im Kooperationszeitraum nicht mit Wettbewerbern zusammenarbeiten. Darüber hinaus sollten Unternehmen Nutzungs- und Verwertungsrechte mit dem Influencer abklären. So können Unternehmen beispielsweise Bildrechte erwerben und den Content der Influencer für weitere Kommunikations- und Marketingaktivitäten wie Presseaussendungen oder Social-Media-Posts nutzen.

Nach erfolgreichem Vertragsabschluss erhält der Influencer ein Briefing. Dieses enthält alle relevanten Hintergrundinformationen zum Auftraggeber und fasst die Eckdaten der Kooperation samt Arbeitsauftrag verständlich zusammen. Im Briefing können Kommunikationsverantwortliche Dos & Don'ts der Zusammenarbeit definieren und Beispiele für den gewünschten Influencer-Content aufführen. Entscheidend ist jedoch, dass Influencer die notwendige Freiheit erhalten, damit der erstellte Content optimal zum eigenen Kanal passt und bei den Followern auf positive Resonanz stößt (Ruisinger 2016, S. 105). Im Verlauf der Influencer-Kooperation müssen Unternehmen schließlich bereit sein, dem Influencer zu vertrauen, Kontrolle abzugeben und die Content-Hoheit zeitweilig abzutreten. Da die Influencer jedoch im Dienst des Unternehmens stehen, sichern Abstimmungs- und Freigabeprozesse die Qualität des zu erstellenden Brand Related User Generated Content. Influencer, die den oberen Pyramidenstufen zuzuordnen sind, verfügen meistens über ein Management, mit dem Verträge und Details der Kooperation abzustimmen sind.

10.3.5 Content-Kreation und -Formate

Influencer sind zunehmend daran interessiert, die Ausrichtung und Bedeutungsinhalte einer Marke mitzugestalten, an der Produktentwicklung teilzuhaben und an der Kommunikation von Unternehmen mitzuwirken (Spies 2014, S. 139; Brexendorf und Henkel 2012, S. 7). Bei der Content-Entwicklung denken Influencer primär an den Mehrwert für ihre eigene Community. Schließlich möchten sie ihre Follower durch nutzwerten und authentischen Content weiterhin an sich binden und ihren Status als vertrauenswürdige Experten ausbauen (Ruisinger 2016, S. 111). Daher wahren Influencer zu Recht ihre Glaubwürdigkeit als wichtigstes Kapital und gehen nur Kooperationen mit Unternehmen beziehungsweise Marken ein, mit denen sie sich identifizieren können. Im Folgenden werden typische Content-Formate für Beauty-, Fashion- und Food-Influencer dargelegt.

Kooperationen mit Beauty-Influencern
Bei Lifestyle- und Konsumthemen sind Verbraucher in hohem Maße für Produkt- und Markenempfehlungen von Influencern zugänglich. Insbesondere Jugendliche und tendenziell eher weibliche Follower orientieren sich an den Meinungsmachern im Social Web. So suchen 46,7 % der zwischen 14- bis 17-Jährigen bei YouTube aktiv nach Informationen zum Thema Beauty (BVDW und Influry 2017, S. 12). In Deutschland gehört Bianca Heinicke mit ihrem YouTube-Kanal „BibisBeautyPalace" zu den am häufigsten abonnierten und einflussreichsten YouTubern. Mit einer Reichweite von über 4,8 Mio. Followern führt sie als Celebrity die Spitze der Influencer-Pyramide an und arbeitet mit Marken wie Braun oder dm zusammen. Beauty-Influencer bedienen sich häufig der Content-Formate „Unboxing", „Monatsfavoriten", „Routine", „Tutorial" oder „Get Ready with Me", um Produkte und Marken zu empfehlen.

Überblick: Content-Formate von Influencern im Bereich Beauty

- Beim Content-Format *Unboxing* zeigen Influencer, wie sie ein Produkt auspacken.
- Beim Content-Format *Monatsfavoriten*, häufig auch *Aufgebraucht* oder *Essentials* genannt, bewerten Influencer Produkte, die sie in einem bestimmten Zeitraum verwendet haben.
- Beim Content-Format *Routine* integrieren Influencer Pflege- und Kosmetikprodukte in ihren Tagesablauf oder bestimmte Rituale.

- Beim Content-Format *Tutorial* demonstrieren Influencer die Produkte im Anwendungskontext und geben ihren Followern Tipps, wie sie ein bestimmtes Make-up nachschminken können.
- Beim Content-Format *Get Ready with Me* zeigen Influencer, wie sie sich für einen bestimmten Anlass stylen.

Kooperationen mit Fashion-Influencern

Ähnlich wie bei Beauty erstreckt sich das Einflusspotenzial von Influencern im Bereich Fashion ebenfalls auf jüngere und tendenziell weibliche Follower. 45,3 % der zwischen 14- bis 17-Jährigen suchen auf Social-Media-Kanälen wie Instagram, Pinterest oder in Weblogs nach Informationen zum Thema Mode (BVDW und Influry 2017, S. 12). Hierzulande rangiert Caroline Daur mit 1,4 Mio. Instagram-Followern an der Spitze der Fashion-Influencer. Sie ist als Markenbotschafterin für Levis aktiv, präsentiert die Modekollektion von Dolce & Gabbana auf dem Laufsteg und zierte zuletzt die Magazin-Cover von Grazia, L'Officiel und Vogue Japan (s. Abb. 10.4). Fashion-Influencer drücken ihre Persönlichkeit über expressionistische Modestile aus. Sie inszenieren Marken häufig

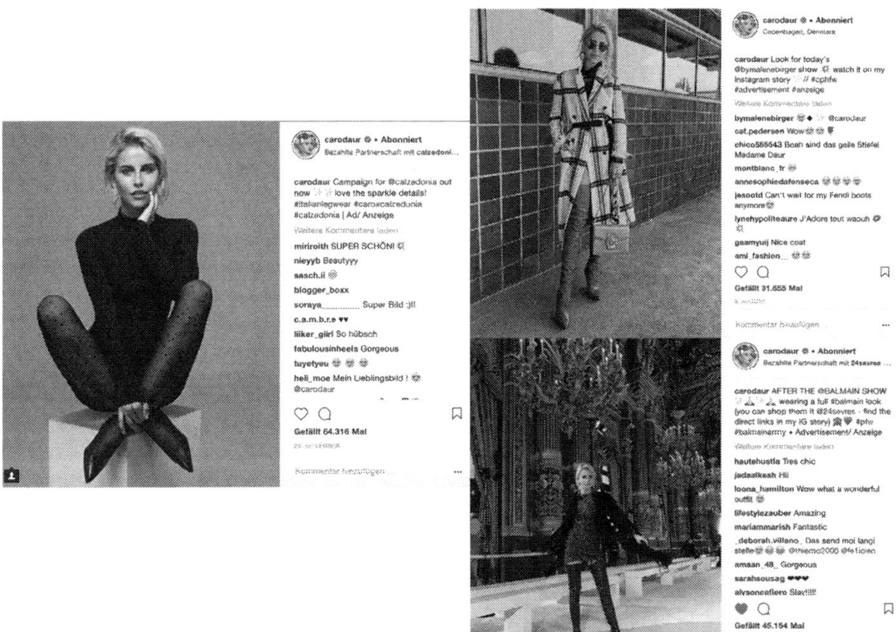

Abb. 10.4 Content-Formate von Fashion-Influencerin Caroline Daur. (Quelle: Instagram @carodaur)

über Bewegt- und Bild-getriebene Content-Formate wie „Haul“, „Outfit of the Day“, „Lookbook“, „Flat Lay“ oder „Follow Me Around“.

Überblick: Content-Formate von Influencern im Bereich Fashion

- Beim Content-Format *Haul* präsentieren Influencer ihre kürzlich erworbenen Kleidungsstücke und Accessoires. Sie beschreiben Qualität und Preis der gekauften Artikel und betten den Haul oftmals in einen Erlebnisbericht ein. Probieren Influencer die Kleidung an, handelt es sich um einen *Try-On-Haul.*
- Beim Content-Format *Outfit of the Day (OOTD)* demonstrieren Influencer, welche Kleidung sie an einem bestimmten Tag oder zu einem besonderen Anlass tragen. Verwandte Formate sind *Outfit of the Night* oder *Outfit(s) of the Week.*
- Beim Content-Format *Lookbook,* häufig auch *Style Diary* genannt, fassen Influencer verschiedene OOTDs unter einem Thema zusammen, um ihrer Community Inspiration für Outfits zu geben.
- Beim Content-Format *Flat Lay* arrangieren Influencer Kleidungsstücke und Accessoires auf einem Bild als Stillleben.
- Beim Content-Format *Follow Me Around* filmen Influencer ihren Tagesablauf oder ein besonderes Ereignis wie zum Beispiel die Fashion Week. Meistens werden viele kleine Szenen und Momentaufnahmen aneinandergereiht, um die Community an einem Event teilhaben zu lassen und einen Einblick in die Situation zu geben.

Kooperationen mit Food-Influencern

Geht es um Themen wie Essen, Kochen oder Ernährung, unterliegen Konsumenten über alle Altersgruppen hinweg dem Einfluss von Food-Influencern. 44 bis 49 % aller deutschen Internetnutzer ab 14 Jahre suchen online nach Produktinformationen zum Thema Food (BVDW und Influry 2017, S. 17). Mit über 1,2 Mio. Abonnenten auf ihrem YouTube-Kanal „Sallys Welt“ zählt Saliha Özcan zu Deutschlands einflussreichsten Food-Influencern. Die Tatsache, dass der TV-Sender VOX ihr eine eigene Show unter dem Titel „Sally backt“ widmet, untermauert ihren Einfluss als Celebrity. Food-Influencer sind versiert in der Rezeptentwicklung und im Food-Styling. Unabhängig davon, ob es sich um Hobby- oder Profi-Köche handelt, kommen bei Kooperationen häufig die Content-Formate „Food Haul“, „What’s in My Fridge“, „Food Clips“, „Food Diary“ und „Food Challenge“ zum Einsatz.

Überblick: Content-Formate von Influencern im Bereich Food

- Beim Content-Format *Food Haul* zeigen Influencer, meist in Video-Form, ihre Einkäufe. Sie beschreiben Qualität und Preis der gekauften Lebensmittel und betten den Haul in einen Erlebnisbericht ein, der rund um das Einkaufserlebnis zustande kam.

- Beim Content-Format *What's in My Fridge* präsentieren Influencer den Inhalt ihrer Kühlschränke, um ihren Followern Einblick in ihre Lieblingsprodukte und tägliche Ernährung zu geben.
- Beim Content-Format *Food Clips* demonstrieren Influencer in Kurz-Videos, wie und mit welchen Zutaten sie ein Gericht zubereiten.
- Beim Content-Format *Food Diary* dokumentieren Influencer ihre Mahlzeiten in einem definierten Zeitraum und geben ihrer Community Inspiration, was sie beispielsweise während einer Detox-Kur essen können.
- Beim Content-Format *Food Challenge* stellen sich Influencer einer Herausforderung – wie beispielsweise 30 Tage ohne Zucker – und dokumentieren, wie sie die Aufgabe meistern.

Aus Perspektive der Unternehmenskommunikation sind die beschriebenen Content-Formate allesamt geeignet, um eine Produktplatzierung oder Markennennung auf den Social-Media-Kanälen der Influencer zu lancieren. Um die Community der Influencer zur Interaktion zu motivieren oder einen Kaufanreiz zu schaffen, bieten Unternehmen Influencern häufig zusätzlich attraktive Rabatt-Codes, Coupons oder Gewinnspiele und Verlosungen für ihre Follower an.

10.3.6 Evaluation und kontinuierliche Kontaktpflege

Ob die Influencer-Kooperation erfolgreich verlaufen ist, lässt sich quantitativ auf Grundlage der vorab definierten Ziele messen. Je genauer die Zielparameter beziehungsweise Key Performance Indikatoren zu Beginn formuliert wurden, desto besser und konkreter können die Ergebnisse bewertet werden. Auf Basis des Feedbacks der Community und im persönlichen Gespräch mit dem Influencer sollten Kommunikationsverantwortliche die Zusammenarbeit qualitativ evaluieren. Hierdurch lässt sich ermitteln, wie die Kooperation für beide Seiten verlaufen ist. Es gilt, allgemeine Learnings für die Influencer Relations und spezielle Learnings für eine zukünftige Zusammenarbeit mit dem Influencer abzuleiten.

Grundsätzlich sollte die Beziehung zum Influencer nach Abschluss der Kooperation nicht adhoc abbrechen, zumal bereits viele personelle und monetäre Ressourcen investiert wurden. Zur mittel- und langfristigen Beziehungspflege gehört, dass das Unternehmen den vom Influencer erstellten Content über die eigenen Social-Media-Kanäle teilt und den Influencer verlinkt (Ruisinger 2016, S. 111). Um Wertschätzung und Interesse an einer Fortsetzung der Zusammenarbeit zu demonstrieren, können Unternehmen Influencer zu ausgewählten internen Events oder öffentlichen Branchen-Veranstaltungen einladen. Auf diese Weise können sie immer wieder Anlässe und Anknüpfungspunkte für eine Begegnung schaffen und Influencer langfristig als loyale Markenbotschafter für das Unternehmen gewinnen.

10.4 Fazit und Ausblick

„Was wir über unser Gesellschaft, ja über die Welt, in der wir leben wissen, wissen wir durch die Massenmedien“ (Luhmann 1996, S. 9) – Dieser Leitsatz ist angesichts des veränderten Meinungsbildungsprozesses im Social Web längst obsolet. Die klassischen Medien haben den Alleinanspruch als Gatekeeper verloren und werden zunehmend von Influencern als Meinungsbildner und Multiplikatoren abgelöst (Ruisinger 2016, S. 103). Influencer sind Meister der Selbstinszenierung und können systemtheoretisch als Konstrukteure subjektiver Wirklichkeit betrachtet werden. Die vorliegende Arbeit hat gezeigt, inwiefern Influencer die Wahrnehmungs- und Relevanz-Systeme ihrer Follower prägen. Mithilfe der sechs Konzeptionsbausteine wurde ein Bezugsrahmen für eine systematisch und langfristig angelegte Influencer-Relations-Strategie präsentiert:

Sechs Konzeptionsbausteine für eine systematische Influencer-Relations-Strategie

1. Zieldefinition
2. Systematische Identifikation und Selektion
3. Individualisierte Ansprache und Kooperationsangebot
4. Vertragsverhandlung und Briefing
5. Content-Kreation und -Formate
6. Evaluation und kontinuierliche Kontaktpflege.

Anhand verschiedener Content-Formate aus den Bereichen Beauty, Fashion und Food wurde veranschaulicht, wie Influencer-Kooperationen gestaltet werden können, um authentische und glaubwürdige Produktempfehlungen zu generieren. Das Dogma „Content is King“ ist in diesem Kontext zwar nicht neu, aber relevanter denn je, da mittlerweile so viele Influencer existieren. Der Anspruch an nachhaltige Influencer Relations sollte also sein, wirklich originellen und hochwertigen Content zu erstellen. Dieser Content muss der Community des Influencers Mehrwert bieten und gleichzeitig für die Unternehmenskommunikation weiterverwertbar sein. Möchte ein Unternehmen Influencer erfolgreich als Markenbotschafter einsetzen, müssen sie in gewisser Weise zu „Königsmachern“ werden. Ein denkbarer Ansatz hierfür ist, die Expertise der Influencer wertschöpfend zu aktivieren und Influencer als Co-Kreatoren kollaborativ in die Produktentwicklung einzubeziehen. Unternehmen, wie zum Beispiel Mac oder Calzedonia, sind diesen Schritt bereits gegangen und haben Celebrity-Influencerin Caroline Daur als Co-Designerin in die Kreation eines eigenen Lippenstifts beziehungsweise einer Strumpfhosen-Kollektion involviert.

Bei der Co-Kreation greifen Unternehmen auf das Expertenwissen der Influencer und das Feedback ihrer Community zurück. Auf diese Weise können sie externe Wissensressourcen erschließen und das eigene Angebot gegenüber Wettbewerbern differenzieren. Denn als Träger sogenannter Bedürfnisinformationen stellen Influencer interaktive Wertschöpfungspartner dar. Durch das Wissen und die Erfahrung, die sie aus der Nutzung eines Produkts oder Inanspruchnahme einer Dienstleistung gewonnen haben, können sie Auskunft über ihre Bedürfnisse und Präferenzen geben. Bedürfnisinformationen und das Feedback der Community lassen wiederum Rückschluss auf Wünsche und Anforderungen zu, die eine am Markt angebotene Leistung womöglich noch nicht erfüllt. Weil sich Bedürfnisinformationen im Brand Related User Generated Content manifestieren, können die Interaktionen zwischen den Influencern und ihrer Community sowie der Meinungsaustausch der Follower untereinander zur Grundlage für die Gewinnung detaillierter Kenntnisse über Kundenbedürfnisse werden. Diese Kenntnisse ermöglichen eine verbesserte Ausrichtung des Unternehmensangebots an die Community des Influencers und fungieren als Treiber der Produktentwicklung und -verbesserung. Das Ergebnis der Co-Kreation schlägt sich als origineller Content auf den Social-Media-Kanälen der Influencer nieder und resultiert in einer gewinnbringenden Kooperation für das Unternehmen und seine Markenbotschafter.

Literatur

Brexendorf TO, Henkel S (2012) Steuern die Markenmanager oder die Konsumenten die Marke? Kritische Reflexion zur partizipativen Markenführung unter der Berücksichtigung von sozialen Medien. In: Schulten M, Mertens A, Horx A (Hrsg) Social Branding. Strategien – Praxisbeispiele – Perspektiven. Gabler, Wiesbaden, S 14–29

Bruhn M (2014) Integriere Unternehmens- und Markenkommunikation – Strategische und operative Umsetzung. Schäffer-Poeschel, Berlin

Bundesverband Digitale Wirtschaft (BVDW) e.V., Influry GmbH (2017) Bedeutung von Influencer Marketing in Deutschland 2017. Eine Studie im Auftrag von BVDW und Influry. http://www.bvdw.org/fileadmin/bvdw/upload/studien/171128_IM-Studie_final-draft-bvdw_low.pdf. Zugegriffen: 10. Dez. 2017

Burmann C, Halaszovich T, Hemmann F (2012) Identitätsbasierte Markenführung. Grundlagen – Strategie – Umsetzung – Controlling. Springer Fachmedien, Wiesbaden

Edelman (2017) 2017 Edelman trust barometer reveals global implosion of trust. https://www.edelman.com/news/2017-edelman-trust-barometer-reveals-global-implosion/. 10. Dez. 2017

Edelman.ergo (2017) unveröffentlichte Unterlage

Levine R, Locke C, Searls D, Weinberger D (1999) Das Cluetrain Manifesto. http://www.cluetrain.com/auf-deutsch.html. 10. Dez. 2017

Luhmann N (1996) Die Realität der Massenmedien. Westdeutscher Verlag, Opladen

Pleil T, Zerfaß A (2007) Internet und Social Software in der Unternehmenskommunikation. In: Piwinger M, Zerfaß A (Hrsg) Handbuch Unternehmenskommunikation. Gabler, Wiesbaden, S 511–532

Ruisinger D (2016) Die digitale Kommunikationsstrategie. Schäffer-Poeschel, Stuttgart

Schindler MC, Liller T (2011) PR im Social Web – Das Handbuch für Kommunikationsprofis. O'Reilly, Köln

Spies M (2014) Good Times for a Change – Markenführung an der Schwelle zum Transformationszeitalter. In: Dänzler S, Heun T (Hrsg) Marke und digitale Medien – Der Wandel des Markenkonzepts im 21. Jahrhundert. Springer, Wiesbaden, S. 133–155

Über die Autorin

Lan Anh Nguyen ist Absolventin des Masterstudiengangs Kommunikationsmanagement der Hochschule Hannover und war Vorstandsvorsitzende der studentischen PR-Initiative Public Relations Studierende Hannover e. V. (PRSH) sowie im Talentförderungsnetzwerk des Bundesverbands deutscher Pressesprecher und Mitglied von #30u30, der Nachwuchsförderungs-Initiative des PR Report. Lan Anh Nguyen arbeitet als Junior-Beraterin und Influencer Relations-Expertin für die internationale Communications Marketing Agentur Edelman.ergo. Am Standort Hamburg berät sie namhafte Kunden aus den Branchen Lifestyle und Fast Moving Consumer Goods. Seit September 2017 ist sie Lehrbeauftrage für Online-PR an der Hochschule Hannover.

Influencer Relations: Es kommt nicht auf die Größe an

11

Tomma Rabach

Zusammenfassung

Die Zusammenarbeit von Unternehmen und Influencern zeichnet sich vor allem durch einen großen Vorteil aus: Influencer als Teil der Zielgruppe kommunizieren auf Augenhöhe mit der Zielgruppe und verfügen damit über eine enorme Glaubwürdigkeit. Für Unternehmen können Influencer verschiedene Rolle einnehmen: sie regen Diskussionen an, unterstützen bei der Positionierung, erstellen nachhaltig präsente Inhalte und agieren im besten Fall als digitale Markenbotschafter. Im Optimalfall schreiben sie nicht nur über, sondern leben ihre Themen. Doch wie lässt sich das Potenzial von Influencern nutzen und diese zum „Partner in Crime" für Unternehmen werden? Welche Kriterien sind für eine professionelle und langfristige Zusammenarbeit relevant? Und welchen Stellenwert spielt die Reichweite? Kommt es wirklich auf die Größe an? Der Beitrag rückt die Arbeit hinter erfolgreichen Influencer Relations in den Fokus, gibt Empfehlungen für eine vertrauensvolle Zusammenarbeit und zeigt das Potenzial auf, das strategisch geplante Influencer Relations bergen.

11.1 Einleitung

Influencer Relations stehen seit mehreren Jahren in der Diskussion. Als „neues" Wundermittel im Marketing-Mix erlebten sie 2016/2017 ihren Höhepunkt. Dabei ist die Kommunikationsdisziplin im Grunde nichts Neues. Neu ist, wer als Influencer gilt, über welche Kanäle Influencer kommunizieren und mit welcher Professionalität bereits

T. Rabach (✉)
rabach kommunikation, Hamburg, Deutschland
E-Mail: info@rabach-kommunikation.de

A. Schach und T. Lommatzsch (Hrsg.), *Influencer Relations*,
https://doi.org/10.1007/978-3-658-21188-2_11

Jugendliche und junge Erwachsene gezielt darauf hinarbeiten, Influencer zu werden und damit ihren Lebensunterhalt zu verdienen.

Darin liegen das Erfolgsgeheimnis und die vermeintliche Unüberschaubarkeit zugleich: Influencer sind „wie du und ich". Und genau das macht ihre Wirkung aus: In der Kommunikation von der Zielgruppe zur Zielgruppe – auf Augenhöhe. Richtig eingesetzt, können Influencer Relations sehr starke Ergebnisse erzielen: in Hinblick auf das Markenimage, eine hohe Aufmerksamkeit und nicht zuletzt den Abverkauf. Hierfür bedarf es jedoch, wie bei allen anderen Disziplinen auch, einer strategischen Kommunikationsplanung. Wer nach dem Grundsatz handelt, „Lass ma' was mit Bloggern machen", nur um auf der vermeintlichen Welle mitzureiten, wird schnell untergehen – und Budget versenken. Denn Influencer Relations sind kein Allheilmittel, sondern eine aufwendige Kommunikationsdisziplin. Nicht jedes Thema eignet sich für Blogger, YouTuber oder Instagramer. Und nicht jede Zielgruppe kann über die genutzten Kanäle erreicht werden. Dieser Beitrag zeigt daher die notwendige, strategische Planung hinter Influencer Relations, gibt Tipps für die optimale Auswahl und die Ansprache von Influencern, die im besten Fall zu digitalen Markenbotschaftern für ein Unternehmen werden.

11.2 Nicht Fisch, nicht Fleisch: Influencer als „Partner in Crime"

Über die Begrifflichkeit des Influencers wird viel diskutiert. Und es ist schwierig, ein Wort zu finden, das ihnen gerecht wird. Denn aus meiner Sicht variiert ihre Rolle je nach Einsatz. Sie sind zum einen weder Fisch, noch Fleisch. Sie unterliegen nicht den Regeln eines klassischen Journalisten. Sie sind aber auch keine zielgruppenübergreifenden, (inter)national bekannten Testimonials wie George Clooney oder Barbara Schöneberger. Zum anderen geht ihre Wirkung weit über die Erstellung von Inhalten hinaus. Daher wird ihnen auch der aktuell häufig verwendete Begriff eines „Creators" nicht gerecht. Im besten Fall sind YouTuber, Instagramer, Blogger und Co. aus Unternehmenssicht digitale Markenbotschafter. Denn optimalerweise agieren sie als Fürsprecher. Fürsprecher für Marken und Produkte. Ein „Partner in Crime".

Influencer schaffen eine glaubwürdige Aufmerksamkeit, generieren einen konstruktiven Dialog mit der Zielgruppe und erhöhen die Unternehmens-/Markenpräsenz im Netz – nachhaltig. Sie schließen die Lücke zwischen klassischen Journalisten, die angehalten sind, neutral zu berichten und Prominenten, die aufgrund ihrer (inter)nationalen Bekanntheit für eine garantiert hohe Aufmerksamkeit sorgen.

Influencer nehmen je nach Zielsetzung ihres Einsatzes unterschiedliche Rollen im Marketing-Mix (ausgewählte Beispiele) ein:

- Positionierung der Marke/des Produkts in einem (noch nicht) genutzten Kanal
- Anregung einer Diskussion zu einem vom Unternehmen besetzten oder geplanten Thema
- Generierung eines Word-of-Mouth-Effekts
- Kommunikation auf Augenhöhe: von der Zielgruppe zur Zielgruppe
- Erstellung nachhaltig präsenter Inhalte

Auch wenn manche Influencer die erwähnten Eigenschaften erfüllen, liegt der entscheidende Vorteil von Bloggern & Co. in der bereits mehrfach genannten Glaubwürdigkeit, in der Nachhaltigkeit der Präsenz und in dem Vertrauen und dem engen Verhältnis zu ihren Lesern/Zuschauern. Denn sie begegnen ihren Fans auf Augenhöhe: Foodblogger sprechen mit Kochbegeisterten, Familienblogger sind selbst Eltern. Reiseblogger verbringen Zeit an den schönsten Orten der Welt. Kinder sprechen die Sprache ihrer Generation. Das heißt, digitale Markenbotschafter leben (im besten und professionellen Fall) genau das, was sie schreiben. Und damit geht das Geschriebene weit über den „Job" hinaus. Sie schreiben im Optimalfall in erster Linie aus Überzeugung, mit der sie dankenswerterweise ihren Lebensunterhalt verdienen. Und das macht sie zum perfekten „Partner in Crime" für Unternehmen und Marken.

Der Hype um Influencer hat jedoch auch eine Kehrseite: Denn durch die große Nachfrage von Unternehmen, sind viele auf den Zug der Kooperationen aufgesprungen und setzen damit ihr höchstes Gut zugunsten eines vermeintlich schnell verdienten Geldes aufs Spiel: ihre Glaubwürdigkeit. Auf der anderen Seite verspielen viele Unternehmen diesen wertvollen USP, in dem sie zu viel Einfluss auf die Berichterstattung nehmen und damit die Glaubwürdigkeit des Influencers minimieren. Dies ist insbesondere der Fall, wenn Influencer als Plattformalternative für klassische Werbung und nicht als „Kommunikationskanal" und damit als Multiplikatoren verstanden werden.

Key Take-Aways für die Zusammenarbeit zwischen Unternehmen und Influencern

- Zu Beginn einer möglichen Zusammenarbeit mit Influencern sollte die selbstkritische Frage stehen, ob dieser Kanal der richtige ist, um die eigene Zielgruppe und die gesetzten Kommunikationsziele zu erreichen.
- Unternehmen und Influencer sollten sich darüber bewusst sein, welches Potenzial eine Kooperation birgt und dass sie das höchste Gut, die Glaubwürdigkeit des Influencers, nicht aufs Spiel setzen.
- Die Überzeugung eines Influencers von einem Unternehmen, einer Marke, einem Produkt oder einem Thema sollte stets den Ausschlag für eine Zusammenarbeit geben. Der Anteil an Kooperationen sollte deutlich geringer sein als die Anzahl der eigenen, persönlichen Beiträge.
- Es ist ein schmaler Grat für Unternehmen, den Influencer mit einem konkreten Briefing ins Unternehmensboot zu holen, die gewünschten Botschaften zu platzieren und dabei dem Influencer die größtmögliche Freiheit zu belassen. Denn er kennt seine Leser/Zuschauer am besten!
- Influencer sind keine Werbeplattformen, sondern glaubwürdige Multiplikatoren mit verschiedenen Kommunikationskanälen.
- Fehlen Vertrauen auf der einen Seite und die Überzeugung auf der anderen, sollten Unternehmen und Influencer von einer Kooperation absehen.

11.3 Früh übt sich: Influencer Relations sind eine Frage der Zeit

Anders als Influencer Marketing lässt der Begriff Influencer *Relations* es schon vermuten: Die Kommunikationsdisziplin kostet, wie jede andere Beziehung auch, vor allem Zeit und damit Geld: Zeit, um einander kennenzulernen und Vertrauen aufzubauen sowie die Werte, Ziele und Interessen des anderen in Erfahrung zu bringen. Wer die Disziplin für sich nutzen möchte, sollte daher früh damit starten.

Schauen wir uns im Vergleich die Vorbereitungen für den Einsatz klassischer, prominenter Testimonials an: Ist nach der ersten erfolgten Recherche eine Auswahl an potenziell geeigneten Markenbotschaftern getroffen, folgt neben dem Check, für welche Marken der Prominente bereits gearbeitet hat, die Prüfung, ob dieser bis dato zu häufig eingesetzt wurde und damit eine zu starke, generelle Präsenz hat oder gar direkt mit einer bestimmten Marke in Verbindung gebracht wird. So könnten Thomas Gottschalk und Bully Herbig sicherlich nur bedingt für andere Süßwarenhersteller werben als für HARIBO. Hinzu kommt der Vergleich der eigenen Markenwerte mit den Eigenschaften und dem Image des Testimonials. Nicht selten wird bei umfangreichen Einsätzen daher ein nicht zu verachtendes Budget in die Marktforschung investiert, um die Werbewirkung bereits im Vorfeld valide einzuschätzen zu können.

Insbesondere bei einer langfristigen Zusammenarbeit ist ein ähnlicher Aufwand auch bei dem Einsatz von Influencern empfehlenswert. Hier kommt es auf den Umfang der Kooperation an. Für die einmalige Bewertung eines Produkts ist der oben genannte Rahmen übertrieben. Für die Zusammenarbeit mit einem Influencer über einen längeren Zeitraum, als digitaler Markenbotschafter oder gar für die gemeinsame Entwicklung eines Produktes/einer Line Extension oder als neues Gesicht im Rahmen klassischer Werbung, sollten Kosten und Nutzen und damit die potenzielle Wirkung sehr genau unter die Lupe genommen werden. Denn Vertrauen und Glaubwürdigkeit sind unbezahlbar. Je nach Zielsetzung und Thema kann die Kommunikation auf Augenhöhe von der Zielgruppe zur Zielgruppe entscheidend sein. Um es noch einmal deutlich hervorzuheben: Bei dem oben genannten Aufwand geht es nicht um temporäre Kooperationen, sondern darum, Influencer von Beginn an in der strategischen Kommunikationsplanung zu berücksichtigen. Mit dem Ziel einer *langfristigen* Zusammenarbeit. Und dem Ziel, das Potenzial für beide Seiten optimal zu nutzen.

Auch wenn zahlreiche Unternehmen bereits seit vielen Jahren in diesem Feld tätig sind, starten manche Marken, und auch Influencer, erst jetzt mit Kooperationen. Beide kennen die Arbeit und die Abläufe des anderen nur in Auszügen und so sind nicht selten Missverständnisse und damit im Zweifel Unmut auf beiden Seiten vorprogrammiert: entstanden durch Unwissenheit und sicherlich auch durch Vorurteile, oder aber durch erste, negative Erfahrungen.

Auch auf Influencer-Seite sollte zunächst die Fragestellung wichtig sein, was das Ziel der angestrebten Kooperation ist. Warum passt das Unternehmen, die Marke oder das Produkt zu meinem Kanal und was kann ich im Gegenzug dem Unternehmen bieten? Mit dieser Vorstellung gilt es, offen auf den gewünschten Kooperationspartner zuzugehen und die Individualität in der Ansprache wählen, die ich mir selbst als Influencer wünsche. Es sollte deutlich werden, warum die Kooperation für beide Seiten ein Gewinn ist.

Influencer Relations bedeuten jedoch nicht nur, Zeit in Recherche zu investieren. Es bedeutet vor allem, Zeit für die Beziehung aufzuwenden. Wichtig für beide Seiten: Geduld mitbringen. Denn ebenso wie Influencer viele Anfragen bekommen, erreichen auch Unternehmen zahlreiche Kooperationsmöglichkeiten. Und nicht immer passt ein Thema sofort. Im besten Fall haben beide eine grobe Vorstellung. Doch was ihnen abseits der Honorierung wichtig ist – das sollten sie gemeinsam in einem Gespräch festlegen. Auch fließt nicht immer gleich das große Geld vom Unternehmen. Nicht immer erzielt ein Influencer gleich die riesige Reichweite. Gemeinsam ein Thema voranzutreiben, von dem beide Kooperationspartner etwas haben, wird den Erfolg automatisch mit sich bringen, wenn die Glaubwürdigkeit erhalten bleibt. Und das erfordert Mut. Mut, als Influencer nicht jede Kooperation anzunehmen und Mut als Unternehmen, klassische Wege zu verlassen und darauf zu vertrauen, dass der Influencer die Marke so integriert, wie es der Zielgruppe und damit den Lesern/Zuschauern gerecht wird. Influencer Relations brauchen Zeit, um das volle Potenzial für beide Seiten voll auszuschöpfen. Denn das nutzen Unternehmen und Influencer aktuell nur in den seltensten Fällen.

Gerade in der „digitalen Welt“ ist das persönliche Gespräch das A und O. Nur so weiß ich, wie der andere tickt. Und ganz banal: So bleibe ich in Erinnerung – als Influencer, Agentur und Unternehmen. Meine Erfahrung zeigt, dass meist gerade in vermeintlich „alltäglichen“ Gesprächen die besten Ideen und Anlässe entstehen, die Unternehmen und Influencer zusammenbringen. Im persönlichen Dialog ergibt eins das andere und so kommen im „Ping-Pong-Spiel“ häufig viele Themen zum Vorschein, an die beide Seiten gar nicht als Kooperation gedacht hätten. Und das werden meist die Besten – weil sie direkt „aus dem Leben“ sind. Weil die Innenansichten des Unternehmens die Außenperspektive des Influencers, und damit im besten Fall der Zielgruppe, treffen. Diese gilt es dann abzugleichen und in der strategischen Kommunikationsplanung zu berücksichtigen.

Insbesondere im Bereich der Familienblogger geht es um das persönliche Leben des Bloggers. Da sollte es für Unternehmen selbstverständlich sein, dass sie genau dieses (wenn auch zugegeben nur in Auszügen) kennen, um auch dort mit Ideen anzusetzen. Was beschäftigt einen Influencer gerade – privat, aber auch im beruflichen Kooperationskontext? Was wünscht er/sie sich? Wohin will er/sie mit seinen/ihren Kanälen? Es ist wichtig, im kontinuierlichen Dialog zu bleiben, um genau die Beziehung aufzubauen, die für eine langfristige und vor allem vertrauensvolle Partnerschaft notwendig ist.

Fängt eine Marke mit Influencer Relations an, lohnt es sich, zunächst in die Welt einzutauchen. Accounts zu folgen und so ein erstes, digitales Gespür zu bekommen. Events bieten die Möglichkeit für ein persönliches Kennenlernen und erste Eindrücke über den Umgang miteinander. Fehlen Kapazitäten und Erfahrungen, lohnt es sich, die Expertise einzukaufen: über einen Workshop, die Beratung durch Agenturen oder auch einen Influencer selbst. Dabei geht es vor allem um einen ersten Einblick und weniger darum, den Bereich langfristig in andere Hände zu geben. Bloggerhausen, wie ich es liebevoll nennen mag, ist eine ganz eigene und sehr heterogene Welt.

Key Take-Aways für die Zusammenarbeit zwischen Unternehmen und Influencern

- Eine langfristige Zusammenarbeit erfordert beiderseitiges Vertrauen und das Verständnis für die Arbeit, aber auch die Kenntnis über die Ziele des anderen. Das entsteht nur, wenn sich die Kooperationspartner intensiv miteinander beschäftigen.
- Digitale Kommunikation hin oder her: ein persönliches Gespräch ist das A und O im Beziehungsmanagement.
- Die Innenansichten des Unternehmens und die Außenperspektive des Influencers, und damit im besten Fall der Zielgruppe gilt es miteinander abzugleichen und die mögliche Zusammenarbeit in der strategischen Kommunikationsplanung zu berücksichtigen.

11.4 Die Qual der Wahl: der Weg zum geeigneten Partner

Auch wenn das Verständnis da ist: Häufig stehen Influencer-Kooperationen im Wettbewerb mit anderen Marketing-Maßnahmen und werden am Ende des Tages im Erfolg miteinander verglichen. Das wird der relativ neuen Disziplin nur bedingt gerecht. Klar gibt es Kennzahlen (die in diesem Buch an anderer Stelle beschrieben sind), doch wie will ich Glaubwürdigkeit in Zahlen ausdrücken? Wie das Vertrauen der Leser in den Influencer bewerten? Bei Influencer Relations geht es nicht in erster Linie um den Abverkauf, sondern primär den Einsatz eines Markenfürsprechers, um Aufmerksamkeit und um eine glaubwürdige Kommunikation auf Augenhöhe: von der Zielgruppe zur Zielgruppe. An dieser Stelle gilt es daher zwischen Influencer Marketing und Influencer Relations zu unterscheiden.

Je nach Ziel kommt es bei der Auswahl nicht immer ausschließlich auf die Reichweite an. Und das ist sicherlich in vielen Unternehmen eine Herausforderung. Denn Influencer Relations in klassischen TKPs zu messen, wird der relativ neuen Disziplin nur bedingt gerecht. Schließlich können Fans/Follower im Zweifel gekauft und vermeintliche Kommentare/Likes durch Bots erzeugt sein. Hier gilt es detaillierter hinzuschauen. Je nach Zielsetzung der Kooperation stellt sich letztendlich die Frage, wie Glaubwürdigkeit in Zahlen ausgedrückt werden kann. Die Auswertungskriterien einer Zusammenarbeit haben zum jetzigen Zeitpunkt sicherlich Potenzial nach oben.

Key Take-Aways

- Es kommt nicht immer auf die Größe an! Das größte Gut eines Influencers ist seine Glaubwürdigkeit, bedingt durch eine Kommunikation auf Augenhöhe.
- Beiträge von Influencern können Einfluss auf die klassische Medienberichterstattung haben.
- Immer prüfen: Für welche Werte und Themen steht ein Influencer? Bloggt er in erster Linie mit dem Herzen oder mit Dollarzeichen in den Augen?

Welche Kriterien, abseits der „Größe“, sollten also für die Auswahl eines Influencers bedacht werden? Je nach Ziel und Thema kann ein Blog mit einer geringen Leserschaft sogar passender sein als ein Influencer mit einer hohen Reichweite, weil es ein Nischenthema ist und/oder der Blogger eine sehr enge Bindung zur Zielgruppe hat. Oder weil es ein sehr erklärungsbedürftiges Thema ist, mit dem sich Influencer und Leser zeitintensiv beschäftigen. Es gilt also kritisch zu hinterfragen, ob ich mich für eine bestimmte Anzahl an sog. Mirco-Influencern entscheide oder auf sog. Macro-Influencer setze. Jeder Social-Media-Kanal wie auch jeder Influencer hat eine andere Stärke, die für genau dieses eine Thema/Produkt von Bedeutung sein kann. Bei der Auswahl des geeigneten digitalen Botschafters sollten daher verschiedene Kriterien zum Tragen kommen, die weit über das Mediakit des Influencers hinausgehen.

Eine erfolgreiche Influencer-Kampagne verbindet ein gesellschaftlich- oder zielgruppen-relevantes Thema/Produkt mit einer darauf basierenden, optimalen Influencer-Auswahl und dem Ziel individueller, aufmerksamkeitsstarker Beiträge. Und das aus dem Leben eines ebenso individuellen, digitalen Markenbotschafters. Auf diese Weise entstehen authentische und damit für den Leser interessante Beiträge/Videos. Auch Streuverluste können so nahezu ausgeschlossen werden.

In erster Linie muss die Unternehmens- bzw. Marken-/Produktzielgruppe mit den Lesern/Zuschauern des Influencers übereinstimmen. Darüber hinaus ist die mehrfach erwähnte Glaubwürdigkeit des Kanals das entscheidende Kriterium: In welchem Zeitraum ist der Influencer gewachsen? Gibt es starke Schwankungen bei der Fananzahl? Wie viele Kooperation gibt es auf seinen Kanälen? Wie hoch ist die Interaktion mit den Lesern? Wie reagieren Leser/Zuschauer auf die Beiträge? Welche Themen greift ein Influencer auf und passen diese zu denen meiner Marke? Für welche Werte steht er ein? Sind die Beiträge überzeugend? Weichen der Sprachstil und die Art der Aufbereitung zwischen eigenen und Kooperationsbeiträgen abseits der notwendigen Kennzeichnung ab? Zu guter Letzt gibt es für jede Branche individuelle Bewertungskriterien zu beachten. So ist z. B. im Bereich Kids & Familie entscheidend, ob meine Produkte überhaupt zum Alter der Kinder oder der Lebensphase des Influencers passen oder ob mein Thema für das individuelle Familienleben geeignet ist. Erst dann sollten klassische Kennzahlen hinzugezogen werden.

Die Relevanz und das Potenzial der Kanäle stehen spätestens seit dem Zeitpunkt nicht mehr infrage, an dem Massenmedien wie die öffentlich-rechtlichen und privaten TV-Sender, aber auch Printmedien wie die Süddeutsche Zeitung, der Tagesspiegel und Co. unsere „Partner in Crime“ als neue Informanten und Interviewpartner nutzen und so zunächst nur in „Bloggerhausen“ diskutierte Themen auch auf der gesellschaftlichen und medialen Agenda landen. Die Relevanz und das Potenzial werden zudem durch einen starken Absatz z. B. von „Special Editions“ bestimmter Produkte, die in Zusammenarbeit mit Influencern entstanden sind sowie Umsatzeinbrüchen bei Beendigung einer Partnerschaft oder Fokussierung auf andere Produkte bewiesen. In erster Linie aber stehen bei Influencer Relations der Imagetransfer und der Aufbau oder die Steigerung einer Bekanntheit als Ziele im Fokus. Die Generierung von Verkäufen sollte sekundär betrachtet werden.

Da die Erfolgskriterien je nach Zielsetzung variieren, gilt es, die folgenden, beispielhaften Auswahlkriterien zu priorisieren, anzupassen und zu ergänzen:

Beispielhafte Kriterien für die Auswahl von digitalen Markenbotschaftern*

- Wie sehen die bisherigen *Themenschwerpunkte* des Influencers aus?
- Ist der *USP* des Influencers erkennbar?
- Wie fällt der Abgleich *Leser-/Fanschaft* mit der eigenen Zielgruppe aus?
- Wie sind die Anzahl und die Art der *bisherigen Kooperationen* einzuschätzen?
- Wie ist das *Verhältnis* eigener Beiträge im Vergleich zu Kooperationen?
- Ist die Online-Präsenz durch *Professionalität* gekennzeichnet (z. B. Layout, Sprachstil, …)?
- Werden rechtliche Rahmenbedingungen wie die *Kennzeichnungspflicht* beachtet und eingehalten?
- Ist eine *Regelmäßigkeit* in Hinblick auf den Veröffentlichungsrhythmus von Beiträgen gegeben?
- Bestanden oder bestehen Kooperationen mit *Wettbewerbern?*
- Wie hoch ist die *Interaktionsrate?*
- Passen die *demografischen Daten* zur Kooperation?
- Welche *Social-Media-Kanäle* werden bislang genutzt?
- Wie groß ist die *Reichweite?*

**Kriterien sind beispielhaft zu verstehen und abhängig von der Branche/dem geplanten Thema. Sie sollten daher individuell ergänzt und je nach Zielsetzung priorisiert werden.*

11.5 Nach dem Check ist vor dem Check: Der Perspektivwechsel

Ist die interne Auswahl des passenden Kooperationspartners erfolgt, gilt es, die Perspektive zu wechseln. Denn der Mehrwert für die andere Seite sollte im Vorfeld deutlich sein – bevor die Erstansprache erfolgt. Und hier ist es wichtig, die Komfortzone zu verlassen und sich selbst kritisch zu hinterfragen. Bietet der Kooperationsanlass tatsächlich auch von „außen“ betrachtet, das Potenzial für einen zielgruppenrelevanten Beitrag? Was habe ich meinem Kooperationspartner anzubieten? Wie austauschbar ist meine Idee? Was ist der Mehrwert für den Leser/Zuschauer? Diese Fragen gelten sowohl für ein Unternehmen, das auf Influencer zugeht, als auch für Influencer, die an Marken mit einer Kooperationsidee herantreten.

Eine Zusammenarbeit auf Augenhöhe erfordert, dass alle Seiten offen und respektvoll aufeinander zugehen. Was wie selbstverständlich klingt, scheint im Bereich der Influencer Relations leider nicht immer gegeben. Dafür gibt es noch immer zu viele Missverständnisse: häufig beruhend auf Unwissenheit über die Arbeit und die Ziele des anderen. Nicht selten sind die Seiten noch zu sehr auf ihren eigenen Vorteil oder kurzfristigen Erfolg bedacht. Daher bedeuten Influencer Relations „auf Augenhöhe“ in erster Linie, gemeinsam an einer langfristigen Beziehung zu arbeiten, Missverständnisse aus dem Weg zu räumen und das Verständnis füreinander zu fördern – und damit Vertrauen aufzubauen. Dabei sollte nicht das „schnelle Geld" an erster Stelle stehen, sondern das Ziel, gemeinsam etwas erreichen zu können und sich gegenseitig zu unterstützen. Nicht selten höre ich Fragen wie: „Was habe ich davon?" oder Aussagen wie „Ich biete doch schon XY – da soll der andere auch mal …". Für mich ist das zu einseitig gedacht. Der Perspektivwechsel und damit die Fragestellung, welchen Mehrwert ich für den anderen mitbringe, sollte vor einer Zusammenarbeit stets klar erkennbar sein. Und macht am Ende die Partnerschaft zu einer „exklusiven", nicht austauschbaren.

Diese Fragestellung ehrlich zu beantworten hat zur Folge, dass sowohl Unternehmen als auch Influencer von einer Kooperation profitieren und diese damit auf ihre unterschiedlichen, individuellen Ziele einzahlt. Im Zweifel auch, wenn der Vorteil für die eine Seite zum aktuellen Zeitpunkt geringer scheint als für die andere. Eine Zusammenarbeit auf Augenhöhe hat stets ein langfristiges „Miteinander" im Blick und keine temporäre 1:1-Aufrechnung. Ich bin der Überzeugung: Bei einem guten Teamwork wird sich das Blatt schnell wenden. Denn bei einer Kooperation auf Augenhöhe profitiert am Ende jeder: das Unternehmen oder die Marke, der Influencer und nicht zu vergessen die Zielgruppen beider Kooperationspartner – die Leser/Zuschauer. Nicht zuletzt, weil alle Beteiligten ehrlich miteinander umgehen und ihnen daran gelegen ist, gemeinsam für ein Ziel zu arbeiten und damit nicht nur sich selbst, sondern auch den Partner nach vorne zu bringen. Es bedeutet, dass alle Beteiligten ihre individuellen Stärken einbringen, einen Mehrwert für jeden schaffen und so Synergien bewusst einsetzen und nutzen.

Klar ist, und das kann man nicht oft genug betonen: Eine solche Beziehung ist nicht „mal eben" aufgebaut. Sie bedarf Zeit. Zeit, den anderen kennenzulernen und zu wissen, was dem Partner wichtig ist, wie er arbeitet, was seine Themen und Ziele sind! Das heißt im Zweifel auch mal monatelanger Kontakt ohne Kooperation. Diese Zeit nehmen sich leider die wenigsten. Schade, denn so schöpfen beide Seiten das volle Potenzial einer Zusammenarbeit nur selten aus.

Genau diese Herangehensweise sollten auch etablierte Influencer und bekannte Marken für sich nutzen. Klar sprechen hier die Zahlen häufig für den Influencer. Doch es gibt sicherlich Vergleichbare: Was also zeichnet genau mich/meinen Blog/Vlog aus? Wofür stehe ich und was kann ich abseits von Reichweite der Marke bieten? Was macht mich zum optimalen Kooperationspartner und lässt mich nicht austauschbar sein mit Influencer-Kollegen? Eine kurze Vorstellung schadet nicht. Denn auch wenn ein Influencer etabliert und bekannt ist: Nicht alle Unternehmen sind zu dem Zeitpunkt im Bereich Influencer Relations gestartet wie der Influencer selbst. Und nicht alle haben Zeit, alle Beiträge täglich zu lesen. Ebenso sollten bekannte Marken nicht mit einem Selbstverständnis auf Influencer zugehen und sich die unten genannten Fragen vorab stellen. Kommunikation auf Augenhöhe ist hier das A & O.

Fragen, die Unternehmen sich *nach* dem oben genannten internen Influencer Check und *vor* einer Influencer-Ansprache stellen sollten:

- Welche *Erwartungshaltung* habe ich an den Influencer?
- Habe ich eine *konkrete Zielsetzung* und daraus resultierend eine *konkrete Idee?*
- Warum ist mein *Thema* gerade für diesen individuellen Influencer *relevant?*
- Welchen *Mehrwert* abseits der finanziellen Honorierung kann ich anbieten?
- Kann ich meine *Idee* und den *Mehrwert* für den Influencer *in 3 bis 5 Sätzen* zusammenfassen?

Fragen, die sich Influencer *vor* einer Unternehmensansprache stellen sollten:

- Passt das Unternehmen/die Marke/das Produkt zu meinem *Blog/Vlog?*
- Was kann ich dem Unternehmen als *Mehrwert* anbieten *abseits von Reichweite?*
- Ist meine *Idee individuell* oder *austauschbar mit Unternehmen XY?*
- Welches *Ziel* verfolge ich mit meiner *Kooperationsidee?*
- Kann ich meine *Idee* und den *Mehrwert* für das Unternehmen *in 3 bis 5 Sätzen* zusammenfassen?

11.6 Der schmale Grat zwischen Glaubwürdigkeit und Lebensunterhalt

Ich kann es nicht oft genug betonen: Die Glaubwürdigkeit eines Influencers ist sein größtes Gut und USP. Daher muss es das erste Ziel sein, genau dieses zu erhalten. Dazu gehört, als Influencer ein klares Ziel vor Augen zu haben, für bestimmte Werte und Themen zu stehen, einem eigenen Stil zu folgen und in erster Linie mit dem Herzen zu bloggen/vloggen statt mit Dollarzeichen. Die Honorierung, und dessen sollten sich Unternehmen bewusst sein, steht nicht infrage und sollte dem Umfang der Zusammenarbeit angemessen, erfolgen. Gleichzeitig rate ich Unternehmen von Influencern ab, die jede Kooperation annehmen, sobald das Honorar stimmt – deren USP nicht klar erkennbar ist oder deren Kanal (fast) nur noch aus bezahlten Beiträgen besteht. Da kann die Reichweite noch so groß sein.

Influencer sollten sich selbst als Marke positionieren und genau daran arbeiten. Das erfordert eine strategische Planung ihrerseits – und Durchhaltevermögen. Wachstum, auch ein schnelles, ist sicherlich erstrebenswert, sollte jedoch vor allem durch die Inhalte erfolgen. Überzeugte Leser und Fans stärken ein nachhaltiges Wachstum. Gekaufte Fans und Follower lassen den eigenen Account auf den ersten Blick als „erfolgreichen Influencer-Kanal" erstrahlen. Die Wirkung wird jedoch gering sein bis stark negativ ausfallen, Kooperationspartner daraus resultierend frustriert zurückbleiben und die Seifenblase „Influencer" schneller platzen als Fake-Follower gekauft sind.

Der Aufbau eines Blogs, YouTube-Kanals etc. erfordert sehr viel Fleißarbeit, Geduld, Hintergrundwissen über den Aufbau einer Marke, strategische Herangehensweisen, das Know-how von Online-Besonderheiten, Fotografie- und Video-Kenntnisse, Kreativität und vieles mehr. Er erfordert aber vor allem den Mut, den eigenen Weg zu finden, um im Dschungel der Influencer hervorzustechen. Er erfordert eine klare Haltung gegenüber Kooperationsanfragen und sicherlich häufig eine Absage dieser – trotz attraktiver Honorierung. Ein langfristig erfolgreicher Influencer erstellt mehr als nur Beiträge. Ein Invest, der von außen nicht sichtbar ist und daher zum jetzigen Zeitpunkt auch potenziellen Kooperationspartnern immer wieder erklärt werden sollte, um das Verständnis für die Arbeit eines Influencers zu fördern und damit die Diskussion über Honorare im Keim zu ersticken. Marken werden bereit sein, angemessene Honorare zu bezahlen, wenn der Markt an Transparenz gewinnt, schwarze Schafe seltener werden und die positiven Erfahrungen einer beiderseitig professionellen Zusammenarbeit überwiegen.

Key Take-Aways für Unternehmen und Influencer

- Influencer, die auf jede Kooperation aufspringen, wenn das Honorar stimmt, sind mit Vorsicht zu betrachten.
- Zu viele verschiedene Kooperationspartner verderben die Glaubwürdigkeit.
- Influencer-Honorare sind selbstverständlich und immer vor dem Hintergrund des Aufwands zum Aufbau einer professionellen digitalen Präsenz zu bewerten.

11.7 Der Weg zur Professionalisierung: Die Spreu muss sich vom Weizen trennen

Während sich die Branche noch professionalisiert und der Hype langsam abnimmt, wächst mit großen Schritten die nächste Generation Influencer heran: Influencer 2.0. Kinder, die morgens in die Kita oder Schule gehen und nachmittags vor der Kamera stehen, Produkte testen und bewerten, Tutorials aufnehmen etc. Kinder und Jugendliche, die ganz selbstverständlich mit Influencern und sozialen Medien aufwachsen. Diese Generation wird viele der aktuellen Influencer „überholen". Weil sie mit einem anderen Selbstverständnis starten. Und weil sie aus den Fehlern der aktuellen Influencer-Generation lernen.

Wer denkt, er könne als Influencer „das schnelle Geld" machen, wird enttäuscht sein, wenn er die Arbeit hinter einem professionellen Kanal sieht. Daher ist davon auszugehen, dass sich die Anzahl der professionellen Influencer in den kommenden Jahren drastisch reduzieren wird – weil es harte Arbeit in einem hart umkämpften Markt ist und es sehr viel Wissen, Zeit und Durchhaltevermögen erfordert. Wie der Aufbau einer jeden Marke. Ich bin der Überzeugung, *dass die Influencer, die ihren USP gefunden haben* und bei denen die Leser/Zuschauer erkennen können, dass sie in erster Linie von Herzen und voller Überzeugung schreiben, auch weiterhin Bestand haben. Eine Marke wird nicht so schnell abgelöst werden können. Eine Marke bedarf aber auch einer ständigen (Weiter)-Entwicklung. Die eigenen Themen und Interessen wandeln sich, *neue Leser „müssen" gebunden werden.* Das ist Arbeit. Dessen muss ich mir als Influencer bewusst sein. Und dafür muss ich als YouTuber, Instagramer, Blogger und Co. bereit sein, um im Dschungel all der Influencer zu bestehen. Und im besten Fall auch finanziell davon leben zu können.

Sich immer weiter zu entwickeln, ohne die Basis zu verlieren, bedarf neben Beständigem, dem Kern meines Blogs oder Vlogs, auch das Ausprobieren neuer Kanäle, neuer Themen. Es bedarf Experimentierfreude und des Muts, an der ein oder anderen Stelle auf Granit zu beißen und in einer Sackgasse zu landen. Es heißt vor allem aber, sich selbst treu zu bleiben und nicht jedem Trend hinterherzurennen. Warum schreibe ich den Blog? Warum betreibe ich den Vlog? Was kann ich meinen Lesern bieten? Wie kann ich sie auch weiterhin begeistern? Was kann ich bieten, was andere so nicht haben: Was zeichnet mich aus? Diese Fragen müssen sich Marken wie Influencer jeden Tag stellen.

11.8 In 8 Schritten zum optimalen Influencer

1. **Das Ziel gibt den Weg vor. Nicht: Der Weg ist das Ziel.**
   Definieren Sie Ihr Ziel konkret und losgelöst vom gewünschten Kanal oder vermeintlichen Trends. Hinterfragen Sie kritisch, wie bei jeder anderen Disziplin auch, kritisch, ob Sie mit Hilfe von digitalen Influencern Ihr Ziel und Ihre Zielgruppe(n) erreichen können und ob Kosten und Nutzen im Verhältnis stehen.
2. **Es kommt nicht auf die Größe an.**
   Reichweite ist nicht alles! Glaubwürdigkeit hingegen schon. Schauen Sie bei der Auswahl von Influencern je nach Zielsetzung auf verschiedene Kriterien, die für Ihren Erfolg wichtig sind. Egal ob Mikro- oder Makro-, TOP-Influencer oder erst kürzlich gestartet: Je nach Thema, Branche und Zielsetzung sind andere Auswahlkriterien von Bedeutung.
3. **Die Geduldsprobe**
   Eine langfristige Zusammenarbeit erfordert Vertrauen und die Kenntnis über den Kooperationspartner. Es erfordert im ersten Schritt das Lesen eines Blogs über einen längeren Zeitraum, die Beobachtung der Kanal-Entwicklung, einen kontinuierlichen Kontakt und persönliche Gespräche. Ein großer Invest, der sich auszahlen wird.
4. **Der Weg durch den Dschungel**
   Allein die Eltern- und Familienbranche zählt weit über 2000 Influencer in Deutschland, Österreich und der Schweiz. Täglich kommen neue hinzu. Nicht alle haben Einfluss. Nicht alle werden auch in Zukunft bestehen. Nehmen Sie sich die Zeit, die von Ihnen ausgewählten Influencer zu hinterfragen. Was lässt sie hervorstechen? Was zeichnet sie aus? Wofür stehen sie? Warum passen genau diese Influencer zu Ihrer Marke/Ihrem Unternehmen?

5. **Perspektivwechsel**
   Bevor Sie einen Influencer ansprechen, wechseln Sie die Perspektive. Was können Sie neben finanzieller Honorierung anbieten? Warum passt genau Ihre Marke zum Influencer?
6. **Individualität und Transparenz**
   Sprechen Sie Influencer individuell an. Das umfasst weit mehr als nur den Namen auszutauschen. Gehen Sie mit individuellen Kooperationsansätzen auf Influencer zu und lassen Sie parallel ausreichend Raum für gemeinsame Ideen. Planen Sie zeitgleiche Kooperationen mit mehreren Influencern zum gleichen Thema, seien Sie von Anfang an transparent. Sprechen Sie Ihre Erwartungshaltung bereits beim ersten Kontakt offen an.
7. **Vertrauen ist die Basis. Verträge sind Pflicht.**
   Halten Sie die äußeren Rahmenbedingungen und konkreten Absprachen vertraglich fest. Vertrauen Sie jedoch bei der Ausarbeitung auf die Professionalität des Influencers. Er spricht die Sprache Ihrer Zielgruppe, er kennt seine Leser/Zuschauer und hat nicht das Interesse, seine und damit Ihre Glaubwürdigkeit aufs Spiel zu setzen.
8. **Legen Sie sich fest.**
   Ein One-Hit-Wonder bleibt deshalb in Erinnerung, weil es zu einem bestimmten Zeitpunkt immer und immer wieder auf verschiedenen Kanälen gespielt wird und auf den Punkt eine hohe Aufmerksamkeit erzielt. Langfristiges Vertrauen in eine Marke erfordert eine langfristige Präsenz bei ihrer Zielgruppe. Je nach Zielsetzung sollten Sie daher im Vorfeld die strategische Entscheidung treffen, ob Sie mit mehreren Influencern zeitgleich dasselbe Thema (anders aufbereitet) bespielen, oder ob Sie langfristig auf eine exklusive Anzahl an Kooperationspartnern setzen, die im besten Fall als digitale Markenbotschafter wahrgenommen werden und für Sie agieren.

Über die Autorin

Tomma Rabach ist Inhaberin der Agentur rabach kommunikation (rk) und betreut seit über 13 Jahren (inter)nationale Unternehmen in ihrer Presse- und Öffentlichkeitsarbeit sowie seit sechs Jahren im Bereich Influencer Relations. Gerade in diesem Bereich setzt sich rk seit mehreren Jahren für eine Zusammenarbeit auf Augenhöhe und damit für eine Professionalisierung aller Seiten ein: als Sponsor relevanter Events oder Blogger-Aktionen fördert die Agentur den Austausch untereinander, als Speaker auf Veranstaltungen klärt sie Unternehmen über Influencer Relations auf und veranstaltet regelmäßig eigene Workshops, um die Zusammenarbeit und das Verständnis füreinander zu intensivieren. Dabei steht trotz Digitalisierung der persönliche Austausch, die Beziehung, für die Agentur im Fokus.

Von den Zielen zur Umsetzung: Planung, Organisation und Evaluation von Influencer-Kommunikation

12

Nadja Enke und Nils S. Borchers

Zusammenfassung

Immer mehr Organisationen setzen auf die Zusammenarbeit mit sogenannten Social-Media-Influencern. Diese neuen Akteure im Social Web zeichnen sich dadurch aus, dass sie erfolgreich Content produzieren und über diese Fähigkeit mittels eigener – zum Teil reichweitenstarker – Kanäle eine enge Beziehung zu ihren Followern aufbauen. Aufgrund dieser Eigenschaften versuchen Organisationen, Influencer als Kommunikatoren zu nutzen bzw. in ihre Kommunikationsaktivitäten einzubinden. Dieser Beitrag bietet Kommunikationspraktikern eine systematische Übersicht über die einzelnen Prozessschritte im Management von Influencer-Kommunikation und zeigt dabei alternative Handlungsmöglichkeiten für die jeweiligen Schritte auf. Der Überblick fußt auf einer explorativen Studie zum Management strategischer Social-Media-Influencer-Kommunikation. Sie liefert umfangreiche Erkenntnisse zur Planung, Organisation und Kontrolle der Influencer-Kommunikation. Auf dieser Grundlage präsentieren wir erstens konkrete Hilfestellungen für die Kommunikationspraxis und stellen zweitens die zentralen Herausforderungen vor, die Organisationen für eine erfolgreiche Implementierung meistern müssen.

N. Enke (✉) · N. S. Borchers
Institut für Kommunikations- und Medienwissenschaften, Universität Leipzig, Leipzig, Deutschland
E-Mail: nadja.enke@uni-leipzig.de

N. S. Borchers
E-Mail: nils.borchers@uni-leipzig.de

A. Schach und T. Lommatzsch (Hrsg.), *Influencer Relations*,
https://doi.org/10.1007/978-3-658-21188-2_12

12.1 Einleitung

Während die Vorbilder und Idole von jungen Menschen in den 2000er Jahren und frühen 2010er Jahren Justin Bieber, Rihanna und Orlando Bloom hießen und vor allem als Sänger oder Schauspieler ihr Geld verdienten, haben die Stars von heute das Social Web als ihre Bühne – und ihr Talent – entdeckt. Das Social Web ermöglicht es „gewöhnlichen" Internetnutzern, unkompliziert und kostengünstig eigene Inhalte zu veröffentlichen (user generated content) und so anderen Nutzern in einem peer-to-peer-Kontext zur Verfügung zu stellen. Einigen dieser „gewöhnlichen" Nutzern ist es gelungen, über ihre Inhalte und die Interaktion mit ihrem Publikum eine engagierte Followerschaft aufzubauen und eine hohe, zum Teil themenbezogene Bekanntheit zu erlangen. Laut der Studie eines amerikanischen Markforschungsinstituts sind in den USA bereits 8 der 10 wichtigsten Idole von Jugendlichen YouTuber (Ault 2015). Und so heißen die Stars junger Menschen in Deutschland heute Dagi Bee, Sami Slimani oder Bibi.

In den vergangenen Jahren sind solche Nutzer zu neuen Akteuren im Social Web geworden, für die es, so behauptet dieser Beitrag, zuvor keine Entsprechung gab: die sogenannten Social-Media-Influencer. Unternehmen und Non-Profit-Organisationen haben begonnen, Influencer gezielt in ihre Kommunikationsaktivitäten einzubinden (Zerfaß et al. 2016). Damit hat sich Social-Media-Influencer-Kommunikation als neues Instrument der strategischen Kommunikation etabliert. Im Praxisdiskurs wird dieses Phänomen zumeist verkürzt als Influencer Marketing bezeichnet. Aus theoretischer Perspektive können Influencer sowohl für Zielsetzungen des Marketings als auch der PR eingesetzt werden. Dieser Beitrag plädiert daher für die Bezeichnung als strategische Social-Media-Influencer-Kommunikation (SMIK).

Doch wie können Organisationen die strategische Social-Media-Influencer-Kommunikation möglichst effektiv und effizient einsetzen? Tatsächlich herrscht in Organisationen aktuell große Unsicherheit darüber, wie sich dieses neue Instrument am besten nutzen und managen lässt. Denn das Praxisfeld der Influencer-Kommunikation ist noch vergleichsweise jung, und so bildet sich allgemein anerkanntes, gesichertes Handlungswissen zum Management der Influencer-Kommunikation erst langsam heraus. Entscheidungen werden daher notwendigerweise vor allem auf Grundlage individueller Erfahrungen aus einzelnen Kampagnen getroffen. In dieser Situation fehlt insbesondere ein systematischer Überblick über die Spannbreite der Managementoptionen als Orientierung für Theorie und Praxis. Ziel dieses Beitrags ist es daher, die Frage zu beantworten, wie Organisationen strategische SMIK managen und wie sich diese Erkenntnisse für die Praxis nutzen lassen. Dazu greifen wir auf die Ergebnisse einer explorativen Studie zum Management (Planung, Organisation und Kontrolle) von SMIK zurück. Im Rahmen der Untersuchung wurden 20 qualitative Leitfadeninterviews mit Verantwortlichen für strategische Kommunikation in Organisationen und Agenturen durchgeführt.

12.2 Strategische Social-Media-Influencer-Kommunikation

Um die Forschungsfrage zu beantworten, müssen zunächst einige theoretische Grundlagen erläutert werden. Wie bereits angedeutet, argumentiert dieser Beitrag gegen die Verwendung des Begriffes Influencer Marketing und spricht stattdessen von strategischer Social-Media-Influencer-Kommunikation.

Unter strategischer Kommunikation ist nach Holtzhausen und Zerfaß (2013, S. 284) „the practice of deliberate and purposive communication a communication agent enacts in the public sphere on behalf of communicative entity to reach set goals" zu verstehen. Die Idee der strategischen Kommunikation hat sich vor allem im Bereich der Organisations- und Unternehmenskommunikation durchgesetzt (Zerfaß und Düring 2016). Strategische Kommunikation bezeichnet in diesem Zusammenhang die Gesamtheit aller Kommunikationsprozesse zwischen Organisationen und ihren Bezugsgruppen (Stakeholdern), mit denen ein Beitrag zur Aufgabendefinition und -erfüllung in Organisationen geleistet wird (Zerfaß 2010). Strategische Organisationskommunikation lässt sich anhand der Ziele und Stakeholder in die Teilbereiche der internen und der externen Organisationskommunikation (PR und Marketing) differenzieren (Zerfaß 2014, S. 46). Social-Media-Influencer stellen in diesem Zusammenhang einen neuen Stakeholdertyp der strategischen Kommunikation dar. Sie können beeinflussen, inwieweit Organisationen ihre Ziele erreichen oder durch das zielgerichtete Handeln dieser beeinflusst werden. Organisationen versuchen, Influencer bewusst und zielgerichtet in ihre Kommunikationsaktivitäten einzubeziehen, um Organisationsziele effizienter und oder effektiver zu erreichen (Archer und Harrigan 2016; Pang et al. 2016). Basierend auf dem dargestellten Verständnis von strategischer Kommunikation wird Social-Media-Influencer Kommunikation (in Anlehnung an Holtzhausen und Zerfaß 2013) wie folgt definiert:

► Strategische SMIK bezeichnet alle externen, auf die Organisationsziele bezogenen Kommunikationsaktivitäten einer Organisation, die sich direkt an Influencer richten oder diese bewusst und zielgerichtet in Kommunikationsaktivitäten einbeziehen.

Strategische SMIK ist dabei nicht als neue Kommunikationsfunktion neben interner Kommunikation, Marketing und PR zu verstehen. Stattdessen rückt der Begriff den Einsatz von Social-Media-Influencern und ihre Besonderheiten als Instrument der strategischen Kommunikation in den Fokus – ebenso wie beispielsweise der Begriff Social-Media-Kommunikation die Eigenschaften von Kanälen im Social Web hervorhebt, jedoch keinen eigenständigen neuen Kommunikationsmodus oder eine neue Organisationskommunikationsfunktion darstellt. SMIK kann somit sowohl für Zielstellungen der internen Kommunikation, des Marketing sowie der PR eingesetzt werden. Allerdings handelt es sich in der Praxis derzeit fast ausschließlich um ein Phänomen der externen Kommunikation.

Doch wie sind Social-Media-Influencer aus ihrer Funktion für die strategische Kommunikation zu definieren? Auch wenn der Begriff in der Branchenpresse und auch Praxiskonferenzen derzeit omnipräsent zu sein scheint, fehlt es bisher an theoretischen Betrachtungen und systematischen Definitionen. Aktuelle Studien mit thematischem Bezug zu Social-Media-Influencern bleiben häufig eine wissenschaftlich belastbare Definition schuldig (etwa Lee und Watkins 2016; Liu et al. 2015; Uzunoğlu und Misci Kip 2014), verweisen auf Opinion Leader- und Multiplikatoren-Konzepte (Uzunoğlu und Misci Kip 2014) oder den Einsatz von Micro-Celebrities (Marwick 2015). Handelt es sich bei Social-Media-Influencern also einfach um alten Wein in neuen Schläuchen? Wir vertreten die Auffassung, dass es sich aus Perspektive der strategischen Kommunikationsforschung tatsächlich um einen Akteur neuen Typs handelt. Social-Media-Influencer vereinen vier vormals von einzelnen Akteursgruppen wahrgenommene Funktionen und Eigenschaften:

1. **Contentproduktion:** Social-Media-Influencer produzieren erfolgreichen Content für Social-Media-Plattformen. Diese Contentproduktionskompetenz können sie nicht nur für ihre eigenen Kanäle einsetzen, sondern auch im Auftrag von Organisationen. Ist dies der Fall, so ähnelt ihre Funktion der einer klassischen Kreativagentur.
2. **Contentdistribution und -multiplikation:** Social-Media-Influencer verfügen über eigene Kanäle im Social Web. Diese Kanäle weisen zumeist eine hohe, zumindest aber auftraggeberrelevante Reichweite auf. Influencer können auf diesen Kanälen selbstproduzierten oder fremdproduzierten Content verbreiten. Setzen sie alleinig ihre Contentdistributionskompetenz ein und verbreiten fremdproduzierten Content, ist ihre Rolle vergleichbar mit der Werbedistributionsfunktion klassischer Medienorganisationen. Fällt die Contentproduktion und -distribution hingegen zusammen, ist ihre Rolle vergleichbar mit der publizistischen Funktion von Medienorganisationen – allerdings ohne die berufsethischen Standards, insbesondere dem der journalistischen Unabhängigkeit.
3. **Einfluss und soziale Beziehungen:** Social-Media-Influencer bauen über ihren Content und die Interaktion im Social Web eine soziale Beziehung zu ihren Followern auf. Influencer werden von ihren Followern als authentisch und glaubwürdig wahrgenommen (Gannon und Prothero 2016). Über diese Beziehung und ihre Expertise in bestimmten Themengebieten haben sie Einfluss auf die Einstellungen und das Verhalten ihrer Fans. Diese Einflussmöglichkeit kann analytisch mit dem Opinion-Leader-Ansatz (Lazarsfeld et al. 1968) beschrieben werden.
4. **Bekanntheit und Prominenz:** Durch die relevante Anzahl an aufgebauten sozialen Beziehungen erreichen Social-Media-Influencer in bestimmten (Special-Interest-) Gruppen im Social Web eine hohe Bekanntheit bzw. Prominenz. Ihre Bekanntheit muss sich dabei nicht alleinig auf das Social Web beschränken, sondern kann auch zu einer klassischen Medienprominenz werden. Bekanntheit bzw. Prominenz sind Faktoren, die sich mit dem Konzept der Micro-Celebrities beschreiben lassen (Marwick 2015).

▶ Aus Perspektive strategischer Kommunikation sind Social-Media-Influencer Akteure, die durch Contentproduktion, -verbreitung und Interaktion im Social Web eine relevante Anzahl sozialer Beziehungen zu und Einfluss auf ihre Follower aufgebaut haben.

Social-Media-Influencer zeichnen sich aus Perspektive strategischer Kommunikation somit in erster Linie durch die relevante Anzahl sozialer Beziehungen aus. Konstituierend ist, dass sie diese Beziehungen über die Produktion und Distribution von Content sowie die Interaktionen mit ihrem Publikum aufgebaut haben. Organisationen können die Contentproduktion, -distribution und Interaktion einzeln oder kombiniert für ihre Zielsetzungen einsetzen. Im Sinne der Definition ist es aber analytisch nur dann gerechtfertigt, von SMIK zu sprechen, wenn eine Organisation die sozialen Beziehungen der Influencern zu ihren Followern kommunikationsstrategisch nutzt. Fertigt ein Blogger beispielsweise Landschaftsaufnahmen an, auf denen er selbst nicht zu sehen ist und die alleinig auf Organisationskanälen verbreitet werden, so ist nicht von SMIK zu sprechen.

Welche Ziele und Stakeholder über SMIK erreicht werden sollen, welche Leistungen und Gegenleistungen ausgetauscht werden und wie die Kommunikation organisiert und evaluiert wird, bestimmt das Kommunikationsmanagement (Bentele und Nothhaft 2014). Wie strategische SMIK in der Praxis gemanagt wird und welche unterschiedlichen Wege sich für diese Prozesse herausgebildet haben, ist Gegenstand der im Folgenden präsentierten Studie.

12.3 Studie: Das Management Strategischer Social-Media-Influencer-Kommunikation

Ziel dieses Beitrages ist es, praxisrelevante Ergebnisse aus der Studie „Management Strategischer Influencer-Kommunikation“ vorzustellen und Tipps für das Management der Influencer-Kommunikation abzuleiten. Der hier vorgestellten Studie liegt die Fragestellung zugrunde, wie Verantwortliche der strategischen Kommunikation Influencer-Kommunikation managen. Unter Management ist dabei die Planung, Organisation und Kontrolle der Kommunikation zu verstehen (Schreyögg und Koch 2010). Im Rahmen der Planung fokussiert sich die Untersuchung auf die Ziele und Stakeholder bzw. Zielgruppen von Influencer-Kommunikation, die Leistungen von Influencern und Gegenleistungen der Organisationen sowie die Rollen und Typen, die Influencer in Kampagnen übernehmen können. In der Organisationsdimension liegt der Fokus auf dem Ablauf der SMIK. Für die Kontrolldimension werden die Key Performance Indicators und Messmethoden, anhand derer der Erfolg von SMIK bestimmt wird, untersucht.

Da bisher nur fragmentarische Erkenntnisse über einzelne Aspekte der jeweiligen Managementdimensionen vorliegen, wurde ein qualitativ-exploratives Untersuchungsdesign gewählt. Im Rahmen der Studie wurden 20 halb strukturierte Interviews (Helfferich 2011) mit Verantwortlichen aus Agenturen und Organisationen durchgeführt. Organisationsvertreter wurden aufgrund ihrer detaillierten Erfahrungen in einzelnen Kampagnen befragt, Agenturvertreter aufgrund ihres Überblickswissens zu einer Vielzahl von Kunden und Kampagnen. Voraussetzung für die Auswahl war, dass die Interviewten bereits Erfahrungen und Expertise im Bereich der SMIK aufgebaut hatten. Daher wurde zunächst eine Liste von Organisationen und Agenturen angelegt, die auf einschlägigen Fachkonferenzen aufgetreten waren, von der Branchenpresse (Horizont, w&v, t3n, PR Journal) erwähnt wurden oder deren Aktivitäten durch eine Google-Stichwortsuche zu identifizieren waren. In einem zweiten Schritt wurde für die Gruppe der Organisationen eine heterogene Samplingstrategie anhand der Kriterien Größe, Branche und Gewinnorientierung angewandt. Für die Gruppe der Agenturen wurde darauf geachtet, dass im Sample Kunden unterschiedlicher Branchen, Größe und Gewinnorientierung vorhanden waren.

Die Interviews wurden im Zeitraum Juli bis September 2017 geführt. Die Länge der Interviews variiert von 36 bis 86 min (m = 59′57″). Die Interviewdaten wurden mittels einer Qualitativen Inhaltsanalyse ausgewertet (Schreier 2012).

12.4 Ergebnisse und Praxistipps

Im Folgenden werden die Ergebnisse der Studie in den Managementdimensionen Planung, Organisation und Kontrolle dargestellt. Der Fokus liegt dabei auf neben der Darstellung der Ergebnisse auf den Ableitungen von Praxistipps. Die Ergebnisse werden daher eingebettet in die Erklärungen zu Grundlagen des Kommunikationsmanagements dargestellt.

12.4.1 Planung

Bevor SMIK-Aktivitäten implementiert werden, gilt es, die Kommunikationsmaßnahmen zu planen. Entscheidend ist vor allem, welche Ziele und Zielgruppen erreicht werden sollen. Kommunikative Ziele leiten sich dabei stets aus den übergeordneten Organisations- oder Projektzielen ab. Erst wenn Kommunikationsziele und Zielgruppen definiert sind, kann bestimmt werden, welche Leistungen Influencer für eine Kampagne erbringen und welche Gegenleistungen Organisationen anbieten. Aus der Kombination der Ziele und Leistungen ergeben sich bestimmte Typen und Rollen von Influencern in Kampagnen.

Ziele und Zielgruppen

Um die genannten Ziele der Befragten einordnen und analysieren zu können, wurde das Input-Output-Outcome-Impact-Modell der Wirkmessung verwendet.

Die genannten Ziele ließen sich vorrangig auf der Input-, Output-Ebene und Outcome-Ebene einordnen, wie Abb. 12.1 zeigt.

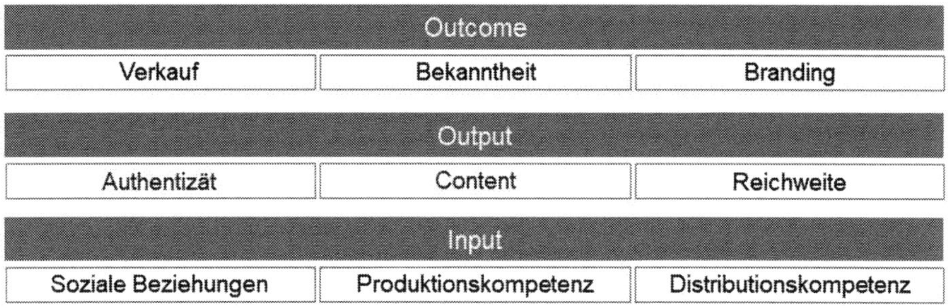

Abb. 12.1 Ziele der SMIK

Auf der Outcome-Ebene konnten drei zentrale Ziele identifiziert werden:

- **Verkauf**: Steigerung der Verkaufszahlen bzw. Conversions
- **Bekanntheit**: Höhere Bekanntheit von Organisationen, Marken und Projekten
- **Branding und Markenbildung**: Aufbau eines gewünschten Markenimages

Bei diesen Zielen handelt es sich vorrangig um klassische Marketingziele. Typische PR-Ziele, die Stakeholder in nicht-ökonomischen Rollen adressieren und auf die Sicherung von Legitimität oder den Aufbau von Vertrauen abzielen, spielen hingegen eine recht untergeordnete Rolle. Dabei ist es unerheblich, ob die Marketing- oder PR-Abteilung für Influencer-Kommunikation verantwortlich ist. Auch SMIK, die von PR-Verantwortlichen geplant und umgesetzt wird und teilweise unter der Bezeichnung Influencer Relations erfolgt, richtet sich in der Praxis hauptsächlich an Marketingzielen aus. An dieser Stelle besteht ein bislang unausgeschöpftes Potenzial, SMIK auch für Ziele der PR wie den Aufbau von Vertrauen oder Akzeptanz einzusetzen.

Während auf der Outcome-Ebene klassische Marketingziele dominieren, zeigt sich auf der Input- und Output-Ebene der besondere Charakter der SMIK. Auf der Ebene des Inputs wurden drei zentrale Ressourcen identifiziert, die sich in den Zielstellungen auf dieser Ebene wiederfinden lassen:

- **Soziale Beziehungen**
- **Contentproduktionskompetenz**
- **Contentdistributionskompetenz**

Organisationen versuchen, die sozialen Beziehungen, die Influencer zu ihrem Publikum aufgebaut haben, für eigene Zielstellungen zu nutzen. Diese Beziehungen sind die zentrale Ressource der Influencer. Sie beruhen zu einem großen Teil auf der intensiven Interaktion der Influencer mit ihren Followern. Aufgrund ihrer sozialen Beziehung nehmen Fans Influencer und ihre Botschaften als authentisch und glaubwürdig war. Organisationen sehen in Influencern deshalb effektive bzw. effiziente Kommunikatoren und Protagonisten.

Ihre sozialen Beziehungen haben Influencer auf Grundlage des Contents aufgebaut, den sie selbst produzieren und über ihre Social-Media-Kanäle distribuieren. Daher zielen Organisationen zusätzlich darauf ab, die mit Produktion und Distribution verbundenen Kompetenzen und Ressourcen der Influencer zu nutzen. Die Contentproduktionskompetenz kann dabei sowohl für Influencer-Kanäle, als auch für eigene Kanäle eingesetzt werden. Influencer haben ihre sozialen Beziehungen jedoch nicht nur durch eine erfolgreiche Contentproduktion, sondern auch mittels geeigneter Distributionsstrategien aufgebaut. Das ist insbesondere deshalb möglich, da im Social Web Publishing-Strategien mit Interaktionsstrategien verschmelzen. Influencer versuchen Content zu produzieren, der eine hohe Interaktion in ihrer Community erzeugt, um – der Logik der Netzwerke folgend – die Reichweite ihres Contents zusätzlich zu steigern. Durch die Livefunktionen einiger Plattformen können Influencer direkt Content einbeziehen.

Die Bedeutung der drei identifizierten Inputfaktoren zeigt sich auch an den Zielstellungen auf der Output-Ebene:

- **Authentizität**: Wahrnehmung des Influencers und seiner Botschaften als authentisch
- **Content**: Erstellung von Content für das Social Web
- **Reichweite**: Erhöhung der Reichweite der Organisationsbotschaften

Als Wirkung der sozialen Beziehungen erhoffen sich Organisationen, die Ziele auf der Outcome-Ebene durch den authentischeren Content und Kommunikator effektiver zu erreichen. In der Praxis bezieht sich Authentizität daher ausschließlich darauf, a) wie authentisch der Influencer als Kommunikator wahrgenommen wird und b) wie authentisch sein Content wirkt. Das mögliche Ziel, über SMIK auch die wahrgenommene Authentizität der Organisation zu erhöhen, spielt dagegen faktisch bislang keine Rolle.

Die Ziele auf den drei Ebenen können auf verschiedene Weise kombiniert werden. SMIK ist somit ein vielseitiges Instrument der strategischen Kommunikation, das nicht nur für die Steigerung von Reichweiten eingesetzt werden kann, sondern mit dem das Erreichen weitaus komplexerer Ziele unterstützt wird.

Für die Zielgruppen von Influencer-Kommunikation lassen sich zwei zentrale Trends erkennen: Entweder wird Influencer-Kommunikation eingesetzt, um jüngere Zielgruppen zu erreichen. Das geschieht meist als Reaktion auf ein veränderteres Mediennutzungsverhalten dieser Zielgruppen. Oder SMIK wird eingesetzt, um bestimmte Special-Interest-Gruppen zu adressieren – durchaus unabhängig von ihrem Alter. Das ist vor allem dann der Fall, wenn sich im Social Web bereits Communities zu einem bestimmten Thema wie etwa Kreuzfahrturlaub, laktosefreie Ernährung oder Gartengestaltung herausgebildet haben und sich in diesen Communities Influencer etablieren konnten.

▶ Definieren Sie in der Planungsphase zunächst die übergeordneten Ziele auf der Impact- und Outcome-Ebene sowie die Anspruchs- bzw. Zielgruppen der Maßnahme. Dabei kann es sich um die hier beschriebenen marketingorientierten Zielsetzungen handeln, aber auch um klassische Ziele der PR. Prüfen Sie, ob Sie Ihre Ziele und Zielgruppen überhaupt über Influencer im Social

Web erreichen können. Ist dies der Fall, überlegen Sie im Anschluss, mit welchen Zielsetzungen auf der Input- und Output-Ebene sie Ihre übergeordneten Ziele am besten unterstützen. Dabei können Sie verschiedene Zielsetzungen und Strategien miteinander kombinieren. So können Sie beispielsweise die sozialen Beziehungen und Contentproduktionskompetenz der Influencer nutzen, um Content für Ihre eigenen Kanäle produzieren zu lassen, in denen der Influencer als Protagonist auftritt. Sie können aber auch ausschließlich die Distributionskompetenz der Influencer einsetzen, indem Sie eigenen Content auf den Influencer-Kanälen verbreiten lassen. Bei der Auswahl von Influencern sollten Sie jedoch darauf achten, dass Sie Influencer auswählen, die bereit sind, die gewünschte Kompetenz zur Verfügung zu stellen.

Leistungen und Gegenleistungen

Influencer erbringen für Organisationen Leistungen und verlangen dafür in der Regel Gegenleistungen. Im Folgenden wird die Bandbreite der möglichen Leistungen beschrieben (siehe Abb. 12.2).

Auch bei der näheren Betrachtung der erbrachten Leistungen aus Sicht strategischer Kommunikation zeigt sich die Relevanz der Contentproduktion und -distribution von Influencern. Neben diesen klassischen Leistungen bieten Influencer zudem Links und Mentions sowie Beratung für Organisationen als Leistungen an:

- **Contentproduktion:** Influencer produzieren Content mit Organisationsbezug für Organisations- oder Influencerkanäle.
- **Contentdistribution:** Influencer verbreiten selbst- oder fremdproduzierten Content mit Organisationsbezug auf ihren Kanälen.
- **Links und Mentions:** Influencer setzen Links und Mentions für Organisationen auf ihren Kanälen oder in ihrem Content. Dies ist vor allem für die Reichweitensteigerung oder unter SEO-Aspekten relevant.
- **Beratung:** Aufgrund ihrer Produktions- und Distributionskomptenzen kommt Influencern teilweise auch eine beratende Funktion in der Planung und Umsetzung von Kampagnen zu.

  Organisationen bieten im Gegenzug je nach Leistung der Influencer verschiedene Gegenleistungen. Diese reichen von klassischer Bezahlung und geldwerten Leistungen über den Zugang zu Orten und Events bis zur Promotion der Influencer durch die Organisation.

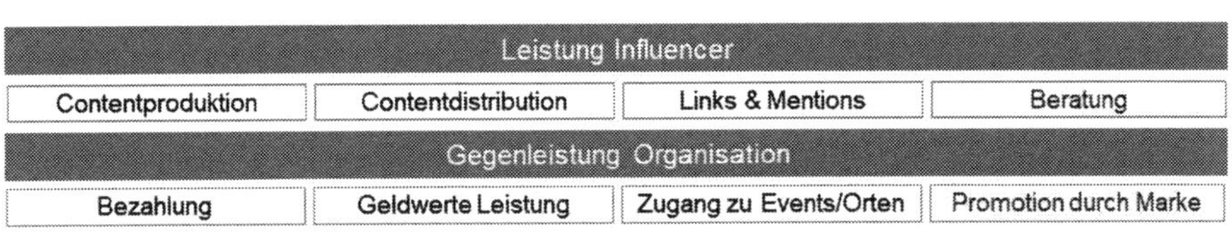

Abb. 12.2 Leistungen und Gegenleistungen SMIK

- **Bezahlung:** Influencer werden für ihre Leistungen durch eine klassische Bezahlung entlohnt. Dies kann auch in Form von Affiliate-Beteiligungen erfolgen.
- **Geldwerte Leistungen:** Influencer werden durch die Produkte einer Organisation oder die Übernahme von Kosten (Reise, Übernachtung) entlohnt.
- **Zugang zu Events und Orten:** Für Influencer ist die Produktion von hochwertigem, möglichst exklusivem Content entscheidend, um das Interesse bestehender Follower aufrechtzuerhalten und neue Follower zu gewinnen. Der Zugang zu speziellen Events und Orten hat sich daher ebenfalls als Gegenleistung etabliert. Vorteile für die Influencer entstehen vor allem dann, wenn sie sich durch diesen Zugang von anderen Influencern abgrenzen können.
- **Promotion durch Marke:** Auch Organisationen bieten Influencern die Möglichkeit, ihren Bekanntheitsgrad zu steigern und so ihre Followerschaft zu vergrößern. Vor allem bekannte Marken oder Organisationen mit hoher eigener Reichweite im Social Web können Aufmerksamkeit für Influencer generieren und diese Unterstützung als Leistung in die Zusammenarbeit mit einem Influencer einbringen.

> Influencer sind nicht nur an einer Bezahlung für ihre Leistungen interessiert. Es kann für sie ebenfalls interessant sein, von anderen Gegenleistungen zu profitieren. Finden Sie heraus, was den Influencern, die Sie planen einzusetzen, einen besonders hohen Mehrwert bieten könnte. Beachten Sie, dass die Art der Gegenleistung durch Sie die Kennzeichnungspflicht beeinflusst. Affiliate-Beteiligungen können als zusätzliche Motivation des Influencers oder zur erfolgsorientierteren Preisgestaltung eingesetzt werden.

Influencer-Rollen und -Typen

Aus den Zielen des Influencer-Einsatzes und den Leistungen von Influencern lassen sich verschiedene Rollen von Influencern im Kampagnenkontext identifizieren. Influencer können dabei einzelne Rollen wahrnehmen oder auch verschiedene Rollen kombinieren. Eine Übersicht zeigt Abb. 12.3.

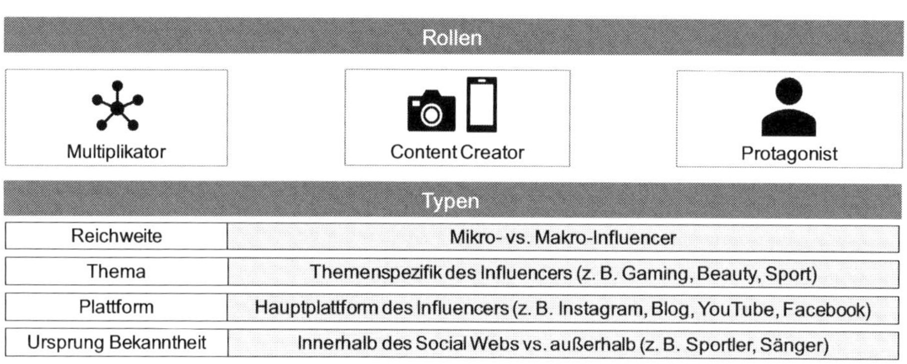

Abb. 12.3 Influencer-Rollen und -Typen

- **Multiplikator:** Influencer können für Organisationen und Kampagnen die Rolle eines Multiplikatoren wahrnehmen. In dieser Rolle liegt der Fokus vor allem auf der Distribution und Reichweitensteigerung von Botschaften. Es gibt verschiedene Vorteile, Influencer als Multiplikatoren einzusetzen: Erstens erreichen viele Influencer vor allem junge Zielgruppen, die über klassischen Massenmedien nur schwerlich erreichbar sind. Der engere thematische Fokus vieler Influencer und die entsprechend themeninteressierte Followerschaft ermöglichen es zweitens, Streuverluste zu verringern. Drittens wird angenommen, dass die Wirkung von Botschaften durch Influencer effektiver ist als durch Organisationsbotschaften (Defy 2015, 2016).
- **Content Creator:** In der Rolle als Content Creator liegt der Fokus vor allem auf der Contentproduktionskompetenz der Influencer. Die Rolle des Content Creators ist die einzige Rolle, die nur in Kombination mit einer der beiden anderen Rollen auftreten kann. Wird ein Influencer nur als Content Creator eingesetzt, können seine sozialen Beziehungen nicht genutzt werden. Zwar werden Influencer in bestimmten Kampagnen ausschließlich als Content Creators eingesetzt, aus theoretischer Perspektive treten sie in diesen Fällen jedoch nicht in ihrer Funktion als Influencer auf.
- **Protagonist:** Aufgrund ihrer Bekanntheit und der sozialen Beziehung zu ihren Followern können Influencer in der Rolle des Protagonisten auftreten. Das kann sowohl im selbstproduzierten und distribuierten Content der Influencer der Fall sein als auch in Content, der alleinig durch Organisationen produziert und verbreitet wird (z. B. als Model in einem Werbespot).

  Zwar nehmen Influencer teilweise auch die Rolle eines Beraters für Organisationen ein. Diese Rolle bezieht sich jedoch stets auf die Kompetenzen der Influencer als Creator, Protagonist oder Multiplikator. Die Beratungsfunktion ist daher als ergänzende und nicht eigenständige Rolle zu betrachten.

> Influencer können für strategische Kommunikationsaktivitäten in ihrer Rolle als Content-Creator, Multiplikator und Protagonisten eingesetzt werden. Je nach Zielstellung ihrer Kampagne können Sie durch die Kombination dieser Rollen die Effizienz und Effektivität ihrer Kommunikation steigern.

Neben den übergeordneten Rollen von Influencern lassen sich zudem verschiedene Typologisierungen von Influencern vornehmen, die für die Auswahl entscheidend sein können. Die Typologisierung kann dabei anhand der Reichweite, des Themas, der Plattform oder des Ursprungs der Bekanntheit erfolgen (siehe Abb. 12.3).

- **Reichweite:** Werden Influencer anhand der Reichweite unterschieden, so werden sie in Mikro- und Makro-Influencer unterteilt. Dabei gibt es keinen speziellen Schwellenwert, anhand dessen eine Einteilung in Mikro und Makro erfolgt. Vielmehr kommt es auf die Größe der eigentlichen Zielgruppe bzw. Community an. So kann ein Influencer mit 5000 Followern, der sich aber auf ein Thema mit einer sehr kleinen Community spezialisiert hat, durchaus als Makro-Influencer gezählt werden. Dagegen kann ein Influencer, der keine thematisch spezialisierte Community hat, mit derselben Followerzahl als Mikro-Influencer klassifiziert werden. Die Relevanz der Reichweite für die Influencer-Auswahl und Kampagnenumsetzung ist von den übergeordneten Zielstellungen und der Anzahl an Influencern, mit denen kooperiert wird, abhängig.

- **Thema:** Influencer können anhand ihrer Fokusthemen klassifiziert werden. Während stark thematisch spezialisierte Influencer oft auch eine thematisch fokussierte Community aufgebaut haben, gibt es insbesondere im Lifestyle-Bereich reichweitenstarke Influencer mit breiterem thematischem Fokus und entsprechend heterogener Followerschaft. Die thematische Themenfokussierung und -Expertise eines Influencers gehört zu den zentralen Auswahlkriterien bei der SMIK (siehe auch Influencer-Auswahlkriterien).
- **Plattform:** Eine weitere Klassifizierungsoption bietet die Kernplattform. Influencer sind zwar häufig auf verschiedenen Plattformen aktiv, in der Regel haben sie jedoch eine Kernplattform, für die sie Content produzieren. Die weiteren Social-Media-Kanäle des Influencers werden hingegen zur Reichweitensteigerung für die Kernplattform genutzt. Die Kernplattform eines Influencers kann Auskunft über die dahinterliegenden Zielgruppen sowie die Contentproduktionskompetenzen des Influencers geben.
- **Ursprung der Bekanntheit:** Neben Influencern, die ihre Bekanntheit alleinig über die Contentproduktion und -distribution im Social Web erreicht haben, werden auch Prominente in strategische SMIK einbezogen, vorausgesetzt sie haben über die Produktion und Distribution von Content eine relevante Anzahl an sozialen Beziehungen im Social Web aufgebaut. Da Prominente seltener über spezielle Produktionskompetenzen verfügen, werden sie häufiger in der Rollenkombination Multiplikator und Protagonist eingesetzt. In der Praxis hat sich der Ursprung der Bekanntheit als Klassifizierungsmerkmal etabliert. Es wird unterschieden in Influencer, die ihre Bekanntheit und soziale Beziehungen ausschließlich im Social Web aufgebaut haben, und solche, die ihre vorab bestandene Bekanntheit ins Social Web übertragen und dort ausgebaut haben.

▶ Für die Planung und Auswahl können Sie Influencer nach der Reichweite, dem Thema, der Plattform und dem Ursprung ihrer Bekanntheit klassifizieren. Prüfen Sie, inwieweit diese Klassifizierung und eine gezielte Auswahl hilfreich sein können, um ihre Ziele zu erreichen.

12.4.2 Organisation

Während die strategischen Weichen einer Kampagne durch die Management-Dimension der Planung vordefiniert werden, bestimmt die Organisation die Ausgestaltung von Arbeitsabläufen und Verantwortlichkeiten. Im Rahmen der Untersuchung konnten vier zentrale Phasen der Influencer-Kommunikation (siehe Abb. 12.4) identifiziert werden:

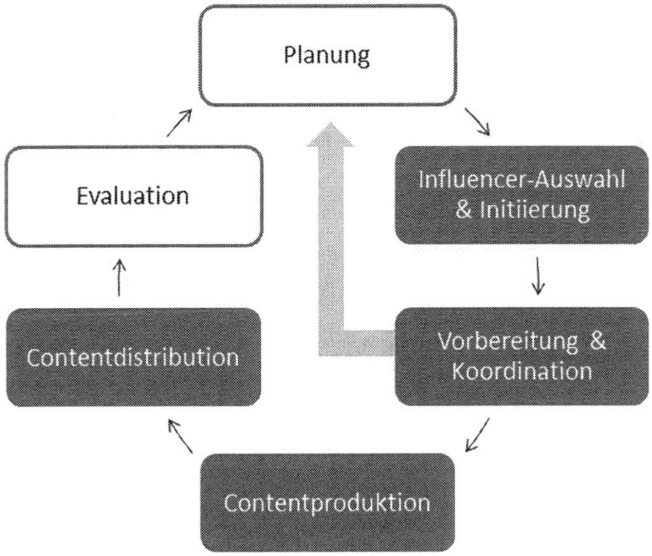

Abb. 12.4 Phasen strategischer Influencer-Kommunikation

Influencer-Auswahl und Kontaktinitiierung, Vorbereitung und Koordination, Contentproduktion und Contentdistribution. Da es sich bei den Managementdimensionen um eine analytische Differenzierung handelt, die in der Praxis oft verschwimmt und ineinander übergeht, wurden die Phase der Planung und Evaluation ebenfalls im Schaubild mit aufgenommen. Dies ist bei SMIK insofern von besonderer Bedeutung, als dass Influencer auch an der Planung von Kampagnen mitwirken können. In diesen Fällen findet nach der Planung und Auswahl der Influencer durch das Unternehmen noch einmal eine Überarbeitung oder Detailkonzeption in Zusammenarbeit mit dem Influencer statt. Teilweise werden Influencer sogar noch frühzeitiger in den Prozess einbezogen, um ihre Expertise für die grundlegende Planung zu nutzen.

Da der Planung und Evaluation eigene Unterkapitel gewidmet sind, liegt der Fokus im Folgenden auf den vier Phasen im Bereich der Organisation.

Influencer-Auswahl und Kontaktinitiierung

Die befragten Organisationen wählen Influencer nach unterschiedlichen Kriterien aus, die abhängig sind von der Zielsetzung ihrer Kampagne. Auch für die Auswahlkriterien wird im Folgenden das Spektrum der möglichen Kriterien dargestellt (siehe Abb. 12.5). Das bedeutet nicht, dass alle identifizierten Kriterien stets zum Einsatz kommen. Stattdessen gewinnen und verlieren einzelne Kriterien je nach Zielsetzung an Relevanz.

- **Passung:** Organisationen wählen Influencer nach verschiedenen Passungskriterien aus. So ist entscheidend, ob das Influencerimage zum Organisationsimage passt. Ein sehr provokativer Influencer würde trotz hoher Reichweite beispielsweise keine gute

Abb. 12.5 Influencer-Auswahlkriterien

Passung zu einer eher konservativen Marke erreichen. Ein weiteres Kriterium ist die thematische Expertise des Influencers. Entscheidend ist, ob der thematische Fokus des Influencers zur Kampagne passt oder für die Kampagne von besonderer Relevanz ist. Schließlich kann auch der narrative und ästhetische Stil des Influencer-Contents für die Auswahl herangezogen werden. In diesen Fällen ist entscheidend, inwieweit beispielsweise die Bildsprache und Tonalität zur Marke und ihrer Kommunikation passt.

- **Anforderungen:** Organisationen legen teilweise auf besondere Fähigkeiten oder Kompetenzen des Influencers Wert. Dabei kann es sich zum Beispiel um die Kompetenzen im Erstellen von Content für bestimmte Social-Media-Kanäle handeln, die im Rahmen einer Kampagne gefragt sind. Darüber hinaus zählt vor allem die generelle Professionalität der Influencer als Auswahlkriterium. Dieses Kriterium beruht darauf, dass Influencer teilweise noch sehr jung sind oder keine spezifische Kommunikationsausbildung absolviert haben. Organisationen versuchen, über Einschätzung oder Erfahrungen mit der Professionalität der Influencer das Risiko einer unzufriedenstellenden Kooperation zu verringern.
- **Kennzahlen:** Für die Auswahl werden spezifische Kennzahlen herangezogen. Zu diesen Kennzahlen gehören die Reichweite des Influencers (v. a. Anzahl der Abonnenten, Fans und Follower), die Engagement-Rate auf den Kanälen und die Valenz der Kommentare. Die Reichweite kann noch einmal in absolute Reichweite und Nettoreichweite unterschieden werden. Absolute Reichweite meint die Gesamtanzahl aller Fans bzw. Follower eines Kanals. Die Nettoreichweite meint hingegen die Anzahl der Fans bzw. Follower, die der eigentlichen Zielgruppe der Organisation bzw. Kampagne zuzuordnen sind.
- **Ausschlusskriterien:** Neben den positiven Auswahlkriterien existieren negative Ausschlusskriterien, die verhindern, dass eine Organisation trotz Passung, erfüllter Anforderungen und gewünschter Kennzahlen eine Kooperation mit einem Influencer eingeht. Hierzu gehören beispielsweise die Zusammenarbeit des Influencers mit einer konkurrierenden Organisation und eine generell hohe Anzahl an Kooperationen. Beides kann sich auf die wahrgenommene Authentizität des Influencers und damit auf die Effektivität der Maßnahmen auswirken.

- Die Reichweite ist nur eines von vielen möglichen Kriterien bei der Auswahl von Influencern. Die meisten Organisationen achten zwar darauf, dass ein bestimmter Reichweitenschwellenwert überschritten wird, darüber hinaus sind aber vor allem Kriterien der Passung und der Anforderungen relevant. Für Kampagnen, die Influencer alleinig in ihrer Contentproduktions- und Protagonisten-Rolle einsetzen, hat die Reichweite hingegen eine geringere Bedeutung. Entscheiden Sie daher anhand Ihrer Zielsetzungen, welche Kriterien für Ihre Kampagne besonders relevant sind und wählen Sie die Influencer anhand Ihres persönlichen Kriterienkatalogs aus.

Nach der Auswahl findet die Initiierung des Kontakts zu einem Influencer durch die Organisation selbst oder eine beauftragte Agentur statt. Dazu wird der Influencer oder, im Falle bekannter Influencer, sein Management kontaktiert. Viele Agenturen haben ein gut gepflegtes Influencer-Netzwerk aufgebaut, in dem sie passende Influencer recherchieren und als Kooperationspartner vorschlagen können. Auch einige Unternehmen haben begonnen, eigene Datenbanken zu erstellen. Mittlerweile haben sich zudem eine Reihe von Plattformen zur Vermittlung und Kontaktaufnahme mit Influencern etabliert (wie z. B. InfluencerDB, Incircles und Reachhero), Auf einigen dieser Plattformen haben Organisationen die Möglichkeit, Kooperationen auszuschreiben, sodass Influencer sich bewerben und mit ihren Ideen um die Zusammenarbeit pitchen können. Daneben kommt es vor, dass auch Influencer Kooperationen initiieren. Allerdings wird es mit steigender Bekanntheit seltener, dass dies geschieht. Entsprechende Initiativen sind daher vor allem für „Nachwuchs-Influencer" interessant.

- Leicht auffindbare Angebote, allen voran die Bereitstellung von Produkten und der Aufbau von speziellen Landing Pages, machen es Influencern leichter, ihrerseits mögliche Kooperationspartner gezielt zu recherchieren. Ihr Interesse an Kooperationen lässt sich nutzen, um niedrigschwellige Kooperationen zu vereinbaren und um eine eigene Influencer-Datenbank aufzubauen.

Vorbereitung und Koordination

In der Phase der Vorbereitung einer Kooperation werden die Rahmenbedingungen für die Zusammenarbeit geregelt. Zu Beginn kann es daher sinnvoll sein, den Influencer persönlich kennenzulernen. Dazu eignen sich die klassischen Chemistry Meetings genauso wie kleinere Veranstaltungen mit einer begrenzten Anzahl an teilnehmenden Influencern.

Die Basis der Kooperation von Organisation und Influencer stellt dann das Briefing dar. Im Briefing halten Organisationen die relevanten Eckdaten zu gewünschten Influencerleistungen fest. In dieser Hinsicht unterscheidet sich die Zusammenarbeit zwischen Influencern und Organisation kaum von der Zusammenarbeit mit einer klassischen Kreativagentur.

Im Briefing lassen sich produktions- und distributionsspezifische Vorgaben durch Organisationen unterscheiden. In Bezug auf die Produktion kann das Briefing Anzahl und Umfang des Contents, Produktinformationen, Initiierungshinweise und Brand Guidelines beinhalten. Über das Briefing können auch bestimmte Narrationsbestandteile ausgeschlossen werden. Beispielsweise lässt sich festlegen, dass das zu präsentierende Produkt nicht im Kontext alkoholischer Getränke gezeigt werden soll. Distributionsspezifische Vorgaben wiederum regeln etwa die Verwendung bestimmter Hashtags, Mentions und Verlinkungen. Auch das Timing der Veröffentlichung einzelner Posts kann an dieser Stelle geregelt werden. Schließlich ist es gute Praxis, die Darstellung und Platzierung der Kooperationskennzeichnung festzulegen. Ob über das Briefing hinaus auch ein Vertrag geschlossen wird, hängt von der Art des Leistungsaustauschs zwischen Influencern und Organisationen ab.

Inwieweit im Briefing auch konzeptionelle Vorgaben gegeben werden, hängt von der Rolle des Influencers in der Planung und Umsetzung der Kampagne ab. In einigen Fällen tritt die Organisation bzw. die von ihr beauftragte Agentur bereits mit einem ersten inhaltlichen Konzept an den Influencer heran, in anderen Fällen wird dieses Konzept mit dem Influencer zusammen ausgearbeitet, in wiederum anderen entwirft der Influencer das Konzept im Anschluss an das Briefing eigenständig. In diesem letzten Fall wird das Konzept im Allgemeinen dem Auftraggeber im Rahmen eines Re-Briefings vorgestellt und ggf. abgesegnet. Insbesondere Influencern, die aufgrund ihrer Contentproduktionskompetenz gewählt wurden, wird häufig ein breiterer Gestaltungsspielraum gelassen.

▶ Gewähren Sie Influencern ausreichend Freiraum bei der Erstellung von Inhalten. Auch wenn ein solches Vorgehen zu einem partiellen Kontrollverlust führen kann, gibt es mindestens zwei gute Gründe dafür: Erstens stellt die wahrgenommene Authentizität einen großen Vorteil der SMIK dar. Authentizität setzt Freiräume für Influencer voraus, ihre individuelle Persönlichkeit einbringen und sich kreativ entfalten zu können. Zweitens kennen Influencer ihre Followerschaft in der Regel besser als die kooperierende Organisation und können daher eher einschätzen, was ihrem Publikum gefällt.

Contentproduktion

Nachdem die Influencer auswählt und die Vorbereitung abgeschlossen ist, beginnt in der Regel die Phase der Contentproduktion. Dabei lassen sich drei Contentproduktionsstrategien identifizieren: Contentproduktion durch Influencer, Contentproduktion durch Organisationen sowie Mischformen.

- **Contentproduktion durch Influencer:** Die Contentproduktion wird alleinig durch die Influencer durchgeführt. Dies ist vor allem dann der Fall, wenn Influencer aufgrund ihrer Contentproduktionsfähigkeiten und damit in der Rolle des Content Creators eingesetzt werden. Zusätzlich können sie im Rahmen der Kampagne auch als

Multiplikatoren (abhängig von der Distributionsstrategie) und Protagonisten eingesetzt werden (z. B. der selbstproduzierte Spot von Julien Bam für Fanta, in dem er selbst als Protagonist auftritt).

- **Contentproduktion durch Organisationen:** Die Contentproduktion erfolgt alleinig durch die Organisationen. Organisationen produzieren den Content selbst, sofern Sie aufgrund ihrer Zielsetzungen Influencer ausschließlich in der Rolle des Protagonisten (z. B. der Spot von Neckermann-Reisen mit Bianca Heinicke von BibisBeautyPalace) oder Multiplikatoren nutzen.
- **Mischformen:** Einige Organisationen nutzen den Content der Influencer zwar als Rohmaterial, verarbeiten ihn aber im Rahmen eines Post-Produktionsprozesses weiter. Dies ist vor allem dann der Fall, wenn die Distribution auch auf den Organisationskanälen stattfindet oder aber ein starkes Kontrollbedürfnis sowie strikte Brand Guidelines aufseiten der Organisation bestehen. Bei Mischformen können die drei Rollen Creator, Multiplikator und Protagonist gleichermaßen eingesetzt werden.

Contentdistribution

Die Contentproduktion und -distribution sind eng miteinander verbunden. In der Regel findet die Contentdistribution über das Social Web statt. Eine Reihe von Organisationen versucht jedoch, den produzieren Content zunehmend auch in anderen Online- und Offline-Kampagnen zu verwenden.

Für die Contentdistribution im Social Web lassen sich erneut drei Strategien identifizieren:

- **Contentdistribution durch Influencer:** Die Contentdistribution erfolgt alleinig durch die Influencer. Dies ist vor allem dann der Fall, wenn Influencer in ihrer Multiplikatorenrolle eingesetzt werden. Zusätzlich können Sie im Rahmen der Kampagne auch als Content Creator und Protagonist eingesetzt werden.
- **Contentdistribution durch Organisation:** Die Contentdistribution erfolgt alleinig durch die Organisationen. Organisationen verbreiten den Content ausschließlich selbstständig (z. B. über eigne Organisationskanäle), ohne die Kanäle der Influencer zu nutzen. In diesen Fällen nutzen Organisationen Influencer in ihrer Rolle als Content Creator und Protagonist oder alleinig als Protagonist. Dies ist beispielsweise dann der Fall, wenn Organisationen einzelne Influencer-Inhalte einbinden oder aber auch die Betreuung des gesamten Kanals für einen bestimmten Zeitraum an Influencer übergeben.
- **Mischformen:** Der Content wird sowohl auf den Influencer-Kanälen als auch auf den Organisationskanälen verbreitet. Diese Distributionsstrategie bietet sich vor allem für Kampagnen an, die auf eine hohe Reichweite und Sichtbarkeit der Kooperation abzielen. Mischformen werden darüber hinaus häufig angewandt, um die Follower der Influencer auf Organisationskanäle zu leiten. In diesen Fällen wirkt der Influencer eher als Multiplikator für den Organisationscontent. Generell ist jedoch auch bei den Mischformen im Bereich der Distribution ein Einsatz der Influencer in allen drei Rollen möglich.

12.4.3 Kontrolle

Auch für die Evaluation der SMIK lässt sich in der Praxis eine gewisse Bandbreite an Key Performance Indicators und Messmethoden beobachten.

Key Performance Indicators
Im Rahmen der SMIK kommen verschiedene Key Performance Indicators (KPIs) zum Einsatz. Sie lassen sich anhand ihres Standardisierungsgrades in die Gruppe der hochstandardisierten und niedrigstandardisierten KPIs einteilen.

- **Hochstandardisierte KPIs:** Zu den hochstandardisierten KPIs gehören solche Indikatoren, die auf einheitlichen Kennzahlen und Messmethoden beruhen. Hierzu zählen etwa die Reichweite eines bestimmten Posts bzw. einer Kampagne, die Anzahl initiierter Interaktionen, die Contentquantität, also die Anzahl von Kampagnenposts, sowie die Conversions (z. B. Verkäufe oder Anmeldung). Daneben wird auch die Anzahl neu gewonnener Follower für den Unternehmenskanal als KPI genutzt.
- **Niedrigstandardisierte KPIs:** Weniger stark standardisierte KPIs beziehen sich in der Regel auf latente Konstrukte und nicht auf eindeutig vergleichbare Kennzahlen und Messmethoden. Auch wenn sie zum Teil weniger eindeutig zu bestimmten sind, werden sie als Ergänzung zu den stark standardisierten KPIs herangezogen. Das lässt sich gut am Beispiel der Contentqualität nachvollziehen. Zur Evaluation der Qualität wird eine Einschätzung der Güte der Influencerinhalte benötigt. Diese Einschätzung ist jedoch in den seltensten Fällen an klar definierte Qualitätskriterien angebunden, sondern beruht eher auf einer subjektiven Zufriedenheit mit den Inhalten. Da die Contentqualität in Zusammenhang mit den Zielen auf Input- und Output-Ebene steht, kann sie dennoch ein sinnvoller Indikator für die Zielerreichung sein. Weitere niedrigstandardisierte KPIs sind die Valenz der Reaktionen auf einen Post sowie die Initiierung von Nachfolgeprojekten (z. B. die Entwicklung von langfristigen Kooperationen aus einer ersten Zusammenarbeit).

Sowohl hochstandardisierte als auch niedrigstandardisierte KPIs beziehen sich fast ausschließlich auf die Output-Ebene. Eine Messung des Erfolges auf der Outcome- oder Impact-Ebene (z. B. Branding und Imageeffekte, Vertrauen und Akzeptanz) findet nur sehr selten statt. Dieses Versäumnis erschwert eine ganzheitliche Evaluation von SMIK.

Messmethoden
Um den Erfolg von SMIK-Maßnahmen zu messen, wird hauptsächliche auf Social-Media-Daten zurückgegriffen. Soziale Netzwerke stellen verschiedene Kennzahlen wie die Anzahl der Views, Likes und Posts zur Verfügung. Diese Kennzahlen sind zum Teil öffentlich einsehbar, zum Teil können aber nur die Kanalbetreiber selbst auf sie zugreifen. Erfolgt die Veröffentlichung auf dem Kanal eines kooperierenden Influencers,

müssen die Daten daher durch diesen zugeliefert werden. In der Regel geschieht das unkompliziert über die Zusendung von Screenshots. Dennoch ist bereits zum Zeitpunkt der Kooperationsvereinbarung daran zu denken, die Weiterleitung der relevanten Daten abzusprechen.

Eine weitere eingesetzte Messmethode ist das Setzen von Tracking Links. Sie erlauben es, nachzuvollziehen, welche Besucher über einen Influencerpost z. B. auf die Seiten der Organisation gelangen oder einen Kauf in einem Onlineshop tätigen. Auch die schlichte Dokumentation des Kampagnenoutputs wird genutzt, etwa in Form der aus der Pressearbeit bekannten Clippings. Ein vergleichsweise aufwendiges Vorgehen stellt dagegen die – zum Teil automatisiert durchgeführte – Sentiment-Analyse dar, mit deren Hilfe die Valenz von Reaktionen aus der Community bestimmt werden soll.

Gerade in Hinblick auf die weniger stark standardisierten KPIs kommt schließlich eine Vielzahl weiterer Messmethoden zum Einsatz, die oftmals als „qualitative Methoden" bezeichnet werden. Unter diesem Schlagwort sind jedoch keine intersubjektiv nachvollziehbaren, wissenschaftlichen Verfahren zu verstehen. Vielmehr fassen Praktiker hierunter Verfahren zusammen, die eher zu einer subjektiven Einschätzung in Form eines Bauchgefühls führen, statt belastbare Kennzahlen zu liefern.

Auch für die Messmethoden lässt sich feststellen, dass – bis auf den Einsatz von Tracking Links – Verfahren fehlen, die valide Daten auf der Outcome- und Impact-Ebene liefern könnten.

► Leiten Sie die KPIs und Messmethoden aus Ihren Zielsetzungen auf Output-, Outcome- und Impact-Ebene ab. Stimmen Sie im Briefing oder Vertrag die notwendigen Daten und die Einbindung von Messmethoden mit den Influencern ab. Beachten Sie dabei die unterschiedlichen Lebenszyklen von Posts auf den verschiedenen Social-Media-Plattformen und passen Sie die Messzeitpunkte diesbezüglich an.

12.5 Ausblick

Social-Media-Influencer können – wenn strategisch sinnvoll eingebunden – zur effizienten und effektiven strategischen Kommunikation beitragen. Strategisch sinnvoll eingesetzt bedeutet, dass die Aktivitäten an die Organisations- und Kommunikationsziele angebunden sein müssen. Influencer können für eine Kampagne ihre sozialen Beziehungen, Contentproduktions- und -distributionskompetenz einbringen. Je nachdem welche Kompetenzen sie einbringen und welche Produktions- und Distributionsstrategien verfolgt werden, können sie für Kampagnen die einzelnen oder kombinierten Rollen des Content Creators, Multiplikatoren oder Protragonisten einnehmen. SMIK kann sowohl als Marketing- als auch als PR-Instrument eingesetzt werden.

Organisationen, die erfolgreich SMIK betreiben wollen, werden fünf zentrale Herausforderungen lösen müssen:

1. Potenzial der SMIK auch für PR bezogene Ziele nutzen
2. Passende Kennzahlen und Messmethoden für das Controlling entwickeln
3. Strukturen zur Koordination der SMIK aufbauen
4. Kommunikation auf Ebene von Maßnahmen, Strukturen und Prozessen integrieren
5. Kontrolle und Freiheiten ausbalancieren

Potenzial der SMIK auch für PR bezogene Ziele nutzen

SMIK ist ein vielseitiges Tool, mit dem Zielsetzungen sowohl aus dem Marketing als auch aus der PR verfolgt werden können. Allerdings wird das Potenzial der SMIK bisher insbesondere im Bereich der PR nicht ausgeschöpft. Für PR besteht qua definitionem im besonderen Maße die Aufgabe, die Beziehungspflege zwischen Organisation und ihren Stakeholdern sowie den Aufbau von Vertrauen in die Organisation zu unterstützen (Zerfaß 2014). Daraus ergeben sich hinsichtlich PR-bezogener Zielstellungen zwei zentrale Probleme:

Für die Beziehungspflege ergibt sich das Problem, dass falsch eingesetzte SMIK sogar eine Gefahr darstellen kann, schließlich liegt der Fokus häufig darauf, die Influencer-Follower-Beziehungen zu nutzen, anstatt eigene Beziehungen aufzubauen. Für den langfristigen Erfolg von SMIK ist es daher notwendig, eigene Beziehungen zum Publikum der Influencer aufzubauen. Das kann beispielsweise über exklusiven Influencer-Content auf Organisationskanälen erfolgen. Durch solche Distributionsstrategien versuchen Organisationen, die Fans und Follower der Influencer auf die eigenen Kanäle zu leiten, mittel- bis langfristig dort zu halten und so eigene Beziehungen aufzubauen.

Das zweite Problem bezieht sich auf das Ausblenden bestimmter Ziele: SMIK wird bislang nicht eingesetzt, um Ziele wie den Aufbau von Vertrauen in Organisationen oder die Sicherung von Akzeptanz zu verfolgen. Das ist damit zu erklären, dass in der SMIK häufig der Vorteil gesehen wird, einen vertrauenswürdigen unabhängigen Kommunikator zu nutzen, anstatt selbst Vertrauen aufzubauen. Dabei kann die Authentizität eines Influencers ebenfalls genutzt werden, um das Vertrauen in die Organisation zu steigern. Dies kann vor allem durch die Steuerung der Kommunikationsinhalte und die Auswahl bestimmter Themen erfolgen. Organisationen, die PR-Zielsetzungen unterstützen wollen, sollten entscheiden, für welche PR-Themen sich SMIK anbietet. Zum Beispiel könnten Influencer auch über CSR-Themen der Organisation kommunizieren, indem sie eingeladen werden, eine Produktionseinrichtung zu besuchen oder Arbeitsbedingungen zu testen. Für die PR besteht in besonderem Maße die Herausforderung, geeignete Strategien zu entwickeln, die den Aufbau von eigenen Beziehungen fördern und Themen umzusetzen, die das Vertrauen in die Organisation und nicht allein ihre Produkte steigern.

Passende Kennzahlen und Messmethoden für das Controlling entwickeln

Im Rahmen des Kommunikationscontrollings der SMIK wird erfolgsentscheidend sein, für die Zielstellungen der PR und des Marketings auf allen Wirkebenen Kennzahlen und Messmethoden zu entwickeln. Insbesondere die Kennzahlen auf der Outcome- und Impact-Ebene sind notwendig, um gegenüber der Organisationsleitung langfristig den Beitrag von SMIK für den Organisationserfolg nachweisen zu können. Dabei ist zu beachten, dass je nach Produktions- und Distributionsstrategie unterschiedliche Kennzahlen und -größen relevant sind. Da bestimmte Daten nicht ohne die Hilfe der Influencer gesammelt werden können, müssen einige dieser Kennzahlen und Messmethoden in Kooperation entwickelt werden. Gleichzeitig gilt es, SMIK-Maßnahmen in das reguläre, übergeordnete Kommunikationscontrolling zu integrieren, um zusätzlich unabhängige Daten zu erzeugen. Die Entwicklung standardisierter KPIs wird auch für die Zusammenarbeit von Organisationen und Agenturen an Relevanz gewinnen. Organisationen sollten geeignete Kennzahlen einfordern, um den Wert der Agenturleistungen einschätzen zu können. Agenturen wiederum können sich über die Entwicklung geeigneter Kennzahlen einen Wettbewerbsvorteil gegenüber ihren Konkurrenten verschaffen.

Strukturen zur Koordination der SMIK aufbauen

Organisationen, die beginnen, sich mit SMIK auseinanderzusetzen, stehen vor der Frage, ob es sich lohnt, eine eigene Infrastruktur für die SMIK aufzubauen oder die Aktivitäten auszusourcen. Gerade wenn im Rahmen von SMIK langfristige Influencer-Beziehungen und -netzwerke aufgebaut werden sollen, kann sich die Kontaktpflege recht aufwendig gestalten. Relevante Influencer müssen identifiziert, neue Kontakte initiiert, bestehende aufrechterhalten und z. B. durch Events vertieft werden. Dazu gilt es, eine eigene Influencer-Datenbank aufzubauen und zu pflegen. Da Influencer andere inhaltliche Vorlieben und Betreuungsanforderungen als Journalisten haben, müssen in diesem Bereich neue Kompetenzen erlernt werden. Neben dem Kompetenzaufbau stellt sich zudem die Frage, wo die SMIK in der Organisationsstruktur verortet werden sollte. Für die organisationale Verortung gibt es verschiedene Varianten. Mit SMIK betraute Mitarbeiter lassen sich vor allem in den Bereichen Marketing, PR und in speziellen Social-Media-Abteilungen finden. Teilweise sind Influencer-Verantwortliche auch im Vertrieb angesiedelt. In einigen größeren Unternehmen haben sich zudem eigene Influencer-Abteilungen herausgebildet, die im Sinne integrierter Kommunikation sowohl dem Marketing als auch der PR zuarbeiten. In anderen Unternehmen sind Influencer-Themen zum Teil in verschiedenen Bereichen angesiedelt, sodass Parallelstrukturen entstanden sind. Eine solche Aufspaltung der Zuständigkeiten und Kompetenzen kann jedoch die Koordination der Maßnahmen und das Erzielen von Synergieeffekten erschweren. Die Zuordnung zu nur einer Abteilung wiederum kann hingegen dazu führen, dass eine bestimmte Funktion der SMIK überbetont und andere vernachlässigt werden. Das kann geschehen, wenn

z. B. die SMIK bei Verankerung in der Marketingabteilung vor allem zur Steigerung des Absatzes oder in der PR-Abteilung alleinig für die Sicherung von Vertrauen eingesetzt wird. In diesen Szenarien wird das Potenzial der SMIK als „Doppeltool" für Marketing und PR-Kommunikation nur zu einem kleinen Teil ausgeschöpft. Organisationen sollten für sich entscheiden, ob sich der Aufbau eigener Ressourcen lohnt oder ob auf die Zusammenarbeit mit Agenturen zurückgegriffen werden soll. Sofern interne Strukturen aufgebaut werden, sollte die Aufhängung der Abteilung die Zielsetzungen der SMIK unterstützen. Werden sowohl PR- als auch Marketing-Ziele verfolgt, sollten die Verantwortlichen eine Anbindung an beide Bereiche haben.

Kommunikation auf Ebene von Maßnahmen, Strukturen und Prozessen integrieren
SMIK kann dann besonders effektiv und effizient sein, wenn sie stringent auf die Kommunikationsstrategie ausgerichtet und auf dieser Grundlage mit anderen Kommunikationsmaßnahmen abgestimmt ist. Nicht selten werden Influencer-Kampagnen losgelöst von anderen Kommunikationsaktivitäten geplant und durchgeführt. Eine konsequente Integration der Maßnahmen ist notwendig, um das Potenzial der SMIK auszuschöpfen. Denn die SMIK besitzt, wie alle anderen Instrumente der strategischen Kommunikation auch, sowohl Stärken als auch Schwächen. Es gilt, die jeweiligen Schwächen durch eine geeignete Abstimmung der Maßnahmen auszugleichen, um so die Stärken der Einzelmaßnahmen voll ausspielen zu können. Die Integration der Maßnahmen kann aber nur gelingen, wenn sie ganzheitlich gedacht wird und somit auch Strukturen und Prozesse integriert gestaltet werden (Zerfaß und Borchers 2017). Es stellt sich also die Herausforderung, eine Struktur aufzubauen und Prozesse aufzusetzen, die den zielgerichteten und verzahnten Einsatz der SMIK unterstützen. Zu diesen Strukturen gehört eine geeignete Aufhängung von Abteilungen und Verantwortlichkeiten über Abstimmungs- und Entscheidungsprozesse sowie die Anbindung über Berichtswege.

Kontrolle und Freiheiten ausbalancieren
In der SMIK stoßen Kontrollbedürfnis der Auftraggeber und die Kreativität der Influencer aufeinander. Daher besteht die Herausforderung, eine ausgewogene Balance zwischen dem Wunsch der Prognostizierbarkeit auf der einen und dem Freiraum der Influencer auf der anderen Seite zu finden. Etablierte Instrumente der strategischen Kommunikation wie klassische Werbespots und Pressemitteilungen lassen einen hohen Grad an Kontrolle zu. Es ist üblich, ihren Inhalt und Form detailliert vorzugeben. Derzeit kommt es immer wieder vor, dass erwartet wird, dieses Kontrollverhalten auch auf SMIK übertragen zu können. Allerdings erfordert SMIK ein Umdenken. Denn im Gegensatz etwa zu einem klassischen Werbespot gefährden allzu detaillierte Vorgaben die Effektivität der SMIK. SMIK lebt zentral von der wahrgenommenen Authentizität der Influencer, und diese Authentizität verlangt ausreichend Freiraum zur kreativen Entfaltung und Darstellung der eigenen Persönlichkeit. Die Follower eines Influencers sind eine gewisse Tonalität und Darstellung der Inhalte gewohnt. Organisationen sollten

beachten, dass die wahrgenommene Authentizität des Influencers bei zu starker Änderung des optischen oder narrativen Stils gefährdet wird. Zwar können Influencer auch in der Rolle des Protagonisten wie gewöhnliche Werbemodelle eingesetzt werden. Diese Rolle nutzt aber vor allem die Bekanntheit der Influencer und weniger ihre Authentizität. Finden Influencer Einsatz in der Rolle des Content Creators, ist es wichtig, mit einer größeren Unsicherheitstoleranz leben zu lernen. Eine solche Toleranz ist auch gerade in Anbetracht der steigenden Relevanz von Live-Kommunikation essenziell, weil diese noch weniger Kontrollmöglichkeiten bietet. Vor diesem Hintergrund kommt gerade der überlegten Auswahl von Kooperationspartnern eine nicht zu unterschätzende Bedeutung zu. Da die Auswahl noch vor der eigentlichen Zusammenarbeit liegt, ist sie eine der zentralen Möglichkeiten, Einfluss auf das Ergebnis zu nehmen, ohne in den kreativen Prozess einzugreifen.

SMIK erweitert das Instrumentarium der strategischen Kommunikation um eine attraktive Option. Aufgrund ihrer spezifischen Vorteile besitzt sie das Potenzial, einen relevanten Beitrag zum Erreichen der Organisationsziele zu leisten. Gelingt es Organisationen, die fünf beschriebenen Herausforderungen zu meistern, haben sie eine gute Grundlage dafür geschaffen, das Potenzial der SMIK tatsächlich vollständig nutzen zu können.

Literatur

Archer C, Harrigan P (2016) Show me the money: how bloggers as stakeholders are challenging theories of relationship building in public relations. Media Int Aust 160:67–77

Ault S (2015) Digital star popularity grows versus mainstream celebrities: YouTube creators get even more influential than last year among U.S. teens. Variety. http://variety.com/2015/digital/news/youtubers-teen-survey-ksi-pewdiepie-1201544882/. Zugegriffen: 15. Jan. 2018

Bentele G, Nothhaft H (2014) Konzeption von Kommunikationsprogrammen. In: Zerfaß A, Piwinger M (Hrsg) Handbuch Unternehmenskommunikation: Strategie – Management – Wertschöpfung. Gabler, Wiesbaden, S 607–632

Defy (2015) Acumen report constant media. http://cdn.defymedia.com/wp-content/uploads/2015/10/Acumen-Report-Constant-Content.pdf. Zugegriffen: 15. Jan. 2018

Defy (2016) Acumen report youth video diet. http://cdn.defymedia.com/wp-content/uploads/2016/04/DEFY_MEDIA-Acumen-Youth_Video_Diet.pdf. Zugegriffen: 15. Jan. 2018

Gannon V, Prothero A (2016) Beauty blogger selfies as authenticating practices. Eur J Mark 50: 1858–1878

Helfferich C (2011) Die Qualität qualitativer Daten: Manual für die Durchführung qualitativer Interviews, 4. Aufl. VS Verlag, Wiesbaden

Holtzhausen DR, Zerfaß A (2013) Strategic communication: pillars and perspektives of an alternative paradigm. In: Sriramesh K, Zerfaß A, Kim HS (Hrsg) Public relations and communication management: current trends and emerging topics. Taylor and Francis, Hoboken, S 283–302

Lazarsfeld PF, Berelson B, Gaudet H (1968) The people's choice: how the voter makes up his mind in a presidential campaign, 3. Aufl. Columbia University Press, New York

Lee JE, Watkins B (2016) YouTube vloggers' influence on consumer luxury brand perceptions and intentions. J Bus Res 69:5753–5760

Liu S, Jiang C, Lin Z, Ding Y, Duan R, Xu Z (2015) Identifying effective influencers based on trust for electronic word-of-mouth marketing: A domain-aware approach. Inf Sci 306:34–52

Marwick AE (2015) You may know me from YouTube: (Micro-)celebrity in social media. In: Marshall PD, Redmond S (Hrsg) A companion to celebrity. Wiley, Chichester, S 333–350

Pang A, Yingzhi Tian E, Song-Qi Lim R, Kwan TYM, Lakhanpal PB (2016) Building effective relations with social media influencers in Singapore. Media Asia 43:56–68

Schreier M (2012) Qualitative content analysis in practice. Sage, Los Angeles

Schreyögg G, Koch J (2010) Grundlagen des Managements: Basiswissen für Studium und Praxis. Gabler, Wiesbaden

Uzunoğlu E, Misci Kip S (2014) Brand communication through digital influencers: Leveraging blogger engagement. Int J Inf Manage 34:592–602

Zerfaß A (2010) Unternehmensführung und Öffentlichkeitsarbeit: Grundlegung einer Theorie der Unternehmenskommunikation und Public Relations. VS Verlag, Wiesbaden

Zerfaß A (2014) Unternehmenskommunikation und Kommunikationsmanagement: Strategie, Management und Controlling. In: Zerfaß, A, Piwinger M (Hrsg) Handbuch Unternehmenskommunikation: Strategie – Management – Wertschöpfung. Gabler, Wiesbaden, S 21–79

Zerfaß A, Borchers NS (2017) Integrierte Kommunikation 2017: Studie zum Status Quo und Verständnis von Integrierter Kommunikation in Deutschland. F.A.Z.-Institut, Universität Leipzig. https://www.slideshare.net/communicationmanagement/integrierte-kommunikation-2017-studienbericht. Zugegriffen: 15. Jan 2018

Zerfaß A, Dühring L (2016) Strategische Kommunikation: Zentrale Fragestellungen aus Sicht der Unternehmenskommunikation. In: Bruhn M, Esch FR, Langner T (Hrsg) Handbuch Strategische Kommunikation: Grundlagen – innovative Ansätze – praktische Umsetzungen. Springer Gabler, Wiesbaden, S 49–74

Zerfaß A, Verhoeven P, Moreno Á, Tench R, Verčič D (2016) European communication monitor 2016: Exploring trends in big data, stakeholder engagement and strategic communication: Results of a survey in 43 countries. EACD. http://www.zerfass.de/ECM-WEBSITE/media/ECM2016-Results-ChartVersion.pdf

Über die Autoren

Dr. Nils S. Borchers ist wissenschaftlicher Mitarbeiter (Post-Doc) am Lehrstuhl für Strategische Kommunikation am Institut für Kommunikations- und Medienwissenschaft der Universität Leipzig. Er promovierte im Fach Medien- und Kommunikationswissenschaft an der Universität Mannheim mit einer Arbeit zur Werbekommunikation. Nils S. Borchers forscht zu den Themen Werbekommunikation und Peer-Kommunikation, insbesondere Influencer Marketing, Online-Bewertungen und Sharing Economy. Er ist stellvertretender Sprecher der Fachgruppe Werbekommunikation in der Deutschen Gesellschaft für Publizistik und Kommunikationswissenschaft.

Nadja Enke ist wissenschaftliche Mitarbeiterin und Doktorandin der Juniorprofessur Online-Kommunikation am Institut für Kommunikations- und Medienwissenschaft der Universität Leipzig. Ihre Forschungsschwerpunkte liegen in den Bereichen strategischer Kommunikation von Medienorganisationen, Social-Media- und Influencer-Kommunikation. In ihrer Dissertation beschäftigt sie sich mit dem Wert strategischer Kommunikation für Medienorganisationen. Zusammen mit Dr. Nils S. Borchers betreut sie derzeit das Forschungsprojekt „Management von strategischer Social-Media-Influencer-Kommunikation". Neben ihrer wissenschaftlichen Tätigkeit unterstützt sie die Stabsstelle Universitätskommunikation der Universität Leipzig und arbeitet als freiberufliche Kommunikationsberaterin.

13 The Perfect Fit: Wie jedes Unternehmen passgenaue und hochwertige Influencer identifiziert

Mona Hellenkemper

Zusammenfassung

Influencer, Meinungsführer, Multiplikatoren: In den vergangenen Jahren haben sich zahlreiche Begriffe etabliert für ein Phänomen, das gar nicht mehr so neu ist. Der Einfluss individueller Persönlichkeiten wird genutzt, um Marken und Unternehmen aus der Masse positiv hervorzuheben. Was sich noch vor wenigen Jahren hauptsächlich mit Millionenbudgets und großen Stars im Rahmen von Fernseh- oder Bannerwerbung umsetzen ließ, ist heute durch Social Media und Influencer auch mit deutlich geringeren Budgets möglich – erfolgreicher und deutlich authentischer. Inzwischen ist Influencer Marketing eine 1-Millarde-Dollar-Industrie und wächst Jahr für Jahr stetig. Um eine Kampagne mit den beliebten Multiplikatoren zum Erfolg zu führen, ist jedoch schon die Wahl des richtigen Influencers ein entscheidender Schritt. Bei einer Auswahl von über zweihunderttausend Influencer-Kanälen in Deutschland stellt die Identifikation von Kooperationspartnern für viele Unternehmen eine enorme Herausforderung dar. In diesem Kapitel gehen wir den Fragen nach: Wie finde ich den passenden Influencer für meine Marke? Auf welche Kriterien kommt es an? Welche Tools helfen mir? Und wie stelle ich sicher, dass mein ausgewählter Meinungsführer kein Fake ist?

M. Hellenkemper (✉)
InfluencerDB, Münster, Deutschland
E-Mail: mona.hellenkemper@influencerdb.com

A. Schach und T. Lommatzsch (Hrsg.), *Influencer Relations*,
https://doi.org/10.1007/978-3-658-21188-2_13

13.1 Das Ziel im Blick – Die passende Strategie definieren

Bevor mit der Influencer-Recherche begonnen werden kann, ist es notwendig, eine Strategie zu definieren, die für die Marke wegweisend ist. Wir unterscheiden hierbei zwischen zwei verschiedenen Ansätzen, wie in Abb. 13.1 dargestellt.

Mit einer operativen oder taktischen Herangehensweise fokussiert sich ein Unternehmen auf kurzfristige Maßnahmen wie einzelne Kampagnen, die darauf abzielen, temporäre Aufmerksamkeit, Reichweite und Abverkäufe zu generieren (Hellenkemper 2017a).

Die strategische Herangehensweise hingegen sieht die Arbeit mit Influencern als ein langfristiges, holistisches Konzept. Influencer werden hierbei in eine ganzheitliche Strategie eingebettet, in welcher Influencer Marketing, Influencer Advertising und Influencer Relations kombiniert werden und als permanente Bestandteile des Marketing-Mix eines Unternehmens agieren.

Diese integrierten Prozesse haben dementsprechend Einfluss auf weitere Teile des Unternehmens, wie Public Relations, Social Media, digitale Kampagnen und Suchmaschinenoptimierung.

Bei einer strategischen Herangehensweise nutzen Unternehmen eine Kombination aus kurzfristigen, taktischen Maßnahmen sowie langfristigen Maßnahmen, die auf den kontinuierlichen Beziehungsaufbau zu Influencern abzielen. Abb. 13.2 visualisiert die Schlüsselfaktoren des jeweiligen Ansatzes.

Abb. 13.1 Influencer Marketing Ansätze. (Quelle: InfluencerDB 2017)

Abb. 13.2 Influencer-Strategie. (Quelle: InfluencerDB 2017)

Die Mischung aus Influencer Advertising, Influencer Marketing und Influencer Relations unterstützt Unternehmen dabei, sowohl unmittelbare als auch längerfristige Ziele zu erreichen.

- *Influencer Advertising* inkludiert hierbei kurzfristige Maßnahmen wie einzelne Kampagnen, die Reichweite, Markenwahrnehmung und Abverkäufe generieren sollen. Influencer werden bei dieser Herangehensweise hauptsächlich als Medienplattformen genutzt, die für eine Marke in einer frühen Phase Aufmerksamkeit erzeugen.
- *Influencer Relations* siedelt sich am anderen Ende des Spektrums an. Diese Herangehensweise ist langfristig ausgerichtet. Influencer werden als Partner, Kunden und Fans einer Marke gesehen, anstatt sie als reine Medienplattformen einzusetzen. Hier spielt die zwischenmenschliche Komponente eine übergeordnete Rolle und der Fokus liegt weniger auf *Key Performance Indicators* als vielmehr auf weichen Faktoren wie Qualität, Image, Authentizität, Glaubwürdigkeit und Engagement. Im Gegensatz zu Influencer Advertising basieren Influencer Relations demnach auf einer qualitativen Herangehensweise.
- *Influencer Marketing* kombiniert schließlich Aspekte von Influencer Advertising wie auch Influencer Relations und dient somit als eine ganzheitliche Herangehensweise. Sowohl kurzfristige Kampagnen als auch längerfristige Maßnahmen werden genutzt, um ehrliche, wertvolle und effektive Beziehungen zwischen der Marke und dem Influencer aufzubauen. Der *Influencer Generated Content* wird im Anschluss in anderen Abteilungen des Unternehmens wiederverwendet, zum Beispiel für digitale Marketingkampagnen.

Je nachdem also, welche Herangehensweise ein Unternehmen bezüglich seiner Influencer-Strategie verfolgt, ist es notwendig, unterschiedliche Faktoren bei der Identifikation der Influencer anzusetzen.

Um für eine Marke in einem frühen Stadium Aufmerksamkeit zu generieren und die Markenbekanntheit zu steigern, ist die Zusammenarbeit mit reichweitenstarken Influencern sinnvoll. Soll hauptsächlich der Content des Influencers genutzt werden, fallen die quantitativen Metriken deutlich weniger ins Gewicht als die Qualität der Inhalte des Kanals.

Generell gilt: Die Gewichtung der Metriken kann je nach Kampagnenart und -ziel sehr unterschiedlich ausfallen. Im Folgenden erläutern wir, welche Faktoren zur Identifikation und Qualifikation des passenden Influencers herangezogen werden sollten.

13.2 Mehr als nur Reichweite – Kriterien für die Auswahl von Influencern

Wenn die Strategie festgelegt und eine klare Zielgruppe definiert wurde, geht es nun darum, genau solche Influencer zu identifizieren, die zum einen die Kampagnenziele unterstützen und zum anderen die passende Zielgruppe ansprechen.

Der falsche Ansatz ist es, sich dabei ausschließlich auf den Content des Influencers zu verlassen. Ein Blick auf den Kanal kann zwar erste Hinweise liefern, in welchem thematischen Umfeld sich der Influencer bewegt und auf welcher Qualitätsstufe sein Content einzuordnen ist. Hinzu kommen jedoch zahlreiche weitere Kriterien, die bei der Influencer-Auswahl in Betracht gezogen werden sollten. Diese lassen sich in qualitative und quantitative Faktoren unterteilen.

13.2.1 Qualitative Faktoren

Die qualitativen Faktoren zeigen, in welchem Umfeld sich ein Influencer positioniert, welches Image er verkörpert, wie er von seiner Umgebung wahrgenommen wird.

Brand Fit
Bei den qualitativen Faktoren steht ein Kriterium unbestritten an erster Stelle: Der oft erwähnte Brand Fit. Sowohl die Marke als auch der Influencer verkörpern ein Image und werden von den Konsumenten auf eine bestimmte Art und Weise wahrgenommen. Zwischen dem Image der Marke und dem Image des Meinungsführers sollte die Überlappung möglichst groß sein, um einen perfekten Brand Fit sicherzustellen.

Ein optimaler *Brand Fit* ermöglicht es dem Influencer, über eine Marke oder deren Produkte authentisch zu kommunizieren. Eine hohe Glaubwürdigkeit wirkt sich positiv auf Influencer und Marke aus.

Bei der Analyse des Brand Fit ist zu beachten, dass es hier nicht nur Schwarz und Weiß, sondern viele Graustufen gibt. So kann es für ein Unternehmen situationsbedingt sinnvoll sein, den Brand Fit etwas weiter zu fassen. Ein Autovermieter muss sich nicht nur auf Autofans beschränken. Im Gegenteil: Es kann durchaus zielführend sein, mit einem Influencer aus dem Bereich Lifestyle zu kooperieren, wenn dieser häufig mit dem Auto verreist. Der Brand Fit ist hier weniger offensichtlich, die Marke kann jedoch das Publikum des Influencers nutzen, um die eigene Zielgruppe zu erweitern.

Wenn der Brand Fit außerordentlich hoch und die Glaubwürdigkeit des Influencers in Bezug auf die Marke gegeben ist, ist dies eine wertvolle Grundlage für Influencer Relations. Das Beispiel Caro Daur (2017) in Kooperation mit Dolce & Gabbana zeigt, dass sich aus einer Kooperation eine langfristige Beziehung mit positiven Nebeneffekten für beide Seiten bilden kann. Dolce & Gabbana profitieren von den gut zweihundert unbezahlten Postings, in denen Caro Daur die Marke während der letzten zwölf Monate erwähnt hat. Die Influencerin erhält im Gegenzug die Möglichkeit, für die Designer auf Fashionshows zu laufen, was ihre Position als Fashion-Influencerin deutlich anhebt.

Um den Brand Fit sicherzustellen, sollten sich Marketer fragen: Wo positioniert sich meine Marke, wo positioniert sich der Influencer? Passen Marke und Influencer thematisch zueinander? Wie groß sind die Überschneidungen in der Markenwahrnehmung und der Wahrnehmung des Influencers?

Authentizität

Die Authentizität eines Influencers hängt stark mit dem Brand Fit zusammen. Ein Influencer kann eine Marke oder ein Produkt unmöglich authentisch präsentieren, wenn das Thema nicht zu ihm passt. Ein Fitness- und Ernährungs-Influencer ist kaum in der Lage, glaubhaft zu vermitteln, dass er leidenschaftlich gerne Fast Food isst.

Zusätzlich kann die Anzahl der Kooperationen die Glaubwürdigkeit eines Meinungsführers beeinträchtigen. Sobald bezahlte Postings auf einem Kanal überhandnehmen und diese die Menge des *Original Content* übersteigen, schwindet die Authentizität des Influencers – besonders dann, wenn innerhalb kürzester Zeit Kooperationen mit unterschiedlichen Marken aus dem gleichen Segment stattfinden.

Um die Authentizität eines Meinungsführers sicherzustellen, kann schon ein Blick auf die Postings des Kanals aufschlussreich sein. Wie viele gesponserte Postings hat der Influencer in einem bestimmten Zeitraum produziert? Mit wie vielen unterschiedlichen Marken fanden Kooperationen statt? Wie performt bezahlter Content auf seinem Kanal im Vergleich zum *Original Content?*

Content-Qualität

Der Content des Influencers ist hauptsächlich dann interessant, wenn *Buy Outs* angestrebt werden, der Content des Influencers also im Nachgang für die eigenen Social-Media-Kanäle der Marke, deren Website oder Blog genutzt werden soll.

Hier sollte darauf geachtet werden, dass der Influencer-Content zu dem der Marke passt, sich gut in den bestehenden Content einfügt und eine ähnliche Sprache spricht. Mit der Integration des Influencer-Content in den eigenen Kanal wird nicht nur die Bildsprache des Postings übernommen, sondern auch das Image des Influencers. Die Marke positioniert sich dementsprechend im Umfeld des Influencers.

Welche Content-Qualität erforderlich ist, hängt stark von der Marke selbst ab. Für Fashion- und Beauty-Brands ist professioneller, hochwertiger Content meist die erste Wahl, wohingegen emotional aufgeladene Unternehmen (NGOs, gemeinnützige Organisationen) eher auf authentischen, nahbaren Content setzen – die Qualität spielt hier eine eher untergeordnete Rolle.

Markenumfeld
Das Markenumfeld eines Influencers gibt Aufschluss darüber, wo sich der Influencer im Markenuniversum positioniert. Das Markenumfeld lässt sich beispielsweise mithilfe der Influencer Marketing und Relations Plattform InfluencerDB an den *Outgoing Mentions* ablesen – hier werden alle Instagram-Kanäle aufgelistet, die von dem jeweiligen Influencer in Bild und/oder Text erwähnt wurden.

Abb. 13.3 zeigt das Markenumfeld der Influencerin Caro Daur. Als Fashion-Influencerin umgibt sie sich mit hochwertigen Modemarken wie Dior, Dolce & Gabbana und Prada.

Für Marken ist es ratsam, jene Influencer zu wählen, die sich auf einer ähnlichen Wertigkeitsstufe wie die eigene Marke befinden oder aber auf einer etwas höheren. Ein zu großer Unterschied nach oben oder auch unten kann den Brand Fit negativ beeinflussen. Das Markenumfeld signalisiert außerdem, ob ein Meinungsführer bereits mit direkten Konkurrenzunternehmen kooperiert.

Werbewirkung des Contents
Neben der *Post-Performance*, die wir im Verlaufe dieses Kapitels noch besprechen werden, lohnt es sich für Marketer, die Postings eines Influencers auch hinsichtlich ihrer Werbewirkung zu analysieren.

Hier gilt es, darauf zu achten, wie der Influencer die Marken in den Content einbettet: Handelt es sich um eine plakative Produktplatzierung, bei der das Produkt ganz offensichtlich im Mittelpunkt steht, oder werden die Produkte subtil in das Bild eingefügt? Auch wenn häufige Produktplatzierungen auf Dauer zu abnehmender Authentizität des Influencers führen können, sollten sich Marketingverantwortliche bewusst sein, dass eine sehr subtile Einbettung ihrer Marke dazu führen kann, dass die Marke als solche vom Publikum nicht wahrgenommen wird.

Abb. 13.4 zeigt ein Beispiel für die Einbindung dreier verschiedener Marken auf dem Instagram-Kanal der Influencerin Leonie Hanne (Ohhcouture). Durch die sorgfältige Einbettung der Produkte sind die Postings nicht auf den ersten Blick als Werbung erkennbar, sondern fügen sich nahtlos in ihren organischen Content ein. Die Werbewirkung ist bei solchen Postings jedoch deutlich geringer, da weder sofort erkenntlich ist, dass es sich um Werbung handelt, noch welche Marke beworben wird.

Standing in der Szene/Engaged Influencers
Viele Influencer haben sich inzwischen innerhalb der Influencer-Szene einen Namen gemacht und sind hervorragend mit anderen Influencern vernetzt. Ein Fashion-Influencer, der sich mit anderen, hochwertigen Influencern aus dem gleichen Sektor umgibt, kann hierdurch seinen eigenen Marktwert steigern.

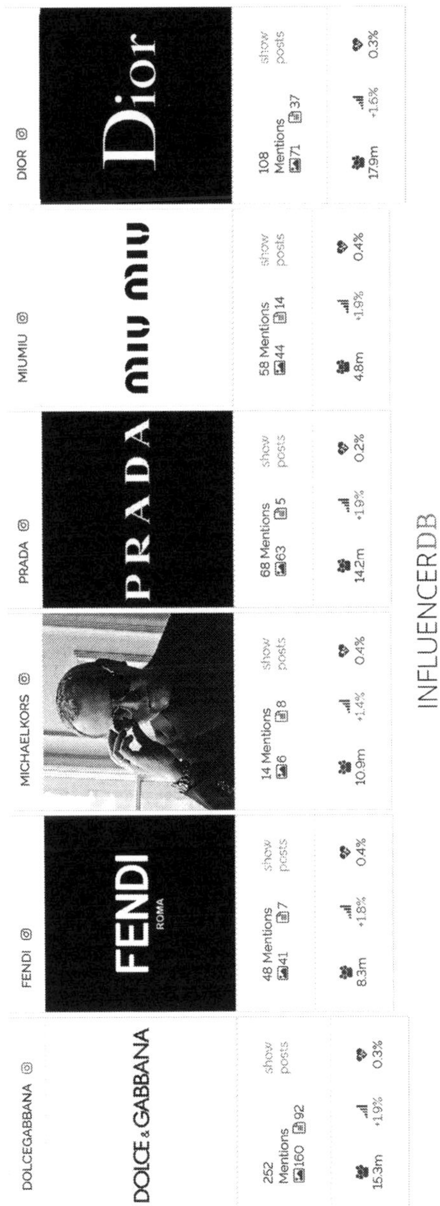

Abb. 13.3 Auszug aus dem Markenumfeld der Influencerin Caro Daur. (Quelle: InfluencerDB 2017)

Abb. 13.4 Werbewirkung: Einbettung von Marken in den Instagram-Content der Influencerin Ohhcouture. (Quelle: InfluencerDB 2017)

Abb. 13.5 zeigt die *Engaged Influencers* der Influencerin Leonie Hanne (Ohhcouture). Die Influencer Marketing Plattform InfluencerDB listet in dieser Sektion alle Influencer-Kanäle auf, die Ohhcoutures Kanal folgen, aber auch solche, die mit ihrem Content in Form von Likes und Mentions interagieren.

Marketingverantwortliche können hieran nicht nur sehen, welches Standing der Influencer innerhalb der Szene hat. Zusätzlich kann das Netzwerk eines Influencers dafür genutzt werden, weitere Influencer zu identifizieren und zu akquirieren, die für eine Kooperation interessant sein könnten.

13.2.2 Quantitative Faktoren

Neben den qualitativen Faktoren spielen quantitative Aspekte bei der Influencer-Auswahl eine Rolle. Diese können genutzt werden, um im Voraus einer Kampagne den Kampagnenerfolg zu evaluieren.

Reichweite
Die Reichweite eines Meinungsführers ist die wohl meistdiskutierte Metrik im Bereich Influencer Marketing.

Je nach Art und Zielstellung der Kampagne ist die Follower-Anzahl eines Kanals durchaus eine essenzielle Metrik. Dies gilt vor allem für performance-getriebene Kampagnen, die weitreichende Aufmerksamkeit für eine Marke schaffen sollen. Dennoch genügt ein Blick auf die Reichweitenmetriken eines Influencers allein nicht: Längst gibt es unzählige Websites, auf denen Follower für wenig Geld in Massen gekauft werden können.

Methoden wie *Follow-For-Follow* – ich folge dir, du folgst zurück – lassen die Reichweite sogar ohne finanziellen Einsatz anwachsen (Hellenkemper 2017b). Aber auch ohne Follower-Kauf und *Follow-For-Follow* bedeutet die reine Reichweite erst einmal wenig, wenn die Follower zum Beispiel sehr inaktiv sind oder – im Gegenteil – zu vielen anderen Kanälen folgen. In diesem Fall kann es passieren, dass sie ein einzelnes Posting in der Flut von Inhalten, die ihren Feed überschwemmt, überhaupt nicht wahrnehmen können.

Die Reichweite ist also eine Metrik, welche nie ohne weitere Analysen auskommt. Haben diese Analysen dann jedoch ergeben, dass es sich um qualitativ hochwertige, aktive und engagierte Follower handelt, ist die Reichweite eines Influencers für eine Kampagne umso wertvoller.

Zielgruppenanalyse
Um die effektive Reichweite eines Influencers zu ermitteln, ist eine Analyse der Zielgruppe des Influencers notwendig. Nur so kann die Qualität und Erreichbarkeit der Follower sichergestellt werden.

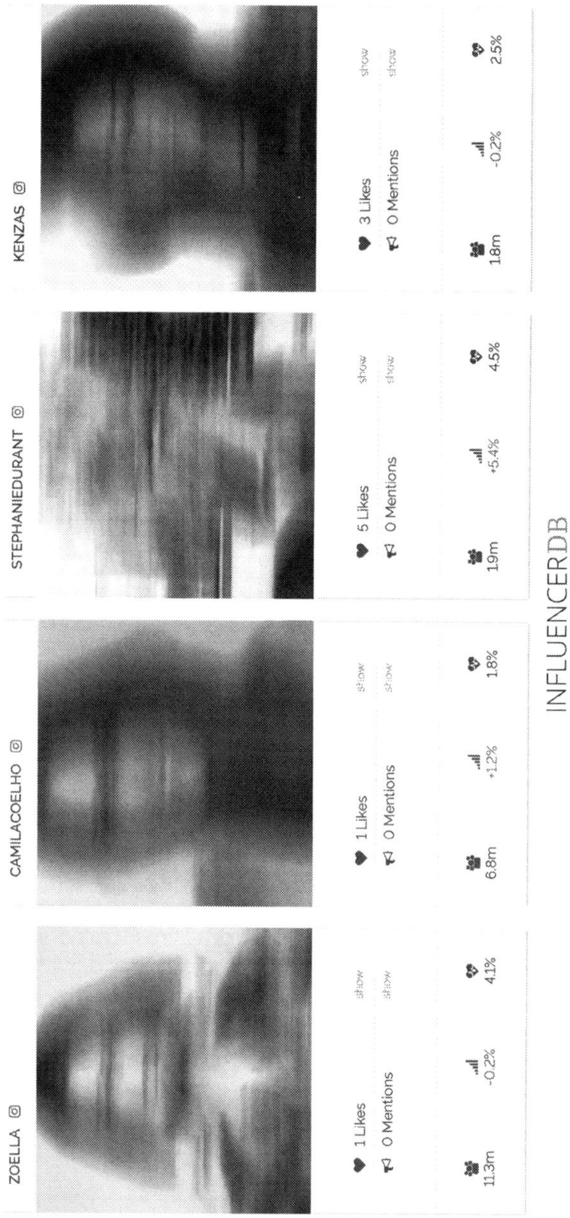

Abb. 13.5 Engaged Influencers der Influencerin Ohhcouture. (Quelle: InfluencerDB 2017)

Im Zuge der Analyse sollten folgende Fragen erörtert werden:

- Wie aktiv sind die Follower? Handelt es sich um aktive Nutzer oder um „Karteileichen"?
- Wie regelmäßig interagieren sie mit dem Content? Sind die Follower eher stille Leser oder setzen sie sich in Form von Likes und Kommentaren aktiv mit den Inhalten des Kanals auseinander?
- Wie vielen anderen Kanälen folgen die Follower? Ist es ihnen möglich, den Content des Influencers zu konsumieren und ein einzelnes Posting des Influencers wahrzunehmen, oder folgen sie so vielen Profilen, dass ein Posting in der Masse des Contents in ihrem Feed untergeht?

Schließlich sollte untersucht werden, ob die Follower natürliches, menschliches Verhalten aufweisen oder ob es sich um maschinelles Verhalten handelt, die Zielgruppe also aus Bots besteht.

InfluencerDB, als Beispiel für eine Influencer-Marketing-Plattform, analysiert das Verhalten der interagierenden Follower eines Influencers auf Instagram und fasst die Ergebnisse in einer *Audience Quality Grade* zusammen. Die Analyse zieht die Interaktion der Zielgruppe mit dem Kanal, ihre Aktivität und ihre Fähigkeit, den Content zu konsumieren, in Betracht.

Durch die *Audience Quality Grade* ist für Unternehmen somit auf den ersten Blick erkennbar, ob durch eine Kooperation mit einem Influencer qualitativ hochwertige, aktive und engagierte Follower erreicht werden oder ob es sich zum Großteil um wertlose Bots handelt.

Eine solche Zielgruppenanalyse hilft Unternehmen, den Einfluss der Kampagne bereits im Voraus evaluieren zu können, und erspart es ihnen, Zeit und Geld für Meinungsführer mit einer qualitativ minderwertigen Zielgruppe aufzuwenden.

Engagement

Die gerade erwähnte Interaktion der Zielgruppe mit dem Content eines Influencers wird hauptsächlich anhand von Likes und Kommentaren gemessen.

Ein Blick auf die *Like-Follower-Ratio,* also die Anzahl an Likes im Verhältnis zur Follower-Anzahl, kann bereits vor der Kampagnendurchführung Aufschluss darüber geben, wie aktiv die Zielgruppe eines Influencers ist und ob der Influencer dazu in der Lage ist, die Aufmerksamkeit seiner Follower zu erregen (Ehrhardt 2017a).

Generell lässt sich festhalten, dass eine *Like-Follower-Ratio* von über 5 einen sehr guten Wert darstellt. Durch die Nähe zu ihren Followern haben Micro-Influencer oftmals eine bessere *Like-Follower-Ratio,* wohingegen es für reichweitenstarke Kanäle eine Herausforderung darstellen kann, mit wachsender Zielgruppengröße ihre *Like-Follower-Ratio* aufrecht zu erhalten.

Die *Like-Follower-Ratio* ist ähnlich wie die Reichweite eine leicht zu verfälschende Metrik, weshalb sie immer in Kombinationen mit anderen Metriken analysiert werden sollte. Ein plötzlich auftretender, extremer Anstieg der *Like-Follower-Ratio* kann ein Indiz für den Kauf von Likes oder die Nutzung von *Engagement Pods* sein.

Eine organische, beachtliche *Like-Follower-Ratio,* sowie eine hohe Anzahl an Kommentaren pro Posting weisen auf eine hochqualitative Follower-Gruppe hin, die den Content des Influencers wahrnimmt, für diesen empfänglich ist und wahres Interesse für dessen Inhalte aufbringt.

Follower-Wachstum

Besonders bei Langzeitkooperationen ist es entscheidend, dass ein Meinungsführer dauerhaft neue Follower anzieht. Hat ein Kanal eine solide Wachstumsrate, so zeigt dies, dass der Influencer im Social-Media-Universum Relevanz hat und in der Lage ist, dauerhaftes und wachsendes Interesse für seine Inhalte zu generieren.

Auch wenn ein Influencer bereits ein starkes Netzwerk an Followern hat – neue Follower sind essenziell. Generell zeigt sich: Je länger eine Person ein soziales Netzwerk nutzt, desto desinteressierter wird dieser gegenüber den Inhalten auf der jeweiligen Plattform. Wenn ein Nutzer einem Influencer bereits über einen sehr langen Zeitraum folgt, kann es vorkommen, dass dieser weniger aktiv mit dem Content des Influencers interagiert.

Neue Nutzer hingegen beginnen gerade erst, das jeweilige soziale Netzwerk zu entdecken und sind weitaus leichter zu beeindrucken, da sie bislang noch nicht durch den Content auf der Plattform übersättigt sind.

Für längerfristige Kampagnen wie Testimonial-Kampagnen ist der Faktor Follower-Wachstum besonders wichtig. Ein Unternehmen sollte es vermeiden, mit einem Influencer zu kooperieren, dessen Wachstum auf halbem Weg durch die Kampagne stagniert oder der schlimmstenfalls sogar ein negatives Follower-Wachstum aufweist. Stagnierendes Wachstum signalisiert, dass der Content des Meinungsführers irrelevant für Nutzer abseits der bereits existierenden Follower-Gruppe ist.

Zielgruppengenauigkeit

Die Zielgruppengenauigkeit ist auf quantitativer Ebene genauso essenziell wie der Brand Fit auf qualitativer Ebene.

Ein Influencer sollte eine Zielgruppe haben, die eben jener Zielgruppe entspricht, die die Marke ansprechen möchte. Hat ein Meinungsführer exzellente Metriken, aber eine völlig falsche Zielgruppe, so kann ihn dies für das Unternehmen nahezu wertlos machen.

Bereits im Zuge der Strategiefindung sollte festgelegt werden, wen das Unternehmen erreichen möchte, für wen die Marke und das Produkt passend sind und wo die Produkte vertrieben werden. Basierend auf diesen Ergebnissen kann nun eine Zielgruppe definiert werden, die sich aus den Faktoren Geschlecht, Alter und Standort zusammensetzt.

Für Marken und Produkte, die weltweit vertrieben werden, alle Altersklassen und beide Geschlechter anvisieren, ist die Zielgruppengenauigkeit weniger relevant. Je spezieller ein Produkt jedoch ist, desto essenzieller ist es, Influencer mit der entsprechenden Zielgruppe zu identifizieren.

Hierbei sollte nicht nur der Content des Influencers zurate gezogen werden. Nicht jeder männliche Influencer hat größtenteils männliche Follower, ebenso wie nicht jede weibliche Meinungsführerin hauptsächlich weibliche Follower anzieht, wie Abb. 13.6 zeigt.

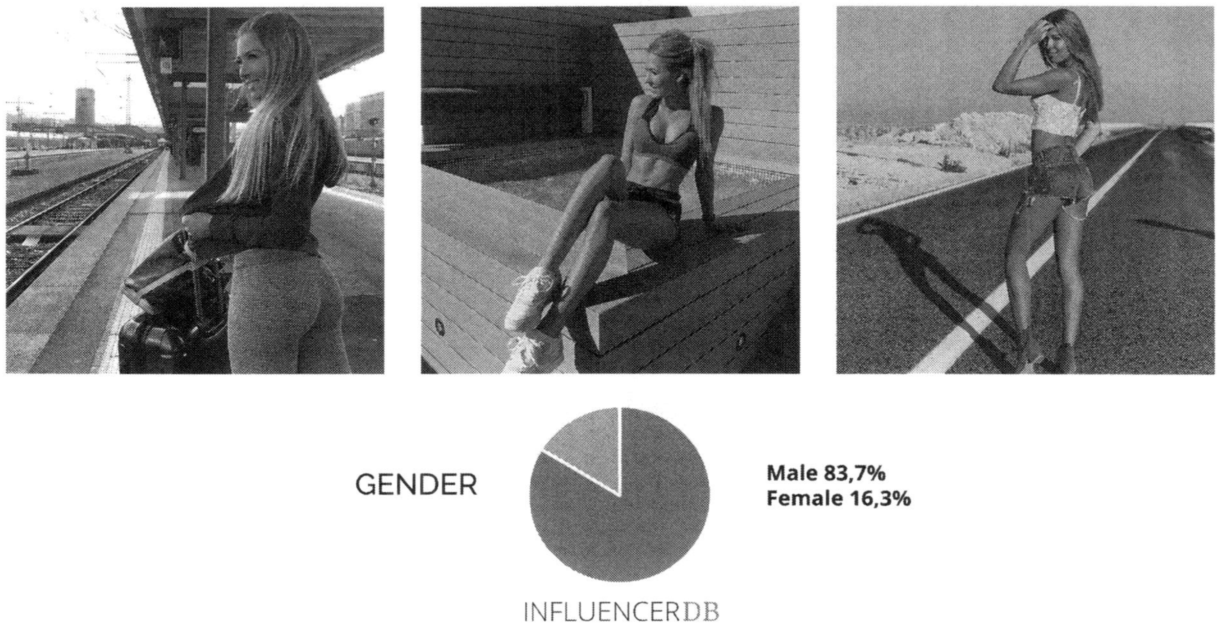

Abb. 13.6 Content und Gender Split der Influencerin Deborah_tmz. (Quelle: Instagram/deborah_tmz & InfluencerDB 2017)

Der erste Eindruck kann hier oft täuschen. Obwohl es sich bei Deborah_tmz um eine weibliche Influencerin handelt, spricht diese eine größtenteils männliche Zielgruppe an.

Aber auch ein gewollter Bruch in der Zielgruppe kann von Marken strategisch eingesetzt werden, zum Beispiel um einen kompletten Imagewandel zu vollziehen. Möchte sich eine Marke verjüngen, so kann es zielführend sein, eine deutlich jüngere Zielgruppe als gewohnt anzuvisieren. In diesem Falle ist es jedoch essenziell, dass die gesamte Markenkommunikation auch außerhalb der sozialen Netzwerke auf diesen Imagewechsel abzielt, sodass ein konvergentes neues Markenimage entsteht.

Anzahl bezahlter Postings und Post-Performance

Vor Beginn einer Kampagne lohnt sich ein Blick auf die bislang entstandenen Inhalte eines Influencers.

Zum einen gibt die Anzahl der organischen im Vergleich zu bezahlten Postings Aufschluss darüber, wie stark überworben ein Kanal ist. Erstellt ein Influencer mehr gesponserte als organische Inhalte, so besteht die Gefahr, dass die Authentizität des Meinungsführers verloren geht. Außerdem nimmt die Zielgruppe eine einzelne Marke auf dem von Marken überschwemmten Kanal höchstwahrscheinlich nicht einmal wahr.

Zum anderen liefert die Post-Performance einen Anhaltspunkt, wie gesponserte Postings im Vergleich zu organischen Postings auf dem Kanal performen. Liegt der Performance-Wert der bezahlten Inhalte deutlich unter dem Ergebnis der organischen Postings, zeigt dies, dass die Follower den natürlichen Content sehr viel besser aufnehmen, wohingegen sie den bezahlten Inhalten eher kritisch gegenüber stehen oder an der Glaubwürdigkeit dieser zweifeln.

Media Value per Post/Anzeigenäquivalenzwert

Der *Media Value per Post* oder Anzeigenäquivalenzwert zeigt an, welchen Betrag Marketingverantwortliche allokieren müssten, um die gleiche Medienreichweite durch Instagram Ads zu generieren. Der *Media Value per Post* wird anhand eines Tausender-Kontakt-Preises von ungefähr 5 US$ berechnet.

Dieser Wert gibt Aufschluss darüber, wie wertvoll die Aktivitäten des Kanals sind. Ein hoher *Media Value per Post* kann ein Indiz dafür sein, dass eine Kooperation ein lohnenswertes Ergebnis einbringen kann.

Des Weiteren kann dieser Wert einen ersten Anhaltspunkt liefern, welchen Preis ein Influencer in etwa für eine Kooperation aufrufen könnte.

Earned Media Value

Der *Earned Media Value* eines Kanals bezieht sich auf jegliche unbezahlte Kommunikation, die um diesen Kanal herum stattfindet. Dies können Likes, Kommentare, Verlinkungen, Shares, Empfehlungen und Rezensionen sein.

Auf Instagram wird der *Earned Media Value* eines Kanals anhand der Anzahl von Verlinkungen gemessen. Der *Earned Media Value* eines Influencers steigt, wenn dieser regelmäßig von anderen Kanälen verlinkt wird, wie Abb. 13.7 darstellt.

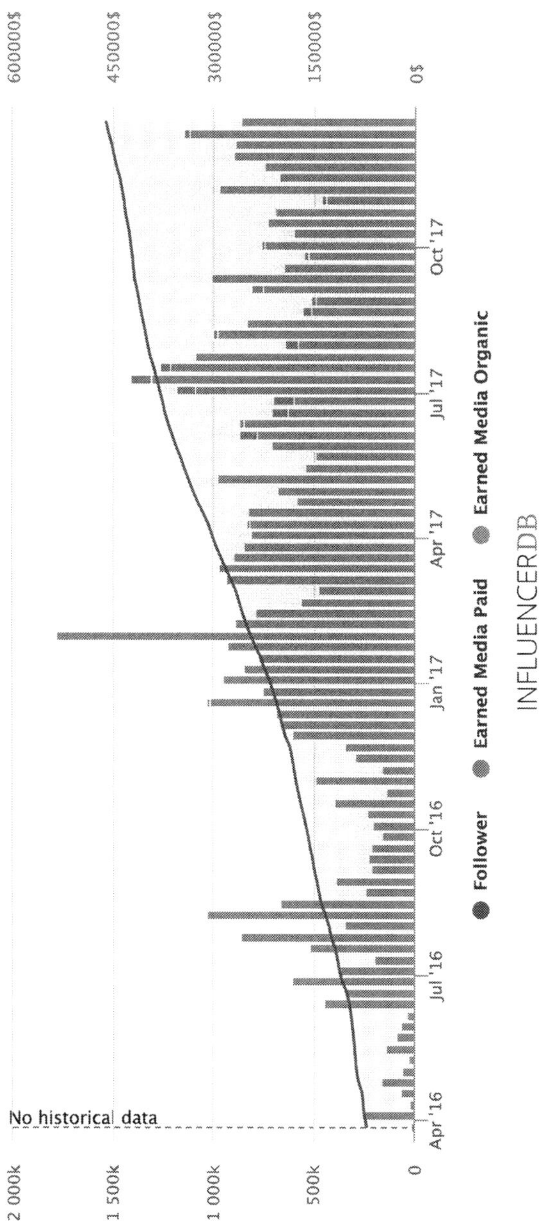

Abb. 13.7 Instagram-Kanal mit hohem Earned Media Value. (Quelle: InfluencerDB 2017)

Dieser Wert ist deshalb besonders relevant, da er anzeigt, welches Standing ein Influencer innerhalb der Influencer-Szene hat. Reichweitenstarke und bekannte Influencer werden kontinuierlich von anderen Influencern aber auch von Marken in Postings erwähnt, sodass ihr *Earned Media Value* ansteigt.

Ein hoher *Earned Media Value* signalisiert somit, wie groß der Buzz um einen Influencer ist: Je höher der *Earned Media Value,* desto mehr Aufmerksamkeit erregt der Influencer in der Szene und desto höher ist das Ansehen des Meinungsführers. Der *Earned Media Value* spiegelt außerdem das Viralitätspotenzial des Kanals wider. (Siehe Abb. 13.7)

Unternehmen profitieren also von einem hohen *Earned Media Value* des Influencers, da sich das Ansehen und die Reputation des Influencers bei einer Kooperation auf die Marke übertragen.

13.3 Den perfekten Influencer finden – Tools für die passgenaue Influencer-Identifikation

Nachdem wir nun wissen, welche Kriterien bei der Identifikation und Analyse von Influencern angesetzt werden sollten, beginnt die eigentliche Herausforderung: Die Suche nach dem perfekten Influencer für eine Marke.

Wir stellen im Folgenden zwei unterschiedliche Vorgehensweisen vor: Zum einen die offene Suche über Suchmaschinen und die sozialen Netzwerke selbst und zum anderen die Recherche mithilfe von Influencer Marketing Plattformen und Datenbanken.

13.3.1 Soziale Netzwerke und Suchmaschinen

Die sozialen Netzwerke selbst sowie Suchmaschinen eignen sich nur bedingt zur Identifikation passender Influencer. Nichtsdestotrotz kann vereinzelt auch hier eine Suche genutzt werden.

Instagram, YouTube und Co

Auch wenn, wie eingangs erwähnt, eine passgenaue Identifikation über soziale Netzwerke schwierig ist, so kann die Suche immerhin durch die Verwendung von *Hashtags* erleichtert werden. So lassen sich Kanäle finden, die bereits zu einem bestimmten Thema Inhalte erstellen. Außerdem kann ein Blick auf die Kanäle, denen ein bereits mit der eigenen Marke kooperierender Influencer folgt, sinnvoll sein, um thematisch ähnliche Meinungsführer zu identifizieren.

Des Weiteren können zur Identifikation von Kanälen mit hoher Content-Qualität sogenannte *Aggregator-Kanäle* auf Instagram zurate gezogen werden. Diese Kanäle generieren ihre Inhalte, indem sie besonders hochwertigen Content von größtenteils sehr reichweitenstarken Influencern reposten anstatt eigenen Content zu erstellen. Diese Kanäle existieren für eine Vielzahl an Themen wie Mode, Reisen, Beauty und Ernährung. Auf Aggregator-Kanälen lassen sich Influencer mit einem hohen Viralitätspotenzial und exzellenter Content-Qualität finden. Die Kanäle spiegeln wider, welche Influencer derzeit im Trend liegen und im Instagram-Universum besonders beliebt sind.

Der Nachteil einer Suche über die sozialen Netzwerke selbst ist, dass es hier nicht möglich ist, Filter anzuwenden. Es wird zum einen eine Mischung aus Nicht-Influencer-Kanälen, Micro-Influencern und reichweitenstarken Kanälen ausgeworfen. Zum anderen lässt sich keine Eingrenzung auf ein bestimmtes Land oder eine Sprache vornehmen, wodurch sich die Identifikation äußerst zeitaufwendig gestaltet. Eine strukturierte, effiziente Suche ist auf Instagram selbst dementsprechend nicht möglich.

Google und Blogs

Über Google und andere *Suchmaschinen* können mithilfe von Keywords Influencer identifiziert werden, die Inhalte zu bestimmten Themen erstellen. Am einfachsten lassen sich mit dieser Taktik Blogs aufspüren, bei Instagram-Influencern gestaltet sich die Suche jedoch schwieriger.

Hinzu kommt, dass bei dieser Suche solche Ergebnisse angezeigt werden, die Google als relevant einstuft. Dabei muss es sich jedoch nicht zwangsläufig um die Kanäle handeln, die für die Marke besonders interessant oder relevant sind.

Etwas genauer ist die Suche über *Toplisten.* Diese Listen existieren für eine Vielzahl an Themenbereichen und können als Orientierungspunkt dienen, um im Trend liegende Kanäle zu identifizieren.

Blogs wie Man Repeller und Highsnobiety generieren ebenfalls regelmäßig Listen, die erfolgreiche Influencer aus verschiedenen Sektoren präsentieren. Hierbei handelt es sich jedoch überwiegend um Influencer aus visuellen Bereichen wie Mode und Beauty. Nischenthemen findet man hier eher selten.

Um populäre Influencer zu identifizieren, hilft eine Analyse der Medienlandschaft. Diese zeigt: Über welche Influencer wird derzeit gesprochen? Wer generiert einen großen Buzz und eine hohe Viralität? Wer ist auch außerhalb des jeweiligen sozialen Netzwerkes bekannt?

13.3.2 Influencer Marketing Plattformen und Datenbanken

Eine deutlich höhere Erfolgsquote bei der Identifizierung passender Influencer bieten Influencer Marketing Plattformen und Datenbanken. Am Beispiel der Influencer Marketing Plattform InfluencerDB stellen wir im Folgenden vor, welche Möglichkeiten es gibt, Instagram-Influencer nach den oben genannten Kriterien zu identifizieren.

Research Database

Die InfluencerDB Research Database enthält alle Influencer-Kanäle weltweit mit über fünfzehntausend Followern. Um die Suche zu verfeinern, können fünf verschiedene Filter ausgewählt werden:

- Land
- Sprache
- Mindest-Followermenge und Maximal-Followermenge
- Thematische Kategorien
- Hashtags

Bei der Suche nach Influencern für bestimmte Länder ist zu beachten, dass besonders international bekannte Influencer ihre Bildbeschreibungen in englischer Sprache verfassen. Wird zum Beispiel für einen Produktlaunch einer in Deutschland agierenden Marke ein Influencer gesucht, der eine hauptsächlich deutsche Zielgruppe anspricht, so kann es sinnvoll sein, den Filter Sprache anstelle des Filters Land zu nutzen, um ein präziseres Ergebnis zu erhalten.

Der Filter Follower-Menge ist vor allem dann hilfreich, wenn ein Unternehmen Micro-Influencer identifizieren oder aber nur mit reichweitenstarken Meinungsführern kooperieren möchte.

Die thematischen Kategorien zeigen Kanäle an, die sich auf ein bestimmtes Thema fokussieren. Hierbei sollte jedoch beachtet werden, dass es viele Lifestyle-Kanäle gibt, die sich zwar nicht eindeutig einem einzigen Thema zuordnen lassen, jedoch für Marken gegebenenfalls ebenso interessant sind.

Mithilfe von Hashtags lässt sich die Suche weiter verfeinern. Gerade in Kombination mit den Kategorien entstehen passgenaue Suchergebnisse. Über trendige Hashtags lassen sich so Kanäle finden, die bereits zu einem bestimmten Thema Inhalte erstellen.

Monitoring

Im Bereich *Instagram Monitoring* eines Brand-Channels werden alle Kanäle angezeigt, die die Marke erwähnen, wie in Abb. 13.8 am Beispiel des Kanals der Marke Airbnb dargestellt. Diese Postings können von Influencern kommen, mit denen die Marke bereits kooperiert. Hier werden aber auch solche Kanäle aufgelistet, die die Marke freiwillig erwähnen und eine positive Einstellung ihr gegenüber haben.

Diese Influencer sind also bereits Fans der Marke und müssen nicht mehr überzeugt, sondern lediglich getriggert werden. Sie befinden sich hinsichtlich der Influencer-Akquisition also bereits in einer fortgeschrittenen Phase; der Aufwand, Influencer aus dieser Kategorie zu akquirieren, ist deutlich geringer als bei solchen, die bislang noch keinen Bezug zur Marke aufweisen.

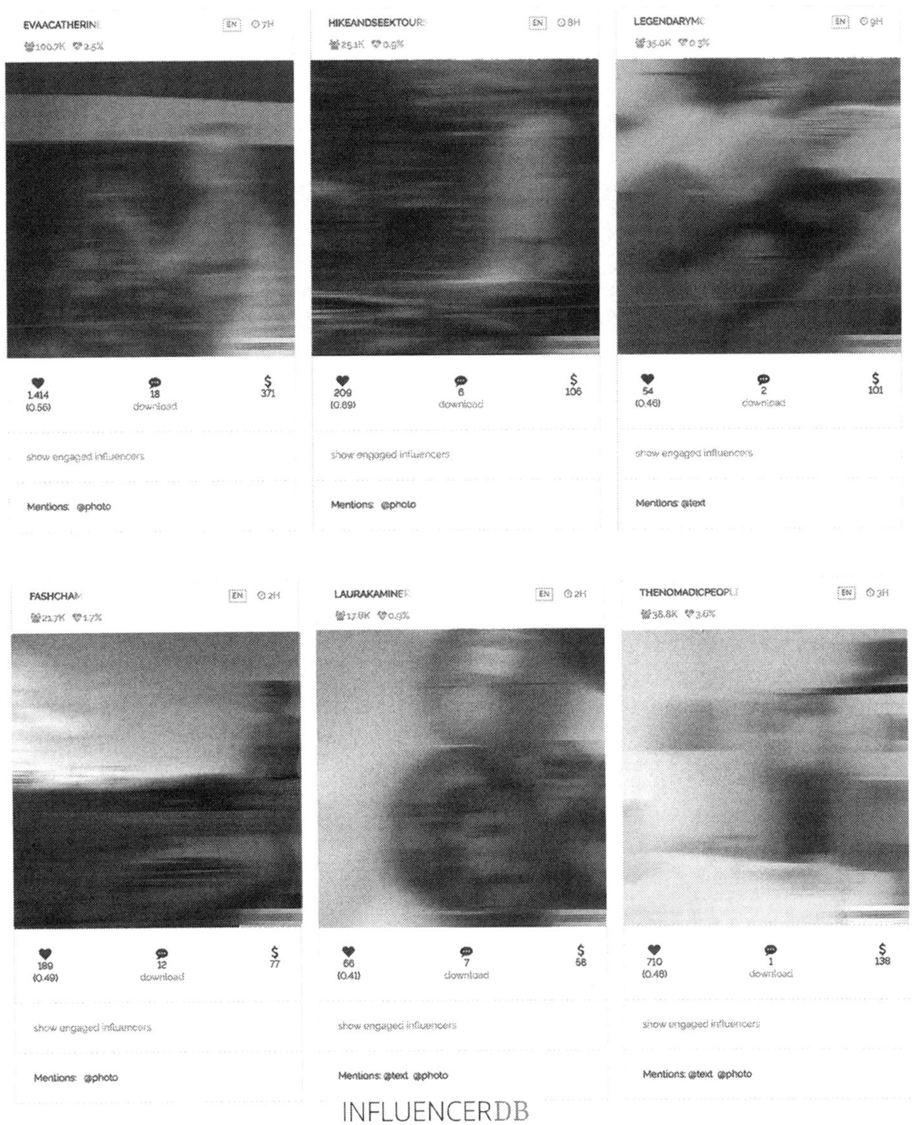

Abb. 13.8 Auszug aus dem Instagram Monitoring der Marke Airbnb. (Quelle: InfluencerDB 2017)

Outgoing Mentions anderer Marken
In den *Outgoing Mentions* eines Markenprofils werden alle Influencer-Kanäle aufgelistet, die von der Marke erwähnt werden. Marken können diese Funktion nutzen, um zu erkunden, welche Influencer von anderen Markenkanälen in ihrem Sektor erwähnt werden und mit diesen kooperieren. Ein Influencer, der mit einer vergleichbaren Marke zusammenarbeitet, ist gegebenenfalls auch für die eigene Marke interessant.

Dies gilt besonders für solche Sektoren, in denen es natürlich ist, Produkte von unterschiedlichen Marken zu nutzen, wie beispielsweise im Bereich Mode und Beauty.

Ein Blick auf die *Post-Performance* der Kooperationen des Influencers mit ähnlichen Marken kann Aufschluss darüber geben, wie gut die Zusammenarbeit von den Followern aufgenommen wurde und einen Hinweis darauf liefern, wie gut die eigene Kooperation mit diesem Influencer performen würde.

Engaged Influencers eines Meinungsführers

Der Bereich *Engaged Influencers* ist eine enorm wertvolle Funktion zur Identifikation qualitativ hochwertiger Kanäle. Hier befinden sich alle Kanäle, die mit dem Kanal eines Influencers in Form von Likes und Erwähnungen interagieren.

Kooperiert eine Marke bereits erfolgreich mit einem bestimmten Influencer, so lohnt es sich, im Umfeld dieses Influencers nach weiteren Kanälen Ausschau zu halten, die zum einen einen ähnlichen thematischen Fit aufweisen und zum anderen ein vergleichbar hohes Prestige mitbringen, das die Marke für das eigene Image nutzen kann.

Auch hier spielt der Faktor Akquisition eine Rolle. Der Influencer, der bereits ein Kooperationspartner der Marke ist, kann die Marke Influencern aus seinem Netzwerk empfehlen und unkompliziert eine Verbindung zwischen weiteren Influencern und der Marke herstellen, sodass die Influencer bereits getriggert sind und nicht erst noch von der Marke überzeugt werden müssen.

13.4 Alles nur Fake? Checkliste zur Identifikation von Fake-Kanälen auf Instagram

Die größte Herausforderung bei der Identifikation und Analyse von Influencer-Kanälen ist es, die Spreu vom Weizen zu trennen und nur die Meinungsführer für eine Kooperation in Erwägung zu ziehen, die einen hochwertigen, organischen Kanal betreiben, mit dem interessierte, aktive und engagierte Follower interagieren. Um nicht an Fake-Kanäle mit gekauften Followern oder künstlich generiertem Engagement zu geraten, stellen wir zum Abschluss dieses Kapitels eine kurze Checkliste vor, anhand derer sich Fake-Influencer auf Instagram in sechs Schritten einfach und schnell identifizieren lassen (Hellenkemper 2017c).

Schritt 1: Audience Quality

Die InfluencerDB *Quality Grade* ist ein effizientes Hilfsmittel, um schnell entscheiden zu können, ob es sich um einen Fake-Kanal mit gekauften Followern handelt. Eine schlechte *Quality Grade* (D oder F) signalisiert, dass die Zielgruppe eines Kanals zu einem großen Teil aus Bots oder inaktiven Followern besteht. Abb. 13.9 zeigt die Zielgruppen-Qualität eines solchen Fake-Kanals.

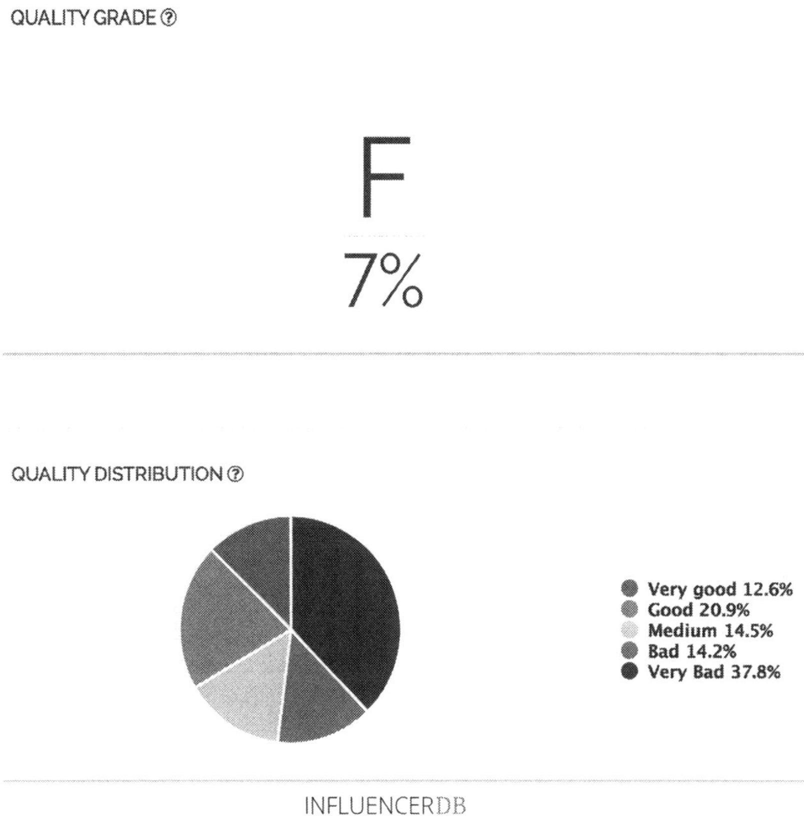

Abb. 13.9 Beispiel für Audience Quality Grade eines Fake-Kanals. (Quelle: InfluencerDB 2017)

Schritt 2: Follower-Wachstum

Das Wachstum eines Kanals sollte gleichmäßig verlaufen. Der Verlust von Followern ist ein Zeichen dafür, dass der Influencer an Relevanz verliert und auch für potenzielle neue Follower nicht interessant ist.

Hat ein Kanal ohne erkennbaren Grund wie die Erwähnung durch andere, reichweitenstarke Kanäle ein plötzlich auftretendes, extremes Wachstum, so kann dies ein Indiz dafür sein, dass Follower gekauft wurden.

Da Instagram lediglich den Status Quo des Follower-Standes preisgibt, ist die Nutzung von Influencer Marketing Plattformen zur Analyse der Follower-Veränderungen ratsam. Diese zeigen neben den *Followings* auch die *Follows* eines Kanals an, also die Kanäle, denen der Influencer selbst folgt. Diese geben Aufschluss über die Nutzung von Methoden zur künstlichen Wachstumssteigerung wie *Follow-For-Follow.*

Schritt 3: Like Follower Ratio

Die *Like-Follower-Ratio* signalisiert die Interaktionsbereitschaft einer Zielgruppe gegenüber einem Kanal. Hat ein Influencer eine große Reichweite, jedoch eine sehr geringe *Like-Follower-Ratio,* so kann dies ein erstes Anzeichen dafür sein, dass die Zielgruppe zu einem großen Teil aus Bots besteht, die nicht mit den Inhalten des Kanals interagieren.

Jedoch kann die *Like-Follower-Ratio* durch den Kauf von Likes oder die Nutzung von *Engagement Groups* künstlich modifiziert werden (Ehrhardt 2017b). Somit ist die *Like-Follower-Ratio* kein Faktor, mit dem allein über die Echtheit eines Kanals entschieden werden sollte. Die Betrachtung der *Like-Follower-Ratio* ist nur sinnvoll im Zusammenhang mit weiteren Schritten aus dieser Checkliste.

Schritt 4: Earned Media Value

Reale und erfolgreiche Influencer haben ein gutes Standing innerhalb der Influencer-Szene, sind hervorragend vernetzt und werden deshalb regelmäßig von anderen Kanälen erwähnt. Der *Earned Media Value* solcher Influencer ist dementsprechend hoch.

Ein sehr geringer *Earned Media Value* eines Kanals lässt darauf schließen, dass der Influencer keinen Einfluss im Influencer-Universum hat und sich die Reichweite aller Wahrscheinlichkeit nach lediglich erkauft hat. Ähnlich wie bei der *Like-Follower-Ratio* genügt dieser Schritt allein jedoch nicht, um eine abschließende Wertung abzugeben, und sollte mit weiteren Schritten kombiniert werden.

Schritt 5: Klickzahlen von Videos

Da bei Foto-Postings nicht ersichtlich ist, wie viele Follower ein Posting angesehen haben, kann eine Analyse der Video-Klickzahlen aufschlussreich sein. Hat ein Influencer eine große Reichweite, jedoch extrem niedrige Klickzahlen in Bezug auf seine Videos, so weist dies darauf hin, dass die Follower entweder inaktiv sind und nicht mit dem Content interagieren, oder aber darauf, dass der Influencer seine Reichweite durch den Kauf von Bots künstlich modifiziert hat.

Schritt 6: Kommentare

Die Kommentare unter den Postings eines Kanals lassen erkennen, auf welcher Ebene die Follower mit dem Content interagieren. Beziehen sich die Kommentare auf den Inhalt des Postings oder handelt es sich um solche, die inhaltlich zu einer Vielzahl verschiedener Postings passen würden? Ist Letzteres der Fall, so kann dies bedeuten, dass der Kanal Kommentare gekauft hat oder aber *Engagement Groups* zur Steigerung der Kommentar-Rate nutzt.

Darüber hinaus können außerdem die Kanäle der Kommentatoren aufschlussreich sein. Handelt es sich um Nutzer mit keinen oder wenigen eigenen Posts, die jedoch tausenden von Kanälen folgen? Solche Kanäle sind aller Wahrscheinlichkeit nach keine organischen, wertvollen Follower.

13.5 Zusammenfassung

Obwohl Influencer Marketing bereits seit mehreren Jahren von zahlreichen Unternehmen in den Marketing-Mix integriert wird, gilt es nach wie vor, die Professionalität, mit der dieser essenzielle Bereich angegangen wird, voranzutreiben. Den ersten Schritt diesbezüglich stellt die Definition der passenden Strategie dar. Hierbei sollte bedacht werden, dass jedes Unternehmen und jede Marke individuelle Bedürfnisse hat, die Strategie also präzise auf die Anforderungen und Zielsetzungen angepasst werden sollte.

Die Phase der Strategie-Definition ist insofern wesentlich, als dass jeder darauffolgende Schritt des Influencer Marketing-Prozesses auf dieser aufbaut. Die Identifikation passgenauer Influencer kann nur dann effektiv erfolgen, wenn diese auf die zuvor festgelegte Strategie ausgerichtet ist. Die gewählten Influencer sollten in der Lage sein, dem Unternehmen nicht nur Einzelergebnisse wie Reichweite zu verschaffen, sondern die holistischen Ziele des Unternehmens im Bereich Influencer Marketing zu unterstützen.

Neben der auf die Strategie ausgerichteten Identifikation gilt es zudem, bei der Recherche und Analyse passgenauer Meinungsführer neben einem qualitativen auch einen quantitativen Ansatz zu nutzen. Auf qualitativer Ebene sind Metriken wie Brand Fit, Content Qualität, Werbewirkung, Authentizität und das Markenumfeld eines Influencers und sein Standing in der Influencer-Szene wesentlich. Bei der quantitativen Betrachtung sollten Kennzahlen wie Reichweite, Zielgruppengenauigkeit, Engagement, Post-Performance, Audience Quality, Follower-Wachstum, Media Value per Post und Earned Media Value fokussiert werden. Welche Gewichtung für die jeweiligen Faktoren vorgenommen werden sollte, hängt hierbei im Wesentlichen von der Strategie ab.

Eine professionelle Analyse von Influencer-Kanälen, basierend auf einem Fundament von Wissen, Strategie und Daten, schützt zum einen vor einer Kooperation mit wertlosen Fake-Kanälen. Zum anderen hilft dieses Vorgehen Unternehmen außerdem auf einer übergeordneten Ebene, ihre Influencer Marketing-Aktivitäten strukturiert umzusetzen und die Budgetallokation nicht nur auf Schätzungen, sondern auf wissenschaftlichen Daten zu stützen.

Somit wirkt sich die auf den ersten Blick für sich alleinstehende Phase der Influencer-Identifikation über die eigentliche Kampagne hinaus ebenfalls auf weitere Teile des Unternehmens aus.

Literatur

Daur C (2017) Instagram-Posting. Instagram. http://www.instagram.com/p/BZa824zBnMS/?taken-by=carodaur. Zugegriffen: 17. Dez. 2017

Ehrhardt J (2017a) Engagement groups: you scratch my back and I'll scratch yours! InfluencerDB Influencer Marketing for Professionals Blog. http://www.influencerdb.net/blog/engagement-groups/. Zugegriffen: 17. Dez. 2017

Ehrhardt J (2017b) Mirror, mirror on the wall, who has the best engagement of them all? Like Follower Ratio explained. InfluencerDB Influencer Marketing for Professionals Blog. http://www.influencerdb.net/blog/engagement-like-follower-ratio-explained/. Zugegriffen: 17. Dez. 2017

Hellenkemper M (2017a) A guide to influencer marketing, advertising, and relations [Influencer strategy]. InfluencerDB Influencer Marketing for Professionals Blog. http://www.influencerdb.net/blog/guide-to-influencer-strategy/. Zugegriffen: 17. Dez. 2017

Hellenkemper M (2017b) How to detect follow-for-follow abuse. InfluencerDB Influencer Marketing for Professionals Blog. http://www.influencerdb.net/blog/detect-follow-for-follow-abuse/. Zugegriffen: 17. Dez. 2017

Hellenkemper M (2017c) How to detect fake influencers in 9 easy steps. InfluencerDB Influencer Marketing for Professionals Blog. http://www.influencerdb.net/blog/detect-fake-influencers-in-9-easy-steps/. Zugegriffen: 17. Dez. 2017

InfluencerDB (2017) http://www.influencerdb.net/. Zugegriffen: 17. Dez. 2017

Über die Autorin

Mona Hellenkemper schloss einen Bachelor in Anglistik und Germanistik, sowie den Master Interdisziplinäre Medienwissenschaft an der Universität Bielefeld ab. Nach einem Aufenthalt in Neuseeland, wo sie im Bereich Public Relations arbeitete, begann sie ihre berufliche Laufbahn zurück in Deutschland als Social Media und PR Managerin bei einem in Bielefeld ansässigen Unternehmen. 2016 startete sie als Online-Marketing-Managerin bei InfluencerDB Tech GmbH & Co. KG. Inzwischen ist sie dort als Director of Content für alle internen und externen Inhalte zuständig und betreut den deutschsprachigen Public-Relations-Bereich des Unternehmens.

14 Corporate Influencer: Warum der Geschäftsführer nicht immer die Hauptrolle spielen muss

Annett Bergk und Paula Slomian

Zusammenfassung

Warum nach externen Markenbotschaftern suchen, wenn doch die eigene Belegschaft unbekannte Schätze birgt? Interne Multiplikatoren, sogenannte Corporate Influencer, können sowohl für die interne, als auch für die externe Kommunikation extreme Strahlkraft entwickeln. Unternehmen, die Change-Prozesse bewältigen müssen, die in der Informationsflut kaum noch zu ihren Zielgruppen durchdringen und die um neue Mitarbeiter konkurrieren, brauchen vor allem eines: glaubwürdige Fürsprecher aus den eigenen Reihen. Doch wie lassen sich Corporate Influencer identifizieren, befähigen, strategisch lenken und bestmöglich unterstützen? So viel vorweg: Die eigene Unternehmensleitung taugt längst nicht immer zum wirksamen Influencer.

14.1 Einleitung

Aktuell suchen Unternehmen und Marken (man möchte fast sagen „wie wild") nach externen Multiplikatoren, um sich Reichweite und Glaubwürdigkeit zu verschaffen. Dabei lohnt der Blick nach innen. Denn in Zeiten der Digitalisierung müssen Unternehmen, um am Markt bestehen zu können, tief greifende Transformationsprozesse durchlaufen. Nicht selten werden komplett neue Dienstleistungen entwickelt oder nächste Schritte zum angestrebten Unternehmenswachstum vorbereitet. Der interne Wandel – so

A. Bergk (✉) · P. Slomian
EINFACHkommunikation, Hamburg, Deutschland
E-Mail: annett.bergk@einfachkommunikation.de

P. Slomian
E-Mail: paula.slomian@einfachkommunikation.de

A. Schach und T. Lommatzsch (Hrsg.), *Influencer Relations*,
https://doi.org/10.1007/978-3-658-21188-2_14

scheint es – ist der Schlüssel zu externem Erfolg. „Ein gesundes Unternehmen sollte fortwährend in Bewegung sein, neue Zukunftsszenarien begrüßen und sich darauf einstellen. Der Wandel im Geschäftsleben vollzieht sich heute so rasant, dass niemand mehr in Ruhe vorausplanen kann – Veränderung ist ein Bewusstseinszustand geworden" (Duarte und Sanchez 2017, S. 9).

Natürlich bringen Change-Prozesse ganz verschiedene Reaktionen aus den Reihen der Mitarbeiter mit sich. Veränderungen sind unbequem und machen Angst. Menschen haben es gern bequem und meiden Verunsicherung. Ergo stehen sie Veränderungen zumeist skeptisch gegenüber – das birgt Konfliktpotenzial. Wo die einen motiviert die Hände in die Luft werfen und ein „Endlich!" auf den lächelnden Lippen tragen, verschließen sich die anderen, sehen vorrangig die Probleme und errichten kleinere und größere Barrikaden. Wieder andere bleiben stumm und warten ab, was geschieht.

Change kann nur auf Basis stabiler und vertrauensvoller Beziehungen zu den Mitarbeitern bewältigt werden (vgl. Rosenberger 2014, S. 9), weil sie die wichtigste Ressource eines jeden Unternehmens und zudem maßgeblicher Effizienztreiber sind (vgl. Balderjahn und Specht 2007, S. 89). Mitarbeiter, die schlecht an ihr Unternehmen gebunden sind oder fluktuieren, bedeuten Know-how- und Kundenverlust (vgl. Kornmeier und Schneider 2006, S. 268). Empirische Studien haben zudem gezeigt, dass sich Mitarbeiterzufriedenheit positiv auf Kundenzufriedenheit auswirkt – und Mitarbeiterbindung auf Kundenbindung (vgl. Liljander 2000, S. 161).

Gleiches gilt übrigens für externe Stakeholder-Gruppen, die das Beziehungsnetzwerk eines Unternehmens bilden. Damit diese Bezugsgruppen dem unternehmerischen Wandel positiv gesinnt und aufgeschlossen gegenüberstehen, müssen durch aktives Beziehungsmanagement Kooperationsbereitschaft, Akzeptanz und Vertrauen aufgebaut werden (vgl. Szyszka 2017, S. 17).

Die Zeit, in der Mitarbeiter reine Informationsempfänger waren, ist spätestens mit dem flächendeckenden Einzug der Sozialen Medien endgültig vorbei. Doch was den einen Not, ist den anderen Tugend: Wer es schafft, im eigenen Unternehmen diejenigen Mitarbeiter (ganz gleich, auf welcher Ebene) zu identifizieren, die den Change-Prozess positiv begleiten, erklären und unterstützen, kann sowohl Mitarbeiter als auch externe Bezugsgruppen gleichermaßen für den Wandel begeistern. Vorausgesetzt, dass diese sogenannten Corporate Influencer nicht nur strategisch, sondern auch authentisch und mehrwertig kommunizieren (vgl. Hoenerbach 2007, S. 96).

14.2 Corporate Influencer als Lösung

Corporate Influencer wissen und zeigen wo es langgeht. Sie sind sozusagen Lotsen für Menschen, die nach Orientierung in der Informationsflut suchen (vgl. Hoffmann 2017, S. 11). Sie bieten ausreichend relevante Informationen und vermitteln Sicherheit über deren Verlässlichkeit (vgl. Hoffmann 2017, S. 49). Der perfekte Corporate Influencer hat eine Vision von der Zukunft seines Unternehmens – und kann andere davon überzeugen. Das schafft Einsatz. Das macht weitere Mitarbeiter zu Unterstützern. Bruhn spricht in diesem Zusammenhang von „internen Dienstleistern“ (vgl. Bruhn 2011, S. 122) – das strahlt auch nach außen.

Natürlich ist es überdies möglich, mehrere Corporate Influencer einzusetzen. Oder gar ein ganzes Team, das Visionen und interne Kommunikation in Einklang bringen und so an die Mitarbeiter herantreten kann. Im Change-Prozess selbst bleiben sie erste Ansprechpartner, halten die Begeisterung aufrecht und sorgen dafür, dass die Kommunikation nicht auf der Strecke bleibt. Damit sind sie „dem Erzähler des Heldenepos vergleichbar, weil sie die Bedeutung des Aufbruchs zu neuen Ufern kommunizieren und die Ereignisse oder Prüfungen erläutern müssen, die ihre Mitreisenden unterwegs erwarten“ (Duarte und Sanchez 2017, S. 15).

14.3 Was zeichnet Influencer im Unternehmen aus?

Wieso kann der Corporate Influencer das, was er kann? Weil er Augen, Ohren und Mund hat. Er beobachtet: Marktbewegungen, Neuentwicklungen und die Konkurrenz. Außerdem seine Zielgruppen, intern wie extern, um den permanenten Wandel des Geschäfts frühzeitig zu spüren und ggf. mit zu steuern. Diese Beobachtung ist nicht rein auf das Analysieren begrenzt, sondern beinhaltet gleichwohl das aktive Zuhören und beherzte Nachfragen.

Die gute Nachricht: Ihm steht dabei ein großer Baukasten zur Verfügung. Im Einzelhandel kann er Testkäufer einsetzen, in der Entwicklung von Management-Teams kann er auf Rollenspiele zurückgreifen, im Bereich der Innovation schlägt er Brainstorming-Techniken vor, er kann Reden halten, Geschichten erzählen, Zeremonien einführen usw.

Doch Prozesse neu zu denken – von innen heraus – ist eine große Herausforderung, die manchmal auch ungewöhnliche Maßnahmen erfordert. Aus der Praxis kennen wir beispielsweise innerbetriebliche Interventionen, d. h. hypothetische Start-Ups, die als Konkurrenzunternehmen zu einer inneren Abteilung antreten, und so Schwachstellen aufdecken und mögliche Lösungen entwickeln.

Ein Influencer kann und will nicht allein „das Ruder rumreißen“, er muss den neuen Kurs gemeinsam mit der Crew angehen. Mitarbeitern darf nicht das Gefühl vermittelt werden, dass in Zeiten des Change ihre Arbeit infrage gestellt oder kritisiert wird. Sie haben per se Angst vor Veränderungen und brauchen während des Prozesses Unterstützung. Relations – ganz besonders Influencer Relations – erfordern Empathie, damit der interne Spagat aus motivierender Bestätigung bisherigen Tuns und bestätigender Motivation für künftige Weiterentwicklung gelingt.

Dazu muss der Influencer sichtbar sein. Was gleichzeitig bedeutet, dass er sich der Erwartungshaltung an ihn bewusst werden muss, ständig und auf diversen Kanälen Erreichbarkeit zu zeigen – von internen und externen Fragestellern – sowie auskunftsfähig zu so ziemlich allen Themen zu sein (vgl. Hoffmann 2017, S. 54). (Interne) Kooperation ist der Schlüssel zum Erfolg.

Und ist ein Change gemeistert, steht meist der nächste bereits ins Haus. So kann es sein, dass sich innerhalb des Prozesses aus einer neuen Motivation heraus neue oder andere Corporate Influencer entwickelt haben – Weggefährten, Vorreiter und Nachfolger.

14.4 Wie man wirkungsvolle Corporate Influencer findet und aufbaut

Externe Markenbotschafter haben Auftrieb: Zahlreiche Marketing-, Employer-Branding- oder PR-Kampagnen bedienen sich sogenannter Micro-, Power- oder Top-Tier-Influencer (vgl. Hoenerbach 2007, S. 68). Diese bringen bereits das nötige Rüstzeug, eigene Kanäle und Follower mit ein. Doch wie wird ein Mitarbeiter zum Markenbotschafter? Und wie verschafft man dem Markenbotschafter Gehör bei den verschiedenen Interessengruppen?

14.4.1 Eignung entsteht qua Funktion, Know-how und Soft-Skills

Ähnlich wie bei Kundenkontaktpersonal kommt es bei der Auswahl derjenigen Mitarbeiter, die sich als Corporate Influencer eignen, weniger auf die Fachkompetenz als vielmehr auf die Sozialkompetenz an. Der Influencer sollte „persönliche Reife und Selbstvertrauen besitzen, gut mit Menschen umgehen und relativ viele Kontakte pflegen können, ohne das Gefühl psychischer Überlastung oder von Überforderung zu haben" (Grunwald und Schwill 2017, S. 95).

Dabei kann die „Ernennung" zum Corporate Influencer auch eine Form immaterieller Mitarbeiterbeteiligung sein und somit als zusätzlicher Motivationsfaktor zur Personalbindung und Leistungsstimulierung dienen. In den letzten Jahren wird dieses Thema verstärkt unter dem Begriff Empowerment diskutiert – im Zusammenhang mit einem gestärkten Vertrauen des Managements in die Entscheidungen von Mitarbeitern (vgl. Liljander 2000, S. 179). Dies ist enorm relevant, denn die Entscheidung, Corporate Influencer zu sein, darf keinesfalls oktroyiert werden. Das Rollenverständnis des Corporate Influencers umfasst „zunächst einmal das Verständnis der eigenen Positionierung sowie die Absicht, sich in der Öffentlichkeit als Unternehmensvertreter zu zeigen" (vgl. Hoffmann 2017, S. 53). Stichwort intrinsische Motivation.

Der gute Wille allein reicht aber natürlich nicht aus. Es bedarf weiterer Fertigkeiten, um als Botschafter, Multiplikator und Dialogpartner wirksam zu sein: „Was an kommunikativer Kompetenz nicht vorhanden ist, können keine Technologie und kein soziales Netzwerk an sich kompensieren. Doch umgekehrt brauchen Markenbotschafter heutzutage ein hohes Ausmaß an Medienkompetenz, um Sichtbarkeit zu erreichen sowie in relevanten Diskussionen eine Stimme zu haben" (vgl. Hoffmann 2017, S. 53).

> Vielen mag die Suche nach einem geeigneten Corporate Influencer in der Kommunikationsabteilung als logischer erster Schritt erscheinen. Hier arbeiten schließlich diejenigen, die von Berufs wegen Ahnung von und Eignung für gute Kommunikation haben. Oder sitzen in der Führungsetage die reichweitenstarken Köpfe, deren Wort Gehör nach innen und außen findet? Wie so oft gilt hier ein klares „Es kommt ganz darauf an".

Es lohnt sich durchaus, den Blick zu weiten. Das kann gelingen anhand relevanter Kriterien, die einen Corporate Influencer auszeichnen. Dazu zählt unter anderem ein stabiles – idealerweise großes – Netzwerk, also eine persönliche Reichweite. Diese kann sogar aus der Position heraus entstehen: Ein Vertriebsmitarbeiter oder Kundenberater hat nicht nur zahlreiche Kundenkontakte, er hat auch meist intern viele Storys zu erzählen, ist leutselig und weiß seinen Argumenten Nachdruck zu verleihen.

Ein anderes relevantes Kriterium, um als Orientierungsgeber für andere zu fungieren, ist eine hohe fachliche Qualifikation: Wer sich beispielsweise aus einer Tätigkeit in Forschung und Entwicklung, Business Development oder Marktforschung heraus bestens mit dem unternehmerischen Leistungsspektrum, dessen Wettbewerbsfähigkeit und Visionen auskennt, kann allein aufgrund seiner enormen Glaubwürdigkeit seinen Worten Gewicht verleihen. Wer das Ziel verfolgt, ganz bestimmte Bezugsgruppen zu erreichen, etwa die sogenannten Young Professionals, tut gut daran, ein Zielgruppenäquivalent unter den Auszubildenden zu finden, das größtmögliche Authentizität verspricht.

Hat man „seine" Corporate Influencer entdeckt oder erkannt, müssen sie mit der neuen Anspruchshaltung, die sich an sie richtet, offen konfrontiert werden. Dabei helfen immer „innere Klarheit und Ausrichtung. Daher muss die Kommunikationsstrategie des Unternehmens, das auf Markenbotschafter setzt, eine klare und hilfreiche Basis bieten, auf der sich die persönliche Kommunikation frei und ohne unnötige Kontrolle entfalten kann" (Hoffmann 2017, S. 86).

14.4.2 Ziele gemeinsam definieren

Befähigung beginnt, einfach gesagt, ganz vorn. Corporate Influencer müssen über die zu kommunizierenden Ziele in Kenntnis gesetzt, in die Funktionen der verschiedenen zur Verfügung stehenden Kanäle eingeführt und nicht zuletzt ausführlich über die Zielgruppen informiert werden – oder es wird gar eine Analyse durchgeführt. Die Markenidentität muss „sitzen" – eine Art kognitive Repräsentation der Marke im Kopf des Mitarbeiters (vgl. Piehler 2011, S. 102), die Grundlage ist für eine emotionale Bindung zur Marke und die Fähigkeit, als Botschafter zu agieren.

> Ein wichtiges Thema ist die Messbarkeit. Die „Messbarmachung" der Ziele erfolgt im besten Fall in Zusammenarbeit mit dem Corporate Influencer. Das Bestimmen und Messen von KPI, Ist-Größen und Soll-Werten erfordert Zeit

und Geld – doch ohne sie können keine Aussagen über die Wirksamkeit der Influencer getroffen werden.

Wie wirksam Kommunikationsaktivitäten sind, ist die Gretchenfrage der Branche schlechthin. Auch über die Effektivität eines Corporate Influencers kann man nur vor dem Hintergrund einer Gesamtstrategie sprechen, muss man quantitative und qualitative Faktoren einbeziehen – und kann am Ende oft doch nur Näherungswerte bestimmen.

Messbar sind beispielsweise Aufrufe von Texten oder Multi-Media-Content, Likes, Followerzahlen, Shares, Kommentare, Conversion-Rates. Wie viele neue Kontaktanfragen in einem bestimmten Zeitraum eingehen, wie häufig jemand zitiert, zu Veranstaltungen eingeladen oder für ein Interview angefragt wird. Diese Zahlen allein genügen jedoch noch nicht: Untersucht werden muss unter anderem auch, *wer* Kontakt aufnimmt, liked und teilt, *wie* kommentiert wird und wie sich dies alles schlussendlich auf das Image eines Unternehmens- oder einer Marke – intern wie extern – auswirkt (vgl. Hoffmann 2017, S. 186).

14.4.3 Anleitung zum Beeinflussen

Fachkenntnisse allein machen noch niemanden zum erfolgreichen Corporate Influencer, auch nicht die eigene eifrige Publikationstätigkeit. „Erst wenn andere, die ebenfalls als Lotsen anerkannt sind, für die Glaubwürdigkeit bürgen, folgen ihnen die Orientierungssuchenden. Für die Sichtbarkeit braucht es also Verbreitung sowie genügend Referenzen“ (Hoffmann 2017, S. 57).

Dass der Onlinehändler OTTO 100 Mitarbeiter zu sogenannten Job-Botschaftern ausbildet, hat in der Kommunikationsbranche für reichlich Gesprächsstoff gesorgt. Erstmals beschreibt ein Unternehmen öffentlich den Prozess – und dann auch noch in großem Rahmen – der hinter der Befähigung verschiedener Mitarbeiter zum Corporate Influencer steht: Seminare zu Social Media- und HR-Kommunikation, Präsentations- und Diagnostiktrainings. „Die Jobbotschafter werden also dazu befähigt, auf Branchenveranstaltungen oder im Netz über die Themen und Entwicklungen bei OTTO zu kommunizieren, mit (potenziellen) Bewerbern Gespräche zu führen oder den Bewerbungsprozess zu begleiten“ (OTTO 2017).

Dabei sind auch Guidelines hilfreich, die dem Corporate Influencer in Sachen Bildsprache, Tonalität usw. unter die Arme greifen. Oder Checklisten, die beispielsweise wichtige Keywords oder Beispiele für die Verwendung des Markennamens umfassen können.

▶ Vorsicht! Trotz allem, was für die Vereinheitlichung und Systematisierung der Ausbildung von Corporate Influencern spricht: Zu viele Vorgaben sind destruktiv. Der befähigte Mitarbeiter soll individuell und damit glaubwürdig agieren können. Er benötigt Freiraum für Kreativität in der Kommunikation.

Dazu gehört auch, dem Influencer (Arbeits-)Zeit für seine neue Rolle einzuräumen. Der Aufbau und die Pflege von Kontakten, das Führen von Dialogen, das Verbreiten ausgewählter Inhalte auf Plattformen, die alle ihren eigenen Gesetzmäßigkeiten folgen, kostet Zeit (vgl. Hoffmann 2017, S. 89).

Zur Beeinflussung strategisch relevanter Teilöffentlichkeiten eignen sich – je nach unternehmerischer Zielsetzung – Vorträge bei Publikums- und Fachveranstaltungen, Teilnahme an öffentlichen Diskussionen (auch Talk-Shows) oder Interviews, persönliche Einladung relevanter Personengruppen ins Unternehmen zu Führungen, Think-Tanks oder medial begleiteten Round-Tables, Sprechstunden, Meinungsbeiträge auf reichweitenstarken (nicht zwingend unternehmenseigenen) Plattformen in Text oder audiovisueller Form (vgl. Hoenerbach 2007, S. 89).

14.4.4 Hemmnisse auf dem Weg zur Influencer-Karriere

Wer sich als Corporate Influencer in den (sozialen) Medien exponiert, muss zwangsläufig den Spagat zwischen beruflicher und privater Präsenz meistern (vgl. Hoffmann 2017, S. 123). Nur weil man sich selbst auf Xing und LinkedIn rein professionell und auf Facebook und Instagram eher als Privatmensch präsentiert, bewerten die eigenen Follower das Gepostete längst nicht automatisch nach dieser Unterteilung. Darüber sollte man sich im Klaren sein – und für sich selber Grenzen setzen, vor allem, was private Informationen angeht und eventuell betroffene Rechte Dritter.

„Was einmal im Netz steht..." – dass das Netz nichts vergisst, mag manch einen potenziellen Corporate Influencer davor zurückschrecken lassen, sich mit voller Kraft und der damit einhergehenden Sichtbarkeit auf seine Rolle als Multiplikator einzulassen. Der Suchgigant Google, der auch nach Jahren noch Inhalte, Statements oder Bilder zutage fördert, die die Betreffenden am liebsten ungeschehen machen wollten, bremst deren Dynamik. Dabei könnte man es doch wie mit den Brüchen im Lebenslauf halten und sich einfach gute Argumente für den damals ulkig gemeinten Kommentar, Schnappschuss oder Post zurechtlegen. Stichwort entwaffnende Ehrlichkeit.

Aus Angst vor Krisen, Shitstorms und „unkontrollierbaren Kettenreaktionen" (Hoffmann 2017, S. 95), ausgelöst durch eigene Aktivitäten im Netz, auf mediale Sichtbarkeit und Profilierung zu verzichten, kann ein fataler Trugschluss sein. Nicht gesehen zu werden, kann einen weitaus größeren Reputationsverlust bedeuten, als sich im Zuge einer Social-Media-Schlammschlacht die Hände schmutzig gemacht zu haben (vgl. Kinter und Ott 2014, S. 234). Hierbei kommt es auf Transparenz, Sachlichkeit und ernst gemeinte Dialogbereitschaft an. Die Dauer sogenannter Shitstorms und der damit verbundene Imageschaden sind oft von deutlich geringerem Ausmaß, als befürchtet. Was nicht heißen soll, dass nicht vor dem Start einer strategischen Influencer-Kommunikation eine gründliche Issues-Analyse und die Identifikation von sowie Vorbereitung auf potenzielle Tretminen unabdingbar sind (vgl. Kinter und Ott 2014, S. 21).

> Viele der – mitunter durchaus berechtigten – Ängste lassen sich durch eine gründliche Vorbereitung auf den potenziellen Worst-Case sowie durch ein professionelles Monitoring (Pressespiegel, Social-Media-Monitoring, Mitarbeiterfeedbacks, Intranetdialoge, ...) begegnen, um schnell und bestenfalls bereits vorbereitet reagieren zu können.

Doch: Was, wenn der Influencer geht? Eine über einen langen Zeitraum aufgebaute Personenmarke an ein anderes Unternehmen, vielleicht gar die Konkurrenz, zu verlieren, kann nie ausgeschlossen werden. Vertragliche vereinbarte Sprachregelungen können hier vorbeugen.

Nicht zuletzt ist die Basis für eine authentische und schnelle (Inter-)Aktion eines Corporate Influencers mit seinen internen und externen Bezugsgruppen eine unternehmerische Kommunikationskultur, die ihm die entsprechenden Entscheidungen ermöglicht. Wer jede Äußerung erst durch den Freigabeumlauf geben muss, wird nur schwer als echt und unverfälscht wahrgenommen werden. Profilstärke entsteht durch Fachkompetenz und Meinungsschärfe, nicht durch glatt gezogene PR-Statements.

14.5 Warum Geschäftsführer nicht zwingend die erste Wahl sind

Unabhängig davon, wie groß ein Unternehmen ist, liegt es vielen nahe, bei der Suche nach geeigneten Corporate Influencern an den Geschäftsführer zu denken. Das Problem mit den Entscheidungsfreiräumen bezüglich der Inhalte entfällt, fachliche Kompetenz und öffentliche Relevanz sind ebenso gegeben. Und dennoch handelt es sich dabei nicht zwangsläufig um eine gute Idee, denn wie in den Kapiteln zuvor bereits erläutert, brauchen erfolgreiche Corporate Influencer auch eine Affinität zu Kommunikation und Medien, Zeit für Planung und Umsetzung und einiges mehr.

14.5.1 Was gegen den Chef spricht

Es liegt auf der Hand: Manche Geschäftsführer sind nicht empathisch – müssen sie auch nicht sein. Manche Geschäftsführer sind eben nicht mit Überzeugungskraft ausgestattet – müssen sie auch nicht sein. Manche Geschäftsführer haben eben nicht das Handwerkszeug einer klaren Kommunikation – müssen sie auch nicht haben. Und zu guter Letzt, schauen wir uns in die Augen, manche Geschäftsführer sind eben nicht sympathisch – müssen sie auch nicht sein.

Aber auch die zuvor beschriebene Freiheit und Kreativität in der Kommunikation, die einen Corporate Influencer intern Glaubwürdigkeit verschafft, kann Hemmschwelle für den Einsatz des Geschäftsführers als solcher sein. Er ist in seiner Kommunikation noch stärker an Vorgaben gebunden und muss – sozusagen mit gutem Bespiel vorausgehend – bestehende Richtlinien leben. Besonders in der externen Kommunikation können Auftritte der Reputation und des Rufes wegen nicht dem Zufall überlassen werden. Und noch einmal: Mitarbeiter sind ebenso als sensible Zielgruppen zu betrachten. Wir reden nicht mehr von einseitiger Kommunikation. Und diese Gratwanderung, die Doppelrolle als Kommunikator bei internen und externen Zielgruppen, ist nicht für jeden Geschäftsführer das Richtige.

Ein ganz anderer Aspekt, warum Geschäftsführer nicht zwingend die erste Wahl sind, wenn es um die Rolle eines internen Botschafters geht, ist empirisch begründet: Unternehmenskommunikation ist trotz steigender Bedeutung auf oberster Ebene oft noch nicht verankert. Das drückt sich unter anderem „in einer stark untergewichteten Kommunikationsexpertise im Vorstand aus“ (Heinisch 2006, S. 259), aber auch die neben dem CEO extra dafür ernannten CCO (Chief Communications Officer) und in manchen Fällen CRO (Chief Reputation Officer) sprechen Bände.

14.5.2 Was für den Chef spricht

Die Unternehmensleitung als einflussreiches Gesicht einer Marke zu nutzen oder aufzubauen, kann aber durchaus klappen. Die sogenannten „Social CEO“ (Hoffmann 2017, S. 96), die Sichtbarkeit in Blogs, Foren und sozialen Netzwerken erreichen, sind hierzulande rar gesät – doch es gibt zahlreiche Beispiele für einflussreiche und beeinflussende Führungspersönlichkeiten, von denen wir nachstehend drei herausheben möchten.

Philips hat in den vergangenen Jahren einen tief greifenden Change-Prozess durchlebt: vom bekannten und beliebten TV-Gerätehersteller hin zu einem Global Player der Digital Healthcare Branche. Die zum Teil jahrzehntelang gediente Belegschaft auf diese Reise mitzunehmen, war für die Unternehmenskommunikation ein Mammutakt. Zu dessen Bewältigung trug auch Peter Vullinghs, Vorsitzender der Geschäftsführung der Philips GmbH sowie CEO Philips DACH und Market Leader Health Systems, maßgeblich bei. Verschiedene interne Bewegtbildformate, darunter „Peters Health Tech Check“, bei dem er in unterhaltsamen Videodokumentationen nahbar und persönlich einzelne Unternehmenssparten erkundete und sich mit deren Experten austauschte, sorgten konzernweit für Sympathie, informierten Mitarbeiter abteilungsübergreifend und machten abstrakte Prozesse menschlich (vgl. Slomian 2017).

Das Tourismusunternehmen ÖGER TOURS ist Pionier für Türkeireisen und nach eigenen Angaben europaweit der „Türkeispezialist Nr. 1“ – eine Spezialisierung, die in einem gegenwärtig von zahlreichen politischen Spannungen gekennzeichneten Markt eher nach Krisen- als Produktkommunikationskompetenz verlangt. Doch Geschäftsführerin Songül Göktas-Rosati argumentiert nach innen und außen souverän, stellt sich kritischen Medienanfragen und vermittelt Zuversicht (vgl. Kowalski 2017, S. 58 ff.).

Der Automobilkonzern Daimler AG ist mit seinem Mitarbeiterblog bereits seit über zehn Jahren ein gern genanntes Paradebeispiel für Corporate Blogging. Themen aus dem

Arbeitsalltag, soziale Projekte und Fachbeiträge zeichnen ein vielfältiges Bild des Unternehmens, dessen Mitarbeiter als wertvolle Ressource gezeigt werden. Dazu kommt, dass der Vorstandsvorsitzende Dieter Zetsche ein bekanntes Mediengesicht ist, auf Messen und Events meinungsstark auftritt und auch seine Social-Media-Aktivitäten strategisch steuert – und dafür binnen weniger Monate über 60.000 Follower bei LinkedIn einsammelte.

Wem es als Mitglied der Unternehmensleitung gelingt, sich als Influencer zu positionieren, kann seiner Firma damit viel Aufwind verleihen. Was aus der Chefetage kommt, wird als relevant und richtungweisend interpretiert, verfängt sich erfahrungsgemäß schnell in medialer Berichterstattung und bekommt hohe Aufmerksamkeit auf allen Kanälen. Vorausgesetzt, dass die kommunikativen Aktivitäten auf den wichtigen Eckpfeilern stehen: Professionalität, Meinungsstärke, Menschlichkeit.

14.6 Zusammenfassung

Corporate Influencer zu sein, ist eine verantwortungsvolle Aufgabe. Es geht um mehr als die Verteidigung seines Arbeitgebers beim Stammtisch nach Feierabend. Es geht um mehr als die bewusste, strategisch geplante und inhaltlich ausgesteuerte Verbreitung von Inhalten. Es geht um mehr als die Bereitschaft, auf verschiedenen Kanälen und Plattformen Präsenz und Dialogbereitschaft zu zeigen und dort im Interesse des Unternehmens zu agieren. Wer als Corporate Influencer kommuniziert, interagiert und überzeugt, vertritt „sein" Unternehmen nach bestem Wissen und Gewissen, wo immer es sich anbietet. Die damit einhergehende Exponierung – zumindest gegenüber relevanten Teilöffentlichkeiten innerhalb und außerhalb des Unternehmens – gehört ebenso dazu, wie das langfristige Committment zur Bindung an den Arbeitgeber (nicht für immer, aber doch zumindest eine Zeitspanne, um die eigenen Aussagen nicht zu konterkarieren). Im Gegenzug eröffnen sich dem Corporate Influencer echte Mitsprache- und Mitgestaltungsmöglichkeiten.

Literatur

Balderjahn I, Specht G (2007) Einführung in die Betriebswirtschaftslehre. Schäffer-Poeschel, Stuttgart

Bruhn M (2011) Qualitätsmanagement für Dienstleistungen. Grundlagen, Konzepte, Methoden. Springer, Heidelberg

Duarte N, Sanchez P (2017) illuminate: Wie Sie mit überzeugender Kommunikation Ihre Mitarbeiter für den Wandel begeistern. Wiley-VCH, Weinheim

Grunwald G, Schwill J (2017) Beziehungsmarketing. Gestaltung nachhaltiger Geschäftsbeziehungen. Grundlagen und Praxis. Schäffer-Poeschel, Stuttgart

Heinisch S (2006) Der CEO ist die Botschaft. In: Hochegger P (Hrsg) Der Chef als Kapital. CEO Reputation Management. So erhöhen Führungskräfte den Unternehmenswert. Linde, Wien, S 253–261

Hoenerbach D (2007) Personality-PR. Vom Gesicht zur Marke. VDM Verlag Dr. Müller, Saarbrücken
Hoffmann K (2017) Lotsen in der Informationsflut. Erfolgreiche Kommunikationsstrategien mit starken Markenbotschaftern aus dem Unternehmen. Haufe Gruppe, Freiburg
Kinter A, Ott U (2014) Risikofaktor Social Web. Reputationsrisiken und -chancen managen. Bank-Verlag, Köln
Kornmeier M, Schneider W (2006) Kundenzufriedenheit. Konzept, Messung, Management. Haupt, Bern
Kowalski M (2017) Unterstützen wie Erdogan, wenn wir in der Türkei Urlaub machen? Focus 15/2017. Focus Magazin, München
Liljander V (2000) The importance of internal relationship marketing for external relationship success. In: Hennig-Thurau T, Hansen U (Hrsg) Relationship marketing. Gaining competitive advantage through customer satisfaction and customer retention. Springer, Heidelberg, S 161–192
OTTO GmbH & Co KG (2017) Über 100 Mitarbeiter als Corporate Influencer präsentieren Otto als attraktiven Arbeitgeber. https://www.otto.de/unternehmen/de/newsroom/news/2017/Corporate-Influencer-OTTO-Botschafter.php. Zugegriffen: 21. Nov. 2017
Piehler R (2011) Interne Markenführung. Theoretisches Konzept und fallstudienbasierte Evidenz. Gabler, Wiesbaden
Rosenberger B (2014) Modernes Personalmanagement. Strategisch, operativ, systemisch. Springer, Wiesbaden
Slomian P (2017) Wir müssen andere bewegen – Bewegtbild in der Unternehmenskommunikation. https://pr-journal.de/nachrichten/unternehmen/19733-wir-muessen-andere-bewegen-bewegtbild-in-der-unternehmenskommunikation.html. Zugegriffen: 21. Nov. 2017
Szyszka P (2017) Beziehungskapital. Akzeptanz und Wertschöpfung. Kohlhammer, Stuttgart

Über die Autorinnen

Annett Bergk berät kleinere und mittelständische Unternehmen in den Themen Strategische Kommunikationsberatung, Grafikdesign und Web-Programmierung. Sie baute u. a. die PR- und Marketingabteilung des preisgekrönten Delikatessenkonzeptes „Mutterland“ auf.

Paula Slomian ist Kommunikationsberaterin in Hamburg. Nach dem Studium der Publizistik- und Kommunikationswissenschaft in Berlin hat sie in mehreren Unternehmen und Konzernen sowie inhabergeführten PR-Agenturen und internationalen Agentur-Netzwerken ihr Handwerk erlernt.

Bergk und Slomian sind Geschäftsführerinnen der Agentur EINFACHkommunikation in Hamburg, die sie 2017 gemeinsam gegründet haben.

Das Geschäftsmodell Influencer: Möglichkeiten der Zusammenarbeit mit Bloggern, Instagrammern und Co

15

Julia-Maria Blesin

Zusammenfassung

Um erfolgreiche Influencer Relations bzw. Marketing zu betreiben, sind fundierte Kenntnisse der Einnahmequellen von Bloggern und weiteren Online-Influencern essenziell. Der folgende Beitrag gibt einen Überblick über Möglichkeiten der Zusammenarbeit über die klassische PR-Arbeit hinaus. Die Ziele der (redaktionellen) Zusammenarbeit mit Influencern mögen bisweilen ähnliche Formate und Inhalte sein, wie bei der Kooperation mit Onlineablegern von Printmedien oder anderen Onlinemagazinen mit Verlag im Hintergrund. Der Weg zur gezielten Veröffentlichung ist nicht vergleichbar. Die redaktionelle Entscheidung, ein Thema zu bearbeiten und Produkte, Marken oder Unternehmen zu nennen, hängt noch stärker von der Möglichkeit der Monetarisierung der produzierten Inhalte ab.

15.1 Einleitung

Um Influencer für die Kommunikation zu PR und Marketing Zwecken zu gewinnen, ist es erforderlich das Business Modell „Influencer" zu kennen. Hinter jeder (Influencer) Kooperation steht der Grundsatz, dass die beteiligten Kooperationspartner einen Benefit erhalten. Aus der Zusammenarbeit mit Influencern profitieren PR bzw. das Marketing von Bekanntheitssteigerung (Reichweite), einem positiven Image und Reputations- bis Absatzsteigerung.

J.-M. Blesin (✉)
Hochschule Hannover, Hannover, Deutschland
E-Mail: julia@nicetohavemag.de

A. Schach und T. Lommatzsch (Hrsg.), *Influencer Relations*,
https://doi.org/10.1007/978-3-658-21188-2_15

Für Influencer liegen die Vorteile der Zusammenarbeit mit Marken sowohl im Generieren von Content für ihre Zielgruppe und dem Schöpfen aus Beziehungskapital (vgl. Szyszka 2017) als auch in monetären Vergütungen. Letztere begründet die Abhängigkeit des Einkommens von Influencern von ihren redaktionellen Entscheidungen. Ein Thema zu bearbeiten und Produkte, Marken oder Unternehmen zu nennen wird von der Möglichkeit der Monetarisierung der produzierten Inhalte beeinflusst.

Die institutionelle Trennung von Redaktion und Verlag, wie sie der Pressekodex nahelegt, trifft bei Influencern also nicht zu: Redaktionelle, wie typisch verlegerische Entscheidungen, liegen bei ein und derselben Person. Aufgaben, die bei einem Verlagsmedium von verschiedenen Positionen ausgeführt werden, übernimmt der Influencer selbst (oder durch ihn beauftragte, z. B. Fotografen): Von der Idee bis zum Inhalt sind dies Story- bzw. Konzeptentwicklung, Online- und Vor-Ort-Recherche (z. B. bei Events), Interviewführung bis zur redaktionellen Umsetzung in Text und (Bewegt-)Bild. Hinzu kommen Aufgaben des Social-Media- und Community-Managements sowie Marketing und PR „in eigener Sache". Der (Kosten-)Aufwand für die Content-Erstellung liegt damit beim Influencer allein.

Auch wenn viele Influencer ihre Social-Media-Kanäle nicht mit dem Primärziel initiiert haben, daraus Gewinn zu erwirtschaften, geben in einer Studie der Universität Hohenheim (Schenk et al. 2014) mit befragten 515 Bloggern doch rund drei Viertel der Befragten an, mit ihrer Blogger-Tätigkeit Einnahmen generieren zu wollen (73,8 %). In einer Onlinebefragung von Styleranking (2015) unter 115 Modebloggern geben 65 % an, bereits Geld zu verdienen.

In den Studien wird allerdings deutlich, dass die Influencer-Tätigkeit nur selten den Lebensunterhalt sichern kann: Mehr als 500 EUR Gewinn pro Monat können rund 20 % der Blogger (Schenk et al. 2014) bzw. 10 % (Styleranking 2015) der Modeblogs verzeichnen. Etwa 11 % (Schenk et al. 2014) bzw. 9 % (Styleranking 2015) erwirtschaften einen Überschuss von 1000 EUR oder mehr.

Nur 10,4 % der Themenblogger geben an, ihr Berufseinkommen aus der Tätigkeit als Blogger zu erzielen (Schenk et al. 2014). Mit zunehmender Professionalisierung von Influencer Relations und Influencer Marketing in den vergangenen Jahren hat sich die Zahl derjenigen, die mit dem „Influencing" signifikante Einnahmen erzielen, erhöht. Nach einer jüngeren, branchenbezogenen Befragung von rund 500 Sustainable Lifestyle[1] Influencern nutzen immerhin 31 % ihre Kanäle hauptberuflich. Für die PR-Arbeit wird in der Studie festgestellt, dass „Blogbeiträge mit Text und Bild kaum mehr ohne Bezahlung erstellt werden". Kostenfreie Vorstellungen von Produkten fallen zunehmend „kleiner" aus – beispielsweise in Form einer Erwähnung auf Instagram (sieben&siebzig 2017, S. 23).

[1]Gemeint sind hier Influencer, die schwerpunktmäßig Inhalte rund um einen nachhaltigen bzw. nachhaltigeren Lebensstil behandeln (sieben&siebzig 2017).

15.2 Businessmodell Influencer

Während Darstellungsformen und entsprechende Anforderungen an die vereinbarte Content-Produktion je nach bespieltem Social-Media-Kanal variieren, ähneln sich die Einnahmequellen hinter dem Influencer-Businessmodell. Bei Themenbloggern[2] sind das mit rund 67 % Werbeeinnahmen (Schenk et al. 2014). Bannerwerbung (61 %) und Textwerbung (51 %) werden im Technorati Report (2013) unter 6000 befragten Influencern als primäre Einnahmequellen genannt. Mit rund 61 % stellen Affiliate Programme die am zweithäufigsten genannte Einnahmequelle dar (Schenk et al. 2014); in der Untersuchung von Technorati (2013) sind es 41 %. Werbeeinnahmen sind danach am leichtesten zugänglich. Budgets für diese Quellen liegen klassischerweise beim Marketing, welches dementsprechend die Kundenzielgruppe für Influencer darstellt.

Bei knapp der Hälfte der Themenblogger (47,5 %) werden Einnahmen durch bezahlte Beiträge auf den eigenen oder fremden Kanälen generiert (Schenk et al. 2014). Im Technorati Report (2013) werden Einkünfte aus bezahlten Beiträgen unterschieden in 24 % „producing brand-sponsored content" und jeweils 19 % „producing brand-sponsored product reviews" und „posting brand content". Je nach Kampagnenziel (z. B. Absatz versus Akzeptanz) stellen Marketing bzw. PR hier die Budgets.

Einnahmen können auch über den Verkauf von „eigenen" Produkten erzielt werden. Etwa 19 % der Themenblogger verkaufen Produkte, beispielsweise ein selbst erstelltes E-Book, über ihren Blog an ihre Lesenden (Schenk et al. 2014). Auch laut Technorati (2013) generieren 17 % der Influencer mit E-Commerce Einnahmen; drei Prozent außerdem über Inhalte mit Bezahlschranke („Gated Content").

Gelegenheit zur Zusammenarbeit bieten sich für Marken zum Beispiel über die Unterstützung bei der Erstellung von Produkten, wie eines E-Books, aber auch bei der Produktion von physischen Gütern. Oftmals werden auch Expertise oder finanzielle Ressourcen zur Verfügung gestellt. E-Books können für Influencer dann eine lohnende Einnahmequelle darstellen, wenn sie diese selbst in ihrer Community vertreiben können („Selfpublishing"). Frei zugängliche Online-Texte mit Kopierwahrscheinlichkeit[3] können ab einem Mindestumfang von 1800 Zeichen bei der Verwertungsgesellschaft Wort gemeldet und darüber mit Ausschüttungen belohnt werden (Verwertungsgesellschaft Wort 2017).

Weitere Einnahmemodelle für kreierten Content sind Tantieme über die Veröffentlichung in einem Verlag, sowie die Nutzung von Texten und Bildern durch Dritte über Lizenzen (z. B. über Fotodatenbanken wie Getty Images, Fotolia etc.). Kooperationspartner tangiert insbesondere letzteres: Damit die Bilder, die im Rahmen ihrer Zusammenarbeit

---

[2]Gemeint sind Bloggende, „die zu unterschiedlichen Themen von gesellschaftlicher Relevanz bloggen und der Kategorie der Laien-/journalistischen Blogger zuzuordnen sind" (Schenk et al. 2014).

[3]Laut VG Wort wird die Kopierwahrscheinlichkeit über eine bestimmte Zahl an jährlichen Zugriffen definiert (VG Wort 2017); 2010 musste ein Online-Text mindestens 1500 Sessions aufweisen (Fleing 2010).

mit Influencern entstanden sind, nicht in anderen Kontexten auftauchen, sind vertragliche Vereinbarungen vorab notwendig. Wiederum darf der Kooperationspartner das im Kooperationsrahmen entstandene Bildmaterial nicht nach eigenem Ermessen verwenden und vervielfältigen. Jedwede Nutzung von Bildern, die der Influencer produziert, muss vorab vereinbart werden. Viele Influencer sind damit einverstanden, wenn Bilder verwendet werden, um ihren Beitrag über Owned Media der Marke zu verbreiten. Die kommerzielle Nutzung außerhalb des Kooperationskontexts (z. B. die Bildnutzung für den Onlineshop oder als Anzeigenmotiv) ist hingegen meist mit einer weiteren Vergütung verbunden.

Von der Content-Produktion unabhängige Beratungsleistungen werden in den zuvor zitierten Studien nicht explizit genannt. Diese dürften jedoch mit steigender Erfahrung und Professionalisierung des Influencers an Einnahmepotenzial gewinnen. Darunter fällt zum Beispiel die Zusammenarbeit mit Influencern zwecks Konzeptionen für professionelle Social Media und Influencer Relations, Workshops oder Vorträge. Auch die operative Unterstützung durch Influencer ist denkbar. Events, welche durch Influencer gehostet werden, profitieren von deren Netzwerk.

Die Abb. 15.1 veranschaulicht die Einnahmequellen von Influencern entsprechend der zitierten Studienlage. Die Priorisierung richtet sich nach der Häufigkeit der genannten Einnahmequelle; über Einnahmevolumina können hingegen keine Aussagen getroffen werden. Anzumerken ist: Der Stellenwert, den eine Einnahmequelle für Influencer einnimmt, dürfte je nach Branche, Hauptkanal des Influencers und dessen Reichweite-, Resonanz- und Relevanzwerte unterschiedlich aussehen. Für Nischen- und Mikro-Influencer, beispielsweise aus dem Sustainable Lifestyle Bereich, stellen Sponsored Posts deutlich häufiger Einnahmequelle dar, als Bannerwerbung oder andere Werbeeinnahmen (sieben&siebzig 2017).

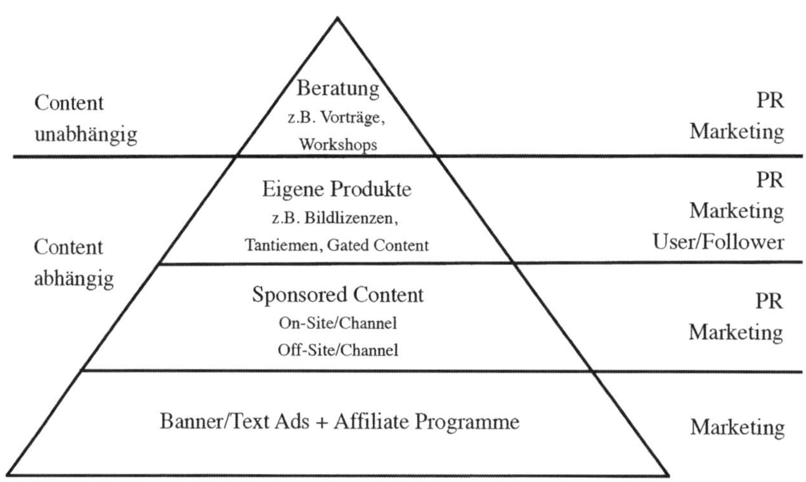

Abb. 15.1 Contentabhängige und -unabhängige Einnahmequellen für Influencer und ihre Zielgruppen. (Eigene Darstellung)

15.2.1 Banner-Werbung und Affiliate-Programme

Im Technorati Report von 2013 wurden Werbebanner, Textads und Affiliate-Programme als die Top-Einnahmequellen von Influencern genannt. 71 % der Blogs gaben dabei an, zwischen ein und drei Werbebanner zu führen. Je nach bespielten Kanälen dürfte sich diese Bilanz heute stark unterscheiden, denn für die meisten Social-Media-Kanäle – mit Ausnahme von Youtube – entfällt die Möglichkeit von Einnahmen über Werbebannern gänzlich.

Affiliate-Einnahmen sind aktionsbasiert und können über die Einbindung von Links zu Produkten und Dienstleistungen generiert werden. Vergütet werden sowohl Leads, z. B. in Form von Klicks oder Registrierungen (z. B. für Newsletter) als auch Sales. Wird beispielsweise über einen eingebundenen Link ein Kauf getätigt, erhält der Influencer eine Provision. Diese wird im Voraus vereinbart und liegt je nach Branche und Advertiser zwischen einem und unter 20 % und kann hinsichtlich ihres maximalen, absoluten Betrags gedeckelt sein.

Neben Absatzsteigerung können Affiliate-Programme auch auf Ziele der Produkt-PR einzahlen; insbesondere Aufmerksamkeit und Bekanntheit. Synergien von Marketing und PR ergeben sich beispielsweise in folgendem Szenario: In einem Marktsegment, in dem viele Produktalternativen verfügbar sind (z. B. Kosmetik), hat ein Produkt besonders gute Chancen der Einbindung, wenn:

- es thematisch zum Redaktionsplan des Influencers passt. Der Austausch über thematische Schwerpunkte und redaktionelle Themenpläne findet tendenziell eher im Rahmen von Influencer Relations seitens Medien- und Öffentlichkeitsarbeit statt.
- es aus eigener Erfahrung empfohlen werden kann. Das Versenden von Produktproben (PR Samples) kann hier unterstützend wirken.
- es mit selbst produziertem Bildmaterial (von der Produktprobe) auf den Social-Media-Kanälen authentisch abgebildet werden kann.
- es Einnahmepotenzial darstellt, weil es mit einem Affiliate-Link versehen werden kann.

Die Affiliate-Zusammenarbeit mit Influencern kann über ein marken- bzw. unternehmenseigenes Programm oder über Publisher-Netzwerke (z. B. Reward Style, Tracdelight, Affilinet, Awin u. a.) stattfinden. Die Betreuung des Affiliate-Marketings wird von einer Vielzahl von Agenturen angeboten. Affiliate-Programme als lohnende Einnahmequelle für Influencer werden mit steigender Reichweite wahrscheinlicher. Für Micro-Influencer ist diese provisionsbasierte Vergütung daher weniger attraktiv.

Während laut einer Befragung von 498 Influencern die Einbindung von Affiliate-Links die zweithäufigste Form der Kooperationsanfrage darstellte, ist die Zusammenarbeit über Affiliate-Programme eine der von Influencern am wenigsten präferierte (BrightTalk 2016). Dies kann folgende Gründe haben:

- Provisionen und Auszahlungsminimum werden nicht als angemessen wahrgenommen.
- Provisioniert werden nur Sales. Diese sind schwieriger zu generieren als Leads. Der Aufwand für die Traffic-Beschaffung wird aber nicht honoriert.
- Das Affiliate-Programm bietet keine Lifetime Cookies. Kaufentscheidungen werden je nach Zielgruppe und Investitionsaufwand erst Tage, möglicherweise Wochen später getroffen. Selbstverständlich möchten Influencer auch an solchen, von ihnen initiierten Käufen beteiligt werden.
- Die Integrationsmöglichkeit in den eigenen Kanal ist unzureichend. Qualitative Produktbilder und an das eigene Layout anpassbare Widgets können für Blogger dafür entscheidend sein, ob sie sich für ein Programm bzw. in einem Publisher Netzwerk anmelden und dieses nutzen.
- Schlechte Usability in Dingen Suchoptionen kann ebenfalls zur Entscheidung gegen die Teilnahme an einem Publisher-Netzwerk führen. Bei Multi-Brand-Programmen ist es hilfreich, wenn Influencer nach Marken oder Shops, Produkteigenschaften, Themen, Provisionsart u. a. filtern können.
- Einem Publisher-Netzwerk fehlen (weitere) relevante Produkte und Marken. Jede Anmeldung in einem Publisher-Netzwerk oder Affiliate-Programm bedeutet „Verwaltungsaufwand". Overhead, die dem Influencer entgehen können, wenn sie in Publisher-Netzwerken „ihre" Marken gesammelt finden.

Eine weitere Einschränkung: Für Instagrammer sind Affiliate-Einnahmen aktuell nur eingeschränkt möglich, da Instagram keine Verlinkungen innerhalb der einzelnen Posts zulässt. Affiliate Links lassen sich zurzeit in der eigenen Profilbeschreibung oder ab einer gewissen Followerzahl in den Instagram Stories temporär setzen. Wenige Anbieter haben hier bisher Lösungen entwickelt, die aus Interaktionen Sales generieren und dem Influencer eine Provision bescheren. Liketoknow.it von Reward Style ist eine der wenigen Ausnahmen (Online Marketing Rockstars 2017).

15.2.2 Sponsored Content – wo sich PR und Marketing treffen

Kooperationen mit bezahlten Inhalten ist die am meisten präferierte Form der Zusammenarbeit mit Unternehmen aus der Sicht von Influencern. Diese werden vor allem als Produkt-Platzierungen und Rezensionen, ebenso wie als Tutorials, Gewinnspiele, Contests oder Rabattcodes, Eventberichte sowie Marken- oder Unternehmensportraits realisiert.

Die Inhalte werden von Influencern nicht nur für die eigenen Kanäle produziert. Die Einbindung von Influencern kann auch im Rahmen der Bespielung von Owned Media stattfinden, z. B. in Form eines Gastbeitrags auf dem Corporate Blog oder der zeitweisen Übernahme eines Marken Accounts auf Instagram („Instagram Takeover").

Wenn Influencer-Beziehungen über lange Zeit bestehen und regelmäßig Kooperationen durchgeführt werden, können Influencer regelrecht zu Testimonials für Marken werden. Jahreskooperationen, also Vereinbarungen nach denen Influencern eine bestimmte Zahl an bezahlten Beiträgen zugesichert werden, sind eine Möglichkeit der langfristigen Influencer Bindung. Solche Anfragen für Kooperationen werden meist an Influencer direkt oder an die managende Agentur des Influencers via Email gesendet (vgl. indaHash Labs 2017, S. 32; BrightTalk 2016). Inzwischen gibt es jedoch auch zahlreiche Booking-Plattformen, die Kampagnen an (passende) Influencer vermitteln und zudem das Monitoring übernehmen.

15.3 Der Preis ist heiß – und intransparent

Was kostet die Zusammenarbeit mit Influencern? In der Modeblogger-Studie von Styleranking (2015) werden für einen Blog-Post durchschnittlich 394 EUR verlangt; für einen Social-Media-Post 155 EUR. Eine Umfrage unter 500 internationalen Influencern mit durchschnittlich 63.000 Followern auf Instagram aus der Branche Fashion/Design beziffert einen Instagram-Post mit 217 US$ (influence.co 2017). Eine standardisierte Berechnung der Vergütung für eine Zusammenarbeit gibt es nicht. Verschiedene Faktoren determinieren den individuellen Preis für einen Influencer. Entscheidende Berechnungsfaktoren ergeben sich laut BrightTalk (2016) aus dem Nutzen für das zu bewerbende Produkt oder die Marke. Die Reichweite bilde dabei die häufigste Berechnungsgrundlage (34 %). Es folgten Engagement-Raten (25 %), bei Instagram beispielsweise gemessen an Likes und Kommentaren, und auch die spezifische Performance des gesponsorten Beitrags (18 %). Wie bei klassischen Medien auch, dienen Mediakits als Informationsmedium und Verhandlungsgrundlage. Kooperationsinteressierte finden darin neben Zielgruppen- und Inhaltsbeschreibungen in der Regel auch aktuelle Metriken der bespielten Kanäle sowie Preise für verschiedene Kooperationsformate. Von Influencer-Seite sind dabei plattformspezifische Statistiken, sowie Angaben von Google Analytics oder einem vergleichbaren, quantitativen Analysetool zu erwarten.

Weitere Faktoren, die Einfluss auf den Preis nehmen

- **Wie viel Aufwand fordert die Content Erstellung?**
  Für 12 % der Influencer stellt der Aufwand, den die Erstellung des Contents fordert, die Berechnungsgrundlage dar (BrightTalk 2016). Dieser lässt sich durch die für die Erstellung der Inhalte aufgewendeten Zeit sowie für den Influencer entstehende Kosten (z. B. für Material, Beauftragung Dritter, Reisekosten u. ä.) ausdrücken. Last-Minute-Kooperationen können den Aufwand und die geforderte Vergütung steigern. Auch erhöhter Abstimmungsaufwand durch mehrere Korrekturschleifen gehen in die zeitaufwandsbasierte Berechnung ein. Wie bei jeder anderen Dienstleistung auch gilt: Express- und Extraleistungen kosten mehr.

- **Wie viel „Privates" verkauft der Influencer?**
  Insbesondere im Lifestylebereich geben Influencer mit jedem Beitrag ein Stück Persönliches preis. Jedes Produkt und jede Marke, die Influencer empfehlen, basieren auf eigenen Erfahrungen. Bei Produkten und Marken, die intime und tabubehaftete Themen tangieren, ist daher mit einem preislichen Aufschlag zu rechnen. Einige Beispiele: Einen Mantel zu präsentieren erfordert weniger intime Einblicke, als das Vorführen einer neuen Dessous-Linie. Das Parfum für das besondere Lebensgefühl ist charmanter zu beschreiben, als die Creme gegen juckende Neurodermitis. Die Inszenierung eines Kinderwagens in Bild und Text ist weniger intim, als die Rezension einer Milchpumpe.
- **Wie attraktiv ist das Produkt oder die Marke?**
  Die Affinität zu einer Marke oder einem Produkt ist Hauptentscheidungskriterium für oder gegen eine Kooperation seitens Influencern (Technorati 2013; BrightTalk 2016; indaHash Labs 2017). Zwischen absoluter Begeisterung und totaler Ablehnung liegen jedoch mehrere Stufen. Je geringer ein Produkt oder eine Marke auf dieser Skala punktet, desto höher wird ein preislicher Aufschlag ausfallen. Für Influencer aus dem Bereich Lifestyle sind beispielsweise Reinigungsmittel ein denkbares, aber eher „uncooles" Produkt. Obwohl sie in jedem Haushalt zu finden sind, erfordert die Konzeption und Aufbereitung authentischer, ästhetischer Inhalte ein Mehr an Aufwand – dieser wird berechnet. Wird eine Marke oder ein Produkt hingegen vom Influencer als passgenau und dem generischen Interesse entsprechend wahrgenommen – vielleicht sogar Image fördernd – kann sich ein größerer Verhandlungsspielraum ergeben.
- **Was ist der Markt bereit zu zahlen und mit welcher „Währung" wird die Kooperation vergütet?**
  Influencer wissen: Je nach (Teil-)Markt liegen große Unterschiede in der Höhe der aktuell abrufbaren Budgets. Sind beispielsweise im Fast-Fashion-Bereich vergütete Kooperationen (z. B. für einen Outfitpost) Gang und Gäbe, steht am Ende der Zusammenarbeit mit fair und ökologisch produzierenden Modelabels (noch) häufig nur ein Tauschgeschäft. Werden Veröffentlichungen gegen Produkte oder Dienstleistungen (auch Gutscheine) getauscht, spricht man von einer Zusammenarbeit auf Barter-Deal-Basis. 24 % der 498 von BrightTalk (2016) befragten Influencer akzeptieren Produktproben als Honorar. Barter Deals mögen attraktiv erscheinen, sollten jedoch mit Bedacht vorgeschlagen werden. Dieses Kooperationsmodell eignet sich insbesondere bei Produkten, deren Wert dem individuellen Kooperationspreis entsprechen (z. B. Möbel, Technik, Reisen u. ä.). Da ein Tauschgeschäft nicht „die Miete zahlt" lautet die Grundvoraussetzung für einen erfolgreichen Barter Deal, dass der Tauschgegenstand in die persönliche Situation des Influencers passt. Ein neues Möbelstück beispielsweise hat nur dann einen Tauschwert, wenn der Influencer ein solches benötigt. Der Vorschlag eines Barter Deals dürfte daher insbesondere dann zu einer Kooperation führen, wenn Influencer selbst Interesse an einer Zusammenarbeit signalisieren. Zu beachten ist auch, dass Influencer bei Barter Deals möglicherweise weniger Einfluss auf Zeitpunkt der Veröffentlichung und Inhalte gewähren.

Seitens der Influencer werden auch Paketpreise angeboten – laut BrightTalk (2016) immerhin von 11 % der befragten Influencer. Unter Bloggern üblich ist zum Beispiel ein Blog-Post inklusive des Teilens bzw. Bewerbens dieses Beitrags über die jeweiligen Social-Media-Kanäle („Social Shares"). Ein solcher Paketpreis in Kombination mit den Kennzahlen zu Reichweiten und Zielgruppen aus dem Mediakit wird aktuell von Agenturen und Unternehmen meist akzeptiert, ist jedoch wenig transparent.

Beispiel

Eine PR-Managerin eines Naturkosmetikunternehmens, welches bereits lange und professionell mit Influencern zusammenarbeitet, berichtet von einer Influencerin, die nach erfolgreicher Zusammenarbeit bei der nächsten Anfrage ohne signifikantes Reichweitenwachstum auf Blog und Social-Media-Kanälen das doppelte Honorar, eine vierstellige Summe, aufrufen wollte. Intransparente Kostenaufstellungen und ein unprofessionelles oder gar fehlendes Reporting im Nachgang der Kooperation benennt die PR-Managerin ebenso als Ärgernisse, wie unehrliche Reichweitenangaben. Neben den Angaben, die von Influencern selbst gemacht werden, gibt es eine Reihe von Online-Analysetools, die einen „Gegencheck" und Tiefenanalyse zulassen. Das Monitoring über verschiedene Tools ermöglicht ein gutes Gesamtbild tatsächlicher Reichweiten und Interaktionsraten.

> Das Fordern von Screenshots von Netzwerk- und Webseitenanalysen seitens des Influencers kann als übergriffig wahrgenommen werden.

Auch aus Influencersicht ist eine dedizierte Auflistung der einzelnen Leistungen, die hinter dem fertigen Kooperationsgegenstand stehen, sinnvoll. Es scheint, dass sich die Vorstellungen vieler Auftraggebenden von Zeit- und Kostenaufwänden der Content-Produktion nicht mit der Realität decken. „Expectations by brands that my time is free" wird als häufigster Grund für nicht erfolgreiche Influencer-Zusammenarbeit genannt (Technorati 2013). Nicht adäquate Kompensation wird mit 34 % als größter Fehler von Influencern empfunden (BrightTalk 2016). Daran scheint sich bis heute wenig geändert zu haben. Schließlich berichten täglich Influencer über eigene Kanäle und in Facebookforen über als unprofessionell empfundenen Anfragen. Grund zum Ärgernis geben neben unlauteren Forderungen, z. B. nach Nicht-Kennzeichnung und dem Setzen von dofollow-Links, insbesondere die vorgeschlagene Art und Höhe der Vergütung.

Beispiel

Für Influencer oft unverständlich und ärgerlich sind als Kooperationsanfrage getarnte Bittstellungen. Aus Anfragen mit den Schlagworten „Win-win-Situation" und „Start-up" ist bereits herauszulesen, dass die Antwort auf die Frage nach der Vergütung vermutlich „kein Budget" lauten wird. Sofern es sich für den Influencer nicht um ein hochinteressantes Thema handelt, ist die Wahrscheinlichkeit hoch, dass die Anfrage umgehend gelöscht wird.

15.4 Influencerpraxis: Berechnungsbeispiele für bezahlte Inhalte

Bei der Recherche nach Vergütungsempfehlungen für einen sponsored Post fällt schnell auf: Es gibt viele Arten der „Berechnung". Manche nehmen das Endergebnis transparenter auseinander, andere weniger. Während zur Orientierung für den Media Value (exklusive Produktionskosten) von Beiträgen auf Social-Media-Plattformen bereits kostenfrei nutzbare Online-Tools zur Verfügung stehen (z. B. InfluencerDB für Instagram), fordert die Berechnung des Wertes eines bezahlten Blogbeitrags noch immer heraus.

Ein Beispiel für eine rein outcome-orientierte Empfehlung ist die Page View Formel. Bei dieser wird die Zahl der monatlichen Page Views durch 100 dividiert. Der Quotient entspricht der empfohlenen Vergütung in Euro (bzw. Page Views/10.000 × 100 EUR).

Andere Blogger empfehlen die Orientierung am Page Authority (PA) bzw. Domain Authority (DA) Wert einer Webseite in Kombination mit der Zahl ihrer monatlichen Unique Visitors. Der Wert der Page bzw. Domain Authority bezieht sich vor allem auf die Suchmaschinen-Performance von Webseiten (z. B. über SEO Review Tools) und berücksichtigt auch das Gründungsjahr bzw. das Alter des Blogs. Als Orientierungswert für bezahlte Blogbeiträge wird beispielsweise bei einem Page Authority Wert von 30 bis 40 und monatlich 5000 Unique Visitors 250 EUR empfohlen; bei gleichem Page Authority Wert und 20.000 Unique Visitors 500 EUR und bei 60.000 Unique Visitors 900 EUR (Pureglam.tv 2015).

Zeit- und Kostenaufwand der Content-Produktion werden in den beiden genannten Empfehlungen nicht ausgewiesen. In der Praxis ist es geboten, diese gegebenenfalls noch mit einem Aufschlag hinzuzurechnen. Den Vergütungsempfehlungen gemein ist außerdem, dass unklar bleibt, nach welcher konkreten Formel berechnet wurde bzw. im Falle der Page-View-Formel, wie die Gewichtung zu begründen ist. Auch neuere Berechnungsbeispiele, die zwar sowohl den Produktionsaufwand als auch den (bzw. einen) Nutzenwert abbilden, lösen nicht auf, inwiefern die Reichweitengewichtung zustande kommt.

Beispiel

Die österreichische Influencerin Verena-Annabella Raffl (2017) empfiehlt in einem Beitrag auf ihrem Blog „Who is Mocca" die Berechnung des Stundenaufwands für die Produktion der Inhalte (Abstimmung, Recherche und Konzeption, redaktionelle Umsetzung in Text und Bild) zu einem Stundensatz von 60 bis 80 EUR. Dieser Stundensatz entspricht aktuellen Stundensätzen, die freiberufliche Fotografen für redaktionelle bzw. werbliche Shootings aufrufen (Berufsfotografen 2016). Hinzu addiert werden eventuelle Kosten für die Content-Produktion, z. B. für Material. Der in Euro bezifferte Kooperationsnutzen geht mit dem Quotienten aus Reichweite in Unique Visitors und dem Faktor 100 in den summierten Vergütungsanspruch ein.

15.5 Die Krux mit der Reichweite

Bei der Kalkulation des Media Values einer Veröffentlichung ist zur Hinzunahme der Reichweite Folgendes festzuhalten: Je nach Themen- bzw. Branchenschwerpunkt können durchschnittliche und maximale Reichweitenzahlen stark variieren. Kooperiert ein Unternehmen mit verschiedenen Themenbloggern, ist daher eine themen- bzw. branchenspezifische Gewichtung der Reichweitenangaben sinnvoll. Der Zweck der Influencer Kooperation ist ebenfalls einzubeziehen: Geht es um Bekanntheitssteigerung von Produkten und Marken, spielt die Kennzahl Reichweite eine wichtige Rolle (vgl. Bundesverband Digitale Wirtschaft e. V. 2016).

> Ist die Reichweite ein ausschlaggebendes Entscheidungskriterium für oder gegen eine Zusammenarbeit, empfiehlt es sich, zeitnah das Mediakit bzw. Daten zu relevanten Messgrößen zu erfragen.

Langwierige Kooperationsverhandlungen sind einer der Gründe für Influencer, Kooperationen abzulehnen (Technorati 2013). Wie kann das vermieden werden?

PR-Managern und Marketern ist zu empfehlen, die Mediakits relevanter Influencer anzufragen und auf Basis der Daten ein preisliches Benchmark zu erstellen. Stehen klassische PR-Ziele, wie Image und Akzeptanz von Marken und unternehmerischem Handeln im Fokus, kann die bezahlte Zusammenarbeit mit Nischen- bzw. Micro-Influencern trotz geringerer Reichweite von größerer Bedeutung sein. Diese können eine höhere Interaktion mit ihrer Community aufweisen. Laut einer Befragung von indaHash Labs (2017) mit 2285 Influencern liegen die Top-Engagement-Raten zwischen 12 bis 80 % bei Influencern mit vier- bis fünfeinhalbtausend Followern. Das „Influencermittel" mit rund 20.000 Followern weise eine durchschnittliche Engagement-Rate von 11 % auf (ebd.). Resonanz und Relevanz sollten dementsprechend entscheidende Kriterien für eine Zusammenarbeit sowie deren Bewertung darstellen.

In Daten von InfluencerDB (2017) zeigt sich, dass bei Micro-Influencern (hier solche unter 50.000 Followern auf Instagram) die Performance von bezahlten gegenüber organischen Beiträgen nur um acht Prozent geringer ist. Bei Instagram-Accounts mit einer Million Followern und mehr hingegen sinken Performanceraten von bezahlten Posts auf 61 %.

Beispiel

Zu Sustainable-Lifestyle-Themen dominieren Instagram-Profile zwischen einigen Tausend und unter 100k Followern. Der Account der österreichischen Influencerin Madeleine Alizadeh (@dariadaria auf Instagram) mit über 142.000 Followern (Stand

März 2018) sind in diesem Bereich noch eine Ausnahme. Allerdings erreichen diese „Nischen-Influencer" eine sehr passgenaue Zielgruppe mit geringen Streuverlusten.

15.6 Benefits für Influencer – über die monetäre Vergütung hinaus

Selbstverständlich erschöpfen sich potenzielle Benefits einer Kooperation für Influencer nicht in monetären Vergütungen. Die strategische Zusammenarbeit kann nicht nur auf (direkten) Geldwerten basieren. Der Wert einer Kooperation mit einem Unternehmen oder einer Marke kann auch aus Influencer-Sicht in Beziehungskapital stecken; der Nutzen im Schöpfen aus Reichweite, Image und Reputation.

Eine Frage, die sich Marken generell stellen sollten, bevor sie eine Zusammenarbeit mit Influencern anfragen – insbesondere aber, wenn die eigene Reichweite und das Markenimage als Kooperationsgegenwerte dienen sollen: Ist eine authentische Einbindung durch den Influencer möglich? Zahlt eine Zusammenarbeit auf die Glaubwürdigkeit des Influencers ein? Glaubwürdigkeit durch Authentizität ist die Stärke der Influencer-Kommunikation und damit das Kapital eines jeden Influencers. Damit Imagetransfer und Reputationsgewinn durch die Zusammenarbeit mit einer Marke von Influencern als Kooperationsbenefits wahrgenommen werden, sollte:

- das Markenimage auf das Image des Influencers einzahlen und dieses schärfen,
- die Marke innerhalb der Branche (die auch eine Nische sein kann) so einflussreich sein, dass die Aufmerksamkeit weiterer, potenzieller Kooperationspartner in Aussicht steht.

Die Reichweite der Marke oder des Unternehmens kann dann ein Verhandlungsargument darstellen, wenn diese für den Influencer 1) relevant und 2) nutzbar ist. Das heißt, die Zielgruppe des Kooperationspartners muss mit der Zielgruppe des Influencers eine signifikante Schnittmenge aufweisen. Zweitens müssen vom oder mit dem Influencer produzierter Content auf den Kanälen des Kooperationspartners gestreut werden. In Aussicht sollte also stehen, dass (kurzfristig) die Reichweite des Influencers durch die Zusammenarbeit gesteigert wird.

> Grundsätzliche Voraussetzung für die Zusammenarbeit auf Basis eines „Reichweitentauschs" ist die Signifikanz der gebotenen Reichweite. Influencer wissen: Oftmals ist es nicht gegeben, dass langfristig neue FollowerInnen durch eine Kooperation gewonnen werden können.

15.7 Zusammenfassung

Sowohl für das Marketing als auch die PR finden sich passende Formen der Zusammenarbeit mit Influencern. Vielmehr: Zwischen Influencer Relations und Marketing können bei der Affiliate-Zusammenarbeit sogar Synergieeffekte entstehen. Insbesondere bei Affiliate zeigt sich jedoch auch, dass von Influencern präferierte Kollaborationsformate von denen, die sich Marken wünschen, differieren. Dennoch stellen Affiliate-Einnahmen sowie sponsored content – allen voran Produktplatzierungen und Reviews – heute die häufigsten Kooperationsformen und Einnahmequellen für Influencer dar. Branche, Hauptkanal des Influencers und dessen Reichweiten-, Resonanz- und Relevanzwerte bestimmen dabei den Stellenwert, den eine Kooperationsform als Einnahmequelle einnimmt. Ob der Handel von Content mit Geld, Produkten oder Beziehungskapital besiegelt wird, klar ist: Strategische Kommunikationsarbeit, die nichts kostet, bleibt auch bei Influencer Relations ein Traum.

Influencing ist für viele inzwischen vom Hobby zum Neben- bis sogar Vollzeitjob avanciert. Die Professionalisierung nimmt sowohl auf Influencer- als auch Auftraggeber-Seite zu und umfasst auch die Budgetierung von Kooperationen. Influencer wissen zunehmend um den Wert ihrer Arbeit und versuchen diesen mit verschiedenen Modellen zu berechnen.

Die transparente Kommunikation von Leistungen mag bisher vor allem seitens hauptberuflichen Influencern Praxis sein. Kostentransparenz birgt Vorteile für alle Kooperationsbeteiligten und sollte daher zukünftig forciert werden. Besonders herausfordernd erscheint aus Influencer-Sicht die Einberechnung des Kooperationsnutzens für PR-Professionals und Marketer. Hier empfiehlt sich ein stärkerer Austausch zwischen den Kooperationspartnern darüber, welche Kennzahlen für die individuellen Kooperationsziele relevant sind und mit welcher Gewichtung diese in die Kalkulation eingehen sollten.

Während Influencer häufig den (Mehr-)Wert von Relevanz gegenüber Reichweite betonen und diese sich als stärkeres Auswahlkriterium für Kooperationen wünschen, fehlen proaktive Bemühungen, diese in die Vergütungsberechnung einfließen zu lassen. Anhand der Berechnungsbeispiele wird deutlich, dass unter Influencern selbst Uneinigkeit besteht – hinsichtlich der Gewichtung der Kennzahl Reichweite. Hier hat die Professionalisierung zum Beruf Influencer noch einen langen Weg vor sich, den zu beschreiten, es sich im Tandem mit PR und Marketing lohnen könnte.

Literatur

Berufsfotografen.com (2016) Professionelle Fotografie – Die Umfrageauswertung 2016. https://www.berufsfotografen.com/data/Umfrageauswertung%20Berufsfotografen%202016.pdf. Zugegriffen: 19. Dez. 2017

BrightTalk (2016) Influencer marketing: the creator's perspective. https://www.brighttalk.com/webcast/5932/234937. Zugegriffen: 19. Dez. 2017
Bundesverband Digitale Wirtschaft (BVDW) e. V. (2016) Social Media Kompass 2016/2017. https://www.bvdw.org/fileadmin/bvdw/upload/publikationen/social_media/Kompass_Social_Media_2016_2017.pdf. Zugegriffen: 19. Dez. 2017
Fleing E (2010) Als Autor Tantiemen für Online-Texte von der VG Wort erhalten. https://elke-fleing.de/wp-content/uploads/2010/04/Online-Texte-bei-der-VG-Wort-melden.pdf. Zugegriffen: 19. Dez. 2017
indaHash Labs (2017) Women are the new media – how influencers became publishers. https://labs.indahash.com/wp-content/uploads/2017/06/indaHash_LABS_report_2017.pdf. Zugegriffen: 19. Dez. 2017
influence.co (2017) So viel verdienen Instagram Influencer. https://de.statista.com/infografik/8495/verdienst-von-influencern-pro-sponsored-post/. Zugegriffen: 19. Dez. 2017
InfluencerDB (2017) Celebrity vs. micro-influencer: who wins the battle of engagement? https://www.influencerdb.net/blog/celebrity-vs-micro-influencer-battle-of-engagement/. Zugegriffen: 19. Dez. 2017
Online Marketing Rockstars (2017) Rockstars report – influencer marketing
Pureglam.tv (2015) Blogger müssen nicht bezahlt werden? Wert eines Blogposts berechnen. http://www.pureglam.tv/2015/09/27/bloggerlife-persoenlich-blogger-muessen-nicht-bezahlt-werden/. Zugegriffen: 19. Dez. 2017
Raffl V-A (2017) Mit Bloggen Geld verdienen und Preise kalkulieren! (+ Authentizität als Blogger). https://whoismocca.com/lifestyle/bloggen-geld-verdienen-preise-kalkulieren-beispiele-authentizitaet-blogger/. Zugegriffen: 19. Dez. 2017
Schenk M, Niemann J, Briehl A (2014) Blogger 2014 – Das Selbstverständnis von Themenbloggern und ihr Verhältnis zum Journalismus. https://www.dfjv.de/documents/10180/178294/DFJV_Studie_Das_Selbstverstaendnis_von_Themenbloggern.pdf. Zugegriffen: 19. Dez. 2017
sieben&siebzig gmbh (2017) Blogger, Vlogger & Influencer – Die Zusammenarbeit mit Unternehmen der Bio-Branche
Styleranking media GmbH (2015) Modeblogger-Studie. https://www.styleranking.de/influencer/blog-news/1-blogger-studie-wenn-modeblogger-geld-verdienen. Zugegriffen: 19. Dez. 2017
Szyszka P (2017) Beziehungskapital. Akzeptanz und Wertschöpfung. Kohlhammer, Stuttgart
Technorati (2013) Technorati 2013 Digital influence report. https://de.slideshare.net/truthdefender/technorati-2013-digital-influence-report. Zugegriffen: 19. Dez. 2017
Verwertungsgesellschaft Wort (2017) METIS Texte im Internet. http://www.vgwort.de/verguetungen/auszahlungen/texte-im-internet.html. Zugegriffen: 19. Dez. 2017

Über die Autorin

Julia-Maria Blesin absolvierte ihren Bachelor Public Relations und Master Kommunikationsmanagement an der Hochschule Hannover. Seit 2015 erforscht sie als wissenschaftliche Mitarbeiterin im Rahmen eines BMBF-geförderten Forschungsprojektes die Wahrnehmung von Biokunststoffen. Die Forschungsarbeit im Kontext von nachhaltigem Wirtschaften gibt ihr immer wieder Impulse für ihren Blog Nicetohave Mag. Seit 2014 bloggt Julia-Maria Blesin über Themen eines nachhaltigen Lebensstils und ethischen Konsum. Mit dem Instagram Profil fairfashionOOTD gibt sie fair und ökologisch produzierenden Modelabels und Influencern eine Plattform.

16 Influencer Relations: Ein Leitfaden für gelungene Markenkommunikation in sozialen Netzwerken

Darleen Owsianski

Zusammenfassung

Unternehmen platzieren ihre Produkte immer häufiger über Influencer in sozialen Netzwerken. Marken versprechen sich aufgrund hoher Reichweiten Aufmerksamkeit für das eigene Produkt. Für ein erfolgsversprechendes Empfehlungsmarketing über digitale Meinungsführer werden teils immense Summen gezahlt. Hohe Followerzahlen sind jedoch kein Garant für positive Reaktionen der Dialoggruppen. In diesem Beitrag wird begründet, warum Reichweiten allein nichts über die Qualität eines Influencers aussagen. Es werden Kriterien genannt, die Influencer als Kommunikationsexperten und Multiplikatoren erfüllen sollten. Schließlich bieten die empirisch und theoretisch gewonnenen Erkenntnisse einen Leitfaden für Unternehmen.

16.1 Einleitung

Ziel der Markenkommunikation ist es, in den Köpfen relevanter Gruppen präsent zu sein. Diese Präsenz auf jeglichen Kommunikationskanälen stellt sicher, dass Menschen an das Produkt erinnert werden und es schließlich kaufen. Mit dem Zeitalter der Digitalisierung haben sich neue Kanäle entwickelt. Dank des Internets ist es einfacher als je zuvor mit größeren Massen, auch international, zu kommunizieren und Content zu verbreiten. Besonders das Marketing und die Public Relations (PR) haben diese neuen Kommunikationsplattformen für sich entdeckt und deren Relevanz für eine gelungene Markenkommunikation erkannt. Mit der Entwicklung der sozialen Medien wurden neue

D. Owsianski (✉)
Holzminden, Deutschland
E-Mail: owsianski.workplace@icloud.com

A. Schach und T. Lommatzsch (Hrsg.), *Influencer Relations*,
https://doi.org/10.1007/978-3-658-21188-2_16

Werbekanäle geschaffen, die folglich auch den Aufgabenbereich von PR-Experten verändern. „Unternehmen, die ihre Strategien an die veränderten Kommunikationsbedingungen anpassen, sind im Wettbewerbsvorteil" (Schach 2015, S. 9). Deshalb gewinnt eine strategisch geplante Kommunikation auf sozialen Medien wie bspw. Instagram für Marken immer mehr an Bedeutung.

Aufgrund des schnellen Wachstums der sozialen Medien hat auch die Werbung mittels Blogger und Influencer in den letzten Jahren zugenommen. Influencer-Relations, die sich aktuell als weiterer Tätigkeitsbereich der PR etablieren, finden immer häufiger in sozialen Netzwerken statt. Die unkomplizierte Bedienung und das einfache, schnelle Verbreiten von Inhalten steigern die Attraktivität dieser Plattformen zur Produktplatzierung. Unternehmen können heute ganz einfach Informationen an Kunden weitergeben, mit ihnen interagieren und in Echtzeit mit ihnen kommunizieren (vgl. Buchenau und Fürtbauer 2015, S. 50 f.).

Durch ihren großen Erfolg und ihre hohen Reichweiten gelten Influencer für Unternehmen immer häufiger als Kommunikationsexperten. Sie sind zu wichtigen Multiplikatoren und Markenbotschaftern geworden (vgl. Abbate 2014, S. 14). Ihre Meinungen zählen bei den Followern und damit stärken sie die Reputation von Marken (vgl. Buchenau und Fürtbauer 2015, S. 88). Aus diesen Gründen gehen immer mehr Unternehmen bezahlte Kooperationen mit Bloggern ein und platzieren ihre Produkte gezielt in den sozialen Medien.

16.2 Marken und ihre Rolle im sozialen Netz

Worum geht es in sozialen Netzwerken? Natürlich um Kommunikation, um wechselseitige Dialoge und um Interaktion. Es geht um den schnellen und unkomplizierten Austausch von Informationen, von kommunikativen Inhalten jeglicher Art. Doch mittlerweile zählen im sozialen Netz vor allem Reichweite und Erfolg. Je mehr Follower ein Profil hat, desto beliebter scheint es zu sein und desto höher ist auch die Aufmerksamkeit. Aber was haben Marken damit zu tun? „Marken sorgen dafür, dass sich Konsumenten im Angebotsdschungel orientieren können, dass sie bestimmten Angeboten vertrauen können, und dass sie sich letztlich auch mit bestimmten Angeboten identifizieren können. Marken orientieren Konsumenten" (Häusler 2014, S. 397).

Unternehmen präsentieren ihre Marken auf Social-Media-Plattformen wie Snapchat oder Instagram. Sie bieten (potenziellen) Kunden damit eine Art Hilfestellung, indem sie in einer Welt voller Konsumgüter als Wegweiser agieren. Um sich von der Konkurrenz abzuheben, unterscheiden sich Marken außerdem in ihren Namen, in ihrem Logo, in ihrem Design und nicht zuletzt in ihren Images (vgl. Bruce und Jeromin 2016, S. 5). Dadurch ermöglichen sie Kunden ein gewisses Lebensgefühl, stiften Identität und bieten ein Gefühl der Zugehörigkeit. Kunden können sich somit ihre eigenen Wirklichkeiten schaffen.

Eine große Diversität und Auswahl an Marken sichert dabei nicht nur den wirtschaftlichen Wettbewerb, sondern auch eine Vielfalt an Produkten und Markenimages. Deshalb definiert Schmidt Marken wie folgt: „Marken sind Leistungsspeicher mit spezifischen Merkmalen, die dafür sorgen, dass sie sich aus Sicht relevanter Zielgruppen gegenüber anderen Angeboten, welche vergleichbare Basisbedürfnisse erfüllen, nachhaltig differenzieren" (2015, S. 8; Herv. i. Org.). Für das Markenmanagement bedeutet dies, dass eine gezielte Steuerung des Markenimages gegenüber relevanter Gruppen unverzichtbar ist (ebd.). Für Unternehmen und deren Marken geht es in der Kommunikation vor allem um einen ehrlichen, kontinuierlichen Dialog, denn Menschen verlassen sich auf Marken und schenken ihnen Vertrauen (vgl. Häusler 2014, S. 397).

Indem Unternehmen soziale Medien nutzen und ihre Beziehungen zu Kunden, Followern und Fans pflegen, können sie sich von der Konkurrenz abheben und ihre Reputation stärken. Adjouri (2014, S. 22) bestätigt dies mit seiner Aussage, dass Marken nur dann erfolgreich sein können, wenn sie u. a. eine emotionale Bindung zu ihren Kunden aufgebaut haben. Marken lassen sich nicht allein als Wirtschaftsgüter bezeichnen, sondern als Konstrukt, das Menschen Sorgen nimmt und dafür Halt, Freude und ein Gefühl des „gut-aufgehoben-Seins" gibt (vgl. Häusler 2014, S. 398).

16.3 Die Vorteile der sozialen Medien für die Markenkommunikation

In der Vergangenheit haben Marken vor allem über klassische Medien kommuniziert. Mit den sozialen Netzwerken sind weitere Kommunikationskanäle hinzugekommen und Marken können diese für sich nutzen. Es gilt, ihre festgelegte Identität geplant und möglichst kontrolliert nach außen zu tragen. Laut Schmidt (2015, S. 78) müssen Marken auch online ihre Werte vermitteln und immer im Sinne der Markenpositionierung agieren. Es ist wenig sinnvoll, wenn Unternehmen ihre Produkte offline mit einem anderen Image etablieren wollen, als in der Online-Welt. Wer einen ehrlichen Dialog mit seinen Kunden führen möchte, muss sich demnach sowohl online als auch offline einheitlich positionieren. Mit Hilfe von sozialen Medien können Marken Nähe schaffen, indem sie die Möglichkeit des direkten Dialogs mit relevanten Gruppen für sich nutzen. Für Unternehmen bedeutet dies, dass eine kontinuierliche Wechselseitigkeit durch Kommunikation oder Interaktion die Beziehung zu den Dialoggruppen intensivieren kann. Laut Schach (2015, S. 125) ist die Kommunikation für Unternehmen, Marken oder Produkte ein permanenter Prozess, der gelenkt und gesteuert werden muss. Deshalb ist es für Unternehmen wichtig, sich für Social-Media-Kanäle zu entscheiden, auf denen sich der Großteil der Kunden aufhält (vgl. Buchenau und Fürtbauer 2015, S. 57).

> Wer planlos auf den sozialen Netzwerken aktiv ist und mit irrelevanten Gruppen kommuniziert, investiert Aufwand, Zeit und Geld womöglich ohne Erfolg. Es gilt, gezielt mit Dialoggruppen zu interagieren und Content bereitzustellen,

> der Trends erfüllt und wirklich interessant ist. Marken haben durch die sozialen Medien die Möglichkeit, ganz nah am Kunden zu sein.

Blankenberg et al. (2012, S. 65) finden, „[...] dass für eine erfolgreiche interaktionsorientierte Markenführung entscheidend ist, Kunden als wichtige Markenbotschafter zu erkennen und das Potenzial der Kundeninteraktionen [...] für die Gestaltung eines positiven und authentischen Markenimages zu nutzen". Dennoch verlieren Unternehmen online ein Stück weit an Kontrolle, da die Online-Kommunikation wesentlich vom Austausch anderer Nutzer abhängig ist. User können selbst markenbezogene Inhalte erstellen und ganz frei positiv oder negativ über Marken sprechen. So beeinflussen sie auch das Markenerlebnis anderer (vgl. Bruhn und Schäfer 2012, S. 32 f.).

Es versteht sich von selbst, dass sich Unternehmen eine ausschließlich positive Berichterstattung wünschen. Dies kann bestenfalls eine Steigerung des Umsatzes sowie des Gewinns bedeuten (vgl. Walter 2010, S. 68). Für Unternehmen ist es deshalb wichtig, systematisch und geplant zu agieren. Laut Rauschnabel et al. (2012, S. 47) „unterstützen soziale Medien nicht nur die Markenbekanntheit und Imagebildung, sondern auch den Produktverkauf und die -loyalität". Und aus diesen Gründen vertrauen Unternehmen heute immer mehr auf die Arbeit der Blogger und Influencer.

16.4 Influencer in ihrer Funktion als Markenbotschafter

Influencer Relations sind in der letzten Zeit zum Trendthema geworden. Doch welche Aufgaben haben Influencer und wie wirken sie? Im Grunde sind Influencer eine neue Art von Testimonials. Diese sind oftmals prominente Personen, wie z. B. Schauspieler, Sportler oder Musiker, die für Produkte werben. Sie sprechen dabei häufig als Experten von ihren eigenen Erfahrungen mit dem Produkt und begründen, warum sie es weiterempfehlen würden.

> Ein Experte wird als eine Person wahrgenommen, welche über Kenntnisse eines Produktes verfügt, die über die Kenntnisse einer ‚gewöhnlichen' Person hinausgehen. Der Experte verfügt demnach über ein bestimmtes Fachwissen in Bezug auf das von ihm beworbene Produkt oder die beworbene Dienstleistun (Lauper 2011, S. 57).

Durch Testimonials steigt die Glaubwürdigkeit, deshalb ist diese Form der Werbung bei Unternehmen besonders beliebt. Marken erhoffen sich, dass bei Einsatz einer prominenten Person die positiven Eigenschaften auf das Produkt übertragen werden (vgl. Adjouri 2014, S. 73).

Influencer und Testimonials unterscheiden sich vor allem in ihren Einsatzbereichen. Während Testimonials vor allem in der Print- und TV-Werbung zu finden sind, bewegen sich Influencer eher auf den neuen Kommunikationskanälen wie z. B. YouTube oder Instagram. Sie sind als Teil des Empfehlungsmarketings nicht mehr wegzudenken. Bei Influencern handelt es sich im Gegensatz zu Testimonials nicht zwingend um prominente

Personen, die aufgrund ihres bspw. sportlichen oder schauspielerischen Erfolgs zum Gesicht der Marke werden. Influencer erlangen aufgrund ihrer hohen Reichweite in sozialen Netzwerken Bekanntheit. Unternehmen setzen Influencer vorwiegend dazu ein, ihre Botschaften an relevante Zielgruppen zu kommunizieren (vgl. Schach 2015, S. 7). Sie bilden somit die Schnittstelle zwischen dem Unternehmen und (potenziellen) Kunden. Influencer werden zu Multiplikatoren für Kampagnenbotschaften und andere Kommunikationsinhalte (vgl. ebd., S. 127). Genau wie Testimonials berichten Influencer über ihre Erfahrungen mit gewissen Produkten. Dennoch spielen heute weitere Faktoren eine entscheidende Rolle: Neben der kreativen Darstellung zählen vor allem die Inszenierung sowie die Geschichte rund um das Produkt. Influencer agieren als Markenbotschafter und Storyteller, die ein eigenes Markenerlebnis schaffen und Werbung nicht wie Werbung aussehen lassen.

Buchenau und Fürtbauer (2015, S. 39) sind der Meinung, „[...] dass Bewertungen zu den jeweiligen Produkten von echten Konsumenten eine hohe Relevanz für uns haben. Markenbotschafter empfehlen somit die eigentlichen Produkte der Marke aus Überzeugung freiwillig weiter [...]“, so scheint es. So war es anfangs in den meisten Fällen tatsächlich: Blogger brauchten Themen, über die sie schreiben konnten. Viele haben damit begonnen, über ihre eigenen Erlebnisse und Erfahrungen mit Reisen, Hotels, Autos, Beautyprodukten oder Kleidungsstücken zu bloggen. Einige Unternehmen erkannten, dass die Bewertungen durch reichweitenstarke Blogger einen großen Einfluss auf die Kunden haben können. „Mit dieser subjektiven und individuellen Art der Berichterstattung erreichen Blogs ein spezielles Publikum, welches über die klassischen Medien (TV und Print) nicht mehr adressiert werden kann“ (Würth 2016, S. 53). Influencer agieren also als Meinungsführer in ihren Bereichen. Sie verhelfen Marken zum schnellen Durchbruch, indem sie ihre Follower auf die Produkte aufmerksam machen. Sie lassen Interesse und Nachfrage entstehen und führen mit ihrem professionellen Empfehlungsmarketing letztlich zum Kauf bzw. zur Gewinnung neuer Kunden (vgl. Buchenau und Fürtbauer 2015, S. 88). Dank des Influencers, der sich als Teil der Marke präsentiert, wird Nähe geschaffen und der Rezipient kann sich leichter mit ihr identifizieren (vgl. Kleine Wieskamp 2016, S. 160).

Das Besondere bei dieser Form der Werbung ist, dass Medien- und Unterhaltungsangebote eingesetzt werden. Deshalb nehmen vor allem junge Follower Influencermarketing nicht als Werbung wahr, weil sie als Digital Natives kaum zwischen realer und virtueller Welt unterscheiden können (vgl. Walter 2010, S. 103).

Eine Marke möchte mit bestimmten Werten und Themen in Verbindung gebracht werden (vgl. Schach 2015, S. 13). Ein Influencer kann mit seiner Arbeit zur Festigung der Markenpersönlichkeit beitragen. Seine Aufgabe ist es, Unternehmens- bzw. Produktinformationen zielgruppengerecht und unterhaltsam aufzubereiten, sodass interessanter Content entsteht und Aufmerksamkeit für das Produkt geschaffen wird (ebd. S. 5). Der Influencer muss interaktionsorientierten Content posten, um die Follower Teil des Ganzen werden zu lassen, so geht es nicht allein um die geschickte Inszenierung des Produkts. Influencer wirken besonders authentisch, weil sie die Position eines Dritten einnehmen. Ihre Funktion ist es, die Reputation der Marke zu unterstützen bzw. zu verbessern (vgl. Hubig 2014, S. 365 f.), indem ihre Empfehlungen wie Kundenrezensionen wirken, wie das folgende Schaubild verdeutlicht:

Die Abb. 16.1 zeigt, wie stark die Wirkung eines Influencers auf relevante Gruppen sein kann, da ihre Inhalte häufig als Earned Media wahrgenommen werden. Zudem nutzen sie kaum die typische Werbesprache, sondern allgemein positive Ausdrücke, die möglichst locker und der Zielgruppe entsprechend ausgelegt sind (vgl. Buchenau und Fürtbauer 2015, S. 73). Es ist davon auszugehen, dass die Mehrheit auch bezahlten Content unbewusst als Earned Media wahrnimmt.

War die Arbeit der Influencer vor einigen Jahren noch als Hobby zu betrachten, verdienen heute die meisten von ihnen ihr Geld damit. Einerseits dient die Selbstoffenbarung der Influencer als Mittel, um die Beziehung zu Followern zu pflegen (vgl. Krämer et al. 2017, S. 55), andererseits ist diese intensive Art der Beziehungspflege Voraussetzung, um als Influencer für Unternehmen attraktiv zu werden. In den meisten Fällen zahlen Unternehmen hohe Summen für Influencer-Kooperationen, weshalb ihr Content als Paid Media eingestuft wird. Werbeanzeigen in Magazinen oder Advertorials, die als Paid Media gelten, werden oftmals von Influencer-Beiträgen z. B. auf Instagram ersetzt, da sie oft nicht als Werbung wahrgenommen werden.

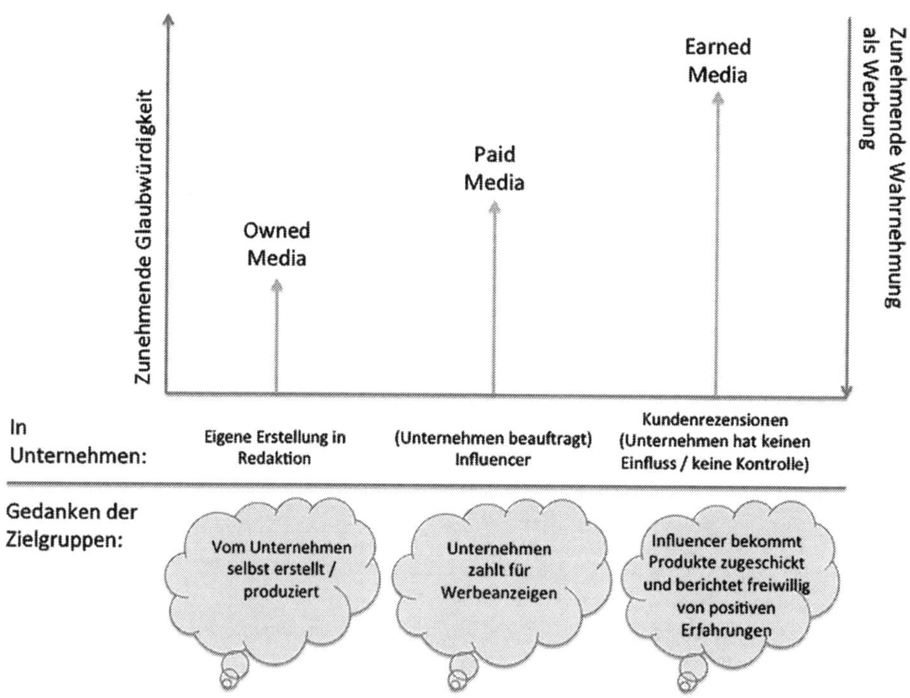

Abb. 16.1 Wirkung und Wahrnehmung von Owned, Paid und Earned Media

Seit Kurzem sind Influencer dazu verpflichtet, ihre Kooperationen als Werbung kenntlich zu machen. In der Vergangenheit war die Rechtslage dazu nicht ganz eindeutig. Auch jetzt ist noch nicht eindeutig geklärt, wie Influencer ihre Posts kennzeichnen müssen. Fakt ist, dass im Rundfunkstaatsvertrag sowie im Telemediengesetz die Vorgabe enthalten ist, werbliche Inhalte im Internet und damit auch auf den sozialen Netzwerken öffentlich zu machen (vgl. Bundesministerium der Justiz und für Verbraucherschutz 2017; Urheberrecht.org 2017). Diese Entwicklung gilt es weiterhin zu beobachten.

Um Aufmerksamkeit zu generieren müssen Influencer „visuelle Wege finden, Botschaften nicht nur textlich, sondern auch bildlich authentisch zu vermitteln, Textaussagen zu verstärken, eine Bildsprache zu entwickeln und damit Lebendigkeit, Nähe und Glaubwürdigkeit zu erreichen" (Ruisinger und Jorzik 2013, S. 209). Die Höhe der Bezahlung ist u. a. von der Reichweite abhängig: Je mehr Follower ein Influencer hat, desto wertvoller ist seine Meinung (Media Value). Allerdings wird dabei selten auf die Interaktionsrate geachtet. Darum haben PR-Experten die Aufgabe, im Voraus zu analysieren, welcher Influencer für eine Kooperation geeignet wäre und zur Zielgruppe der Marke bzw. des Produktes passt. Viele erfolgreiche Influencer haben bereits einen Manager, der Anfragen von Journalisten oder Firmen bearbeitet. Häufig analysiert das eigene Management, ob der Influencer und dessen Zielgruppen wirklich zum Produkt passen und ob er es glaubwürdig präsentieren könnte (vgl. Buchenau und Fürtbauer 2015, S. 89). Laut Kleine Wieskamp (2016, S. 214) sollten Unternehmen ausschließlich mit den wichtigsten Meinungsführern, die zum Thema, der Marke und der Zielgruppe passen, zusammenarbeiten.

16.5 Die Wahl geeigneter Zielgruppen im sozialen Netz

Influencer müssen je nach Zielgruppe der Marke von PR-Managern ausgewählt werden, denn jeder Influencer kommuniziert aufgrund seines Inhalts mit unterschiedlichen Gruppen. Glücklicherweise bringen die sozialen Medien neue Möglichkeiten für eine zielgruppenspezifische Content-Strategie mit sich (vgl. Schach 2015, S. 71). Bei der Entwicklung dieser Strategien müssen Unternehmen ihre eigenen Absichten und Kommunikationsziele kennen, die sie mithilfe einer Kampagne erreichen wollen. Es gilt, für jede PR-Kampagne, egal ob online oder offline, die passende Zielgruppe mittels einer Zielgruppenanalyse festzulegen. Doch was sind Zielgruppen genau? Schmidbauer und Knödler-Bunte (2004, S. 110) bezeichnen Zielgruppen als beschreibbare Personengruppen mit bestimmten Merkmalen, wie soziodemografische, geografische und psychografische Daten sowie Daten über Konsumgewohnheiten und Lebensstile. Schach (2015, S. 11 f.) hingegen hat eine aktuellere Auffassung und findet, dass die Definitionen von Zielgruppen in der heutigen Zeit aufgrund neuer Kommunikationskanäle wie den sozialen Medien differenziert erfolgen müssen.

Einer der wichtigsten Punkte, der aufgrund der Digitalisierung hinzugekommen ist, ist das Mediennutzungsverhalten, „da dieses im engen Zusammenhang mit der Entwicklung von Einstellungen gegenüber Organisationen, ihren Marken oder individuellen Konsumentscheidungen zu sehen ist" (Pleil und Bastian 2017, S. 138). Bei einer Zielgruppenanalyse müssen all die Merkmale zusammengefasst werden, die für die jeweilige Kampagne besonders wichtig erscheinen. Unternehmen benötigen deshalb umfangreiche Informationen über die aktuellen und potenziellen Zielgruppen. Sie sollten sich fragen, wo sich relevante Gruppen aufhalten, was sie interessiert, was sie beschäftigt, welche Probleme sie haben und ob das eigene Produkt bestenfalls sogar zur Lösung des Problems beitragen kann. Deshalb beschreiben Schindler und Liller (2014, S. 139) das „Zuhören" als den Startpunkt allen Handelns im Social Web. Der ständige Dialog mit der Community ist von großer Bedeutung, denn Unternehmen können dadurch Kundenwünsche und Erwartungen früh erkennen (vgl. Buchenau und Fürtbauer 2015, S. 42). „Neben der Frage, wer meine Zielgruppe ist, muss ich mich mit den Grundmotiven der Zielgruppe befassen. Warum macht meine Zielgruppe das, was sie macht? Was treibt sie an? Was motiviert sie?" (Koch 2013, S. 164). Unternehmen müssen verstehen, wer sie selbst sind, was die relevanten Gruppen bewegt und wie und wo sie diese Gruppen erreichen können (Multerer 2013, S. 175).

Wer sich für eine Content-Strategie entscheidet, der braucht zusätzlich ein klares Verständnis darüber, wie relevante Gruppen soziale Medien nutzen (vgl. Rauschnabel et al. 2012, S. 44). Entscheidet sich ein Unternehmen für eine Influencer-Kooperation, bedeutet das erst einmal viel Recherche- und Analysearbeit. Die PR-Abteilung muss das gewünschte Image im Blick behalten, Kommunikationsziele festgelegt haben und schließlich für die Kampagne notwendige Zielgruppen kennen, um zuletzt den passenden Kommunikationskanal auszuwählen (vgl. Kleine Wieskamp 2016, S. 219). Wie Influencer Botschaften wirkungsvoll kommunizieren.

Um die Zielgruppen zu erreichen, müssen Botschaften entwickelt werden. Wenn das Unternehmen weiß, wie es sich positioniert und festgelegt hat, welches Image es in den Köpfen der definierten Gruppen einnehmen will, können Botschaften entwickelt werden, die dabei helfen, diese Wahrnehmung bei anderen zu realisieren (vgl. Ruisinger und Jorzik 2013, S. 76). In der PR-Praxis wird häufig zwischen Dach- und Teilbotschaften unterschieden. Dachbotschaften „bringen auf den Punkt, welche Kernaussagen in die Köpfe der Zielgruppen gebracht werden sollen" (Schmidbauer und Knödler-Bunte 2004, S. 155). Sie spiegeln die wichtigste Aussage der Kommunikationskampagne wider und bilden, wie der Name schon verrät, das „Dach". Teilbotschaften ergeben sich aus den Dachbotschaften, da sie entsprechend der Zielgruppen konkretisiert werden (ebd.). Kommunikationsbotschaften können laut Schach (2015, S. 130) als Kommunikationsinhalte bezeichnet werden, die vermitteln, was die Adressaten konkret denken sollen. Botschaften können demnach nur entwickelt werden, wenn die relevanten Zielgruppen bereits bekannt sind.

Häufig haben Unternehmen bei der Zusammenarbeit mit Influencern keine Kontrolle über die Botschaften, die an relevante Gruppen gesandt werden. Die Verantwortung, passende Botschaften zum Produkt zu entwickeln, liegt oft allein beim Influencer (Bauer et al. 2012, S. 138). Folglich muss er zielgruppengerechten, interessanten Content entwickeln, der dem Botschaftskanon der Marke entspricht. Unternehmen müssen sich dem Risiko jedoch bewusst sein, dass Influencer auch falsche bzw. unpassende Botschaften senden können. Das bedeutet nicht nur, dass die Kommunikation des Influencers möglicherweise kaum Aufmerksamkeit findet und damit erfolglos bleiben kann, sondern dass bei unpassender Inszenierung sogar negative Aufmerksamkeit entstehen kann. Influencer können der Marke sogar schaden, wenn sie unbeständig und nicht systematisch agieren. Authentische, glaubwürdige und zur Marke passende Botschaften zu kommunizieren ist seine wichtigste Aufgabe. Dazu sollte er Instrumente und Plattformen wählen, die seinen Botschaften mehr Kraft verleihen. So wäre es laut Kleine Wieskamp (2016, S. 111) sinnvoll, visuelle Formate wie Bilder und Videos zu produzieren, die Botschaften in Form von Emotionen leichter greifbar machen. Ein Influencer sollte darauf achten, nicht immer den gleichen Botschaftskanon zu verwenden, denn so kann sich das zu bewerbende Produkt nicht mehr von der Konkurrenz abheben. Da er für jede Kooperation individuelle Inhalte entwickeln sollte, muss er verschiedene Techniken anwenden und darf in seiner Content-Produktion nicht eintönig werden.

16.6 Storytelling und Inszenierung im sozialen Netz

Eine dieser Techniken ist das Storytelling. Es kann als eine Art der Inszenierung betrachtet werden, da es beim Storytelling um das Erzählen (telling) von Geschichten (Story) geht. PR-Experten verwenden Storytelling bevorzugt, um kommunikative Unternehmensziele umzusetzen (vgl. Schach 2016, S. 11). Das menschliche Gehirn liebt Geschichten und diese können dadurch Aufmerksamkeit schaffen (vgl. Rupp 2016, S. 16 ff.). Geschichten können auf unterschiedlichste Weise erzählt werden, sei es textlich oder visuell. Das Storytelling hilft dabei, wichtige Informationen für andere verständlicher zu machen (vgl. Schach 2015, S. 15), indem sie in Form von authentischen, emotionalen Geschichten vermittelt werden (vgl. Hillmann 2011, S. 63 f.). Unternehmen können sich und ihre Produkte durch Storytelling inszenieren und die Wahrnehmung anderer beeinflussen. Gutjahr (2011, S. 158) bezeichnet die Inszenierung einer Marke als eine Voraussetzung dafür, dass sich Konsumenten mit ihr identifizieren können. Marken schaffen damit eine Atmosphäre, die zur Erreichung des gewünschten Images beiträgt. „Ästhetische Kommunikation beinhaltet somit nicht nur ein besonderes Potenzial für Beeinflussung, sondern vor allem auch für Interaktion [...]" (Biehl-Missal 2014, S. 858). Darüber hinaus können sich PR-Strategen, und Influencer, dieser Technik bedienen, um Botschaften kreativ und ansprechend zu transportieren, bspw. über soziale Medien. „Ziel muss es sein, dass die Geschichten über das Produkt den Leser fesseln und emotional involvieren, sodass er sich noch tagelang an die Story erinnert" (Buchenau und Fürtbauer 2015, S. 34). Organisationen sollten ihre Informationen nicht mehr einfach nur publizieren, sondern sie sinnlich wahrnehmbar gestalten (vgl. Biehl-Missal 2014, S. 844).

Somit haben vor allem Influencer die Aufgabe, Geschichten über Produkte zu erzählen. Dabei müssen sie besonders kreativ werden und dennoch darauf achten, die richtigen Botschaften zu transportieren. Der Influencer muss eigentlich langweilige Informationen lebendig werden lassen (vgl. Hillmann 2011, S. 63), um Markenerlebnisse zu schaffen. Dennoch sollte er darauf achten, verständlich, emotional, klar, direkt und vor allem glaubwürdig zu kommunizieren (ebd., S. 65). „Vieles läuft über die Identifizierung mit den Influencern – sie sind die neuen Erzähler, die Märchenonkel, Moderatoren und Informationsquellen im Social Web" (Kleine Wieskamp 2016, S. 214). Da Bilder Emotionen besser transportieren können, nutzen die meisten Influencer Instagram als Kanal für visuelles Storytelling. Das Netzwerk ist jedoch von Interaktion und wechselseitigem Dialog geprägt, so kann der Erfolg des Storytellings auf Instagram von Kommentaren der Follower beeinflusst werden (ebd., S. 211). Umso bedeutsamer ist es, dass Influencer den Bezug zur Realität wahren. Ansonsten könnte die inszenierte Geschichte an Glaubwürdigkeit verlieren und ihr Ziel verfehlen (vgl. Hillmann 2011, S. 66).

16.7 Online Vertrauen und Glaubwürdigkeit gewinnen

Glaubwürdig zu kommunizieren kann für die Zukunft und Lebensdauer von Unternehmen entscheidend sein. Es geht darum, Informationen interessant aufzubereiten, aber vor allem wahrheitsgemäß zu kommunizieren. Genauso wichtig ist es, Vertrauen zu (potenziellen) Kunden aufzubauen und zu pflegen, denn Vertrauen bildet die Basis für langfristige Beziehungen (vgl. Hubig 2014, S. 351). PR-Strategen müssen ihren Bezugsgruppen zuhören und ihre Bedürfnisse kennen. Fühlt sich ein Kunde in seinen Bedürfnissen wahrgenommen, kann sich das durchaus vertrauensfördernd auf die Beziehung zur Marke auswirken (ebd., S. 361). Eine dauerhaft positive Reputation für Unternehmen ist bedeutend, da sie das Vertrauen der Kunden in Werbeaussagen verstärkt, diese glaubwürdiger wirken lässt und somit zur Steigerung des Markenwerts beitragen kann (vgl. Walter 2010, S. 68). Schließlich ist Vertrauen zwischen Marken und ihren Kunden überlebenswichtig. Auch Röttger et al. (2014, S. 149) bezeichnen Glaubwürdigkeit und Vertrauen als Grundlage für die Erhaltung bzw. Verbesserung der Reputation. Sowohl online als auch offline gilt es glaubwürdig zu kommunizieren. Laut Gebhard und Kleene (2014, S. 258) gelingt Unternehmen dies im Social Web nur dann, wenn sie transparent sind, echte Dialogbereitschaft zeigen und offen für Kritik sind.

Kooperieren Marken mit Influencern, geben sie die Kontrolle über die Kommunikation zu Dialoggruppen an den Influencer ab. Wie bereits erwähnt, liegt die Verantwortung dann häufig bei den Influencern. Diese sollten durch eine kontinuierliche Interaktion mit seinen Followern Nahbarkeit widerspiegeln, um Vertrautheit und Glaubwürdigkeit der Follower gegenüber der platzierten Marke entstehen zu lassen (vgl. Bauer et al. 2012, S. 145). Da der Influencer die Marke repräsentiert, ist es seine Aufgabe, das Unternehmen sympathisch wirken zu lassen, um den Vertrauensaufbau und die Markenbildung zu unterstützen (vgl. Buchenau und Fürtbauer 2015, S. 33). Außerdem sollten sich Influencer aktiv an Diskussionen beteiligen, da sie dadurch eine höhere Glaubwürdigkeit für ihren Content erzielen. Daraus ergibt sich eine stärkere Überzeugungskraft (vgl. Küster 2012, S. 277).

Die Glaubwürdigkeit des Influencers kann sogar zunehmen, wenn er „freiwillig" negative Aspekte mit seiner Community teilt (ebd., S. 282). Dadurch wirkt er ehrlich und vertrauenswürdig. Dialoggruppen erwarten einen ehrlichen Austausch, einen Dialog, an dem sie sich langfristig beteiligen können. Allerdings braucht es zum Reifen einer wechselseitigen Beziehung Zeit. Deshalb müssen Worte und Taten der Influencer übereinstimmen, um bei Followern als vertrauenswürdig zu gelten (vgl. Hubig 2014, S. 358). Folglich ist es wichtig, dass Influencer das zu bewerbende Produkt in einem passenden Umfeld präsentieren und markengerecht kommunizieren.

16.8 Reichweite und Media Value

Wie errechnet sich der Wert eines Influencer-Posts? Woher wissen Unternehmen, wie viel sie für eine Kooperation ausgeben sollten? Mittlerweile gibt es diverse Tools, die ein umfassendes Monitoring eines Influencers erleichtern. Für einen unkomplizierten, schnellen Check greifen viele PR-Manager auf Webseiten wie Influencerdb.net zurück. Neben Faktoren wie der Interaktionsrate oder dem Follower-Wachstum innerhalb der letzten vier Wochen, können hier auch Media Values pro Post abgelesen werden. Bekanntlich galt bisher: Je höher die Reichweite, desto wertvoller der Influencer. Denn je mehr Menschen ihm folgen, desto mehr Menschen werden erreicht und desto größer ist schließlich die Aufmerksamkeit. Oft ist dies jedoch zu einfach gedacht. Sagt eine hohe Reichweite aus, dass der Influencer die zuvor genannten Kriterien erfüllt? Garantiert eine hohe Anzahl an Followern den Erfolg einer Kooperation? Wie groß ist die Wahrscheinlichkeit, dass hinter hunderttausenden Followern genau die Zielgruppe steckt, die für die Marke relevant ist? An dieser Stelle könnten viele solcher Fragen folgen. Doch es sollte jetzt schon klar geworden sein, dass Reichweiten kein Garant für erfolgreiche Kommunikationskampagnen im sozialen Netz sind. Deshalb müssen PR-Experten strategisch vorgehen, wenn sie Influencer für eine Kooperation auswählen. Schnell eine Zusammenarbeit aus dem Ärmel schütteln, nur um mit dem Trend zu gehen – empfehlenswert ist das nicht.

16.9 Fazit

Die Verantwortung, die ein Influencer während einer Markenkooperation trägt, ist sehr hoch. Für Marken bedeutet das, dass sie teils hohe Summen zahlen und gleichzeitig die Kontrolle über die Kommunikation an den Influencer abgeben. Außerdem müssen sich Unternehmen darauf verlassen, dass der Influencer professionell agiert und all die Aufgaben umsetzt, für die sonst meist eine ganze PR-Abteilung zuständig wäre. Der Influencer soll mit seinem Post zu einem positiven Image der Marke beitragen und bestenfalls zum Kaufprozess anregen. Dazu muss er zahlreiche Kriterien erfüllen, wie z. B. das Produkt kreativ inszenieren und zeitgleich zielgruppengerechten Content produzieren.

Er muss glaubwürdig und markenkonform kommunizieren und sollte mit seinen Followern interagieren. Sprachlich gilt es sich der Tonalität der Marke anpassen. Je mehr dieser Kriterien ein Influencer erfüllt, desto wahrscheinlicher ist eine erfolgreiche Kommunikation. Es kommt also nicht allein auf die Reichweite oder die Höhe des Media Values an, sondern auf die Umsetzung des Influencers. Eine hohe Anzahl an Followern bedeutet nicht, dass der Influencer seinen Content markenkonform und professionell kommunizieren kann und für eine Kooperation geeignet ist. Deshalb sollten Unternehmen im Vorfeld:

- die eigene Zielgruppe kennen und verstehen,
- Kommunikationsziele festlegen und definieren, was mit einer Kooperation erreicht werden soll,
- den Media Value prüfen, sich jedoch nicht allein darauf verlassen. Er sollte nicht im Vordergrund stehen, sondern eine gut umgesetzte Kommunikation,
- sich nicht von hohen Follower-Zahlen blenden lassen – Reichweite allein bedeutet nicht automatisch großen Erfolg,
- die Kommunikationsinhalte auf dem Profil des Influencers prüfen und daraus schließen, ob er zur Marke passt,
- Zielgruppen des Influencers analysieren und prüfen, ob sie mit den eigenen Zielgruppen übereinstimmen,
- die gesamte Kommunikation des Influencers (Dialogbereitschaft, Interaktion, Wortwahl) analysieren,
- sich nicht zuletzt fragen, ob der Influencer zu den eigenen Unternehmenswerten passt.

Literatur

Abbate S (2014) Marken als Sinnstifter. Identitätsbasierte Markenführung als Antwort auf den Wandel. Springer, Wiesbaden

Adjouri N (2014) Alles was Sie über Marken wissen müssen. Leitfaden für das erfolgreiche Management von Marken, 2. Aufl. Springer, Wiesbaden

Bauer HH, Botzenhardt A, Heinrich D (2012) Interaktion in Web-Communities als Erfolgsfaktor der Erlebniskommunikation. In: Bauer HH, Heinrich D, Samak M (Hrsg) Erlebniskommunikation. Erfolgsfaktoren für die Marketingpraxis. Springer, Berlin, S 135–149

Biehl-Missal B (2014) Ästhetik und Inszenierung in der Unternehmenskommunikation. In: Zerfaß A, Piwinger M (Hrsg) Handbuch Unternehmenskommunikation, 2. Aufl. Springer, Wiesbaden, S 843–859

Blankenberg N, Bartsch S, Fichtel S, Meyer A (2012) Die menschliche Kraft der Marke. In: Bauer HH, Heinrich D, Samak M (Hrsg) Erlebniskommunikation. Erfolgsfaktoren für die Marketingpraxis. Springer, Berlin, S 53–72

Bruce A, Jeromin C (2016) Agile Markenführung. Wie Sie Ihre Marke stark machen für dynamische Märkte. Springer, Wiesbaden

Bruhn M, Schäfer DB (2012) Erlebnisorientierte Markenführung im Social Web. In: Bauer HH, Heinrich D, Samak M (Hrsg) Erlebniskommunikation. Erfolgsfaktoren für die Marketingpraxis. Springer, Berlin, S 31–49

Buchenau P, Fürtbauer D (2015) Chefsache Social Media Marketing. Wie erfolgreiche Unternehmen schon heute den Markt der Zukunft bestimmen. Springer, Wiesbaden

Bundesministerium der Justiz und für Verbraucherschutz (2017) Telemediengesetz. http://www.gesetze-im-internet.de/tmg/__6.html. Zugegriffen: 20. Nov. 2017

Gebhard M, Kleene M (2014) Dialog und Glaubwürdigkeit: Wie Unternehmen im Social Web das Vertrauen der Konsumenten gewinnen – und dabei Fallstricke vermeiden. In: Wagner R, Lahme G, Breitbarth T (Hrsg) CSR und Social Media. Unternehmerische Verantwortung in sozialen Medien wirkungsvoll vermitteln. Springer, Berlin, S 247–259

Gutjahr G (2011) Markenpsychologie. Wie Marken wirken- was Marken stark macht. Springer, Wiesbaden

Häusler J (2014) Marken im öffentlichen Diskurs. In: Zerfaß A, Piwinger M (Hrsg) Handbuch Unternehmenskommunikation, 2. Aufl. Springer, Wiesbaden, S 393–409

Hillmann M (2011) Unternehmenskommunikation kompakt. Springer, Wiesbaden

Hubig C (2014) Vertrauen und Glaubwürdigkeit als konstituierende Elemente der Unternehmenskommunikation. In: Zerfaß A, Piwinger M (Hrsg) Handbuch Unternehmenskommunikation, 2. Aufl. Springer, Wiesbaden, S 351–369

Institut für Urheber- und Medienrecht (2017) Rundfunkstaatsvertrag. http://www.urheberrecht.org/law/normen/rstv/RStV-10/text/. Zugegriffen: 20. Nov. 2017

Kleine Wieskamp P (2016) Storytelling: Digital – Multimedial – Social. Formen und Praxis für PR, Marketing, TV, Game und Social Media. Hanser, München

Koch T (2013) Prinzip geiler Content. In: Multerer D (Hrsg) Marken müssen bewusst Regeln brechen, um anders zu sein. Gabal, Offenbach, S 154–167

Krämer NC, Eimler SC, Neubaum G (2017) Selbstpräsentation und Beziehungsmanagement in sozialen Medien. In: Schmidt JH, Taddicken M (Hrsg) Handbuch Soziale Medien. Springer, Wiesbaden, S 41–60

Küster F (2012) Zweiseitige Botschaften in der Marketingkommunikation. In: Bauer HH, Heinrich D, Samak M (Hrsg) Erlebniskommunikation. Erfolgsfaktoren für die Marketingpraxis. Springer, Berlin, S 275–296

Lauper P (2011) Zur Wirksamkeit von Testimonial Endorsed Cause-Related Marketing. Fundraising-Instrument für Nonprofit-Organisationen. In: Helmig B (Hrsg) Marktorientiertes Nonprofit-Management. Springer, Wiesbaden

Multerer D (2013) Marken müssen bewusst Regeln brechen, um anders zu sein. Gabal, Offenbach

Pleil T, Bastian M (2017) Soziale Medien in der externen Organisationskommunikation. In: Schmidt JH, Taddicken M (Hrsg) Handbuch Soziale Medien. Springer, Wiesbaden, S 129–150

Rauschnabel PA, Göbbel T, Sasse J, Rippe K (2012) Sieben Handlungsfelder, ein Ergebnis – erfolgreiches Social Media Marketing. Insights 16:40–53

Röttger U, Preusse J, Schmitt J (2014) Grundlagen der Public Relations. Eine kommunikationswissenschaftliche Einführung, 2. Aufl. Springer, Wiesbaden

Ruisinger D, Jorzik O (2013) Public Relations. Leitfaden für ein modernes Kommunikationsmanagement. Schäffer-Poeschel, Stuttgart

Rupp M (2016) Storytelling für Unternehmen. Mit Geschichten zum Erfolg in Content Marketing, PR, Social Media, Employer Branding und Leadership. mitp, Frechen

Schach A (2015) Advertorial, Blogbeitrag, Content-Strategie & Co.: Neue Texte der Unternehmenskommunikation. Springer, Wiesbaden

Schach A (2016) Storytelling und Narration in den Public Relations. Eine textlinguistische Untersuchung der Unternehmensgeschichte. Springer, Wiesbaden

Schindler MC, Liller T (2014) PR im Social Web. Das Handbuch für Kommunikationsprofis. O'Reilly, Köln
Schmidbauer K, Knödler-Bunte E (2004) Das Kommunikationskonzept. Konzepte entwickeln und präsentieren. Univ. Press, Potsdam
Schmidt HJ (2015) Markenführung. Springer, Wiesbaden
Walter BL (2010) Verantwortliche Unternehmensführung überzeugend kommunizieren. Strategien für mehr Transparenz und Glaubwürdigkeit. Springer, Wiesbaden
Würth W (2016) Exkurs Blogger Relations. In: Babka S (Hrsg) Social Media für Führungskräfte. Behalten Sie das Steuer in der Hand. Springer, Wiesbaden, S 53

Über die Autorin

Darleen Owsianski studierte an der Hochschule der Medien in Stuttgart sowie an der Hochschule Hannover Public Relations. Ihre Abschlussarbeit widmete sie der empirischen Forschung von Influencer-Relations auf Instagram. Zuvor sammelte die gebürtige Niedersächsin Erfahrungen im Broadcast Management der ProsiebenSat.1 Media Group in München. Während ihres Studiums arbeitete sie für Marken der Betty Barclay Group sowie für Radio ffn in Hannover.

Kennzeichnung und Transparenz in der Zusammenarbeit mit Influencern

17

Djure Meinen und Martin Gerecke

Zusammenfassung

Kennzeichnung und Transparenz sind nicht nur die meistdiskutierten Themen rund um Influencer Relations, sie sind gleichermaßen die Basis für eine professionelle Zusammenarbeit zwischen Unternehmen und Influencern. Ein transparenter Umgang mit Kooperationsgeschäften und eine rechtssichere Kennzeichnung zahlen auf die Glaubwürdigkeit von Influencern und Unternehmen ein. Dabei ist eine Kennzeichnung nicht nur bei einer entgeltlichen Zuwendung geboten. Der Beitrag stellt die aktuelle Rechtslage und Empfehlungen der Medienanstalten vor. Es werden detaillierte Hinweise und Empfehlungen für gezielte und rechtssichere Kennzeichnungsformen gegeben. Abschließende Praxistipps liefern einen umfassenden Überblick darüber, was Unternehmen bei der Zusammenarbeit mit Influencern beachten sollten.

17.1 Einleitung

Die rechtssichere und ethisch angemessene Kennzeichnung der Ergebnisse der Zusammenarbeit mit Influencern gehört zu den besonders intensiv diskutierten Themen der Disziplin. Während der Streit um angemessene Transparenz bei Blogger Relations so alt ist

D. Meinen (✉)
Varel, Deutschland
E-Mail: meinen@50hz.de

M. Gerecke
CMS Hasche Sigle Partnerschaft von Rechtsanwälten und Steuerberatern mbB, Hamburg, Deutschland
E-Mail: martin.gerecke@cms-hs.com

A. Schach und T. Lommatzsch (Hrsg.), *Influencer Relations*,
https://doi.org/10.1007/978-3-658-21188-2_17

wie die ersten Versuche der Zusammenarbeit mit Bloggern im Jahr 2006 – Opel für das Modell Astra –, war das Thema auf YouTube und später auch auf Instagram lange Zeit Nebensache. Viele Protagonisten dort waren schlicht zu jung für ein Problembewusstsein. Wer es dennoch hatte, war oft froh, unter dem Radar der Öffentlichkeit und der zuständigen Medienanstalten zu segeln.

Das änderte sich durch kritische Medienberichte und der gemeinsamen Ausarbeitung des Leitfadens „FAQs – Antworten auf Werbefragen in sozialen Medien" durch die Medienanstalten und YouTuber im Jahr 2015. Seitdem gibt es im Bewegtbild-Bereich zumindest den Grundkonsens, dass es ohne Kennzeichnung bei werblichen Beiträgen nicht geht. Dank neuer Gerichtsurteile und einer unerwartet hohen Geldbuße, die die Landesmedienanstalt Hamburg Schleswig-Holstein gegen den Fitness-Blogger „Flying Uwe" verhängte, ist das Thema rechtssichere Kennzeichnung von Online-Beiträgen 2017 endgültig in der gesamten Influencer-Szene – auch bei Instagram und Snapchat – angekommen. Wer jetzt immer noch nicht kennzeichnet, ist entweder ganz neu im Geschäft oder handelt bewusst rechtswidrig.

Gesetzliche Pflichten zur Kennzeichnung von Werbung oder sonstiger kommerzieller Kommunikation in Online-Medien folgen aus dem Rundfunkstaatsvertrag, dem Telemediengesetz und dem Wettbewerbsrecht. Deren jeweilige Voraussetzungen sind für den juristischen Laien oft nicht leicht zu verstehen und erscheinen für neue Werbeformen wie das Influencer Marketing oder Native Advertising nicht immer passend. Es scheint, als habe hier die technische Entwicklung das Gesetz überholt. Eine Ausrede zur mangelnden Kennzeichnung sollte dies trotzdem nicht sein.

17.2 Transparenz ist Basis der Glaubwürdigkeit

Vor der rein rechtlichen Komponente des Themas sollten aus unserer Sicht zunächst inhaltliche Fragen stehen. Ausgangspunkt ist das Selbstverständnis der Branche, das beispielsweise im Deutschen Kommunikationskodex des Deutschen Rates für Public Relations (Deutscher Rat für Public Relations 2012) klar formuliert ist.

> PR- und Kommunikationsfachleute sorgen dafür, dass der Absender ihrer Botschaften klar erkennbar ist. Sie machen ihre Arbeit offen und transparent, […] PR- und Kommunikationsfachleute respektieren die Trennung redaktioneller und werblicher Inhalte und betreiben keine Schleichwerbung (Quelle: Deutscher Kommunikationskodex der DRPR).

Die Achtung vor diesen Grundsätzen ist für die Zusammenarbeit mit Influencern aus unserer Sicht sogar von noch größerer Bedeutung als ohnehin in der Kommunikation. Eine der ganz wesentlichen Stärken von Influencern ist deren Glaubwürdigkeit, die im Idealfall mit Authentizität gepaart ist. Diese Stärken sollte Kommunikation leben und nutzen, im kritischen Fall auch verteidigen. Jedem Versuch, den wahren Absender einer

Botschaft oder die Umstände der Entstehung von Content zu verschleiern, ist daher entgegenzutreten.

Wo trotz allem auf Transparenz verzichtet wird, werden vor allem zwei Gründe angeführt: Kommunikatoren fürchten einerseits um eine geringere Wirkung ihrer Botschaften, wenn diese gekennzeichnet werden. Zur Begründung wird auf die Werbewirkungsforschung verwiesen, die diesen Zusammenhang bei Anzeigen in älteren Studien ableiten konnte. Ob diese Ergebnisse sich jedoch auf die Arbeit mit Influencern übertragen lassen, ist völlig unklar. Aus unserer Sicht gibt es zahlreiche Indizien, die das Gegenteil nahelegen. So berichten Blogger und andere Influencer immer wieder von positivem Feedback ihrer Leser und Follower zu ihrem offenen Umgang mit bezahltem Content. Zudem stellen sie fest, dass Zugriffszahlen auf gekennzeichnete Beiträge nicht oder kaum von anderem Content abweichen.

Vonseiten einiger Influencer ist andererseits oft das Argument zu hören, man könne doch nicht sämtliche Inhalte kennzeichnen. Dies würde Nutzer und Fans abschrecken. Diese Influencer müssen sich jedoch die Frage gefallen lassen, ob sie womöglich die Balance aus bezahlten Inhalten und eigenem Content verloren haben und ob die Produkte, die gezeigt werden, überhaupt zu ihnen und ihrer Zielgruppe passen.

Kommunikationsprofis sollten deshalb sorgsam darauf achten, vor allem solche Influencer auszuwählen, die Botschaften glaubhaft platzieren können, auch wenn sie gekennzeichnet sind.

17.3 Auch #KeineWerbung kennzeichnen

Besonders aus Sicht der PR, beziehungsweise genauer: aus Sicht derjenigen, die in der Kommunikation auf den Aufbau nachhaltiger Beziehungen und die gemeinsame Erarbeitung von relevantem Content setzen, stellt sich abseits des rechtlichen Erfordernisses der Kennzeichnung die Frage, ob Transparenz nicht auch darüber hinaus geboten scheint.

Werbliche Inhalte sollten immer als „Werbung" oder „Anzeige" gekennzeichnet werden. Genauso aber sollte es selbstverständlich sein, bei *nicht-werblichen* Inhalten transparent zu sein, ohne in den Verdacht der Verschleierung zu geraten, weil man auf das Wort „Werbung" verzichtet.

In der PR war es bislang eher unüblich, Beziehungen zwischen Kommunikatoren und Multiplikatoren sichtbar zu machen, solange dies rechtlich nicht zwingend erforderlich war. Wir glauben, dass man bei der Zusammenarbeit mit Influencern – wenn nicht sogar generell – einen Schritt weitergehen kann. Hinweise wie „erstellt auf Basis von Informationen des Herstellers", „im engen Dialog mit" oder „nach einem Besuch auf dem Werksgelände auf Einladung von" verdeutlichen den Lesern, woher Informationen stammen und wer neben den Autoren an der Erstellung von Inhalten beteiligt war. Sie werten Beiträge aus unserer Sicht eher auf, als dass sie schaden.

Voraussetzung dafür wäre jedoch, dass eine differenzierte Kennzeichnung zum einen breitere Anerkennung findet und zum anderen auch rechtssicher möglich ist.

Die Kommunikationsbranche ist gut beraten, für die Formen der Zusammenarbeit, bei denen Multiplikatoren volle Freiheit gewährt und die gesamte Verantwortung für den nicht-werblichen Inhalt und die Qualität überlassen wird, eine andere Kennzeichnung als „Werbung" oder „Anzeige" zu nutzen.

17.4 Rechtliche Grundlagen der Kennzeichnung: Trennungsgebot

Das rechtliche Erfordernis der Kennzeichnung folgt aus dem sogenannten Trennungsgebot. Dieses findet sich u. a. in Vorschriften des Rundfunkstaatsvertrages, dem Telemediengesetz, diversen Landespressegesetzen und dem Gesetz gegen den unlauteren Wettbewerb (UWG).[1]

Die Vorschriften geben im Wesentlichen die gleichen Voraussetzungen vor, wann zu kennzeichnen ist: 1) Der Beitrag des Influencers muss eine geschäftliche Handlung darstellen, 2) der Influencer muss für den Post von einem Dritten eine Gegenleistung erhalten haben (ein Entgelt oder die kostenlose Überlassung des Produkts)[2] und 3) der Influencer muss die Absicht haben, Werbung für einen Dritten zu betreiben. Im Einzelnen weisen die Merkmale Besonderheiten auf, die hier nicht im Detail besprochen werden können.

Abgesehen von den Fällen, derer sich die Medienanstalten annehmen (und dann i. d. R. auch nur aufklärend, nicht sanktionierend), wird die Beachtung des Trennungsgebots übrigens fast ausschließlich von Wettbewerbern, mehr sogar noch von Interessenverbänden mittels Abmahnungen auf Basis des UWG durchgesetzt. Treffen kann es dabei alle Beteiligten vom werbenden Unternehmen über beauftragte Agenturen bis hin zu den Influencern selbst. Während die Kosten von Abmahnungen für letztere oft schmerzhaft sind, steht bei Unternehmen der Reputationsschaden im Vordergrund.

17.5 Was ist Werbung? Bezahlung ist Nebensache

Auf die Frage, welche Inhalte als Werbung zu kennzeichnen sind, antworten die meisten Laien mit „Alles, was bezahlt wird." Dabei spielt die Frage, ob Influencer eine Vergütung oder geldwerte Vorteile erhalten, eine nachrangige Rolle bei der Bewertung.[3] Entscheidend ist vielmehr, dass es sich um einen gewerblich betriebenen Kanal handelt und dass eine Werbeabsicht des Influencers vorliegt.

---

[1] § 58 RStV, § 6 TMG, Nr. 11 d. Anh. zu § 3 Abs. 3 UWG und § 5a Abs. 6 UWG.

[2] Vgl. hier aber die Fälle des Eigenkaufs, wenn der Influencer das Produkt selbst kauft und bewirbt, s. unten „Was ist Werbung? Bezahlung ist Nebensache".

[3] Einige der o. g. Vorschriften setzen die entgeltliche Zuwendung allerdings voraus.

Gewerblich sind Angebote von Influencern dann, wenn sie über die rein private Nutzung hinaus auch dazu dienen, ein Einkommen zu erzielen. Wer also zum Beispiel auf seinem privaten Facebook-Profil von seiner Lieblingsmarmelade schwärmt, muss das nicht als Werbung kennzeichnen. Wer hingegen für den Post eine Vergütung oder eine sonstige geldwerte Leistung annimmt oder wer schlicht den Beitrag in Ausübung seiner beruflichen Tätigkeit zur Steigerung seines Bekanntheitsgrades als Influencer veröffentlicht, muss für alle Inhalte prüfen, ob sie möglicherweise Werbung enthalten können und dies entsprechend kenntlich machen.

Eine Werbeabsicht liegt vor, wenn der Influencer mit seinen Inhalten das Ziel verfolgt, den Absatz eines Produktes oder einer Dienstleistung zu fördern, die Reputation eines Unternehmens zu verbessern oder den Wert einer Marke zu steigern. Die Werbeabsicht objektiv nachzuweisen, fällt meist schwer. Der Influencer wird diese Absicht im Zweifelsfall verneinen. Er hat kein Interesse daran, sich im Falle fehlender Kennzeichnung selbst zu belasten. In Folge dessen wird die Werbeabsicht von Gerichten aus objektiven Kriterien abgeleitet. Indizien für eine Werbeabsicht sind zum Beispiel:

- die einseitige Darstellung von Produktvorteilen,
- eine übermäßig positive Darstellung des Produktes,
- die Verwendung werblicher Sprache oder von Kaufappellen,
- die Übernahme von Slogans oder
- von Bildmaterial des Unternehmens,
- die direkte Aufforderung zum Kauf,
- die Angabe der UVP oder
- eine explizite Verlinkung, insbesondere auf den Webshop des Unternehmens.

Die Tatsache, dass Vergütungen gezahlt oder geldwerte Vorteile gewährt werden, ist grundsätzlich ein starkes Indiz für die Werbeabsicht. Sie allein ist aber nicht zwingend Voraussetzung für die Kennzeichnung: Wenn der Influencer seine unabhängige, neutrale Meinung zum Produkt – durchaus mit Kritik oder sogar in negativer Weise – wiedergibt, liegt – trotz Überlassung des Produkts oder Zahlung von Entgelt durch das Unternehmen – keine Werbeabsicht vor und es muss nicht gekennzeichnet werden.

> Es verbietet sich also, schematisch eine entgeltliche oder sonstige Zuwendung mit einer Kennzeichnungspflicht gleichzusetzen. Sinn der Kennzeichnungsvorschriften ist es nicht, den Verbraucher darüber aufzuklären, ob der Blogger ein Entgelt für seine Tätigkeit erhält, sondern ihn vor verschleierter Werbung zu schützen.

Ist der Beitrag aber nicht werblich, sondern gibt er die positive (eigene) Meinung des Bloggers wieder, besteht die Gefahr der Werbeverschleierung nicht. Umgekehrt muss auch dann gekennzeichnet werden, wenn der Blogger keine Gegenleistung erhalten hat, der Beitrag aber gleichwohl werblich ist und der werbliche Zweck nicht aus sich heraus erkennbar ist.

Häufig wird vertreten, die werbliche Darstellung selbst gekaufter Produkte (Eigenkauf) sei nicht kennzeichnungspflichtig. Auch die Landesmedienanstalten geben in ihren FAQs Entwarnung und verneinen bisher eine Kennzeichnungspflicht nach dem Rundfunkstaatsvertrag (wenn der Blogger eine eigene Meinung zu dem selbstgekauften Produkt äußert). Doch auch beim Eigenkauf kann die Pflicht zur Kennzeichnung bestehen.

17.6 Am Anfang: Mit „Werbung" auf der sicheren Seite

Wie Werbung korrekt gekennzeichnet wird, ist längst nicht abschließend entschieden. Der Gesetzgeber macht keine konkreten Vorgaben und auch Gerichte entscheiden nur den konkreten Einzelfall. Viele Entscheider und Influencer beklagen die daraus entstehende Unsicherheit, aber letztlich ist es diese Rechtstradition, die Innovation den Raum bietet.

Wie zu kennzeichnen ist, hängt von den Umständen des Einzelfalls und des verwendeten Kommunikationsmittels ab. Der Hinweis muss jedenfalls so eindeutig erfolgen, dass aus Sicht eines durchschnittlichen Mitglieds der jeweils angesprochenen Zielgruppe kein Zweifel am Vorliegen eines kommerziellen Zwecks besteht. Der kommerzielle Zweck muss auf den ersten Blick hervortreten. Dort, wo nach dem Gesamteindruck des Beitrags schon kein Zweifel am Vorliegen von Werbung bestehen kann (so z. B. bei ganzseitigen Printanzeigen), ist keine aufklärende Kennzeichnung erforderlich.

Dabei werden seitens der Gerichte teils hohe Maßstäbe gerade bei neueren Medien angelegt. So geht das Landgericht München in einer Entscheidung aus dem Jahr 2015 davon aus, dass der Leser von bebilderten Anzeigen in Printformaten der englischen Sprache nicht mächtig ist, und lehnt mit dieser Begründung die Bezeichnung „sponsored by" als rechtssichere Kennzeichnung werblicher Beiträge ab.[4] Die Entscheidung wurde jüngst durch das KG Berlin für Online-Medien (der Influencer betrieb Werbung auf Instagram) bestätigt.[5] Diese Auffassung muss man nicht teilen. Phonetisch ist der Hinweis „sponsored by" sehr nah am deutschen „sponsern". Die maßgebliche Zielgruppe, die Facebook, Instagram etc. nutzt, wird „sponsored by" als Hinweis auf einen finanziell unterstützten Post und damit als Werbung verstehen, auch wenn Sponsoring im Rahmen des Rundfunkstaatsvertrages etwas anderes meint als Werbung. Die Landesmedienanstalten hielten ursprünglich noch den Hinweis „sponsored by" für zulässig. In der neuesten Fassung der FAQs raten sie nun jedoch von der Verwendung ab. Solange es keine gegenteilige gerichtliche Entscheidung gibt, sollte von der Verwendung von „sponsored (by)"

[4] *LG München I,* Urteil v. 31.07.2015, Az. 4 HK O 21.172/14.

[5] *KG, Beschluss* v. 11.10.2017, Az. 5 W 221/17.

abgesehen werden. Stattdessen sind „Werbung“ oder „Anzeige“ immer noch die sichersten Formen der Kennzeichnung.

Die Entscheidung des OLG Celle zur Verwendung des Hashtags „ad“ im Fall Rossmann[6] macht deutlich, dass Versuche, eine Kennzeichnung zwar vorzunehmen, aber sie dann zu verschleiern oder zu verstecken, nicht goutiert werden. Ein Instagrammer, der für Rossmann tätig war, hatte seine Posts mit dem Hashtag „#ad“ markiert, dieses aber am Ende der Bildbeschreibung positioniert und zwischen anderen Hashtags versteckt. Damit lag er vermeintlich sogar auf der Linie der Medienanstalten, die die Bezeichnung „#ad“ in den ersten Versionen ihrer FAQ für zulässig hielten und recht ungenau von einer „möglichst deutlichen“ Kennzeichnung sprachen. Nach Ansicht des OLG verstieß der Beitrag gegen § 5a Abs. 6 UWG. Es handele sich bei dem Post um eine geschäftliche Handlung, deren kommerzieller Zweck mit dem Hashtag „#ad“ nicht kenntlich gemacht sei und der sich auch nicht unmittelbar aus den Umständen ergebe.

Die Medienanstalten haben die FAQs für Instagrammer nun im Zusammenhang mit dem OLG-Urteil so geändert, dass nur noch die Begriffe „Werbung“ oder „Anzeige“ empfohlen werden und diese am Anfang der Beschreibung stehen sollen. Allgemeiner lassen sich die Vorgaben so formulieren, dass mit deutschsprachigen Begriffen so gekennzeichnet werden sollte, dass der Content als Werbung erkennbar wird, möglichst bevor ein Nutzer ihn vollends erfasst.

Sechs Praxistipps für die Zusammenarbeit mit Influencern

1. **Keine Scheu vor Transparenz**
   Glaubwürdigkeit und Authentizität sind ein wesentlicher Vorteil bei der Arbeit mit Influencern. Deren Beiträge mit klar erkennbarer und verständlicher Kennzeichnung zu versehen, bietet Ihnen langfristig mehr Vor- als Nachteile.
2. **Werbung als Werbung erkennen**
   Werbung liegt dann vor, wenn Influencer die Absicht verfolgen, für Sie werblich tätig zu sein. Sofern Sie darauf abzielen, dass Influencer Bilder und Botschaften transportieren, die unmittelbar werblich wirken, ist es sehr wahrscheinlich, dass eine Werbeabsicht vorliegt. In mindestens diesen Fällen ist eine Kennzeichnung als Werbung zwingend erforderlich, es sei denn, der Beitrag des Influencers ist aus sich heraus schon als werblich erkennbar.
3. **Werbung als Werbung kennzeichnen**
   Verwenden Sie zur Kennzeichnung von Werbung die Begriffe „Werbung“ oder „Anzeige“. Wenn Sie ein internationales Publikum adressieren, können Sie zusätzlich „Advertisement“ ergänzen.

[6] Urt. v. 08.06.2017, Az. 13 U 53/17.

4. **Deutlich kennzeichnen**
   Nutzer sollten Werbung erkennen können, bevor sie einen Inhalt vollständig erfasst haben. Bei Instagram soll die Kennzeichnung daher am Anfang der Bildbeschreibung erfolgen. Bei Videos empfehlen wir eine deutliche Einblendung zu Beginn und am Ende des Videos, und bei Videos, die nur teilweise aus Werbung bestehen, zusätzlich im Zusammenhang mit der Werbung. Auch in die Videobeschreibung gehört eine Kennzeichnung am Anfang des Textes. Bei Texten für Blogs empfiehlt sich eine Kennzeichnung am Beginn des Textes.
5. **Kennzeichnung mit Produktplatzierung**
   Eine Produktplatzierung liegt vor, wenn ein Produkt lediglich als Ausstattung dient, also zum Beispiel ein Auto als Requisite genutzt oder eine Handtasche beiläufig auf einem Foto einer Straßensituation auftaucht. Für solche Produktplatzierungen, die dem Influencer kostenlos überlassen werden, sieht der Rundfunkstaatsvertrag eine Wertgrenze von 1000 EUR vor, ab deren Überschreiten zu kennzeichnen ist. Sobald die Produkte zum Thema werden – also z. B. im Video besprochen oder in der Bildbeschreibung erwähnt werden – handelt es sich nicht mehr um Produktplatzierung, sondern bei Vorliegen der Werbeabsicht um Werbung.
6. **Influencer vertraglich binden**
   Vereinbaren Sie mit Influencern möglichst schriftlich Umfang und Form der Kennzeichnung. Wenn das nicht möglich ist, zum Beispiel, weil es keine vertragliche Beziehung gibt, weisen sie Influencer deutlich und schriftlich auf ihre eigene Rechtsauffassung hin und bitten entsprechend zu verfahren.

Literatur

Deutscher Rat für Public Relations (2012) Deutscher Kommunikationskodex. www.kommunikationskodex.de/wp-content/uploads/Deutscher_Kommunikationskodex.pdf. Zugegriffen: 8. Jan. 2018

Die Medienanstalten (2015, 2017) FAQs – Antworten auf Werbefragen in sozialen Medien. www.die-medienanstalten.de/fileadmin/user_upload/die_medienanstalten/Themen/Werbeaufsicht/FAQ-Flyer_Kennzeichnung_Werbung_Social_Media.pdf. Zugegriffen: 8. Jan. 2018

Über die Autoren

Djure Meinen ist einer der bekanntesten Experten im Bereich Blogger Relations in Deutschland. Seit 2008 berät er Agenturen und Unternehmen mit dem Schwerpunkt, nachhaltige Beziehungen zu Bloggern aufzubauen und zu pflegen. Er arbeitet als Kommunikationsstratege und Redner auf Barcamps und Konferenzen. Zudem ist er Lehrbeauftragter für das Thema Influencer Relations an der Ostfalia Hochschule für Angewandte Wissenschaften.

Dr. Martin Gerecke ist Fachanwalt für Urheber- und Medienrecht und berät Unternehmen und Einzelpersonen im Urheberrecht, Presse- und Äußerungsrecht sowie zum Recht der neuen Medien (Domain- und Internetrecht, Social Media, Online-Marketing, Games, Digital Business). Er beurteilt, schützt und verteidigt den Inhalt von Veröffentlichungen, hilft bei der Bewahrung von Schutzrechten und sonstigem geistigem Eigentum. Er verhandelt zudem medienspezifische Verträge wie Lizenz-, Agentur- oder Künstlerverträge aus den Bereichen Film und TV.

Teil IV

Praxis und Perspektiven

18 Mit Leidenschaft anstecken und für den E-Commerce begeistern – Corporate Influencer bei OTTO

Nick Marten und Eugenia Kirchmeer

Zusammenfassung

Die stärksten und authentischsten Botschafter für ein Unternehmen sind die eigenen Mitarbeiterinnen und Mitarbeiter. Als eine der ersten Marken in Deutschland setzt OTTO auf die Aus- und Weiterbildung der eigenen Experten zu Botschaftern und hebt damit das Recruiting von Fachkräften und das Employer Branding auf ein neues Level. Nach dem Startschuss des Jobbotschafterprogramms im Oktober 2017 haben sich innerhalb kürzester Zeit 100 OTTO-Mitarbeitende für das freiwillige Seminarangebot angemeldet und werden seitdem für Einsätze für den Onlinehändler auf Konferenzen, in Social Media oder im Bewerbungsgespräch trainiert.

18.1 Warum setzt OTTO auf Corporate Influencer?

„Verliebe dich nicht in eine Lösung, sondern verliebe dich in das Problem." – Diese Haltung hat sich aus der digitalen Produktentwicklung des Onlinehändlers OTTO über die gesamte Organisation hinweg verbreitet. Auch im Personalmarketing des Hamburger Unternehmens ist sie längst angekommen. Die HR-Profis haben sich hier vor allem in eine Herausforderung verguckt: neue Mitarbeiterinnen und Mitarbeiter für OTTO und die Mission „den E-Commerce von morgen gestalten" zu begeistern. Speziell in den

N. Marten (✉) · E. Kirchmeer
Otto GmbH, Hamburg, Deutschland
E-Mail: nick.marten@otto.de

E. Kirchmeer
E-Mail: eugenia.kirchmeer@otto.de

A. Schach und T. Lommatzsch (Hrsg.), *Influencer Relations*,
https://doi.org/10.1007/978-3-658-21188-2_18

technischen Bereichen Business Intelligence, Softwareentwicklung und IT werden Fachkräfte gesucht.

Schon seit Längerem setzt OTTO im Employer Branding und Recruiting auf die Expertinnen und Experten aus dem eigenen Unternehmen. Plakatmotive in U-Bahnen, Imagefilme, Flyer – die gesamte „ROT4"-Arbeitgeberkampagne des Onlinehändlers zeigte „echte" Mitarbeiterinnen und Mitarbeiter, wie in Abb. 18.1 dargestellt.

Auch bei Branchen- oder Recruiting-Veranstaltungen unterstützten diese die HR-Abteilung und erzählten potenziellen Kandidatinnen und Kandidaten von aktuellen Projekten, zukünftigen Aufgaben, dem Team oder der Unternehmenskultur. Mit Erfolg: Nachweislich bewerteten Bewerberinnen und Bewerber genau diese Dialoge, diese nahbaren Informationen über das Unternehmen, als besonders wertvoll.

Schnell stand fest, dass das Bedürfnis von Kandidaten nach Transparenz und echten Einblicken beim potenziellen Arbeitgeber – abseits von HR-Profis und Recruitern – besonders gut von einer Gruppe gedeckt werden kann: den Mitarbeiterinnen und Mitarbeitern von OTTO selbst.

Gerade diejenigen, die für ihre Themen brennen und leidenschaftlich und ehrlich von ihren Aufgaben erzählen, können der entscheidende Erfolgsfaktor im

Abb. 18.1 ROT4-Arbeitgeberkampagne

Bewerbungsprozess sein. Zudem haben viele dieser Kolleginnen und Kollegen in ihren sozialen Netzwerken eine breite Community und damit ein interessiertes Publikum auf ihrem Fachgebiet aufgebaut.

> „Zukünftige Kolleginnen und Kollegen können viel authentischer als HRler davon erzählen, was potenzielle Bewerber bei OTTO erwartet. Deshalb setzen wir schon seit einiger Zeit auf das Team-Recruiting. Mit dem Jobbotschafter-Programm läuten wir einen Paradigmen-Wechsel ein." – Katy Roewer, OTTO-Bereichsvorstand Service & Personal

Mit der Zielsetzung, die Leidenschaft der eigenen Mitarbeiterinnen und Mitarbeiter zu nutzen, um gesuchte Fachkräfte „anzustecken" und für OTTO zu begeistern, rief das HR-Marketingteam das OTTO-Jobbotschafterprogramm ins Leben und systematisiert damit das Prinzip des Corporate Influencers.

18.2 Corporate Influencer werden

Der Onlinehändler verfolgt bei seinem Corporate-Influencer-Programm das Credo: Jeder kann, keiner muss. Alle Kolleginnen und Kollegen können zwischen sechs Jobbotschafter-Profilen wählen und sich für jedes Modul anmelden. Die Wege dorthin verlaufen unterschiedlich: Die meisten Teilnehmerinnen und Teilnehmer melden sich selbst an. Andere werden vom Recruiting angesprochen, weil sie bereits durch Vorträge, Konferenzbesuche oder auch in ihren privaten Social-Media-Kanälen von ihrem Job und ihrer Leidenschaft erzählen und so schon längst inoffiziell Botschafter sind. Abb. 18.2 zeigt die Verteilung der Profile im Unternehmen.

In den ersten zwei Wochen des Projekts im Oktober 2017 meldeten sich über 100 Kolleginnen und Kollegen an – ohne Incentivierung. Als eines der ersten deutschen Unternehmen greift der Hamburger Onlinehändler die alt bekannte Maxime der Public Relations auf, dass die eigenen Mitarbeiterinnen und Mitarbeiter die besten Botschafter seien und setzt die Fort- und Weiterbildung zum Corporate Influencer erstmals strategisch auf.

Das Jobbotschafter-Programm sieht dabei keinen vorgefertigten Ausbildungsplan vor, es ist vielmehr als Angebot zu verstehen. Über die eigenen Aufgaben zu sprechen, andere zu begeistern und so das Interesse für OTTO als Arbeitgeber zu wecken – für einige ein Leichtes, für andere eine Herausforderung. Deshalb bietet jedes Profil unterschiedliche Trainings, die sich jeder selbst zusammenstellen kann. Der Ansporn, Corporate Influencer zu sein: die Leidenschaft für den eigenen Job und die Begeisterung, zu sehen, wie der Funke überspringt und Interessierte Lust auf OTTO bekommen.

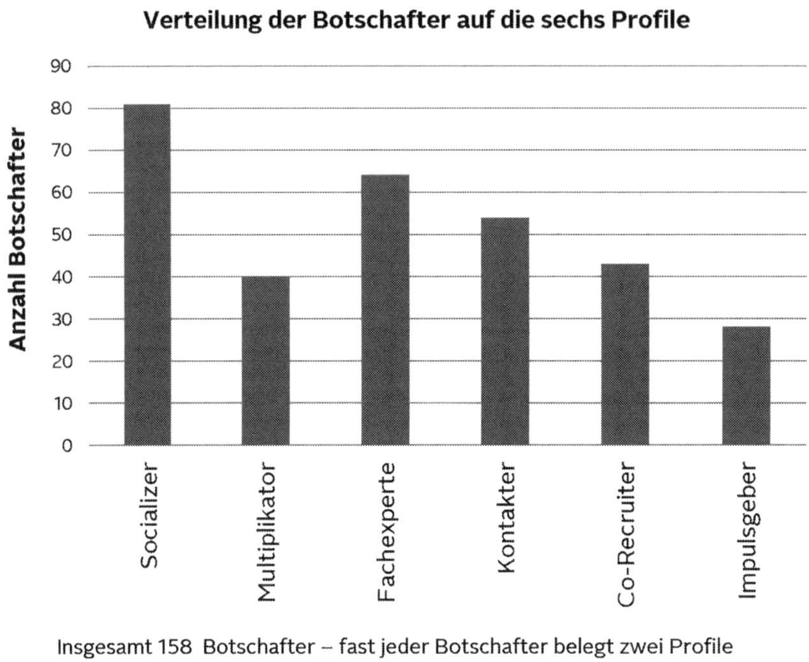

Abb. 18.2 Verteilung der Botschafter auf die sechs Profile

18.3 Corporate-Influencer-Profile

Das Jobbotschafter-Programm des Onlinehändlers ist in sechs unterschiedliche Jobbotschafter-Profile unterteilt. Hinter jedem Profil stecken unterschiedliche Aufgaben- und Tätigkeitsbereiche. Entsprechend dieser Profile gibt es für jeden Bereich verschiedene Seminare und Inhalte, die den Corporate Influencer seitens HR-Marketing und Unternehmenskommunikation angeboten werden. Zwischen den folgenden Profilen können die OTTO-Mitarbeiterinnen und Mitarbeiter wählen:

- **Multiplikator:** Multiplikatoren unterstützen aktiv bei der Markenbildung von OTTO als Arbeitgeber, indem sie zu ihrer Community passende Beiträge von OTTO Jobs in Social-Media-Kanälen ihrer Wahl teilen und kommentieren oder selbst Inhalte entwickeln. Multiplikatoren können zusätzlich den OTTO-Jobs-Instagram- oder Snapchat-Kanal übernehmen oder Interessierte über Live-Videos auf Twitter oder Facebook an Veranstaltungen teilhaben lassen.
  Das Ziel: dabei zu unterstützen, neue Talente auf OTTO aufmerksam zu machen, die Reichweite für OTTO als Arbeitgeber zu erhöhen und die Arbeitswelt online authentisch darzustellen.

- **Socializer:** Socializer vertreten OTTO als Arbeitgeber auf externen Recruiting-Veranstaltungen, internen Events und Fachkonferenzen und führen Gespräche mit Talenten. Socializer zeichnet aus, dass sie gerne in Kontakt mit Menschen gehen, andere begeistern und so das Interesse für OTTO wecken.
  Das Ziel: im direkten Touchpoint zum Bewerber – vor allem im persönlichen Kontakt – einen echten Einblick in die Arbeitswelt von OTTO und die Aufgabengebiete zu vermitteln.
- **Fachexperte:** Fachexperten halten auf externen Recruiting-Veranstaltungen, Fachkonferenzen oder Inhouse-Days Vorträge zu aktuellen und trendorientierten Themen ihrer Fachgebiete. Gegenüber dem Socializer steht in diesem Modul vor allem der fachliche Beitrag im Fokus.
  Das Ziel: die Wahrnehmung von OTTO als E-Commerce-Arbeitgeber mit Technologie-kompetenz zu stärken.
- **Kontakter:** Kontakter stehen als Ansprechpartner für Bewerberfragen zur Verfügung und begleiten die zukünftigen Kolleginnen und Kollegen bis zu ihrem ersten Arbeitstag bei OTTO, beantworten telefonisch oder per Mail Fragen zum Job-Profil, zum Team und zum Arbeiten in der Abteilung. Sie begleiten Kandidatinnen und Kandidaten bei Formaten rund um das Kennenlernen des Teams und der Räumlichkeiten und halten Kontakt zu den Bewerbern, wenn sie ihren Vertrag bei OTTO bereits unterschrieben haben und stehen bis zum Jobbeginn als Ansprechpartner für Fragen zu Verfügung.
  Das Ziel: Kandidatinnen und Kandidaten im Bewerbungsprozess möglichst persönlich zu begleiten, ihnen Unsicherheiten zu nehmen und vorausschauenden „Service" zu bieten.
- **Co-Recruiter:** Co-Recruiter führen nach Absprache mit der Führungskraft und dem Recruitment eigenständig Interviews, um als Experte die fachliche Eignung von Kandidatinnen und Kandidaten zu beurteilen und beantworten während des Interviews fachliche Fragen zur Position zur Zusammenarbeit im Team.
  Das Ziel: die richtigen fachlichen Fragen zu stellen, um die fachliche Eignung von Bewerberinnen und Bewerbern zu beurteilen. Gleichzeitig sollen sie durch Informationen aus erster Hand zu den Aufgaben und dem Team ein realistisches Bild des zukünftigen Arbeitsplatzes zeigen.
- **Impulsgeber:** Impulsgeber bringen neue Ideen zur Optimierung des Bewerbungsprozesses und des Arbeitgeberauftritts aus ihrer persönlichen Sicht ein und werden bei kreativen Brainstormings und zielgruppenorientierten Workshops einbezogen.
  Das Ziel: den Personalbereich durch Verbesserungsvorschläge und Ideen dabei zu unterstützen, Bewerbungsprozesse und Formate zur Verbesserung der Candidate Experience kontinuierlich zielgruppen- und trendgerecht anzupassen.

18.4 Corporate Influencer und Parallelen zum Influencer Marketing

Was haben die Jobbotschafter von OTTO mit Influencer Marketing zu tun? Die Ankündigung der Corporate-Influencer-Ausbildung hat in Fachmedien für Gesprächsstoff gesorgt („OTTO bildet Influencer aus!"). Will man bei OTTO jetzt die nächsten „Bibis" oder „Slimanis" künstlich heranzüchten? Sollen Mitarbeiterinnen und Mitarbeiter zukünftig Produkte in die Kamera halten? Sind diese nach dem Besuch von Botschafter-Seminaren zertifizierte Influencer? Die Antwort? Drei Mal „Nein". Und doch ist das hauseigene Influencer Marketing von OTTO ein wichtiger Baustein für den Jobbotschafter-Ansatz. Hier folgen abschließend vier Prinzipien aus dem Influencer Marketing, die OTTO für die Corporate Influencer-Kommunikation identifiziert hat:

18.4.1 Prinzip „Loslassen"

Die beste Beziehung und Außenwirkung zwischen Influencer und Marke kann dann entstehen, wenn die Marke den Influencern Freiräume lässt. Je mehr Vorgaben, desto unglaubwürdiger wird die Kooperation. Positive Branding-Effekte und Interaktion sind dann Fehlanzeige.

Was kann man daraus für die Corporate Influencer Kommunikation lernen?
Es auch mal laufen zu lassen. Und das schreibt sich leichter, als es für viele erfahrene Kommunikationsexperten ist. Doch Kommunikatoren müssen sich damit anfreunden, dass Mitarbeiter ohnehin und ohne ihr Zutun auf reichweitenstarken Kanälen kommunizieren. Je eher man sich also vom Gedanken der absoluten Kommunikationshoheit trennt, desto früher und noch vehementer kann die Rolle des Enablers eingenommen werden. Dann können Kommunikatoren den Kollegen und Experten aus der Organisation zeigen, wie man kommuniziert, sie auf die Risiken, aber auch auf die großartigen Chancen der Kommunikation hinweisen. Genau hier setzt das Jobbotschafter-Programm bei OTTO aus kommunikativer Sicht an. Und baut dabei auf viele klassische PR-Tugenden auf.

18.4.2 Prinzip „Gemeinsam kreativ sein"

Die besten Influencer-Kampagnen werden nicht vom Auftraggeber diktiert, sondern entstehen im gemeinsamen Austausch mit dem Influencer. OTTO schätzt es, wenn Influencer ihre eigenen Ideen mitbringen. Schließlich kennen sie auch ihre eigene Community am besten und wissen, wie sie Mehrwert und Interaktion schaffen können.

Doch was bedeutet das nun für die Corporate Influencer Kommunikation?
Keine Zweifel: Kommunikatoren sind diejenigen, die es gelernt haben, Geschichten zu entdecken, aufzubereiten und der passenden Zielgruppe zur richtigen Zeit zu erzählen. Und doch: Je spezifischer das Thema, desto wichtiger das Hintergrund- und Expertenwissen

für den Kommunikator. Ein gut vernetzter Softwareentwickler wird im Zweifel die eigene Coder-Szene immer noch anders einschätzen können als der Kommunikator. Er bringt Know-how über die Zielgruppe, über deren Vorlieben für Kommunikationskanäle oder Lieblingsmedien mit – gepaart mit den Skills des Kommunikators ist das die perfekte Basis für eine gute Kommunikationskampagne. Denn eine Geschichte ist eine gute Geschichte ist eine gute Geschichte. Und bleibt es auch in Zukunft.

18.4.3 Prinzip „Interaktion schlägt Reichweite"

Eine hohe Reichweite ist definitiv NICHT das wesentliche Entscheidungskriterium bei der Suche nach Influencern. Denn: Wenn der Influencer zur Marke OTTO passt, wird sich das in Interaktionen innerhalb seiner Community widerspiegeln – und diese sind mehr wert als bloße Zahlen der angeblichen Leser- oder Nutzerkreise.

Heißt? „Perception is reality! On all accounts!"
Bildet OTTO Kollegen zu Botschaftern aus, damit sie hohe Reichweiten in den Social-Media-Kanälen erzielen? Eben nicht! Es geht um authentische Botschafter für das Unternehmen. Beim Hamburger Unternehmen arbeiten Diplom-Biologen, die jetzt Algorithmen für otto.de bauen – diese Menschen und ihre Geschichte werden den Spirit und die Kultur des Unternehmens in bestimmten Communities immer authentischer transportieren als es Personalmarketeers, Recruiter oder sogar Pressesprecher können.

18.4.4 Prinzip „Never change a running system"

OTTO geht nicht hin und verändert Influencer. Das Influencer Marketing zwingt nichts auf – nicht mal bei der Auswahl von Styles und Produkten. Bei Journalisten macht die Kommunikation das schließlich auch nicht. Und das aus guten Gründen.

Es steckt viel traditionelle PR-Denke in der Corporate Influencer Kommunikation
Warum sind die eigenen Mitarbeiter die besten Botschafter für das Unternehmen? Niemand kann so glaubwürdig und authentisch über Arbeitsatmosphäre und Unternehmenskultur berichten. Genau deswegen verändert OTTO die eigenen Botschafter nicht. Kommunikatoren und HR-Profis bereiten sie auf Szenarien vor, teilen ihr Wissen über gutes Storytelling und das Unternehmen selbst. Aber niemals werden sie zu wandelnden Werbesprech-Maschinen gemacht. Denn genau das würde jede auf Glaubwürdigkeit setzende Corporate Influencer Unternehmenskommunikation ad absurdum führen.

- Funktionierende Corporate Influencer Programme sollten den Mitarbeitenden einen persönlichen Handlungsfreiraum lassen, die Kreativität stärken und die Glaubwürdigkeit nicht untergraben, um die Authentizität der individuellen Arbeitserfahrungen positiv zu nutzen.

Abb. 18.3 zeigt die Zielsetzung der Otto Kampagne in der visuellen Umsetzung.

Abb. 18.3 Corporate Influencer Kampagne bei Otto

Über die Autoren

Nick Marten, Jahrgang 1988, ist Pressesprecher im Team Corporate Communications des Onlinehändlers OTTO. 2004 begann er seine berufliche Laufbahn als freier Redakteur bei der Tageszeitung Westfalenpost. Im Anschluss arbeitete Nick Marten vier Jahre als freier Reporter für das NRW-Lokalradio. Vor und während des Studiums der Medienwissenschaft folgten weitere Stationen bei Hörfunk und Fernsehen (u. a. WDR, n-tv). Nach dem Studium absolvierte er ein Volontariat in unterschiedlichen Kommunikationsteams der Otto Group.

Eugenia Kirchmeer, Jahrgang 1991, verantwortet im Team Corporate Communications die HR-Themen des Onlinehändlers OTTO. Während ihres PR- und Kommunikationsmanagementstudiums in Hannover sammelte sie erste Erfahrungen in einer PR-Agentur, arbeitete als wissenschaftliche Hilfskraft und engagierte sich als Pressesprecherin für das Motorsportteam der Hochschule. Nach dem Studium begann sie ihre Laufbahn bei OTTO als Volontärin in der Unternehmenskommunikation.

Ärzte als Markenbotschafter? Eine prämierte Kommunikationsidee des Klinikums Dortmund

19

Marc Raschke

Zusammenfassung

Ein Krankenhaus steigt in die Influencer-Szene ein: Das Klinikum Dortmund hat im Frühjahr 2017 als erstes Krankenhaus in Europa auf Facebook und Instagram eine „Sprechstunde 2.0" eingeführt. Ärzte und andere Spezialisten aus dem Klinikum treten in Live-Experten-Chats auf, die durch die Unternehmenskommunikation des Klinikums auf den sozialen Kanälen initiiert und moderiert werden. Inzwischen hat das Krankenhaus mit den Videos fast zwei Millionen Aufrufe erzielt, zahlreiche Auszeichnungen für das Format „klinikumlive@socialmedia" erhalten und gilt national wie international als Vorreiter aus dem Gebiet dieser innovativen Form des Content-Marketings und der Live-Kommunikation.

19.1 Nicht das große Geld, sondern die gute Idee zählt

Es mag im ersten Moment überraschen, dass Krankenhäuser strategisch in Kommunikations- und Medienarbeit investieren. Denn es galt lange Jahre der (Irr-)Glaube, dass die Leute ganz „automatisch" krank werden und dann schon ins Krankenhaus gehen werden. Diese althergebrachte Überheblichkeit der „Halbgötter in Weiß" weicht zunehmend der Erkenntnis, dass auch in OP und Ambulanz das Klappern inzwischen zum Handwerk gehört – und dies angesichts des von der Politik forcierten bundesweiten Verdrängungswettbewerbs der Kliniken sogar mehr denn je. Entsprechend rüsten die rund 2000 Kliniken in Deutschland ihr Marketing auf, wobei mit Blick auf die Gesamtbranche der

M. Raschke (✉)
Klinikum Dortmund, Dortmund, Deutschland
E-Mail: marc.raschke@klinikumdo.de

A. Schach und T. Lommatzsch (Hrsg.), *Influencer Relations*,
https://doi.org/10.1007/978-3-658-21188-2_19

Professionalisierungsgrad und die Ressourcen-Ausstattung in den Pressestellen und Marketing-Abteilungen an vielen Stellen noch deutlich Luft nach oben haben.

Das Klinikum Dortmund zählt zu jenen Krankenhäusern, die erst in den letzten Jahren ihre Medien- und Marketingaktivitäten ausgeweitet und professionalisiert haben. Zugleich ist die Ausstattung eher durchschnittlich, sodass sicherlich hier nicht das große Geld, sondern die guten Ideen den Ausschlag geben.

19.2 Mediales Marktumfeld hat die Klinikkommunikation herausgefordert

Wie kommt ein Krankenhaus dazu, sich den sozialen Medien derart intensiv zu widmen und dort sogar ein eigenes Live-Format zu etablieren? Die Antwort liegt in den Rahmenbedingungen des Medienmarktes, dem das Klinikum Dortmund im Ruhrgebiet ausgesetzt ist. Deshalb folgen hier schlaglichtartig einige Entwicklungen der letzten Zeit. Im Jahr 2013 teilten die großen Zeitungsverlage den größten Ballungsraum Europas unter sich auf. Wo früher zwei bis drei, manchmal sogar vier Zeitungen mit einer Lokalredaktion in einer einzelnen Stadt im Ruhrgebiets vertreten waren und um Leserschaft sowie Anzeigenmarkt buhlten, gibt es seither meist nur noch eine einzige Zeitung. Im Spezialfall Dortmund einigten sich die Verlage sogar darauf, dass die eine verbleibende, politisch eher konservative Zeitung zwei andere Titel, die einst von sozialdemokratie-nahen Mitbewerbern in Dortmund mit einer Lokalredaktion betrieben wurde, nun mit ihren Inhalten bestückt. Augenscheinlich bleiben der Leserschaft damit drei Zeitungen für eine der größten Städte in Deutschland. Faktisch gibt es aber nur die eine Zeitung und zwei – der Journalistenverband NRW taufte sie liebevoll auf den eingängigen Namen – „Zombie-Zeitungen", die jetzt relativ „blutlos" daherkommen und vom einstigen Klassenfeind versorgt werden. Mit anderen Worten bedeutet das für die Medienarbeit: Wenn die eine Zeitung nicht über ein Thema berichtet, tun es die anderen beiden auch nicht. Das schmälert natürlich die Chance auf Reichweite sowie Themenvielfalt enorm und sorgt für eine ungesunde (Meinungs-)Monopolstellung in der Region.

Erschwerend kam hinzu, dass das Regionalformat „Lokalzeit" des Westdeutschen Rundfunks im Zuge einer Programmreform die Rubrik „Lokalzeitklinik" abschaffte. Bis dato war die Lokalzeitklinik ein gutes Forum, um sich als Krankenhaus mit neuen Methoden der Diagnose oder Therapie einem breiten Fernseh-Publikum vorzustellen. Die Beiträge für die Lokalzeitklinik waren aufwendig produziert und entsprechend hochwertig im Ergebnis. Die Reichweite war enorm und ging weit über die Stadtgrenzen Dortmunds hinaus.

Der Schritt in die sozialen Medien war also nur konsequent, wobei das Klinikum Dortmund ihn sicherlich in einer Art und Weise konsequent gegangen ist, wie es deutschlandweit einmalig ist. Neben Präsenzen auf Twitter, Facebook und YouTube kamen in jüngster Zeit Instagram und Snapchat hinzu. Sogar „Jodel" – ein Social-Media-Kanal im

Umfeld von Universitäten – wird von der Unternehmenskommunikation des Klinikums Dortmund gelegentlich bespielt.

Dieser breite Aufschlag war nötig geworden, da die Geschäftsführung des Klinikums Dortmund aus dem Haus nichts weniger als ein „Magnet-Krankenhaus" machen wollte. Damit sind Kliniken gemeint, die über ihren traditionell eher lokalen Markt hinaus eine Strahlkraft in die Region entwickeln und eine entsprechende Anziehung auf Patienten entfalten. Diese Forderung samt entsprechender Botschaften in einem gleichzeitig schrumpfenden bzw. sich konsolidierenden Medienmarkt durch Kommunikationsarbeit (ohne Media/Anzeigen) zu platzieren, gleicht der Quadratur des Kreises – wenn da nicht die sozialen Medien wären.

19.3 Wenig Budget, irrational viele Follower

Influencer haben auf Instagram, YouTube & Co. angesichts ihrer mitunter doch recht simplen Botschaften schier irrational viele Follower. Das hat die Unternehmenskommunikation des Klinikums Dortmund dazu bewogen, über ein adaptiertes Format im Sinne eines „gehaltvollen Beeinflussens" nachzudenken. Ein wesentlicher Treiber dieses Ansatzes war zudem, dass es für eine derartige Kommunikation wenig Budget braucht; denn finanzielle Mittel für solche Marketingmaßnahmen, noch dazu auf Social Media, haben Krankenhäuser traditionell wenig bis gar nicht.

Mitte April 2017 startete der erste Live-Experten-Chat. Der Titel für die geplante Reihe derartiger Chats lautete: „klinikumlive@socialmedia". Im Kern ging es darum, 15 min live auf Instagram zu senden – und direkt im Anschluss dann weitere 15 min live auf Facebook. In der Vorab-Kommunikation wurde das Format auch „Sprechstunde 2.0" genannt, wobei der Begriff etwas irreführend war. Eine ärztliche Sprechstunde setzt in der Regel eine gewisse Exklusivität und Verschwiegenheit, ja Intimität voraus, die ein Kanal wie Instagram oder Facebook selbstverständlich nicht bieten kann. Auch sollte es natürlich (auch aus Datenschutz) vermieden werden, dass Patienten ihre halbe Krankengeschichte ins Netz stellen, wenn sie während des Live-Chats eine Frage stellen. Die Praxis des Formats zeigte im Laufe der Monate, dass dies nur schwer zu steuern war.

19.4 Das Konzept? Es gab kein Konzept

Das Konzept bestand darin, dass es im Wesentlichen keines gab. Zwar wurde im Vorfeld mit dem Chefarzt (im Klinikum heißt dieser Posten auch „Klinikdirektor") grob das Thema eingegrenzt; allein schon deshalb, um den Chat inhaltlich in den sozialen Medien ankündigen zu können. Doch die konkrete Ausgestaltung des Chats oblag dem Klinikdirektor. Natürlich konnte er Beratung aus der Unternehmenskommunikation einholen, aber authentischer war es, wenn der Vortragende seinen eigenen Stil in den Chat einbrachte. Hält er z. B. Röntgenbilder in die Kamera? Hat er gar eine kleine Demonstration vorbereitet? Zeigt er etwas an einem Modell? Oder spricht er ohne Beiwerk? All das war 20 min vor Beginn des ersten Live-Chats im April noch nicht sicher. Aber genau von der Spontaneität lebte das Format von Beginn an. Schließlich ermöglicht ein Live-Chat auf Instagram und Facebook auch, dass sich User, die dem Live-Vortrag folgen, mit Fragen direkt an den Vortragenden wenden können. Diese vorher nicht bekannten Fragen gilt es dann, durch einen Moderator, der dem Vortragenden zur Seite stand, in den Vortrag einzubauen – eine gewisse Unplanbarkeit ist also gegeben.

Natürlich beherrschte eine Frage die Unternehmenskommunikation in der Vorbereitung zum ersten Live-Experten-Chat: „Mit wem sollte man die Premiere machen, damit sie möglichst erfolgreich wird?" Ärzte gelten landläufig als wenig experimentierfreudig, wenn es um ihr öffentliches Bild und eine damit verbundene Medienarbeit geht. Zwar sind die „Halbgott in Weiß"-Zeiten angesichts des demografischen Wandels und einer zaghaften „Verjüngung" in Chefarzt-Positionen allmählich vorbei. Dennoch sieht sich die immer noch sehr konservative Branche lieber als prätentiöser O-Ton-Geber in einem öffentlich-rechtlich produzierten Medizin-Feature denn als „Influencer" in einem Umfeld, in dem sich ihre Kinder besser auskennen als sie selbst. Die Herausforderung bestand also grundsätzlich darin, mögliche Protagonisten aufseiten der Ärzte von den Vorteilen der sozialen Medien zu überzeugen.

Aber wie es bei allen Projekten so ist: 20 % eines Teams oder einer Belegschaft sind recht schnell zu gewinnen, 80 % zögern bzw. winken ab. So war es auch bei klinikum-live@socialmedia. Das bedeutete also, „einfach nur" die Richtigen ansprechen zu müssen – was in der Tat kein Problem darstellte: Die Vorantreiber und Unterstützer neuer Ideen sind schließlich in jedem Unternehmen bekannt.

19.5 2000 Zuschauer bei der Live-Premiere

Der erste Live-Chat ging am 18. April 2017 online. Jeweils 15 min berichtete der Direktor der Klinik für Orthopädie, Prof. Dr. Christian Lüring, über die Möglichkeiten der Knorpel-Reparation. Als Übertragungsmedium wurde ein handelsübliches Smartphone genutzt, das auf ein kleines Tischstativ eingespannt wurde. Links und rechts davon gab es noch zwei Lichtquellen mit Softboxes. Tests im Vorfeld hatten gezeigt, dass mit Licht die Gesichtszüge des Menschen vor der Kamera präsenter zur Geltung kommen – und darum ging es letztlich: in möglichst kurzer Zeit nämlich eine gewisse Präsenz auf den Displays der Zuschauer zu erreichen, die einem neuen Beitrag in ihrer Timeline meist nur die Dauer eines Fingerwisches Zeit geben, um sie zu überzeugen. Die Live-Übertragungstechnik lief ansonsten über Facebook (mehr als 9000 Fans; Stand: 11/2017) und Instagram (mehr als 3600 Abonnenten; Stand 11/2017); beide Kanälen hatten Monate vor der Live-Chat-Premiere des Klinikums Dortmund im April 2017 einen solchen Go-Live-Service für Nutzer eingerichtet.

Für seinen Vortrag hatte sich Prof. Lüring einige MRT- und CT-Bilder ausgedruckt, die er in die Kamera hielt. Ansonsten war der Vortrag freigesprochen, ohne Drehbuch, ohne Filter. Zusammengerechnet schauten rund 2000 User die Premierenfolge live, also unmittelbar – eine wirklich beachtliche Zahl, die das Team sehr erstaunte. Die Ankündigungen im Vorfeld per Postings und Pressemeldung hatten offenbar ihre Wirkung nicht verfehlt. Da das Video auf Facebook über die Live-Schaltung hinaus seither dauerhaft online abrufbar war, erhöhte sich die Aufruf-Zahl in den Folge-Stunden und -Tagen entsprechend. Der Reiz des Formats besteht sicherlich in der Unmittelbarkeit der Kommunikation mit einer hochkomplexen Institution und einem Berufsstand, der seit jeher die Fantasie der Menschen beflügelt, z. B. in Arztserien. Zugleich ist der Service natürlich im Zuge des Megatrends Gesundheit bestechend, einen Arzt ohne lange Wartezeiten sprechen zu können und ihn authentisch zu erleben. Während bei „Dr. Google" die Auskünfte nicht selten ohne Quellenangabe erfolgen, ist hier der Absender der Botschaft klar: Internet-Medizin erhält ein Gesicht und wagt sich in neue Zielgruppen und eher freizeitorientierte Foren.

Aber zurück zur Premiere des Live-Chats: Fragen seitens der User gab es seinerzeit insbesondere auf Instagram, weniger auf Facebook. Ein Phänomen, das sich in den folgenden Wochen und Monaten verfestigen sollte. Als mögliche Erklärung kann die Zielgruppe der jeweiligen Kanäle dienen: Das eher jüngere Publikum auf Instagram scheint es gewöhnt zu sein, eher und schneller einen Text ins Smartphone zu tippen. Rund zwei Drittel der Abonnenten des Klinikum-Profils auf Instagram sind zwischen 18 und 34; bei den Frauen liegt der Altersschwerpunkt deutlicher in der Spanne zwischen 18 bis 24 (43 %), bei den Männern eher zwischen 25 und 34 (38 %). Im Laufe der Wochen und Monate, in denen immer mehr Live-Chats stattfanden, ergab sich zudem der Eindruck, dass auf Instagram verhältnismäßig viele Medizinstudenten, Krankenschwestern/-schüler und generell Medizininteressierte den Chats folgten. Dementsprechend entwickelte sich eine sehr aktive, interessierte Fan-Gemeinde, die u. a. auch für das Personal-Recruiting nicht uninteressant war.

19.6 Das Medienecho: „Digitalisierung endlich im Krankenhaus angekommen"

Das Medien-Echo auf die Premiere war bundesweit positiv und ging sogar darüber hinaus. Auch in der Schweiz erschien ein Nachbericht zu dem Live-Chat-Experiment, zahlreiche Gesundheitsblogger und Fach-, aber auch Publikumsmedien nahmen das Thema dankbar auf. „Digitalisierung endlich im Krankenhaus angekommen" titelte sogar eine Fachzeitschrift; was vielleicht etwas übertrieben war. Gleichzeitig zeigte dieses Feedback, dass die Gesundheitsbranche förmlich nach neuen Kommunikationsformen mit Patienten „lechzt" und nicht nur vor dem Hintergrund der Einführung von Tele-Medizin und Tele-Sprechstunden in siedlungsarmen Regionen Deutschlands endlich einen Aufbruch bzw. eine Hinführung wittert.

Es folgten sukzessive weitere Beiträge u. a. über Fußfehlstellungen, Vitamin D, Maden in der Wundtherapie, Fremdkörper im Darm und das schwache Herz. Wenn es das Thema hergab, wurde es je nach Kanal etwas modifiziert, also nicht eins zu eins auf Facebook wiederholt, was Minuten zuvor auf Instagram besprochen wurde. Zum Beispiel bot sich das Thema Hautalterung dazu an, auf Instagram Pflege-Tipps für jüngere Haut zu geben, während auf Facebook mit einem Publikum ab 35 Jahren (und einem Altersschwerpunkt bei der Generation 40plus) dann die eher reifere Haut in den Fokus des Live-Chats rückte.

Inzwischen geht das Klinikum in loser Folge ein- bis zweimal pro Woche live. Je nach Thema erreicht ein Einzelbeitrag in den Tagen nach Live-Sendung bislang zwischen einigen wenigen 1000 und fast 100.000 Aufrufe. Sogar Führungen werden live angeboten, so z. B. mit dem Klinikdirektor der Frauenklinik durch den Kreißsaal oder mit dem Klinikdirektor der Kinderklinik über die Frühchenstation. Eine flankierende Vor- und Nachberichterstattung auf den übrigen Social-Media-Kanälen ist obligatorisch. Vereinzelt sind Referenten schon mehrfach aufgetreten und haben eine regelrechte Fan-Gemeinde, die sogar nach Autogrammen verlangt.

Über den Autor

Marc Raschke, Jahrgang 1976, ist gelernter Journalist, u. a. Leiter der Unternehmenskommunikation des Klinikums Dortmund gGmbH. Er hat zahlreiche nationale wie internationale Auszeichnungen für seine PR-Arbeit erhalten, darunter die „Pressestelle des Jahres 2017“ vom Bundesverband deutscher Pressesprecher.

Positionierung, Kompetenz-Aufbau und Akquise: die bloggende Agentur mit Influencer-Status

20

Thomas Guntermann, Thomas Lemken und Janni Orfanidis

Zusammenfassung

Mit ihrem Blog „Ich bin dein Vater" (www.ichbindeinvater.de) hat sich die Kölner Kommunikationsagentur Dr. Guntermann GmbH einen öffentlichen und erfolgreichen digitalen Showcase geschaffen und sich über das Metathema „aktive Vaterschaft" positioniert. Der Agenturblog fungiert als öffentlich gelebte digitale Themenwelt mit Mehrwerten nach innen und außen. Die so erworbene digitale Kompetenz und damit verbundene Reputation bringen die Agentur immer wieder in Kontakt zu Unternehmen. Es gehört zur Agentur-Policy, dass jeder Berater als (Mikro-)Influencer aktiv ist, um die Spielregeln der digitalen Kommunikation als Dienstleitung professionell beherrschen zu können: Der Prozess erweist sich als Win-Win-Situation für alle Beteiligten. Die Agentur hat durch den Blog ihre digitale Flanke geschlossen, die eigene Positionierung geschärft, sowie gemeinsam mit anderen BloggerInnen die größte Elternblogger-Konferenz Deutschlands auf die Beine gestellt.

T. Guntermann (✉) · T. Lemken · J. Orfanidis
Guntermann GmbH, Köln, Deutschland
E-Mail: tg@gukom.de

T. Lemken
E-Mail: tl@gukom.de

J. Orfanidis
E-Mail: jo@gukom.de

A. Schach und T. Lommatzsch (Hrsg.), *Influencer Relations*,
https://doi.org/10.1007/978-3-658-21188-2_20

20.1 Einleitung

Der Kommunikationsberatungsmarkt wächst stetig: Immer mehr Agenturen und Beratungen aus den unterschiedlichsten Bereichen bieten Unternehmen und Institutionen Orientierung in hoch dynamischen Umfeldern an. Die wachsende Relevanz geht jedoch einher mit zunehmender Unübersichtlichkeit. Neben den großen Tankern und Netzwerken der Agenturbranche kämpfen tausende Kleinagenturen und Einzelkämpfer um Budgets – und um Aufmerksamkeit. Die fünfköpfige Agentur Dr. Guntermann GmbH ist einer dieser kleinen Player und vor gut zehn Jahren als klassische PR-Agentur gestartet. Die drei Inhaber haben alle einen journalistischen Background: Die Kreation, Redaktion und Vermarktung von Inhalten ist seit Jahrzehnten ihr Handwerk, aber sie standen angesichts sich verändernder Kommunikationsaufgaben vor der Herausforderung, ihre Digital-Kompetenz nicht nur kontinuierlich zu verbessern, sondern sie vor allem sichtbar zu machen.

20.2 Die bloggende Agentur mit Influencer-Status

Vor knapp vier Jahren haben sie sich daher entschlossen, ins Influencer-Business einzusteigen – und zwar nicht als klassischer Makler zwischen Kunden und Multiplikatoren, sondern mit dem Anspruch, eigene Reichweite aufzubauen. Heute haben sie ihrem Agenturblog „Ich bin dein Vater" (www.ichbindeinvater.de) eine hohe Reputation zu verdanken – nicht nur als Teil der deutschen Elternblogger-Community, sondern vor allem als bloggende Agentur mit eigenem Influencer-Status und -Knowhow. Die eigenen Influencer-Aktivitäten schärfen nach außen das Profil als Dienstleister und Berater. Sie sind öffentlicher Showcase der Digital-Kompetenz und damit das wichtigste Werkzeug, um neue Kunden auf die Agentur hinter dem Väterblog aufmerksam zu machen. Nach innen wirken die bespielten Owned Kanäle als ständige, digitale Weiterbildung. Jeder Mitarbeiter bleibt am Ball, testet Formate aus, weiß, wie sich Texteinblendungen in Filmen auf die Facebook-Reichweite auswirken und taucht in die analoge Vernetzung mit anderen Bloggern ein. Die bloggende Agentur gewinnt wertvolle Erkenntnisse aus der Praxis für die Praxis und nicht nur aus theoretischen Luftschlössern.

Die Geburt des Agenturblogs „Ich bin dein Vater" Anfang 2014 war das Ergebnis von zwei parallel verlaufenden Entwicklungen auf ganz unterschiedlichen Ebenen: Zum einen suchte die Agentur schon länger nach einem Showcase für die Digitalkompetenz ihrer Beratung. Ein klassischer Agenturblog mit den typischen Themen der Kommunikationsbranche von Content Marketing über SEO-Tipps bis hin zu Influencer Relations kam für die drei Inhaber aber nie infrage: Wer sollte das angesichts unzähliger vergleichbarerer Angebote im Netz noch lesen? Und vor allem warum? Zum anderen wurden die drei Unternehmensberater innerhalb von zwei Jahren alle zum ersten Mal Vater und die Agentur mutierte zu einer Art „Selbsthilfegruppe für Väter". Beide Entwicklungen – auf der Branchen- und der persönlichen Ebene – mündeten in einem Agenturblog mit dem außergewöhnlichen Thema der aktiven und erlebten Vaterschaft.

Auf „Ich bin dein Vater" zeigt die bloggende Agentur seitdem an einem Thema, das sie persönlich berührt, ihre fachliche Kompetenz. Der Gedanke dahinter: Ein Agenturblog, der sich um die tatsächlichen Interessen der Mitarbeiter dreht macht Spaß – und ist nicht zuletzt genau deswegen erfolgreich. Der Blog behandelt die alltäglichen Glücks-, Hass- und Stressmomente der Elternschaft – möglichst ehrlich, aber immer mit einem Augenzwinkern; persönlich, aber nie privat. Schnell wurde den Dreien klar, dass Themen wie Vereinbarkeit von Familie und Beruf, Fachkräftemangel und Elterngeld nicht nur auf ihrer persönlichen Agenda ganz weit oben stehen, sondern auch medial und politisch. In der öffentlichen Wahrnehmung und Diskussion fokussieren sich diese Themen jedoch traditionell auf Frauen. Das spiegelte sich auch in der Blogosphäre wider: Als die Kölner Kommunikationsberater mit „Ich bin dein Vater" an den Start gingen, standen über 2000 deutschsprachigen Mütterblogs gerade einmal ein paar Handvoll bloggender Väter gegenüber. Zu diesem Zeitpunkt konnten sie noch nicht wissen, dass sie mit ihrem Väterblog Vorreiter eines Trends werden würden. In den letzten Jahren hat sich die Zahl der bloggenden Väter vervielfacht (vgl. Orfandis 2014) und auch die klassischen Medien haben das Thema endgültig für sich entdeckt. Das zeigt sich unter anderem in neuen Magazinen wie „Men's Health Dad" (vgl. Hein 2015) oder „Süddeutsche Zeitung Familie" (vgl. Zimmer 2017).

20.3 „Ich bin dein Vater" als öffentlicher Showcase

Am Beispiel von „Ich bin dein Vater" dokumentiert die Agentur ihre Fähigkeit, in kurzer Zeit Reichweite und – noch viel wichtiger – Relevanz für ein Thema aufzubauen. Dafür haben die Väterblogger eine Owned-Content-Welt über alle gängigen, digitalen Tools aufgebaut und nutzen zudem die Mittel der klassischen Presse- und Öffentlichkeitsarbeit. Im Folgenden wird ein kurzer Überblick über Kommunikationsarchitektur des Projekts „Ich bin dein Vater" gegeben.

20.3.1 Der Blog

Ausgangspunkt und Herzstück von „Ich bin dein Vater" ist der Blog unter www.ichbindeinvater.de, auf dem die drei Kölner Väter in knapp vier Jahren mehr als 250 Beiträge veröffentlicht haben. Auch wenn insbesondere zu Beginn des Projekts Social-Media-Plattformen wie Facebook ein relevanter Treiber waren, um die Bekanntheit zu erhöhen, war es von Beginn an das erklärte Ziel der Agentur, die eigene Website ins Zentrum der Aktivitäten zu stellen. Der Leitspruch „Do not build your content home on rented land" ist angesichts der aktuellen Diskussionen um Reichweiten- und Engagement-Verluste auf Facebook, Instagram & Co. (vgl. Rayson 2017) gültiger denn je.

Für die Blogger selbst war es bemerkenswert, wie freundlich und kooperativ sie von der Elternblogosphäre aufgenommen wurden (vgl. Orfandis 2017). Zahlreiche Mütter-Blogs haben den Start der Papas durch Interviews, Links und Shares so unterstützt, dass die Seite schon nach wenigen Wochen Fahrt aufnahm – zumindest im Bereich der Väterblogs. Denn auch nach knapp vier Jahren gilt: Im quantitativen Vergleich ist die Reichweite der größeren Väterblogs deutlich kleiner als die der einflussreichsten Mütterblogs. Dass es allein auf die Größe jedoch auch gar nicht ankommt, erklärt Tomma Rabach in ihrem Beitrag des vorliegenden Bandes.

20.3.2 Social Media

Begleitet wird der Blog durch Social-Media-Profile auf den Plattformen Facebook, Instagram, Twitter, Google+ und Pinterest. Die Accounts dienen der bloggenden Agentur nicht nur als Traffic-Lieferanten für die Website, sondern sie nutzen sie aktiv als Seismograf für aktuelle Entwicklungen im Bereich Social Media. Wie lassen sich Reichweitenverluste auf Facebook reduzieren? Wann empfiehlt sich der Einsatz von Instagram Live? Und wird Snapchat wirklich das neue Facebook? Berater, die sich weiterentwickeln und in Sachen Digitalmarketing auf der Höhe der Zeit sein wollen, müssen aktiv gestalten, statt nur darüber zu reden. Machen statt planen: Nur so können Tools, Formate und Storys getestet werden. Mit der Social-Media-Infrastruktur rund um „Ich bin dein Vater“ hat die Agentur sich einen Trainingsplatz geschaffen, der relevant ist, aber keine Kundeninteressen beschädigt, wenn einmal etwas schiefläuft.

20.3.3 Podcast und YouTube

Die Relevanz von audiovisuellen Inhalten steigt, egal ob es um Facebook-Video, YouTube oder das Thema Podcasting geht. Gerade der Podcast-Markt wächst rasant und bekommt immer mehr Fans (vgl. Schröter 2017, S. 463 ff.). Gab es 2012 nur 2,1 Mio. Podcast-Nutzer in Deutschland, waren es 2016 bereits 7,5 Mio. – Tendenz steigend (vgl. Birkel 2016). Die Dr. Guntermann GmbH produziert schon seit Jahren Bewegtbild- und Audio-Inhalte für Unternehmen, Stiftungen und Institutionen und sieht in diesem Bereich massives Wachstumspotenzial für die Zukunft. Die Fähigkeit, multimediale Inhalte zu produzieren ist für Agenturen mittlerweile so selbstverständlich und essenziell wie die, gute Texte abzuliefern – zumindest sollte das so sein. In der logischen Folge wurde die „Ich bin dein Vater“-Welt im Jahr 2017 um ein Podcast-Format erweitert. Der Videomitschnitt der Aufzeichnung wird als Vodcast auf YouTube zweitverwertet.

Ziel ist es, sich an die Spitze eines Trends zu setzen, da es im Vätersegment bislang nur sehr wenige kontinuierliche Podcasts gibt. In einem wöchentlichen Talkformat werden komplexe Themen besprochen, die auf textlicher Basis kaum zu transportieren wären. Reichweitenstarke Talkgäste helfen bei der Distribution der Inhalte und erschließen neue Zielgruppen. Langfristig werden Positionen über den Podcast deutlicher und nachvollziehbar – ein Tool, das sich auch hervorragend für Produkt- und vor allem Unternehmenskommunikation eignet.

20.3.4 Klassische Medienarbeit

Wie bereits geschildert, ist die Dr. Guntermann GmbH als klassische Agentur für Presse- und Öffentlichkeitsarbeit gestartet. Dass diese Disziplin so relevant ist wie nie, hat sich auch schnell im Rahmen des als digitalen Owned-Media-Showcase gestarteten Projekts „Ich bin dein Vater" gezeigt: Im Rahmen einer Kooperation mit dem DuMont Schauberg-Verlag erscheinen regelmäßig Beiträge der Väterblogger in Online-Titeln des Verlagshauses wie dem Express, dem Kölner Stadtanzeiger oder der Hamburger Morgenpost. Durch weitere Veröffentlichungen auf Online-Medien wie Nido, Brigitte Mom und SPIEGEL Online konnte das „Ich bin dein Vater"-Team Relevanz und Reichweite weiter steigern. Hinzu kamen Auftritte im Deutschlandfunk, im WDR-Fernsehen und ein Porträt des ZDF Magazins „Volle Kanne". Das Fazit nach knapp vier Jahren: Medienarbeit hat auch im Zeitalter von Owned Media nichts an Wichtigkeit und Richtigkeit eingebüßt – ganz im Gegenteil: Für die Erzeugung von Relevanz, Reputation und Glaubwürdigkeit ist sie vielleicht so wichtig wie nie zuvor.

20.4 Ein Väterblog als Teil der Agenturpositionierung

Mit wachsender Bekanntheit ist der agentureigene Väterblog mehr als eine zur Praxis gewordene Referenz für gelungene digitale Kommunikation geworden. Er trägt inzwischen fachlich, aber auch in den vermittelten Werten maßgeblich zur Agenturpositionierung bei.

Die fachliche Ebene ist eine pragmatische: Die Agentur beweist durch ihre Online-Aktivitäten, dass sie die digitalen Kommunikationsdisziplinen beherrscht und hat alle Argumente für eine Beauftragung als Dienstleister ganz transparent und nachvollziehbar online: Kompetenz-Diskussionen gehören der Vergangenheit an. Auf dem Blog wird immer wieder die Brücke zum Agenturalltag geschlagen, beispielsweise wenn sich Agenturmandate inhaltlich mit dem Elternthema verknüpfen lassen, wie eine Smart-Home-Lösung für das Familienheim (vgl. Lemken 2017) oder wenn es um Themen wie die Vereinbarkeit von Familie und Beruf geht (vgl. Orfandis 2017). Potenzielle Neukunden werden so über den Blog auf eine Agentur aufmerksam, von der sie auf anderen Wegen wahrscheinlich niemals gehört hätten.

Die zweite Ebene ist eine inhaltlich-ideelle: Der Blog eröffnet Klienten, Partnern und Neukunden der Agentur einen Blick hinter die Kulissen. Sie haben die Möglichkeit, die Menschen hinter der Agentur auf einer Ebene kennenzulernen, die in der üblichen Konstellation aus Auftraggeber und Dienstleister meist unberührt bleibt. Diese Transparenz

Abb. 20.1 Darstellung der Agentur in der Außenkommunikation

und Offenheit zeigt sich in der Agenturphilosophie und in der visuellen Darstellung in Abb. 20.1.

Beispiel

„Wir haben eine Erfolgsformel: Arbeitszeit ist Lebenszeit. Gemäß dieser Maxime gehen wir miteinander, mit unseren Mitarbeitern, unseren Mandanten – und auch mit unseren Multiplikatoren bei klassischen Medien und im Web um. Empathisch zu kommunizieren, bedeutet für uns, sich in unsere Gegenüber hineinzuversetzen und zu allem, was unsere Agentur verlässt, stehen zu können – inhaltlich und formal. Wir gehen jeden Tag mit viel Freude und Lust zur Arbeit und unser Ziel ist es, etwas dazu beizutragen, dass es allen Menschen genauso geht, die etwas mit uns zu tun haben. Wahrscheinlich ist das einer der Gründe dafür, dass unsere Kunden in der Regel außergewöhnlich lange mit uns zusammenarbeiten“ (Guntermann 2017).

In Zeiten, in denen selbst Großunternehmen auf Corporate Influencer setzen, bietet die öffentliche Positionierung von Unternehmer-Persönlichkeiten gerade für kleine Marktteilnehmer eine besondere Chance. Die Dr. Guntermann GmbH differenziert sich über die Geschichte und Geschichten ihrer Inhaber vom Wettbewerb. Die Leser von „Ich bin dein Vater“ erfahren ganz nebenbei eine Menge über die Arbeitsphilosophie der Agentur, beispielsweise über die Haltung zur Vereinbarkeit von Familie und Beruf oder zu Themen wie Gender Pay Gap und Gleichberechtigung. Selbstverständnis und Positionierung der Agentur werden genauso selbstverständlich wie transparent nach außen getragen.

Agenturen und (Mikro-)Influencer haben gemein, dass Vertrauen ihre wichtigste Währung ist. Der Erfolg eines Influencers beruht auf dem Vertrauen seiner Community, der Erfolg einer Agentur auf dem Vertrauen ihrer Kunden. Das Influencer-Dasein der bloggenden Agentur sorgt bei bestehenden und neuen Kunden für eine Vertrauensbasis. Die gezielt verbreitete Öffentlichkeit ermöglicht es, die Agenturmitarbeiter öffentlich kennenzulernen und so, die Basis für entgegengebrachtes Vertrauen zu legen.

20.5 Aus- und Weiterbildung als tägliche Aufgabe: eine Agentur aus (Mikro-)Influencern

Die Dr. Guntermann GmbH verfolgt die Strategie, eigene digitale Kanäle zu etablieren, um unabhängiger zu werden und vor allem, um noch mehr digitale Kompetenz aufzubauen. Dabei setzt die Agentur nicht auf Themen aus den Bereichen ihres Kerngeschäfts, sondern auf Inhalte, für die die Kollegen aus intrinsischem Antrieb brennen. Das strategische Ziel von „Ich bin dein Vater" ist nicht, die Agentur als Experten für die Themen Vaterschaft und Familie zu positionieren. Es geht darum, Digitalkompetenz zu dokumentieren und das ist eine themenunabhängige Fähigkeit.

Der selbstverständliche und sichere Umgang mit den aktuellen Werkzeugen und Formaten der digitalen Welt ist für Kommunikationsberater heute genauso essenziell wie journalistisches Hintergrundwissen. Die drei Agenturinhaber haben alle eine journalistische Vergangenheit und bei der Auswahl ihrer Kollegen stets Wert darauf gelegt, dass auch diese aus eigener Erfahrung wussten, wie eine Redaktion funktioniert. Das gleiche Prinzip wenden sie heute unter digitalen Vorzeichen an: Alle Mitarbeiter unterhalten parallel zu ihrer Agenturtätigkeit digitale Projekte, die sie aus privatem Antrieb und purer Passion verfolgen. Die Agentur stellt ihnen dafür einen Teil der bezahlten Arbeitszeit zur Verfügung, da die Inhaber die zunächst privat motivierten Projekte ihrer Mitarbeiter als kontinuierliche Weiterbildung im digitalen Raum betrachten. In der Folge haben alle Kollegen in der Agentur digitale Spiel- und Trainingsplätze zur Erprobung neuer Ideen, Formate und Tools. Aus der „Ich bin dein Vater"-Erfahrung begrüßt es die Agenturleitung explizit, wenn sich die Mitarbeiter mit Themen beschäftigen, die auf den ersten Blick gar nichts mit ihren beruflichen Aufgaben zu tun haben. Sie glauben daran, dass es das wertvollere Investment ist, wenn Kommunikationsprofis ihren Horizont stets erweitern – fachlich wie thematisch. Dementsprechend breit ist das digitale Themenspektrum der Agentur-Kollegen: Es reicht von Lyrik-Formaten über Yoga-Inhalte bis hin zu BMX-Kanälen und einer Wrestling-Plattform, die von einem ehemaligen Volontär der Agentur ins Leben gerufen wurde. Die Genese der Plattform verdeutlicht sehr gut die Philosophie sowie das Aus- und Weiterbildungskonzept der Agentur.

Als der Volontär seine Tätigkeit in der Agentur aufnahm, bemerkten seine Kollegen schnell, dass er sich sehr für Wrestling interessiert. Wrestling – ein zu Recht belächeltes Nischenthema? Dieser Rückschluss ist genauso falsch wie beim Thema der aktiven Vaterschaft. Die World Wrestling Entertainment, Inc. (WWE) ist ein globales Unternehmen auf Wachstumskurs, das mit seinen Events weltweit große Hallen ausverkauft. Trotz des hohen Kultfaktors und der großen Nachfrage gab es seinerzeit jedoch kaum deutschsprachige digitale Kanäle für den Wrestling-Sport. Die Inhaber bestärkten den Volontär darin, 20 % seiner Arbeitszeit in den Aufbau so einer Plattform zu investieren. Ihre Motivation bestand darin, die digitale Kompetenz des Nachwuchs-Beraters zu schärfen und gleichzeitig das Potenzial des Wrestling-Themas auszuloten. Ähnlich wie der agentureigene Väterblog, nahm auch die Wrestling-Plattform zügig Fahrt auf und der Neu-Blogger scharte in kurzer Zeit ein siebenköpfiges Redaktionsteam um sich.

20.6 „Ich bin dein Vater" als Akquise-Tool

Mit der öffentlichen Agenturpositionierung und dem Aufbau digitaler Kompetenz wurden bereits zwei Ziele beschrieben, die die Dr. Guntermann GmbH mit den Aktivitäten als Influencer verfolgt. Darüber hinaus verschaffen die eigenen Kanäle der bloggenden Agentur aber auch ganz konkretes Neugeschäft – sowohl dank der thematischen als auch der fachlichen Positionierung.

20.6.1 Neugeschäft im Bereich Elternkommunikation

Mit dem Themenbereich der aktiven Vaterschaft haben die Agenturinhaber ein mit vielen Vorurteilen behaftetes Thema ausgewählt, das gerne belächelt wird: Genauso groß wie die Vorurteile sind, ist aber auch das Themen-Spektrum. Denn es geht nicht „nur" um Baby- und Kinderprodukte. Es geht auch um die Vereinbarkeit von Familie und Beruf sowie um politische und gesellschaftliche Fragen. Die Agentur ist Teil einer Nische, die keine ist. Den Einstieg in die Eltern-Community bereuen die Berater daher keineswegs: Sie haben die Kontakte, kennen die Zielgruppe und erheben mittlerweile sogar eigene Daten (vgl. Blogfamilia 2015). Diese Vernetzung mit relevanten Multiplikatoren im Bereich der Elternkommunikation mündete für die Agentur in Anfragen, die es ohne den Blog niemals gegeben hätte.

Das Ministerium für Familie, Kinder, Jugend, Kultur und Sport des Landes Nordrhein-Westfalen wurde auf die steigen Relevanz von „Ich bin dein Vater" und die dahinterstehende Agentur aufmerksam und lud sie im Jahr 2015 zum Pitch um eine Öffentlichkeitskampagne zur Förderung einer aktiven Vaterschaft ein. Die Dr. Guntermann GmbH konzipierte gemeinsam mit dem Ministerium die Kampagne „Vater ist, was Du draus machst" und übernahm auch die Umsetzung von Plakat- und Postkartenwerbung sowie die Betreuung der begleitenden Social-Media-Kanäle (vgl. Staatskanzlei des Landes Nordrhein-Westfalen 2017). Dank der sehr guten Vernetzung in der deutschen Kommunikationsszene für und von Eltern betreute und betreut die Agentur darüber hinaus seit Jahren Unternehmen aus den Bereichen Spielzeug und Kinderpflege in ihren Presse- und Online-Aktivitäten.

20.6.2 Neugeschäft im Bereich Influencer Relations

Die Doppelrolle als Influencer und Agentur erweist sich in der praktischen Arbeit als ebenso aufschluss- wie lehrreich, was die Ansprache, Kontaktpflege und den Umgang mit Influencer-Kontakten angeht. Die Väterblogger erreichen täglich Kooperationsanfragen von anderen Agenturen: Wirkte es auf die Berater zunächst befremdlich, auf einmal vom Absender zum Empfänger von Pressemitteilungen und Kooperationsanfragen zu werden, erkannten sie schnell das Potenzial dieser Marktbeobachtung von der anderen Seite. Bis heute nutzen sie die Anfragen der Agentur-Wettbewerber, um für sich selbst die „Dos und Don'ts" der Influencer Relations herauszuarbeiten.

Dank dieses Wissensvorsprungs, weil die Agenturmitarbeiter die Sprache der Blogger und Influencer sprechen und weil sie Formate kennen und entwickeln, die das Geschäft ihrer Kunden nach vorne bringen, wird die Dr. Guntermann GmbH immer öfter beauftragt, um die Influencer-Relations-Aktivitäten von namhaften Unternehmen zu übernehmen. Dabei geht es keineswegs nur um Väter- oder Elternthemen: Die Agentur unterhält mittlerweile aktive Kontakte zu Influencern aus so unterschiedlichen Bereichen wie Reise, Technologie und Gadgets oder Haustiere.

20.6.3 Der Blog als Erlösmodell

„Ich bin dein Vater" ist nicht mit der Motivation gestartet worden, um mit der Seite selbst Geld zu verdienen. Trotzdem probierten und probieren die Blogger nahezu alle erdenklichen Kooperationsformate aus: Sponsored Posts, Native Advertising, Gastbeiträge, Auftragstexte, Affiliate-Programme, Verlosungen und mehr. Auch hier besteht ihre Motivation darin, zu testen und zu lernen. Wie hoch ist die Conversion-Rate? Wie stark fällt der Traffic bei Werbebeiträgen im Vergleich zu generischen Inhalten ab? Wie viel kommt bei Affiliate-Links zusammen? Antworten auf diese Fragen kennen die Berater nun aus erster Hand und unter eigenen Parametern.

Bei passender Qualität der Anfragen setzen die „Ich bin dein Vater"-Blogger mittlerweile aber durchaus auch finanziell motivierte Kooperationen um – insbesondere dann, wenn es darum geht, als Content Creator für Marken in Erscheinung zu treten und sich so (wieder einmal) die Gelegenheit bietet, die Blog- mit der Agenturwelt zu verschmelzen.

20.7 Vom Marktbeobachter zum -teilnehmer: Wie durch Vernetzung Barrieren überwunden werden

Eine Sonderrolle nimmt ein weiteres Projekt ein, das aus dem agentureigenen Väterblog hervorgegangen ist und im Jahr 2017 gegründet wurde: der eingetragene Verein Blogfamilia. Wer digitalen Einfluss haben will, muss sich analog vernetzen. Das gegenseitige

Ausspielen dieser beiden Welten ist weder zielführend noch sinnvoll. Einfluss und Vernetzung begünstigen sich gegenseitig – das gilt im digitalen genauso wie im analogen Leben. Blogfamilia ist für die Dr. Guntermann GmbH der gelebte Beweis dieser These.

Der Blogfamilia e. V. ist ein Verein von und für Elternblogger und wurde 2017 eingetragen. Zu diesem Zeitpunkt war die Organisation bereits drei Jahre alt. Der Verein veranstaltet Konferenzen zur Weiterbildung und Vernetzung. Auf der Jahreskonferenz in Berlin treffen sich jährlich bis zu 250 Personen aus Wirtschaft, Blogosphäre und Politik. Die Blogfamilia-Konferenz ist damit die größte deutschsprachige Veranstaltung für Mütter-, Väter-, Eltern- und Familienblogger. Die Dr. Guntermann GmbH ist Gründungsmitglied des Vereins und Janni Orfanidis, einer der drei Inhaber, sitzt im Vorstand. Der Verein hat das Ziel, Blogger mit politischen Institutionen (z. B. Bundesministerien) oder Unternehmen zu vernetzen. Er bündelt gesellschaftlich relevante Bloggerinnen und Blogger und vermittelt Gesprächspartner an Politik und Wirtschaft. Alle Aktivitäten des Blogfamilia e. V. haben den Schwerpunkt Familie und Digitales.

Die Arbeit des Vereins dient der Zusammenarbeit

- zwischen Bloggern untereinander,
- zwischen Bloggern und politischen und öffentlichen Institutionen sowie
- zwischen Bloggern und Unternehmen.

20.7.1 Enterprise Gateway zum Familienmarkt

Die Blogfamilia-Veranstaltungen gehören zum Agenturportfolio. Die Berater aus Köln kennen handelnde Personen und Unternehmen durch persönliche Kontakte. Sie bringen Menschen zusammen und entwickelt Synergien, wo diese gebraucht werden. In dieser Funktion wird die Agentur als Thought Leader wahrgenommen, der die Spielregeln der Kommunikation als Dienstleitung professionell beherrscht. Eine Win-Win-Situation für alle Beteiligten.

Besonders deutlich wird das im Rahmen der jährlichen Konferenzen: Sowohl Bundesministerien und politische Institutionen als auch namenhafte Marken gehören zu den Partnern des Vereins. Auch Agenturen profitieren von diesem Marktzugang:

Sie können Kunden und Unternehmen durch den Verein einen exklusiven Zugang zum Eltern- und Familienmarkt gewährleisten (Gate Keeper). Unternehmen und Institutionen profitieren vom Thought Leader innerhalb der Bloggerszene und werden Teil einer Bewegung.

20.7.2 Teil eines wachsenden Marktes

Familien-Blogs werden oft als Windel- und Bastelcontent abgetan, gleichzeitig nehmen sie im öffentlichen Diskurs und im Marketingmix von Unternehmen eine immer dominantere Rolle ein. Zahlreiche Entscheider in Wirtschaft und Politik suchen händeringend nach Multiplikatoren und Meinungsmachern mit hoher Glaubwürdigkeit. An dieser Stelle treten Blogger auf den Plan. Heute fungieren Blogs als zentrale Anlaufstelle zum Informations- und Erfahrungsaustauch zwischen Eltern. Das liegt nicht zuletzt an der subjektiven Erzählweise von Bloggern. Die klare Positionierung ist identitätsstiftend und somit eins der größten Unterscheidungsmerkmale zu den traditionellen Medien. Das hat zur Folge, dass die gesellschaftspolitische Relevanz von Elternblogs massiv wächst. Damit einher geht ein erhöhtes Verantwortungsbewusstsein der Blogger. Sie wollen sich zunehmend weiterbilden und professionalisieren, um dieser Verantwortung gerecht zu werden. Themen wie Vereinbarkeit, Alleinerziehende, Frauenrechte oder aktive Vaterschaft werden frühzeitig aufgegriffen, bevor traditionelle Medien darüber berichten. Ob Bildung, ärztliche Versorgung oder den Alltag berufstätiger Mütter und Väter – das Private wird politisch.

> 'Blogger haben den Vorteil, dass sie so unmittelbar auf Stimmungen und Ereignisse reagieren können', sagt ein Vertreter des Ministeriums, der auch zur „Blogfamilia“ gekommen ist (Kenneweg 2017).

Als die Agentur im Jahr 2014 anfing zu bloggen, war nicht abzusehen, dass sie Vorreiter eines Mega-Trends werden könnte. Heute, nach der Etablierung des Väterblogs und der Gründung des Blogfamilia e. V. wird deutlich, dass gleich mehrere Engpässe in einem wachsenden Markt bedient werden können. Das angehäufte Wissen, wie beispielsweise Stärken und Schwächen einzelner Blogger, Unternehmen und Journalisten, ist für Außenstehende sehr schwer zu erfassen. Durch die jahrelange Vernetzungsarbeit wird die Agentur nicht als externer Beobachter betrachtet, sondern als Teil einer Blogosphäre, die den Markt stetig verändert.

Literatur

Birkel M (2016) Trendmonitor 2017. Podcasts kommen 2017 aus der Nische. http://www.goldmedia.com/blog/2016/12/trendmonitor-2017-podcasts-kommen-2017-aus-der-nische-trend-ausblick-von-mathias-birkel/. Zugegriffen: 30. Dez. 2017

Blogfamilia (2015) Zwischen Pampers und Politik: Das bewegt Eltern-Blogs. http://blogfamilia.de/zwischen-pampers-und-politik-das-bewegt-eltern-blogs#more-497. Zugegriffen: 30. Dez. 2017

Guntermann T (2017) Weil wir es sind. http://www.gukom.de/weil-wir-es-sind/. Zugegriffen: 30. Dez. 2017

Hein D (2015) „Men's Health“ startet Ableger für Väter. http://www.horizont.net/medien/nachrichten/Maenner-Lifestylemagazin-Mens-Health-startet-Ableger-fuer-Vaeter-136818. Zugegriffen: 30. Dez. 2017

Kenneweg F (2017) Mama bloggt. Eltern im Netz. http://www.faz.net/aktuell/gesellschaft/menschen/elternblogger-szene-trifft-sich-auf-konferenz-15025885.html. Zugegriffen: 30. Dez. 2017

Lemken T (2017) Erfahrungsbericht: innogy SmartHome im Familien-Test. http://ichbindeinvater.de/erfahrungsbericht-innogy-smarthome-im-familien-test/. Zugegriffen: 30. Dez. 2017

Orfandis I (2014) Alle Vaterblogs in einer Übersicht. http://ichbindeinvater.de/vaeter-im-netz-bloggen-fluchen-wickeln-eine-uebersicht/. Zugegriffen: 30. Dez. 2017

Orfandis I (2017a) Ich bin dein Vater. http://www.gukom.de/ich-bin-dein-vater/. Zugegriffen: 30. Dez. 2017

Orfandis I (2017b) Mein Elternzeit-Beginn – Was nichts kostet, ist auch nichts?. http://ichbindeinvater.de/elternzeit-vater/. Zugegriffen: 30. Dez. 2017

Rayson S (2017) Facebook Engagement for Brands and Publishers Falls 20% In 2017. http://buzzsumo.com/blog/facebook-engagement-brands-publishers-falls-20-2017. Zugegriffen: 30. Dez. 2017

Schröter C (2017) Audiowelten im Wachstum: Zur Radio-, Audio- und Streamingnutzung im Internet. In: Media Perspektiven 2017(9):463–471

Staatskanzlei des Landes Nordrhein-Westfalen (2017) Familienministerin Kampmann startet Väterkampagne. https://www.land.nrw/de/pressemitteilung/familienministerin-kampmann-startet-vaeterkampagne. Zugegriffen: 30. Dez. 2017

Zimmer, Frank (2017) Ein Blick in „Süddeutsche Zeitung Familie". https://www.wuv.de/medien/ein_blick_in_sueddeutsche_zeitung_familie. Zugegriffen: 30. Dez. 2017

Über die Autoren

Dr. Thomas Guntermann ist Gründer und Geschäftsführer der inhabergeführten Kommunikationsagentur Dr. Guntermann GmbH. Der promovierte Kommunikationswissenschaftler war rund 25 Jahre als Redakteur und Moderator für den WDR tätig. Seit knapp 20 Jahren betreut er Mandate für Corporate-, Krisen- und Change-Kommunikation namhafter Institutionen, Unternehmen und Unternehmer.

Thomas Lemken ist geschäftsführender Gesellschafter der Kommunikationsagentur Dr. Guntermann GmbH mit Sitz in Köln. Der studierte Kommunikationswissenschaftler gehört zum Gründungsteam der Agentur. Seit mehr als 13 Jahren berät er Unternehmen, Institutionen und Stiftungen in ihrer strategischen Kommunikation nach innen und außen.

Janni Orfanidis ist Berater für die Themen Content Strategie, Content Marketing und Social Media in der Dr. Guntermann GmbH, an der er auch Anteile hält. Der studierte Politikwissenschaftler berät Unternehmen in den Bereichen Social Media und Lead-Management. Seit rund drei Jahren hat er sich auf das Thema Content Marketing spezialisiert.

Bloggen und Kooperationen: Aus der Perspektive von Mikro-Influencern

21

Regina Kirchmeier

Zusammenfassung

Immer mehr Unternehmen arbeiten mittlerweile mit Mikro-Influencern zusammen – Influencern mit einer verhältnismäßig kleineren Reichweite. Diese betreiben ihre Social-Media-Aktivitäten meist nicht als Hauptberuf, spezialisieren sich oft auf ein bestimmtes Thema und haben eine Community mit ähnlichen Interessen. Sie punkten zudem mit einer sehr authentischen und glaubwürdigen Darstellung und oft sehr hohen Engagement-Raten. Ihnen sind bei Kooperationen mit Unternehmen vor allem der kreative Freiraum und eine persönliche Ansprache wichtig. Der Beitrag fasst die Ergebnisse einer Befragung von drei erfolgreichen Mikro-Influencerinnen zusammen und gibt Hinweise für eine erfolgreiche Kooperationsanbahnung durch Unternehmen.

21.1 Einleitung

Während Influencer Relations immer häufiger zum Werkzeugkasten der Kommunikation gehören, kristallisiert sich bereits ein neuer Trend heraus – die Zusammenarbeit mit Mikro-Influencern. Mikro-Influencer haben oft nur wenige hundert oder tausend Follower, dafür aber eine sehr gute Bindung zu ihrer Community. Sie sind oft Experten in einem bestimmten Gebiet und weisen in der Regel sehr hohe Engagement-Raten auf (Hermann 2017, S. 17). Ganz genau lässt sich die Followerzahl eines Mikro-Influencers allerdings nicht eingrenzen, da diese von verschiedenen Quellen sehr unterschiedlich definiert wird. Was Mikro-Influencer ausmacht und in welchen Fällen eine Kooperation mit ihnen

R. Kirchmeier (✉)
Hochschule Hannover, Hannover, Deutschland
E-Mail: regina.kirchmeier@gmail.com

A. Schach und T. Lommatzsch (Hrsg.), *Influencer Relations*,
https://doi.org/10.1007/978-3-658-21188-2_21

Abb. 21.1 Die Social-Media-Kanäle von Mikro-Influencerinnen: FOURhangauf, cha_loves und Stehlblueten.de. (Katrin Bechtoldt, Charleen Günter, Anabelle Stehl)

Vorteile mit sich bringt, soll dieser Beitrag aufzeigen. Zudem schildern drei Mikro-Influencer Kooperationen aus ihrer Perspektive ihre Arbeitseinstellung und den Kontakt mit Kooperationspartnern. So sollen Anhaltspunkte für eine gute Zusammenarbeit mit Unternehmen und eine Einschätzung der für sie relevanten Aspekte ermöglicht werden.

Katrin Bechtoldt startete im September 2016 gemeinsam mit ihrer Schwägerin den Blog „FOURhang auf" sowie den gleichnamigen Instagram-Account. Sie beschäftigen sich dort vor allem mit Mode, Food und anderen Lifestyle-Themen. Anabelle Stehl fing bereits im Februar 2015 an zu bloggen. Auf ihrem Buchblog „Stehlblüten" sowie ihrem gleichnamigem Instagram- und YouTube-Kanal, teilt sie ihre Begeisterung für Bücher. Charleen Günther führt ihren Instagram-Account „cha_loves" ebenfalls seit 2015, dort postet sie hauptsächlich Bilder zu Mode- und Beautythemen. Die drei Mikro-Influencer geben im folgenden Auskunft über ihre Motivation für ihre Social-Media-Auftritte, ihre Erfahrungen in der Zusammenarbeit mit Unternehmen und ihre Einschätzung zu der Entwicklung der Influencer Relations. Anhand der Interviews wird deutlich, was Mikro-Influencer sich für eine gute Zusammenarbeit mit Unternehmen wünschen. In Abb. 21.1 gewähren die Influencerinnen Einblicke in ihre Social-Media-Kanäle.

21.2 Glaubwürdigkeit und Engagement: Was Mikro-Influencer ausmacht

21.2.1 Die Motivation zum Social-Media-Engagement

Die meisten Mikro-Influencer betreiben ihren Blog, Instagram- oder YouTube-Kanal nicht, um ihren Lebensunterhalt zu bestreiten, sondern oft als Nebentätigkeit neben einem anderen Hauptberuf. Katrin Bechtoldt ist nicht nur Bloggerin auf „FOURhang auf", sondern zudem verantwortliche Pressereferentin in der VOX Kommunikation in der Mediengruppe RTL Deutschland. Aufgrund der Arbeit, die sie dem Blog widmet, kann sie ihn dennoch nicht als reines Hobby bezeichnen: „Jede Woche schreibe ich mindestens einen Blogartikel, jeden Tag mache ich Social-Media-Arbeit bei Instagram mit Posts, Storys, Kommentaren, Likes etc. Auch Pinterest und Facebook wollen gepflegt werden und der Kontakt zu den Followern will aktiv bleiben". Auch Anabelle Stehl führt ihren Blog „Stehlblüten" nicht hauptberuflich, steckt aber dennoch einen nicht unerheblichen Zeitaufwand in ihre Social-Media-Aktivitäten: „Gemeinsam mit den Social-Media-Accounts (Instagram und YouTube) komme ich auf ca. 15 Stunden die Woche." Ihre Motivation ist es, sich mit anderen Lesern auszutauschen und über die Bücher zu sprechen, die sie begeistern. Viele Mikro-Influencer betreiben ihre sozialen Aktivitäten zwar nicht hauptberuflich, haben aber dennoch einen hohen Anspruch an ihre Arbeit. Sie wollen hauptsächlich ihre Interessen mit ihrer Community teilen und sich mit dieser austauschen.

21.2.2 Der Vorteil: homogene Zielgruppen

Laut Best-practice-business (2017) werden inzwischen über 90 % der Beiträge von Influencern mit weniger als einer Millionen Follower gepostet. Zum Vergleich: 2016 lag diese Zahl noch bei ca. 60 %. Werbetreibende würden für Kampagnen vermehrt mehrere Mikro-Influencer einsetzen, anstatt ein bis zwei reichweitenstarke Influencer. Der Grund dafür liegt auf der Hand: Engagiert eine Marke einen Influencer mit vielen Followern, so kann es sein, dass sich ein Großteil der Follower nicht für dieses Thema interessiert. Die Follower eines Mikro-Influencers hingegen verbindet meist ein Nischeninteresse, da sich Mikro-Influencer oft auf ein bestimmtes Themengebiet – wie beispielsweise Literatur – spezialisieren und über tiefes Wissen in diesem Gebiet verfügen (Smith 2016). Mikro-Influencer verfügen häufig über eine homogene Zielgruppe, die Follower weisen oft ähnliche Interessen auf. So können diese zielgerichteter angesprochen sowie Streuverluste der Botschaften vermieden werden. Es ist deshalb auch wahrscheinlich, dass sich die Follower für ein beworbenes Produkt interessieren (P.U.N.K.T. PR 2017). Bei sehr reichweitenstarken Influencern, wie etwa YouTubern, Bloggern oder Instagrammern, ist oft nicht ersichtlich, wie sich die Community zusammensetzt. Die Follower haben oft völlig unterschiedliche Interessen (Mattgey 2016). Katrin Bechtoldt kann dies aus eigener Erfahrung bestätigen:

> Gerade beim Mikro-Influencing und dem direkten, engen Kontakt mit den passenden, jeweiligen Followern hat das Unternehmen auch eine definierte Zielgruppe. Ein Luxus-Unternehmen sollte sich sehr wohl überlegen, ob die Follower der ausgesuchten Influencer auch zum jeweiligen Produkt passen. Da sind oft die „kleineren" Followerzahlen mehr wert als große Reichweiten. Gezielte Ansprache resultiert besser in der Markenwahrnehmung, da sie beim richtigen „Käufer" ankommt.

▶ Vor allem für die Kommunikation zu bestimmten Nischenthemen sollten Mikro-Influencer deshalb in Betracht gezogen werden. Sie teilen meist ähnliche Interessen mit ihren Followern, sodass sich Zielgruppen leichter definieren lassen. Geht es allein darum, Aufmerksamkeit für eine Marke oder ein Produkt zu generieren, können reichweitenstarke Influencer zielführender sein.

21.2.3 Die zentralen Aspekte: Glaubwürdigkeit und Authentizität

Oft können Mikro-Influencer Produkte authentischer in ihre sozialen Aktivitäten einbetten. Während viele Promis und große Influencer beworbene Produkte wahrscheinlich selbst gar nicht nutzen, ist es bei Mikro-Influencern wahrscheinlicher, dass gezeigte Produkte tatsächlich Teil ihres Alltags sind (Audunsson 2017). Sie werden deshalb als vertrauenswürdige Quelle wahrgenommen, wenn sie Empfehlungen aussprechen. Katrin Bechtoldt hat bereits mit Unternehmen kooperiert, die diesen Vorteil für sich erkannt haben. Sie erhält nach eigenen Angaben Anfragen, die sie gut integrieren kann: „Ob das neueste Superfood-Pulver, die neueste Art Smoothies herzustellen, eine schicke Smartwatch, schöner Schmuck, ein Blumen-Abo oder ein Onlineshop für Mode – die Anfragen kommen fast immer wie gerufen, da sie perfekt in unser Leben passen und wir damit natürlich auch eine hohe Glaubwürdigkeit bei unseren Followern haben.“ Marken können eben diese Glaubwürdigkeit nutzen. Dies gilt wohl vor allem für Ziele, die Vertrauen und Akzeptanz für ein Thema oder ein Produkt schaffen sollen. Anabelle Stehl bekommt ebenfalls auf ihre Person abgestimmte Kooperationsanfragen: „Ich erhalte überwiegend Kooperationsanfragen von Autoren, Verlagen und Agenturen, die zwischen Influencern/Bloggern und Firmen vermitteln. Der Großteil der Anfragen ist demnach im Literaturbereich angesiedelt. Gerade über Instagram werden jedoch auch regelmäßig andere Firmen auf den Blog aufmerksam, die aus dem Fashion-Bereich kommen.“

21.2.4 Likes, Shares, Kommentare: hohe Engagement-Raten

Insgesamt wird Mikro-Influencern eine höhere Engagement-Rate zugesprochen, da die Follower eine stärkere Bindung zu der Person haben und deshalb auf den sozialen Kanälen stärker mit ihnen interagieren (Smith 2016). Einer Studie von Digiday UK zufolge, erhalten Influencer mit weniger als 1000 Followern im Durchschnitt prozentual mehr Likes, als diejenigen mit mehr Followern (Chen 2016). Die Kontaktpflege zu den Followern ist deshalb gerade für Mikro-Influencer wichtig und häufig sehr ausgeprägt. Follower sind vor allem an Insiderwissen interessiert, dessen Relevanz sorgt schon allein für mehr Engagement (Smith 2016). Zudem fühlen sich viele Follower den Mikro-Influencern näher oder kennen sie gar persönlich. Charleen Günther weiß aus Erfahrung: „Viele sehen Influencer als ihre Vorbilder und wollen so sein und auch so aussehen wie sie.“ Diese Verbundenheit sorgt dafür, dass sie stärker mit dem Mikro-Influencer interagieren – in Form von Likes,

Shares und Kommentaren. „Die Wahrscheinlichkeit, dass der Mikro-Influencer viele seiner Follower persönlich kennt, ist sehr groß. Daher kommt dieser Content einer persönlichen Empfehlung unter Freunden gleich“ (Gründel 2017). Der Content von Mikro-Influencern ist Earned Content und damit authentisch und glaubwürdig (ebd.). „Als Grundformel gilt somit: Je besser die Engagement-Rate, desto größer sind die Relevanz und auch die Glaubwürdigkeit eines Influencers“ (Andrae und Rodewald 2017).

> Mikro-Blogs bringen Verbundenheit mit ihrer Zielgruppe und damit oft hohe Engagement-Raten mit, weshalb sie für viele Unternehmen und Kooperationen interessant sein dürften.

Für Unternehmen ist es oft schwierig geeignete Mikro-Influencer zu identifizieren. Anders als bei großen Influencern, die aufgrund ihrer Präsenz in den Online-Medien einfacher zu finden sind, ist dies bei den vielen kleinen Mikro-Influencern nicht ganz so leicht. Um die Zusammenarbeit von Influencern und Unternehmen zu vereinfachen, bilden Plattformen wie etwa InfluencerDB, LikeYaa, brandnew und blogfoster eine Schnittstelle. Viele Mikro-Influencer nutzen bereits Plattformen dieser Art. Sie bringen Unternehmen und Influencer auf Basis passender Werte zusammen. „Anstatt über reine Produkt-Kampagnen werden Unternehmen und Influencer zunehmend über gemeinsame Werte und Visionen zusammenarbeiten“ (Best-practice-business 2017).

21.3 Der Weg zu einer gelungenen Kooperation

Um aufzuzeigen, wie Kooperationen aus Sicht der Mikro-Influencer wahrgenommen und bewertet werden, schildern Katrin Bechtoldt, Anabelle Stehl und Charleen Günther im Folgenden ihre Erfahrungen im Umgang mit Unternehmen. Sie beschreiben, wie Anfragen von Unternehmen gestaltet sind, was Unternehmen sich von Kooperationen erwarten, was ihre Wünsche für eine gute Zusammenarbeit sind und wie sie die zukünftige Entwicklung der Influencer Relations einschätzen.

Wie sehen Anfragen von Unternehmen in der Regel aus?
Anabelle Stehl „Die Anfragen von Autoren und Verlagen sind in der Regel so gestaltet, dass mir Leseexemplare zum Besprechen auf dem Blog angeboten werden. Diese Arbeit ist unentgeltlich. Oft sollen Bücher auch nicht rezensiert, sondern bloß auf Instagram gezeigt werden, beispielsweise, um auf eine Neuerscheinung aufmerksam zu machen. Dies läuft meist über Agenturen wie Hashtaglove oder Welovetoshare. Hier werden Vorgaben für das Bild genannt: das Cover muss zu sehen sein, keine anderen Werke auf dem Foto sowie Datum des Postings usw. Ansonsten bin ich frei in der Gestaltung. Bei manchen Kooperationen wird man zu Events eingeladen, beispielsweise zu Presse-Previews von Buchverfilmungen. Diese sind, zumindest bei mir, auch unentgeltlich und mir steht frei, auf welcher Plattform und auf welche Art ich über den Film berichte. Zuletzt gibt

es noch Kooperationsanfragen von Firmen, die keinen direkten Bezug zur Buchbranche haben. Hier ist es schwerer, pauschale Aussagen über die Gestaltung zu treffen. Man merkt jedoch deutlich, dass die Arbeit, gerade bei internationalen Firmen, routinierter ist und Influencer in diesen Bereichen einen anderen Stellenwert haben, als es in der Literaturbranche der Fall ist. Die Vergütung oder der Warenwert, im Falle einer Produktplatzierung, ist höher, die Arbeit aufwendiger, dafür jedoch auch flexibler und die Firmen lassen einem „freie Hand" bei der Kreativität der Umsetzung. Hier habe ich mehr Mitbestimmungsrecht und werde häufig gefragt, was ich mir unter einer Kooperation vorstelle, bevor der Kooperationspartner seine eigenen Vorstellungen präsentiert."

Charleen Günther „Ich erhalte täglich Anfragen von Unternehmen, Agenturen oder kleinen Start-ups, welche mir entweder PR-Samples zukommen lassen wollen oder mir eine bezahlte Kooperation in Form einer Produktplatzierung anbieten."

Was erwarten sich Unternehmen von Kooperationen?
Katrin Bechtoldt „Aufmerksamkeit für ihr Produkt, Bindung zu einer Bloggerin, Aufklärung und Information für ihr Unternehmen sowie den Verkauf ihres Produkts."

Anabelle Stehl „Für Verlage ist das Ziel sicherlich, die Bekanntheit eines Werks zu steigern sowie (positive) Rezensionen auf den geläufigen Kanälen zu generieren. Ähnlich wie bei Firmen im Fashion-Bereich steht hier natürlich die Gewinnabsicht im Vordergrund."

Charleen Günther „Es gibt Unternehmen, die mit Influencern Aufmerksamkeit für ein bestimmtes Produkt oder eine Marke schaffen wollen und andere, die eher darauf aus sind, Sales zu generieren. Die Mehrheit ist wohl aber immer darauf aus, durch die Zusammenarbeit mit Influencern die Verkaufszahlen in die Höhe zu treiben. Und das funktioniert auch oft sehr gut!"

Wie sollten Unternehmen auf Influencer zugehen – was sind Ihre Wünsche für eine gute Zusammenarbeit?
Katrin Bechtoldt „Es ist natürlich wichtig, dass sich das Unternehmen den Blog anschaut und etwas über die Bloggerin herausfindet. Wie heißt sie, wo lebt sie, worüber bloggt sie gerne? Wenn man eine allgemeine Anfrage erhält, bei der man schon weiß, dass sie an einen großen Verteiler ging, dann ist man natürlich direkt etwas skeptisch. Transparenz ist ebenfalls ganz wichtig: Wenn man für einen Blogartikel bezahlt wird, dann muss der Artikel auch als Werbung markiert sein – das sollte auch für ein Unternehmen selbstredend und selbstverständlich sein. Und nicht zuletzt muss ein Unternehmen auch den Wert und die Arbeit einer Kooperation schätzen. Nicht selten sitzt man 10 Stunden oder länger an einem einzigen Artikel. Vom Shooting über die Bildbearbeitung,

Recherche bis hin zum Schreiben und Promoten eines Artikels. Nur wer das auch zu schätzen weiß und die Arbeitsstunden dahinter erkennt, kann die Arbeit auch monetär fair bewerten. Zudem ist ein umfassendes Briefing von Seiten der Unternehmen zwingend nötig. Was will das Unternehmen, in welchem Umfang, was möchten sie ausgeben? Dann ist Transparenz da und am Ende sind auch beide Seiten glücklich."

Anabelle Stehl „Eine klare Definition der Vorstellungen und Ziele und vor allem Freiraum für die kreative Umsetzung dieser Ziele. Die Arbeit mit Influencern muss individueller gestaltet sein, als es bisher auf traditionellem Weg der Fall war. Kampagnen müssen zielgruppenorientierter sein, da für Abonnenten und Follower vor allem die Persönlichkeit des Influencers von Relevanz ist."

Charleen Günther „Für eine gute Zusammenarbeit wünsche ich mir, dass die Unternehmen meine Arbeit schätzen und somit auch nicht davon ausgehen, dass ich diese umsonst mache. Denn Fotos zu produzieren, sich mit dem Produkt und der Marke zu befassen und die Postings zu timen, nimmt Zeit in Anspruch und ist definitiv mit sehr viel Arbeit verbunden. Zudem sollten sie mir das Gefühl geben, dass sie sich mit meinem Kanal auseinandergesetzt haben und mir sagen können, warum gerade ich zu ihnen oder dem Produkt passe. Außerdem finde ich es wichtig, dass eine Kooperation geplant ist. Ich finde es gut, gemeinsam über genaue Timings zu sprechen und Inhalte vorher abzustimmen."

Was sollten Unternehmen bei Kooperationen vermeiden?
Katrin Bechtoldt „Allgemeine, unpersonalisierte Sammel-Anfragen. Werbe-Kennzeichnung im bezahlten Blogartigel verbieten. Arbeit nicht wertschätzen, die der Blogger hat."

Anabelle Stehl „Ich hatte bereits Anfragen, in denen klar formuliert wurde, wie ich über ein Buch zu sprechen habe, dass ich es beispielsweise als mein Jahreshighlight preisen solle. Die Vorgabe von Texten und Meinungen ist für mich ein klares „No-Go", da der redaktionelle Inhalt und meine persönliche Meinung letzten Endes die Dinge sind, die Leser auf meinen Blog bringen. Ein weiteres No-Go ist für mich, Arbeit nicht als solche anzuerkennen. Dies bezieht sich nicht auf Rezensionsexemplare, sondern auf Anfragen zu Beiträgen, deren redaktioneller Aufwand mehrere Stunden beinhaltet, die mir als Blogger keinen Nutzen bringen und von den Unternehmen nicht vergütet werden. Und, da es leider auch häufig vorkommt, die Anfrage, Werbung nicht als solche zu kennzeichnen, ist natürlich ebenfalls ein No-Go."

Charleen Günther „Agenturen und Unternehmen sollten sich merken, mit wem sie schon einmal zusammengearbeitet haben oder in Kontakt waren. Denn oft kommt es vor, dass man von verschiedenen Personen aus demselben Unternehmen oder derselben Agentur immer wieder erneut angeschrieben wird. Das wirkt sehr unprofessionell auf uns Influencer und spricht sich schnell rum."

Wie sehen Sie die zukünftige Entwicklung der Influencer Relations?

Katrin Bechtoldt „Meiner Meinung nach werden Mikro-Influencer immer wichtiger. Früher ging es vor allem um die großen Zahlen, die hinter einem Instagram-Account stecken – wenn eine Influencerin nicht mindestens 1 Millionen Abonnenten hatte, war sie nicht interessant. Seit aber viele Instagrammer Follower kaufen, verändert sich das langsam und vor allem das Engagement unter einem Post ist entscheidend. Was bringt es einem Unternehmen, wenn eine Influencerin 100.000 Follower hat, aber unter einem Sponsored Post nur 100 Likes und 10 Kommentare verbucht? Dann doch lieber Mikro-Influencer, die sich intensiv mit dem Produkt auseinandersetzen, das Produkt in ihr Leben integrieren und dadurch viel häufiger und authentischer über ein Produkt schreiben und posten, weil sie von dem Produkt überzeugt sind.

Natürlich hat sich zudem verändert, dass Blogger und Instagrammer nun ganz deutlich markieren müssen, wofür sie Geld oder Produkte kostenlos erhalten haben. Gerade in den Storys der großen Influencer sieht man praktisch nur noch bezahlte Storys, das war vorher einfach viel zu undurchsichtig.

Ich glaube, dass die klassische Werbung mehr und mehr abgelöst wird. Heutzutage gibt es noch Plakate, große Kampagnen und TV-Werbung (Above-the-line-Marketing-Maßnahmen sind eben auch richtig teuer), aber meiner Meinung nach wird es immer wichtiger, auf Influencer und Testimonials zu setzen. Der Mensch ist exhibitionistisch und möchte sehen, wie andere Menschen wohnen, leben, was sie essen, um Inspiration für das eigene Leben zu bekommen. Wenn man dann Social-Media-Personen entdeckt hat, deren Lifestyle man mag, deren Kleidungsstil man kopieren möchte, dann möchte man eben auch mal ein Produkt nachkaufen, das diese Person für gut befunden hat. Und dabei wird es mehr und mehr kleinstteilig werden – Stichwort Mikro-Influencer."

Anabelle Stehl „Ich persönlich glaube, dass Influencer das neue Marketingtool sind. Ganz einfach aus dem Grund, dass uns Werbung überall umgibt. Alleine auf dem Weg von unserem Zuhause zur Arbeit begegnen uns etliche Plakate, Werbung auf der Straßenbahn, Anzeigen in der Zeitung, Spots im Radio, der Hinweis auf eine Sonderaktion auf dem Kuli, den wir in der Uni auspacken – es ist nur natürlich, dass sich dies auch auf die sozialen Medien ausweitet.

Ich glaube und erhoffe mir, dass die Richtlinien für Influencer transparenter werden und sich Influencer Relations weiter professionalisieren. In der initialen Phase wird das sicherlich noch nicht der Fall sein. Dies zeigt sich aktuell schon dadurch, dass Werbebeiträge auf Blogs überwiegend als störend empfunden werden und sehr negativ konnotiert sind und dass viele Blogger ihre Werbung gar nicht oder falsch kennzeichnen.

Der Beruf Influencer, Let's-Player, Blogger u. ä. wird noch nicht als solcher wahrgenommen, ich denke aber, dass sich das in den nächsten Jahren stark ändern wird. Spätestens dann könnten auch andere Finanzierungsmodelle gefunden werden, was die Influencer Relations zwangsläufig professionalisieren würde, da sich diese Berufsgruppen nicht mehr auf Werbung als primäre Einnahmequelle stützen müssten."

Charleen Günther „Ich glaube, dass wir noch lange mit Influencer Relations zu tun haben werden. Die Menschen vertrauen Influencern mehr als der Werbung im TV oder Beiträgen aus dem Radio. Sie lassen sich Dinge empfehlen und kaufen diese. Viele sehen Influencer als ihre Vorbilder und wollen so sein und auch so aussehen wie sie.“

21.4 Fazit

Mikro-Influencer verfügen über eine verhältnismäßig kleine Reichweite, punkten jedoch mit ihrer hohen Motivation, Glaubwürdigkeit und Authentizität, hohen Engagement Raten und einer guten Bindung zu ihren Followern, die ähnliche Interessen aufweisen und damit oft eine definierte Zielgruppe ausmachen.

Katrin Bechtoldt, Anabelle Stehl und Charleen Günther konnten in den Interviews verdeutlichen, was ihnen für ihre Arbeit wichtig ist und wie Kooperationen aus ihrer Perspektive aussehen. Zusammenfassend scheinen für sie folgende Dinge besonders relevant für eine Kooperation: Die Wertschätzung der Arbeit und Anerkennung des oft hohen Zeitaufwands, kreativer Freiraum und Spielraum in der Gestaltung von Kooperationsbeiträgen, personalisierte Anfragen, ein umfassendes Briefing sowie Transparenz und die Kennzeichnung von Beiträgen. Daraus lassen sich folgende Regeln für eine gute Zusammenarbeit ableiten:

Die 5 wichtigsten Regeln im Umgang mit Influencern

1. Setzen Sie sich vorab mit den Influencern und ihrer Arbeit auseinander und achten Sie auf eine persönliche Ansprache – Wieso wählen Sie gerade diesen Influencer für eine Kooperation aus?
2. Lassen Sie Influencern möglichst viel Freiraum bei der kreativen Umsetzung – sie wissen häufig am besten, was ihren Followern gefällt.
3. Zeigen Sie Bewusstsein und Anerkennung für den Zeitaufwand, den Influencer in eine Kooperation stecken und bewerten diesen fair.
4. Geben Sie ein detailliertes Briefing, sodass sich beide Seiten stets über die Anforderung an die Kooperation im Klaren sind.
5. Geben Sie an, wie die Kooperation werblich zu kennzeichnen ist – Transparenz ist auch seitens der Influencer erwünscht.

Gerade der kreative Freiraum, den die Influencer einfordern, ist bei den Followern sehr beliebt. Sie folgen und interagieren mit einer Person, weil sie die Art des Contents mögen. Setzt ein Influencer eine Kooperation individuell um, können Marken von dessen Image profitieren. Werden zu viele Richtlinien vorgegeben, besteht die Gefahr, dass der Influencer das Image des Unternehmens „aufsetzt“ und somit weniger authentisch und glaubwürdig wirkt. Ein Vorteil: Die Kreativität der Influencer ist bei Kooperationen quasi inklusive und Unternehmen können sich die Kosten für eine Kreativagentur sparen (Hermann 2017, S. 13). Umfang und Anzahl der Leistungen des Influencers sollten zudem festgehalten werden, um Konflikte zu vermeiden (Meinen, S. 14). Die Influencer wünschen sich hier ein detailliertes, transparentes Briefing. Es wurde auch deutlich, dass personalisierte Anfragen eine große Rolle spielen. Um eine gute Beziehung zu Influencern aufzubauen, sollten Unternehmen sich vorab ausgiebig über den Blogger informieren mit dem sie eine Kooperation anstreben und Influencer individuell ansprechen (Meinen 2016, S. 12 f.). Verteilerlisten eignen sich selten gut für die Influencer Relations. Sammel-Mails an mehr als 3–8 Blogs seien eher unproduktiv (ebd., S. 10). Und auch Transparenz und eine eindeutige Kennzeichnung werblicher Beiträge ist offensichtlich auch aufseiten der Influencer ein sehr wichtiges Thema. Sie wünschen sich klare Richtlinien und Anweisungen, und dass sich der Beruf „Influencer" weiter professionalisiert.

Die zukünftige Entwicklung der Influencer Relations wird in den Interviews ähnlich vermutet wie bei Hermann (2017, S. 7) bereits zusammenfasst: „Nischen- und Mikro-Influencer werden wichtiger werden. Die Gießkannen-Kooperation mit den wenigen Top-Influencern wird für viele Unternehmen nicht funktionieren. Smarte Kooperationen mit kleinen, aber zur Zielgruppe passenden Influencern, können eine Lösung sein und an Bedeutung gewinnen."

Literatur

Andrae E, Rodewald P (2017) Micro-Influencer: Wenn weniger Reichweite die bessere Wahl ist. https://upload-magazin.de/blog/19798-micro-influencer/. Zugegriffen 29. Dez. 2017

Audunsson S (2017) Warum Mikro-Influencer die viel effizienteren Markenbotschafter für Unternehmen sein können. Absatzwirtschaft. http://www.absatzwirtschaft.de/warum-mikro-influencer-die-viel-effizienteren-markenbotschafter-fuer-unternehmen-sein-koennen-97187/. Zugegriffen: 29. Dez. 2017

Best-practice-business (2017) Influencer Marketing Trends: Mikro-Influencer auf der Überholspur. http://www.best-practice-business.de/blog/marketing-material/2017/12/18/influencer-marketing-trends-mikro-influencer-auf-der-ueberholspur/. Zugegriffen: 20. Dez. 2017

Chen Y (2016) The rise of ‚micro-influencers' on Instagram. https://digiday.com/marketing/micro-influencers/. Zugegriffen: 29. Dez. 2017

Gründel V (2017) So wertvoll sind Micro-Influencer für Burda. https://www.wuv.de/medien/so_wertvoll_sind_micro_influencer_fuer_burda. Zugegriffen 29. Dez. 2017

Hermann R (2017) Influencer Marketing. So nutzt du den Einfluss der neuen Medienstars für dein Unternehmen. Online Marketing Rockstars, Hamburg

Mattgey A (2016) Das sind die Vorteile der Mikro-Influencer. Lead Digital. http://www.lead-digital.de/aktuell/mobile/das_sind_die_vorteile_der_mikro_influencer. Zugegriffen: 29. Dez. 2017

Meinen D (2016) PR Werkstatt: Blogger Relations. Multiplikatoren für Marke und Unternehmen. PR Report, Düsseldorf

P.U.N.K.T. PR (2017) Nischen-Influencer. https://www.punkt-pr.de/blog/2017/03/08/nischen-influencer/. Zugegriffen: 29. Dez. 2017

Smith K (2016) Influencer Marketing: Die Bedeutung von Micro-Influencern. Brandwatch. https://www.brandwatch.com/de/2016/08/influencer-marketing-die-bedeutung-von-micro-influencern/. Zugegriffen: 29. Dez. 2017

Über die Autorin

Regina Kirchmeier ist ausgebildete Fremdsprachenkorrespondentin und studiert im Bachelorstudiengang Public Relations an der Hochschule Hannover. Parallel zum Studium sammelte sie Erfahrungen im journalistischen Bereich in einer Lifestyle-Redaktion, in der Unternehmenskommunikation eines Touristik-Konzerns und als studentische Hilfskraft. Mit Social-Media-Kommunikation beschäftigt sie sich in ihrer Freizeit und in ihrer wissenschaftlichen Abschlussarbeit.

27205102R00186

Printed in Poland
by Amazon Fulfillment
Poland Sp. z o.o., Wrocław